# 电子技术基础（第2版）

# Fundamentals of Electronics

## （AV）

刘建英　主编

清华大学出版社
北京

## 内 容 简 介

本书是"民用航空器维修基础系列教材(第2版)"之一,是民用航空器维修人员基础执照考试的主要参考用书。全书分为上篇和下篇。其中上篇为"模拟电子技术基础",主要包括半导体及其应用、印刷电路板、自动控制原理基础和无线电基础知识;下篇为"数字电子技术基础",主要包括逻辑电路基础、数据转换和数据总线、基本计算机结构、电子显示器和电磁干扰与防护技术等内容。

本书的内容深入浅出,注重物理概念的解释,避免引入高深的数学推导,以便于不同基础的人员自学。本书主要用于民航机务维修人员的基础执照考试,也可用作电气信息类专业本科学生和高职学生的课外学习用书。

本书封面贴有清华大学出版社防伪标签,无标签者不得销售。

版权所有,侵权必究。举报: 010-62782989,beiqinquan@tup.tsinghua.edu.cn。

**图书在版编目(CIP)数据**

电子技术基础: AV/刘建英主编. --2版. --北京: 清华大学出版社,2016(2025.1重印)
民用航空器维修基础系列教材
ISBN 978-7-302-42209-9

Ⅰ. ①电… Ⅱ. ①刘… Ⅲ. ①电子技术—教材 Ⅳ. ①TN

中国版本图书馆 CIP 数据核字(2015)第 279045 号

责任编辑: 赵　斌
封面设计: 李星辰
责任校对: 王淑云
责任印制: 曹婉颖

出版发行: 清华大学出版社
　　网　　址: https://www.tup.com.cn, https://www.wqxuetang.com
　　地　　址: 北京清华大学学研大厦A座　　　　邮　编: 100084
　　社 总 机: 010-83470000　　　　　　　　　　邮　购: 010-62786544
　　投稿与读者服务: 010-62776969,c-service@tup.tsinghua.edu.cn
　　质量反馈: 010-62772015,zhiliang@tup.tsinghua.edu.cn
印 装 者: 三河市君旺印务有限公司
经　　销: 全国新华书店
开　　本: 185mm×260mm　　印　张: 24.75　　字　数: 603千字
版　　次: 2007年3月第1版　　2016年3月第2版
印　　次: 2025年1月第12次印刷
定　　价: 75.00元

产品编号: 062909-03

# 民用航空器维修基础系列教材
## 编写委员会

**主任委员**：任仁良

**编　　委**：刘　燕　陈　康　付尧明　郝　瑞
　　　　　　蒋陵平　李幼兰　刘　峰　刘建英
　　　　　　刘　珂　吕新明　任仁良　王会来
　　　　　　张　鹏　邹　蓬　张铁纯

# 序言

2005年8月,中国民航规章CCAR-66R1《民用航空器维修人员执照管理规则》考试大纲正式发布执行,该大纲规定了民用航空器维修持照人员必须掌握的基本知识。随着中国民用航空业的飞速发展,业内迫切需要大批高素质的民用航空器维修人员。为适应民航的发展,提高机务维修人员的素质和航空器维修水平,满足广大机务维修人员学习业务的需求,中国民航总局飞标司组织成立了"民用航空器维修基础系列教材"编写委员会,其任务是组织编写一套适用于中国民航维修要求、实用性强、高质量的培训和自学教材。

为方便机务维修人员通过培训或自学,参加维修执照基础部分考试,本系列教材根据民航局颁发的 AC-66R1-02 维修执照基础部分考试大纲编写,同时满足 AC-147-02 维修基础培训大纲。这套系列教材共 14 本,内容覆盖了大纲的所有模块,具体每一本教材的适用专业和对应的考试大纲模块见本书封后。

该系列教材力求通俗易懂,紧密联系民航实际,强调航空器维修的基础理论和维修基本技能的培训,注重教材的实用性。适合于民航机务维修人员或有志进入民航维修业的人员培训或自学,也可作为 CCAR-147 维修培训机构的基础培训教材或参考教材。

"民用航空器维修基础系列教材"第1版在 CCAR-66 执照基础部分考试和 CCAR-147 维修基础培训中得到了非常广泛的应用。通过10年的使用,也发现了不少问题;同时10年来,大量高新技术应用到新一代飞机上(如 B787、A380 等),维修理念和技术也有了很大的发展,与之相对应的基础知识必须得到加强和补充。因此,维修基础培训教材急需进行修订。

"民用航空器维修基础系列教材"第2版是在民航局飞标司直接领导下进行修订编写的。这套教材的编写得到了民航安全能力基金的资助,同时得到了中国民航总局飞标司、中国民航大学、广州民航职业技术学院、中国民用航空飞行学院、民航管理干部学院、上海民航职业技术学院、北京飞机维修工程有限公司(Ameco)、广州飞机维修工程有限公司(Gameco)、中信海洋直升机公司、深圳航空有限公司等单位以及航空器维修领域专家的大力支持,在此一并表示感谢!

由于编写时间仓促和我们的水平有限,书中难免还存在着许多错误和不足,请各位专家和读者及时指出,以便再版时加以纠正。我们相信,经过不断的修订和完善,这套系列教材一定能成为飞机维修基础培训的经典教材,为提高机务人员的素质和飞机维修质量作出更大的贡献。任何意见和建议请发至:skyexam2015@163.com。

"民用航空器维修基础系列教材"编委会

2015年7月

# 第2版前言

FOREWORD

本书是在2006年出版的"民用航空器维修基础系列教材"之一《电子技术基础（AV）》的基础上修订而成的，修订的主要依据是AC-66R1-02《民用航空器维修人员执照基础部分考试大纲》中所规定的考试内容，同时也采纳了基础执照培训教师和广大考生反馈的意见，并适当考虑了目前主流机型上航空新技术的使用情况。新版教材在保持原版教材整体框架不变的前提下，主要在以下几个方面作了修改：

一是随着电力电子技术的发展，电力电子器件在飞机系统中的应用越来越普遍，如多电飞机电网中的固态配电技术、交流变频调速技术等，因此在本书上篇的第1章中，加大了电力电子器件的篇幅，增设了"电力电子技术及其基本应用"一节，重点介绍了几种常用的电力电子器件及其基本应用，使学生对电力电子技术有初步的了解。

二是删除了上篇第3章"自动控制原理基础"中的传递函数，仅通过阶跃响应曲线或微分方程来说明典型环节（如惯性环节）和各种控制器（如PI控制器）的物理意义，以便于不同层次的学生自学。此外，在本章的"伺服电动机"中，增加了"直流伺服电动机"，使内容更趋完整。

三是上篇第4章的"无线电基础知识"中，删除了部分数学公式，并修改、调整了部分内容及其前后顺序，使教材内容和结构更趋合理。

四是在下篇第5章"逻辑电路基础"中，更换了"组合逻辑电路在飞机系统中的应用"中的举例，并增加了对电路框图的分析和说明，以便于理解。同时考虑到单稳态触发器在数字电路中的广泛应用，增加了一节"脉冲波形的产生与变换"，重点讲授了单稳态触发器和555定时器及其基本应用，使数字电路的内容更趋完整。

五是根据目前新型飞机上数据总线的应用情况，在下篇第6章的"数据总线"中，增加了ARINC629总线和航空电子全双工通信以太网（AFDX）的基本知识，力求使教材内容紧跟航空新技术的发展。

六是在下篇第9章"电磁干扰与防护技术"中，增加了"飞机结构中静电荷的产生及危害"、"滤波技术"、"高强度辐射防护"等内容，使内容更趋全面。

书后的附录中罗列了逻辑电路的中、外符号对照表，以便于学生学习。

本书由中国民航大学刘建英副教授担任主编并统稿，其中上篇第4章、下篇6.2节和第9章由中国民航大学孙俊卿副教授编写，下篇第6.4.5节的"光纤通信在飞机系统中的应用"由深圳航空公司培训部的郝瑞老师修改和编写。在教材的编写和修改过程中，东航西北分公司的杨晓龙、北京AMECO的王会来、深圳航空公司培训部的郝瑞、中国民航大学的尤晓明等都提出了许多宝贵意见,中国民航飞行学院的梁科、李军辉也提出了修改意见,任仁良教授从始至终严格把关,上述措施充分保证了新版教材的质量,在此一并表示衷心的感谢!

尽管作者付出了很大努力,但由于水平所限,书中仍然存有不少瑕疵,敬请广大读者批评指正。

编 者

2016 年 2 月

# 第1版前言

FOREWORD

《电子技术基础(AV)》分上下两篇,上篇为模拟电子技术基础,下篇为数字电子技术基础。本教材是按照中国民航章程CCAR-66R1《民用航空器维修人员执照管理规则》航空电子专业(AV)考试大纲M4和M5编写的,可以作为CCAR-147飞机维修基础培训机构的培训教材或参考教材,也适用于具有一定基础的航空电子专业人员自学。

在上篇的模拟电子技术基础中,除包括半导体二极管及其应用、晶体三极管及其放大电路、运算放大器等常规内容外,还简单介绍了印刷电路、自动控制理论基础、同步器及伺服机构,并介绍了无线电基础知识,力求覆盖民航电子专业的基础内容。在下篇的数字电子技术中,除包括数制及门电路、组合逻辑电路及其分析方法、触发器和时序逻辑电路等常规内容外,还介绍了飞机上大量应用的数据转换和数据总线、电子显示设备、静电敏感设备等内容,并简要介绍了计算机的基本组成。全书内容翔实,深入浅出,力求做到通俗易懂,注重知识的实用性,是一本非常难得的参考书。

由于我国民航所使用的飞机大都是欧美制造,为了便于学生对照机型资料学习,书中的部分图形符号采用了欧美国家的符号,学习时应予注意。

本书上篇的第4章无线电基础由郑连兴副教授编写,其余各章由刘建英副教授编写并统稿。在本教材的编写过程中,任仁良教授、王会来副教授给予了大力支持,对本书提出了许多宝贵意见,并参与了部分内容的编写和修改工作。全书由中国民用航空学院尤晓明副教授审校,在此一并表示感谢。

由于编写时间的仓促以及编者的水平所限,教材中还存在着许多错误和不足,请各位专家和读者指出,以便再版时加以纠正。

编 者
2006年5月

# 目录

## 上篇 模拟电子技术基础

### 第 1 章 半导体及其应用 ………………………………………………………………… 3

#### 1.1 半导体二极管 ……………………………………………………………………… 3
- 1.1.1 半导体材料 ………………………………………………………………… 3
- 1.1.2 本征半导体与杂质半导体 ………………………………………………… 3
- 1.1.3 半导体二极管及其伏安特性 ……………………………………………… 6
- 1.1.4 二极管的识别和简易检测方法 …………………………………………… 10
- 1.1.5 二极管的应用 ……………………………………………………………… 11
- 1.1.6 特殊二极管及其应用 ……………………………………………………… 20

#### 1.2 双极型晶体三极管 ………………………………………………………………… 27
- 1.2.1 晶体三极管的结构和基本工作原理 ……………………………………… 28
- 1.2.2 晶体三极管的特性曲线及参数 …………………………………………… 32
- 1.2.3 放大器的一般概念 ………………………………………………………… 37
- 1.2.4 低频小信号放大器 ………………………………………………………… 40
- 1.2.5 多级放大器 ………………………………………………………………… 64
- 1.2.6 功率放大器 ………………………………………………………………… 70
- 1.2.7 自激振荡器 ………………………………………………………………… 77

#### 1.3 场效应管 …………………………………………………………………………… 84
- 1.3.1 场效应管的结构和分类 …………………………………………………… 84
- 1.3.2 N 沟道增强型场 MOSFET 的特性曲线 ………………………………… 86
- 1.3.3 场效应管放大电路 ………………………………………………………… 87

#### 1.4 集成运算放大器和集成稳压器 …………………………………………………… 88
- 1.4.1 差动放大器 ………………………………………………………………… 88
- 1.4.2 集成运算放大器 …………………………………………………………… 90
- 1.4.3 集成运算放大器的应用 …………………………………………………… 92
- 1.4.4 集成稳压器和集成功率放大器 …………………………………………… 104

#### 1.5 电力电子技术及其基本应用 ……………………………………………………… 108

1.5.1　概述 …………………………………………………………………… 108
　　1.5.2　电力电子器件 ………………………………………………………… 109
　　1.5.3　电力电子技术的基本应用 …………………………………………… 114

## 第2章　印刷电路板 …………………………………………………………………… 119

### 2.1　印刷电路板的基础知识 ………………………………………………………… 119
### 2.2　印刷电路板的简易制作 ………………………………………………………… 123

## 第3章　自动控制原理基础 …………………………………………………………… 125

### 3.1　自动控制系统概述 ……………………………………………………………… 125
　　3.1.1　自动控制的基本概念 …………………………………………………… 125
　　3.1.2　自动控制系统的组成 …………………………………………………… 129
　　3.1.3　典型输入信号和控制系统的性能指标 ………………………………… 132
　　3.1.4　控制器的类型和特点 …………………………………………………… 135
　　3.1.5　自动控制系统举例 ……………………………………………………… 142
### 3.2　同步器和伺服机构 ……………………………………………………………… 142
　　3.2.1　同步器 …………………………………………………………………… 142
　　3.2.2　伺服机构 ………………………………………………………………… 155
### 3.3　伺服电动机 ……………………………………………………………………… 156
　　3.3.1　直流伺服电动机 ………………………………………………………… 157
　　3.3.2　两相交流伺服电动机 …………………………………………………… 157
### 3.4　步进电动机 ……………………………………………………………………… 161
　　3.4.1　步进电动机的典型结构和基本工作原理 ……………………………… 161
　　3.4.2　步进电动机的工作特点 ………………………………………………… 163

## 第4章　无线电基础知识 ……………………………………………………………… 166

### 4.1　无线电频段的划分 ……………………………………………………………… 166
### 4.2　信号　频谱与带宽 ……………………………………………………………… 168
　　4.2.1　信号 ……………………………………………………………………… 168
　　4.2.2　频谱与带宽 ……………………………………………………………… 168
### 4.3　传输线 …………………………………………………………………………… 172
　　4.3.1　传输线的基础知识 ……………………………………………………… 172
　　4.3.2　传输线的长度和传输信号的频率对信号传输的影响 ………………… 174
　　4.3.3　传输线上的电压波和电流波 …………………………………………… 175
　　4.3.4　传输线的特性阻抗及电磁波在线上的传播速度 ……………………… 176
　　4.3.5　均匀无损耗传输线的工作状态 ………………………………………… 177
　　4.3.6　波导 ……………………………………………………………………… 182
### 4.4　电磁波传播与天线 ……………………………………………………………… 186
　　4.4.1　电磁波的辐射 …………………………………………………………… 186

4.4.2 电磁波的传播 ………………………………………………………… 187
   4.4.3 电磁波传播的基本规律 ………………………………………………… 189
   4.4.4 电磁波的传播方式 ……………………………………………………… 191
   4.4.5 天线 …………………………………………………………………… 195
4.5 无线电发射机 ……………………………………………………………………… 202
   4.5.1 高频功率放大器 ………………………………………………………… 203
   4.5.2 信号调制的基本原理 …………………………………………………… 207
   4.5.3 调幅信号的特性 ………………………………………………………… 208
   4.5.4 调幅电路 ………………………………………………………………… 211
   4.5.5 调频波与调相波 ………………………………………………………… 216
4.6 无线电接收机 ……………………………………………………………………… 219
   4.6.1 选频放大器 ……………………………………………………………… 219
   4.6.2 变频器 …………………………………………………………………… 221
   4.6.3 调制信号的解调 ………………………………………………………… 224
   4.6.4 锁相环路与频率合成 …………………………………………………… 231

# 下篇 数字电子技术基础

## 第 5 章 逻辑电路基础 ……………………………………………………………………… 237

5.1 数制及编码 ………………………………………………………………………… 237
   5.1.1 数制系统的分类 ………………………………………………………… 237
   5.1.2 不同进制数之间的转换 ………………………………………………… 239
   5.1.3 常用的编码 ……………………………………………………………… 240
5.2 门电路和基本逻辑运算 …………………………………………………………… 243
   5.2.1 基本逻辑门 ……………………………………………………………… 243
   5.2.2 正逻辑和负逻辑 ………………………………………………………… 248
   5.2.3 集成逻辑门电路 ………………………………………………………… 248
   5.2.4 逻辑代数及其化简 ……………………………………………………… 250
   5.2.5 组合逻辑电路的分析与设计 …………………………………………… 258
5.3 典型组合逻辑电路 ………………………………………………………………… 260
   5.3.1 编码器 …………………………………………………………………… 261
   5.3.2 译码器 …………………………………………………………………… 263
5.4 组合逻辑电路在飞机系统中的应用 ……………………………………………… 267
   5.4.1 起落架控制系统-手柄锁电磁线圈工作原理 ………………………… 267
   5.4.2 音频选择电路 …………………………………………………………… 268
   5.4.3 辅助电源断路器的控制原理 …………………………………………… 268
5.5 触发器和时序逻辑电路 …………………………………………………………… 270
   5.5.1 双稳态触发器 …………………………………………………………… 270

  5.5.2 时序逻辑电路……………………………………………………………276
 5.6 脉冲波形的产生与变换……………………………………………………………282
  5.6.1 单稳态触发器及其应用……………………………………………………283
  5.6.2 555 定时器及其应用………………………………………………………285

## 第 6 章 数据转换和数据总线……………………………………………………………289

 6.1 数据转换……………………………………………………………………………290
  6.1.1 模拟量与数字量的含义……………………………………………………290
  6.1.2 D/A 转换器…………………………………………………………………291
  6.1.3 A/D 转换器…………………………………………………………………295
 6.2 数据总线……………………………………………………………………………301
  6.2.1 ARINC429 数据总线………………………………………………………302
  6.2.2 ARINC629 数据总线………………………………………………………309
  6.2.3 AFDX 网络…………………………………………………………………311
 6.3 多路技术……………………………………………………………………………313
  6.3.1 多路调制器与多路分配器的基本概念……………………………………313
  6.3.2 多路调制器…………………………………………………………………315
  6.3.3 多路分配器…………………………………………………………………317
 6.4 光纤技术……………………………………………………………………………318
  6.4.1 光纤传输的基本概念………………………………………………………318
  6.4.2 光纤及其传输原理…………………………………………………………319
  6.4.3 光源和光检测器……………………………………………………………324
  6.4.4 光纤通信系统………………………………………………………………328
  6.4.5 光纤通信在飞机系统中的应用……………………………………………328

## 第 7 章 基本计算机结构……………………………………………………………………331

 7.1 计算机概述…………………………………………………………………………331
  7.1.1 计算机系统的硬件组成……………………………………………………331
  7.1.2 计算机的软件………………………………………………………………335
  7.1.3 计算机的基本工作原理……………………………………………………336
 7.2 典型存储器…………………………………………………………………………339
  7.2.1 存储器的分类………………………………………………………………339
  7.2.2 只读存储器…………………………………………………………………340
  7.2.3 随机存储器…………………………………………………………………343
  7.2.4 闪速存储器简介……………………………………………………………345
 7.3 微型计算机在飞机上的应用举例…………………………………………………345
  7.3.1 概述…………………………………………………………………………345
  7.3.2 数据处理微机………………………………………………………………346
  7.3.3 实时控制微机………………………………………………………………347

## 第 8 章　电子显示器 ……………………………………………………… 350

### 8.1　发光二极管显示器 ………………………………………………… 350
#### 8.1.1　LED 的基本特性 …………………………………………… 350
#### 8.1.2　LED 的驱动电源 …………………………………………… 353
### 8.2　阴极射线管 …………………………………………………………… 356
#### 8.2.1　显像管的基本结构 ………………………………………… 356
#### 8.2.2　三基色原理 ………………………………………………… 359
#### 8.2.3　彩色显像管的显像原理 …………………………………… 360
### 8.3　液晶显示器 …………………………………………………………… 361
#### 8.3.1　液晶材料 …………………………………………………… 361
#### 8.3.2　液晶材料的电光效应 ……………………………………… 362
#### 8.3.3　液晶显示器的结构及基本原理 …………………………… 364

## 第 9 章　电磁干扰与防护技术 …………………………………………… 367

### 9.1　静电防护技术 ………………………………………………………… 367
#### 9.1.1　机载电子设备的静电防护 ………………………………… 367
#### 9.1.2　飞机结构的静电防护 ……………………………………… 371
#### 9.1.3　雷击防护 …………………………………………………… 373
### 9.2　电磁辐射及其防护 …………………………………………………… 374
#### 9.2.1　电磁环境相关术语 ………………………………………… 375
#### 9.2.2　机载电子设备电磁干扰控制方法 ………………………… 375
#### 9.2.3　高强度辐射防护 …………………………………………… 378

**附录：常用逻辑符号对照表** ……………………………………………… 379

**参考文献** …………………………………………………………………… 380

# 上篇

# 模拟电子技术基础

# 第1章

# 半导体及其应用

## 1.1 半导体二极管

### 1.1.1 半导体材料

所谓半导体,顾名思义,就是它的导电能力介于导体和绝缘体之间。如硅、锗、硒以及大多数金属氧化物和硅化物都是半导体。

很多半导体的导电能力在不同的条件下具有很大的差别。例如有些半导体(如钴、锰、镍等的氧化物)对温度的反应特别灵敏,当环境温度升高时,它们的导电能力要增强很多,利用这种特性可以制成各种热敏电阻。又如有些半导体(如镉、铅等的硫化物与硒化物)受到光照时,它们的导电能力变得很强;当无光照时,又变得像绝缘体那样不导电,利用这种特性可以制成各种光敏电阻。

半导体的一个更重要的性质是,如果在纯净的半导体中掺入微量的某种杂质后,它的导电能力就可以增加几十万乃至几百万倍。利用这种特性可以制成各种不同用途的半导体器件,如半导体二极管、三极管、场效应管及晶闸管等。

半导体为何有如此悬殊的导电特性呢?其根本原因在于物质内部的特殊性。下面首先介绍半导体物质的内部结构和导电机理。

### 1.1.2 本征半导体与杂质半导体

**1. 本征半导体**

我们知道,原子是由带正电荷的原子核和分层围绕原子核运动的电子组成的。其中,处于最外层的电子称为价电子,元素的许多物理和化学性质都与价电子有关。硅和锗的原子结构模型如图 1.1-1 所示,它们都有 4 个价电子,同属四价元素。为了简化起见,通常把内层电子和原子核看作一个整体,称为惯性核,惯性核的周围是价电子。显然,硅和锗的惯性核模型是相同的,它们的惯性核都带有 4 个正的电子电荷量($+4q$),如图 1.1-1(c)所示。

硅和锗都是晶体,它们的原子都是有规则地排列着,如图 1.1-2 所示,并通过由价电子组成的**共价键**把相邻的原子牢固地联系在一起。

**共价键就是相邻两个原子中的价电子作为共用电子对而形成的相互作用力。** 硅和锗中的每个原子均和相邻四个原子构成四个共价键,如图 1.1-3 所示。

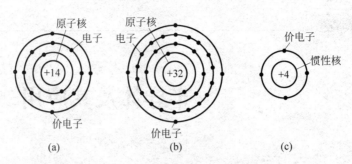

图 1.1-1　硅和锗的原子结构模型
(a) 硅；(b) 锗；(c) 惯性核模型

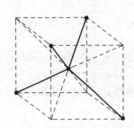

图 1.1-2　晶体中原子的排列方式

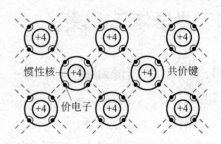

图 1.1-3　硅和锗共价键结构示意图

整块晶体内部晶格排列完全一致的晶体称为**单晶**。硅和锗的单晶称为**本征半导体**，它们是制造半导体器件的基本材料。

一块本征半导体，在热力学温度 $T=0K$ 和没有外界影响的条件下，它的价电子均束缚在共价键中，不存在自由运动的电子。但当温度升高或受到光线照射时，某些共价键中的价电子从外界获得足够的能量，从而挣脱共价键的束缚，离开原子而成为自由电子，同时，在共价键中留下相同数量的空位。这种现象称为**本征激发**。

当共价键中留下空位时，相应原子就带有一个电子电荷量的正电，邻近共价键中的电子受它的作用很容易跳过去填补这个空位，这样，空位便转移到邻近的共价键中；而后新的空位又被其相邻的价电子填补。这种过程持续进行下去，就相当于一个空位在晶格中移动，如图 1.1-4 所示。由于带负电荷的价电子依次填补空位的作用与带正电荷的粒子作反方向运动的效果相同，因此，可以把空位看作带正电荷的**载流子**，称为**空穴**。可见，半导体借以导电的载流子比导体多了一种空穴。换句话说，半导体是依靠自由电子和空穴两种载流子导电

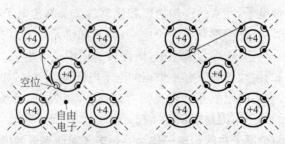

图 1.1-4　空穴在晶格中的移动

的物质,本征激发产生的两种载流子总是成对出现的。实际上,在自由电子-空穴对产生的过程中,还同时存在着**复合**过程,这就是自由电子-空穴对消失的过程。当温度一定时,上述本征激发和复合过程达到动态平衡。

电子-空穴对的密度随温度的升高而增大,但其相对于原子的密度而言仍然很小,因此,本征半导体的导电能力很低。

**2. 杂质半导体**

在本征半导体中,掺入一定量的杂质元素,就成为杂质半导体。按掺入杂质的不同,杂质半导体分 N 型和 P 型两种。若掺入五价元素的杂质(磷、锑或砷),则可使晶体中的自由电子浓度大大增加,故将这种杂质半导体称为 **N 型**或**电子型半导体**。若掺入三价元素的杂质(硼、镓、铟或铝等),则可使晶体中的空穴浓度大大增加,故将这种半导体称为 **P 型**或**空穴型半导体**。

1) N 型半导体

五价元素的原子有 5 个价电子,当它顶替晶格中的四价硅原子时,4 个价电子与周围 4 个硅原子以共价键形式相结合,而余下的一个电子就不受共价键束缚,它在室温时所获得的热能足以使它挣脱原子核的吸引而变成自由电子,如图 1.1-5 所示。由于该电子不是共价键中的价电子,因而不会同时产生空穴。而对于每个五价元素原子,尽管它释放出一个自由电子后变成带一个电子电荷量的正离子,但它束缚在晶格中,不能像载流子那样起导电作用。与本征激发浓度相比,N 型半导体中自由电子的浓度大大增加了,而空穴因与自由电子相遇而复合的机会增大,其浓度反而更小了。因此,在上述 N 型半导体中,将自由电子称为多数载流子,简称**多子**;空穴称为少数载流子,简称**少子**。并将五价元素称为**施主杂质**,它是受晶格束缚的正离子。**N 型半导体中正离子的数量与自由电子的数量相等,所以从整体上看仍然是电中性的。**

2) P 型半导体

同理,三价元素原子有 3 个价电子,当它顶替四价硅原子时,每个三价元素原子与周围 4 个硅原子组成的共价键中必然缺少一个价电子,因而形成一个空穴,如图 1.1-6 所示。显然,这个空穴不是释放价电子形成的,因而它不会同时产生自由电子。可见,在 P 型半导体中,空穴是多子,自由电子是少子。每个三价元素原子形成的空穴由相邻共价键中的价电子填补时,本身便成为带一个电子电荷量的负离子,故相应地将三价元素称为**受主杂质**。P 型半导体从整体上看也是电中性的。

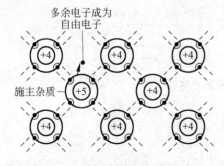

图 1.1-5 N 型半导体结构示意图

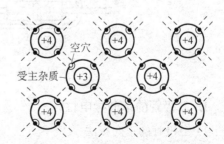

图 1.1-6 P 型半导体结构示意图

3) PN结的形成

将P型半导体与N型半导体通过物理的方法有机地结为一体后,在两个半导体的交界处就形成了PN结。PN结具有非线性电阻的特性,可以制成整流元件,并且是构成多种半导体器件的基础。

PN结的形成与特性如下:当P型半导体和N型半导体共处一体后,在它们的交界处两边电子、空穴的浓度不同,N区多电子,P区多空穴,因此N区内的电子要向P区**扩散**,P区内的空穴要向N区扩散。扩散首先是从交界面处开始的,N区内的电子扩散到P区后与空穴复合,N区减少了电子,因此在N区的一侧出现了带正电的离子层,它们是不能移动的正离子。同样,交界面P型区一侧出现带负电的离子层。随着电子、空穴的扩散,交界面两侧带电层逐渐增厚,形成一个**空间电荷区**,如图1.1-7所示,N型区带正电,P型区带负电。

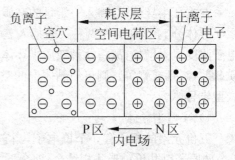

图1.1-7  PN结的形成

空间电荷区产生后,在半导体内部出现**内电场**,内电场的方向从N区指向P区。

内电场的出现使载流子在**电场力**的作用下产生**漂移运动**,内电场使得P区内的电子(少子)返回N区,N区内的空穴(少子)漂移到P区。当空间带电区域比较薄时,内电场较弱,载流子的扩散运动强于漂移运动。但随着扩散的进行,空间电荷区的厚度增加,内电场加强,使扩散运动减弱,漂移运动加强,最后将导致载流子的扩散运动与漂移运动达到动态平衡,这时空间电荷区的宽度不再增加。空间电荷区内已不存在载流子,因而又称这个空间为**耗尽层**。

在半导体内部出现的空间电荷区产生的内电场将阻止多数载流子继续扩散,因此称这个带电区域为**阻挡层**或**PN结**。**PN结具有单向导电性**。

### 1.1.3  半导体二极管及其伏安特性

半导体二极管的核心部分是一个PN结。在PN结两端加上电极引线和管壳后就制成了半导体二极管,P区引出端叫正极(或阳极),N区引出端叫负极(或阴极)。二极管一般采用文字符号"D"表示,其图形符号如图1.1-8所示。箭头一边代表正极,竖线一边代表负极,箭头所指方向是PN结正向电流的方向,它表示二极管具有**单向导电性**。

图1.1-8  二极管的结构图及符号

**1. 二极管的单向导电性**

1) 二极管的正向接法

将直流电源的正电位端接在二极管的P区电极,负电位接在N区电极,这种接法称为二极管的正向接法,如图1.1-9(a)所示。半导体二极管在正向接法下,外电场的方向与PN

结内电场方向相反,在正向电压作用下将使空间电荷区变薄,内电场减弱,多数载流子的扩散运动强于漂移运动,多数载流子能不断地越过交界面,这些载流子在外加正向电压的作用下形成二极管的正向电流。

2) 二极管的反向接法

如果将直流电源的正电位端接在二极管 N 区的电极上,负电位接在 P 区电极上,这种接法称为二极管的反向接法,如图 1.1-9(b)所示。

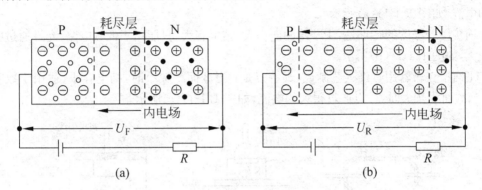

图 1.1-9 二极管的正、反向接法
(a) 二极管的正向接法;(b) 二极管的反向接法

二极管加反向电压后,外电场的方向与内电场的方向相同,空间电荷区变宽,内电场增强,多数载流子的扩散运动不能进行,这时只有 P 区和 N 区内的少数载流子在电场作用下产生漂移运动。因此反向接法下的二极管电流很小,这个电流称为二极管的反向电流。二极管的反向电流由少数载流子的漂移运动产生,而在半导体内少数载流子的数目受环境温度的影响。当环境温度一定时,少数载流子的数目基本上保持不变。二极管的反向电流在一定的反向电压范围内基本不变,故称二极管的反向电流为**反向饱和电流 $I_s$**。

**2. 二极管的结构和外形图**

由于功能和用途不同,二极管大小也不同,外形和封装各异。

在图 1.1-10 中,从左到右是小功率二极管和中、大功率二极管的几种常见外形图。从二极管使用的封装材料来看,小电流的二极管常用玻璃壳或塑料壳封装;电流较大的二极管工作时 PN 结温度较高,常用金属外壳封装。外壳就是一个电极并制成螺栓形,以便与散热器联接成一体。随着新材料、新工艺的应用,二极管采用环氧树脂、硅酮塑料或微晶体玻璃封装也比较常见。

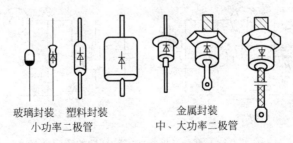

图 1.1-10 常用二极管的外形图

二极管的外壳上一般印有符号表示其极性,正、负极的引线与符号一致。有的在外壳的一端印有色圈表示负极;有的在外壳一端制成圆角形来表示负极;但也有的在正端打印标记或用红点来表示正极,这一点在使用时要特别注意。

根据制造工艺的不同,二极管的内部结构大致分为点接触型、面接触型和平面型三种,以适应不同用途的需要。

点接触型二极管的特点是:PN结的面积小,结电容小,适用于高频电路,但只能通过较小的电流,如图1.1-11(a)所示。

面接触二极管的特点是:PN结的面积大,结电容大,只能用于低频电路,允许通过的电流较大,如图1.1-11(b)所示。

平面型二极管用特殊工艺制成,其特点是:当截面积较小时,结电容小,适用于数字电路;当截面积较大时,可以通过很大的电流,如图1.1-11(c)所示。

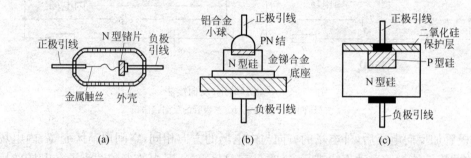

图1.1-11 二极管的内部结构
(a)点接触型二极管;(b)面接触型二极管;(c)平面型二极管

### 3. 二极管的伏安特性曲线及参数

1) 二极管的伏安特性曲线

二极管最重要的特性就是单向导电性,这是由于在不同极性的外电压作用下,内部载流子的不同运动过程形成的。反映到外部电路就是加到二极管两端的电压和通过二极管的电流之间的关系,即二极管的**伏安特性**。在电子技术中,常用伏安特性曲线来直观地描述电子器件的特性。图1.1-12(a)、(b)表示测量二极管伏安特性的实验电路,在不同的外加电压作用下,每改变一次 $R_P$ 的数值就可以测得一组电压和电流数据。将测得的数据在以电压为横坐标、电流为纵坐标的直角坐标系中描绘出来,就可以得到二极管的伏安特性曲线,如图1.1-13所示。

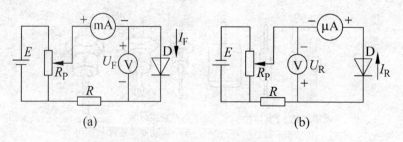

图1.1-12 测量二极管伏安特性的实验电路
(a)正向特性测量电路;(b)反向特性测量电路

从特性曲线可以看出,当正向电压 $U_F<U_{on}$ 时,二极管不导通,电流基本为零;当 $U_F \geqslant U_{on}$ 时,二极管开始导通,且正向电流 $I_F$ 随电压 $U_F$ 的升高而迅速增加。为了防止二极管中的电流太大,必须在电路中串入限流电阻 $R$;当二极管加反向电压 $U_R$ 时,二极管呈现的电阻很大,只有很小的反向电流流过,基本处于阻断状态。二极管的伏安特性曲线可以分为以下几个区域。

(1) 正向特性

① 不导通区(也叫死区)。当二极管的正向电压小于某值(图中记为 $U_{on}$)时,外电场较小,不足以克服 PN 结内电场对载流子运动的阻挡作用,因此正向电流几乎为零,二极管呈现的电阻较大,曲线 OA 段比较平坦,我们把这一段称作不导通区或死区。对应的电压 $U_{on}$ 称为开启电压,一般硅二极管约 0.5V,锗二极管约 0.2V。

② 导通区。当正向电压 $U_F$ 上升到大于开启电压 $U_{on}$ 时,PN 结的内电场几乎被抵消,二极管呈现的电阻很小,二极管正向导通,正向电流 $I_F$ 增长很快。导通后,正向电压微小的增大就会引起正向电流的急剧增大,AB 段特性曲线陡直,电压与电流的关系近似于线性,我们把 AB 段称作导通区。导通后二极管两端的正向电压称为正向压降或管压降。一般硅二极管的管压降约为 0.7V,锗二极管约为 0.3V。这个电压比较稳定,几乎不随流过的电流大小而变化。

(2) 反向特性

① 反向截止区。当二极管承受反向电压 $U_R$ 时,加强了 PN 结的内电场,使二极管呈现很大的电阻。少数载流子在反向电压作用下形成很小的反向电流 $I_R$。反向电压增加时,反向电流基本保持不变,如曲线的 OC 段,这时的反向电流 $I_R$ 称为**反向饱和电流 $I_S$**,OC 段称为**反向截止区**。反向电流是由少数载流子形成的,它会随温度升高而增大。在实际应用中,该值越小越好。一般硅二极管的反向电流在几十微安以下,锗二极管的反向电流为几百微安,大功率二极管的反向电流更大一些。

② 反向击穿区。当反向电压增大到超过某一个值时(如图中 C 点),反向电流急剧增大,这种现象叫**反向击穿**。C 点对应的电压叫反向击穿电压 $U_{BR}$,CD 段称为反向击穿区。不同的二极管,反向击穿电压大小也不同。

此外,二极管的伏安特性对温度很敏感,当环境温度升高时,二极管的正向特性将向左移,即管压降下降;反向特性将向下移动,即反向电流将增大,如图 1.1-13 中的虚线所示。

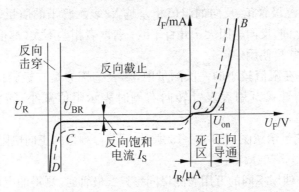

图 1.1-13 二极管的伏安特性

2）二极管的主要参数

（1）最大整流电流 $I_{FM}$。常称为额定工作电流，它是指二极管长期通电时，允许流过的最大正向平均电流。该电流与二极管两端正向压降的乘积就是使二极管发热的耗散功率，所以正向电流不能无限制增加，否则 PN 结会过热烧毁。在电路中，二极管的实际工作电流应低于规定的最大正向电流值。

（2）反向击穿电压 $U_{BR}$ 和最高反向工作电压 $U_{RM}$。为了保证二极管不致反向击穿，二极管工作时的最高反向工作电压 $U_{RM}$ 是反向击穿电压 $U_{BR}$ 的 1/3～1/2，以确保二极管安全工作。在实际应用中，反向电压的峰值（即最大瞬时值）不能超过最高反向工作电压 $U_{RM}$。

### 1.1.4 二极管的识别和简易检测方法

在使用二极管前，通常先要判别其极性，还要检查其能否正常工作，否则电路不仅不能正常工作，甚至可能烧毁二极管和其他元器件。前面介绍的一些二极管封装上的符号或极性标记可以作为依据，但当封装上的符号或极性标记看不清楚时，也可以根据二极管的单向导电性来判断它的好坏和极性。

在实际工作中，常用万用表的电阻挡测量正负极之间的电阻来识别二极管。万用表有两个接线端，对于指针式万用表，**红表笔接表内电池的负极，输出负电压；黑表笔接电池的正极，输出正电压**（数字式万用表则相反，红表笔接表内电池正极，输出正电压；黑表笔接电池负极，输出负电压，使用时务必注意）。指针式万用表内部电路原理图如图 1.1-14 所示。

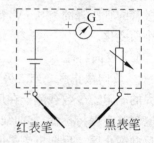

图 1.1-14　指针式万用表内部电路原理图

下面以指针式万用表为例，说明二极管的测量方法和步骤。

（1）测量前首先要选择好欧姆挡的挡位，并将两表笔短接后调零位。对于耐压较低、电流较小的二极管，如果用 $R×1\Omega$ 挡，则流过二极管的电流太大；若用 $R×10k\Omega$ 挡，表内电池电压太高，都可能会使二极管损坏。通常使用 $R×100\Omega$ 挡或 $R×1k\Omega$ 挡来测量。

（2）将万用表的红表笔和黑表笔分别接到二极管的两个电极引出端，观察其阻值并作记录；然后把两表笔对调再与二极管两引脚连接，再次观察并记录其阻值。

（3）质量判别：二极管正、反向的阻值相差越大，表示管子的质量越好，一般正向电阻在几百欧～几千欧之间，反向电阻大于几百千欧；若两者相差不大（都很小或都很大），则说明二极管已损坏，不能再使用。

（4）极性判别：在阻值较小的一次测量中，黑表笔接的是二极管的正极，红表笔接的是二极管的负极（指针式万用表表针转向右侧时表示阻值减小，转向左侧时表示阻值增大）。

指针式万用表测量示意图如图 1.1-15 所示。图（a）测得的正向电阻应小于 $5k\Omega$，图（b）测得的反向电阻应大于 $500k\Omega$。

需要注意的是：使用不同的万用表测量同一只二极管时，测得的电阻值可能不同，这是由于万用表本身的特性也有所不同。使用万用表不同的电阻挡测量二极管时，测得的阻值也是不同的。这是因为二极管是非线性元件，PN 结的阻值是随外加电压变化的，用万用表

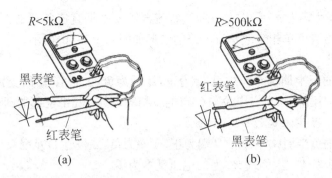

图 1.1-15　用万用表测量二极管
(a) 二极管正向接通,正向电阻小；(b) 二极管反向截止,反向电阻大

测量时,不同电阻挡的表笔端电压也不一样,因此测得的电阻值读数也不一样,但这并不影响二极管的定性判别。

此外,测量时还需要注意不要用手指捏着二极管的引脚和表笔测量,因为这样就相当于将人体的电阻与二极管并联,会影响测量的准确度。

### 1.1.5　二极管的应用

**1. 二极管整流电路**

由于交流电在产生、输送和使用方面具有很多优点,因此发电厂所提供的电能几乎都是交流电。但是有许多电子电气设备,例如电解、电镀、充电以及直流电动机等都需要直流电源供电。利用二极管的单向导电性可以很容易地把交流电变换为直流电。

**将交流电变换为直流电的过程称为整流**,实现整流的设备称为整流器。整流器一般由3个部分组成,如图 1.1-16 所示。第一部分是变压器,它把输入的交流电压变为整流电路所要求的电压值；第二部分是整流电路,由整流器件组成,它把交流电变成方向不变、但大小随时间变化的脉动直流电；第三部分是滤波电路,它把脉动的直流电变成平滑的直流电。对于要求较高的场合,还需要在滤波之后加稳压电路,将滤波器输出的直流电进一步稳压,变为恒定的直流电供给负载。

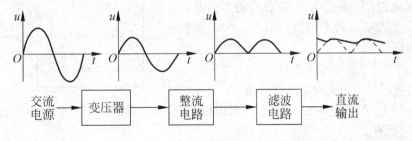

图 1.1-16　整流器的结构

整流电路有很多种,包括单相半波整流器、单相全波整流器、三相半波整流器及三相全波整流器等。下面主要介绍单相整流器的组成和工作原理。

1) 单相半波整流电路

单相半波整流电路如图 1.1-17(a)所示,变压器 T 将电源电压 $u_1$ 变为整流电路所需的

电压 $u_2$,其瞬时表达式为 $u_2=\sqrt{2}U_2\sin\omega t$。整流器需要根据直流负载的工作参数选取不同型号和参数的二极管。单相半波整流电路的波形如图 1.1-17(b)所示。

(1) 工作原理

在输入电压的正半周($0\sim t_1$):$A$ 端为正,$B$ 端为负,二极管 D 因受正向电压而导通。当忽略二极管正向压降时,$A$ 点电位与 $C$ 点电位相等,则 $u_2$ 几乎全部加到负载 $R_L$ 上,$R_L$ 上的电流方向与电压极性如图 1.1-17(a)所示。

在输入电压的负半周($t_1\sim t_2$):$B$ 端为正,$A$ 端为负,二极管 D 承受反向电压而截止,$u_2$ 几乎全部加到二极管 D 上,负载 $R_L$ 上的电压基本为零。

由此可见,在交流电的一个周期内,二极管半个周期导通,半个周期截止,以后周期重复上述过程,负载 $R_L$ 上的电压和电流波形如图 1.1-17(c)和(d)所示。由于该电路输出的脉动直流电波形是输入交流电波形的一半,故称为**半波整流电路**。输出电压 $u_L$ 由直流电 $U_L$ 和交流成分叠加组成,与输入的交流电比较有了本质的改变,即变成了大小随时间改变、但方向不变的直流电。

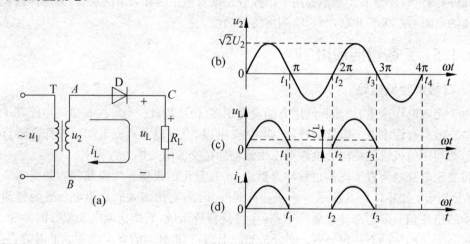

图 1.1-17 单相半波整流电路及波形图

(2) 负载 $R_L$ 上的直流电压和电流的计算

在整流电路中,输出电压用平均值 $U_L$ 表示。它是指在一个周期内的平均值,如图 1.1-18 所示。经过计算得

$$U_L = 0.45U_2$$

式中,$U_2$ 为变压器副边交流电压有效值。

流过负载 $R_L$ 的直流电流平均值 $I_L$ 可以根据欧姆定律求出,即有

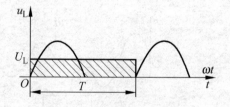

图 1.1-18 整流电压平均值

$$I_L = \frac{U_L}{R_L} = 0.45\frac{U_2}{R_L}$$

(3) 整流二极管上的电流和最大反向电压

二极管导通后,流过二极管的平均电流 $I_F$ 与 $R_L$ 上流过的平均电流相等,即有

$$I_F = I_L = 0.45\frac{U_2}{R_L}$$

由于二极管在 $u_2$ 的负半周时截止,承受全部 $u_2$ 的反向电压,所以二极管承受的最大反向电压 $U_{RM}$ 就是变压器副边电压的最大值,即有

$$U_{RM} = \sqrt{2}U_2$$

在整流电路的设计计算中,一般是根据负载所需要的电压、电流的平均值来计算整流变压器的次级电压、电流和变压器功率,并据此选定整流二极管的参数。以上结论是以电阻性负载为对象求出的,如果负载上接有滤波电容器,则需另行考虑。

单相半波整流电路的特点是:电路简单,使用器件少,但输出电压脉动大。由于只利用了电源半波,理论计算表明其整流效率仅在 40% 左右,因此只能用于小功率以及对输出电压波形和整流效率要求不高的设备中。

2) 单相全波整流电路

单相全波整流电路实际上是由两个单相半波整流电路组成的,电路如图 1.1-19(a)所示,在整流变压器次级引出两个电压 $u_{2a}$ 和 $u_{2b}$,以 $O$ 点为参考点,两个电压大小相等,相位相反,如图 1.1-19(b)所示。

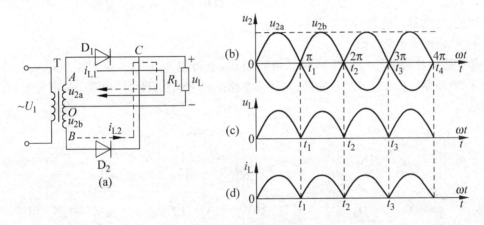

图 1.1-19 单相全波整流电路

(1) 工作原理

在输入电压的正半周(0~$t_1$):$A$ 端为正,$B$ 端为负,二极管 $D_1$ 承受正向电压 $u_{2a}$ 而导通,二极管 $D_2$ 因承受反向电压 $u_{2b}$ 而截止,电流 $i_{L1}$ 的通路为 $A \to D_1 \to R_L \to O$,如图中实线所示。

在输入电压的负半周($t_1 \sim t_2$):$B$ 端为正,$A$ 端为负,二极管 $D_2$ 承受正向电压 $u_{2b}$ 而导通,二极管 $D_1$ 承受反向电压 $u_{2a}$ 而截止,电流 $i_{L2}$ 的通路为 $B \to D_2 \to R_L \to O$,如图中虚线所示。

由此可见,在交流电的一个周期内,二极管 $D_1$ 和 $D_2$ 交替导通,负载电流 $i_L = i_{L1} + i_{L2}$。因此,负载 $R_L$ 上得到一个全波脉动的直流电压和电流,如图 1.1-19(c)和(d)所示。

这种整流电路称为全波整流电路。显然,单相全波整流电路利用了输入电压的正、负两个半周,弥补了单相半波整流电路的缺点。

(2) 负载 $R_L$ 上的直流电压和电流的计算

从波形图可以看出,全波整流电路负载上得到的直流电压平均值比单相半波整流电路中的提高了一倍。由于中心抽头变压器的两个输出电压相等,因此可以设 $U_{2a} = U_{2b} = U_2$,

则全波脉动电压的平均值为

$$U_L = 2 \times 0.45 U_2 = 0.9 U_2$$

式中,$U_2$ 为整流变压器次级交流电压有效值。

流过负载的平均电流为

$$I_L = \frac{U_L}{R_L} = 0.9 \frac{U_2}{R_L}$$

(3) 整流二极管上的电流和最大反向电压

在全波整流电路中,两只二极管轮流导电,流过每只二极管的平均电流只有负载电流的一半,即

$$I_{F1} = I_{F2} = \frac{1}{2} I_L = 0.45 \frac{U_2}{R_L}$$

通过工作原理分析可知,当一只二极管导通时,另一只二极管承受 $AB$ 两端全部反向电压,每只二极管承受的反向电压相当于单相半波整流电路的两倍,其最大值为

$$U_{RM} = 2\sqrt{2} U_2$$

因此,在选择二极管时必须加以注意。

3) 单相桥式整流电路

单相全波整流电路可以用两只二极管组成,也可以用 4 只二极管组成桥式电路,如图 1.1-20 所示。图 1.1-20(a)和(b)是桥式电路的两种画法,图 1.1-20(c)是两种电路的简化画法。

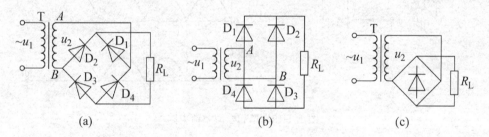

图 1.1-20 单相桥式整流电路

(1) 工作原理

在输入交流电压正半周($0 \sim t_1$):$A$ 端为正,$B$ 端为负,即 $A$ 点电位高于 $B$ 点电位。二极管 $D_1$、$D_3$ 正偏导通,二极管 $D_2$、$D_4$ 反偏截止,电流 $i_{L1}$ 的通路是 $A \rightarrow D_1 \rightarrow R_L \rightarrow D_3 \rightarrow B$,如图 1.1-21(a)所示。这时负载 $R_L$ 上得到一个半波电压。

在输入交流电压的负半周($t_1 \sim t_2$):$A$ 端为负,$B$ 端为正,$B$ 点电位高于 $A$ 点电位,二极管 $D_2$、$D_4$ 正偏导通,二极管 $D_1$、$D_3$ 反偏截止,电流 $i_{L2}$ 的通路是 $B \rightarrow D_2 \rightarrow R_L \rightarrow D_4 \rightarrow A$,如图 1.1-21(b)所示。同样,在负载 $R_L$ 上得到一个半波电压。

由此可见,在交流输入电压的正、负半周,都有同一方向的电流流过 $R_L$。4 只二极管中,两两轮流导通,$i_L = i_{L1} + i_{L2}$,在负载上得到全波脉动的直流电压和电流,如图 1.1-22 所示。所以这种整流电路属于全波整流类型,也称为单相桥式全波整流电路。

(2) 负载 $R_L$ 上直流电压和电流的计算

从波形图上可以看出,桥式整流电路的波形与只有两只二极管的全波整流电路波形完

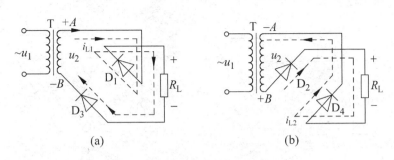

图 1.1-21　电流通路分析

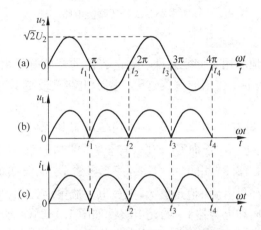

图 1.1-22　单相桥式整流电路波形图

全相同,因此负载上的电压和电流平均值也完全一样。即有

$$U_L = 0.9 U_2$$

$$I_L = 0.9 \frac{U_2}{R_L}$$

(3) 整流二极管上的电流和最大反向电压

在桥式整流电路中,由于每只二极管只有半周是导通的,所以流过每只二极管的平均电流只有负载电流的一半,即

$$I_F = \frac{1}{2} I_L = 0.45 \frac{U_2}{R_L}$$

在单相桥式整流电路中,每只二极管承受的最大反向电压就是 $u_2$ 的峰值,即

$$U_{RM} = \sqrt{2} U_2$$

可见,桥式整流电路中,每个整流管的反压比前述的两管全波整流电路减小一半,这也是桥式整流电流的优点,同时由于变压器也不需要中间抽头,因而在实际中得到了广泛应用。

4) 单相倍压整流电路

在一些需要**高电压小电流**供电的设备中,如果采用前面介绍的整流电路,整流变压器次级电压必须很高,匝数势必很多,因而有体积大、绕制困难等缺点;另一方面,整流器件还必须有很高的耐压能力。在这种情况下,可以采用倍压整流电路,如图 1.1-23 所示。

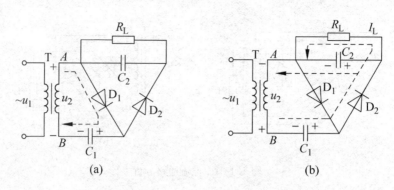

图 1.1-23 二倍压整流电路

(1) 工作原理

倍压整流电路巧妙地利用了储能元件——电容器的充放电作用,只需输入较低的交流电压,就能输出高于输入电压多倍的直流电压。图示电路是最简单的二倍压整流电路,其工作原理如下:

当 $u_2$ 正半周时:$A$ 端为正,$B$ 端为负,$A$ 点电位高于 $B$ 点电位,二极管 $D_1$ 正偏导通,$D_2$ 反偏截止,半波整流后的脉动电压向 $C_1$ 充电,直至 $C_1$ 两端电压 $u_{C1}$ 被充电到最大值 $\sqrt{2}U_2$。当电压 $u_2$ 从最大值开始下降时,由于 $u_{C1} > u_2$,使二极管 $D_1$ 反偏截止,电容器 $C_1$ 通过负载 $R_L$ 和二极管 $D_2$ 放电。如果 $R_L$ 阻值足够大,则放电电流很小,放电缓慢,$u_{C1}$ 基本保持 $\sqrt{2}U_2$ 的数值。整流电流的方向和电容器 $C_1$ 的充电极性如图 1.1-23(a) 所示。

当 $u_2$ 负半周时:$A$ 端为负,$B$ 端为正,$B$ 点电位高于 $A$ 点电位,次级电压 $u_2$ 与 $C_1$ 上的电压 $u_{C1}$ 同向串联加到二极管 $D_2$ 上,显然 $D_1$ 反偏截止,$D_2$ 正偏导通,半波整流的脉动电压峰值使 $C_2$ 充电到接近 $u_2$ 的最大值和 $u_{C1}$ 之和,即 $2\sqrt{2}U_2$。整流电流的方向和电容器 $C_2$ 的充电极性如图 1.1-23(b) 所示。

由于电容器 $C_2$ 上的直流电压也就是负载两端的电压,如果 $R_L$ 阻值足够大,则 $C_2$ 向负载放电的速度很慢,负载电流 $I_L$ 很小,负载电压降低不多,近似保持 $u_2$ 峰值的二倍,即 $2\sqrt{2}U_2$。

当 $u_2$ 又恢复到正半周时,电容器 $C_1$ 又被充电到 $\sqrt{2}U_2$ 值。再过渡到负半周时,$C_2$ 的电压又被充电到 $2\sqrt{2}U_2$ 值,从而实现倍压整流,所以这种电路称为二倍压整流电路。

从上面的分析可知,实现倍压整流的关键是电容器的充电速度与负载的放电速度。充电速度快,放电速度慢(负载电阻大),则输出电压的稳定性就高。

(2) 负载 $R_L$ 上的直流电压和电流计算

二倍压整流电路的输出电压为

$$U_L \approx 2\sqrt{2}U_2 \approx 2.82U_2$$

变压器次级电压为

$$U_2 \approx \frac{U_L}{2.82} \approx 0.35 U_L$$

流过负载的平均电流为

$$I_L = \frac{U_L}{R_L} = 2.82 \frac{U_2}{R_L}$$

(3) 整流二极管上的电流和最大反向电压

每只整流二极管承受的最大反向电压为

$$U_{RM} \approx 2\sqrt{2}U_2 \approx 2.82U_2$$

流过每只二极管的平均电流为

$$I_F \approx I_L \approx 2\sqrt{2}\frac{U_2}{R_L} \approx 2.82\frac{U_2}{R_L}$$

了解了二倍压整流电路的工作原理后，可以举一反三地利用多个整流二极管和电容器构成 $n$ 倍压整流电路，图 1.1-24 为三倍压整流电路。

**例题 1.1-1**：某飞机仪表中需要 2kV 的直流电压。试求：分别利用二倍压、四倍压整流电路时，整流变压器的次级电压和整流二极管的最大反向电压。

**解**：① 采用二倍压整流电路时：

因为  $U_L = 2\sqrt{2}U_2$

所以  $U_2 = \dfrac{U_L}{2\sqrt{2}} = \dfrac{2000}{2.82} \approx 709(V)$

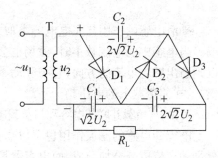

图 1.1-24  三倍压整流电路

二极管的最大反向电压为

$$U_{RM} = 2\sqrt{2}U_2 = 2.82 \times 709 = 1999(V)$$

② 采用四倍压整流电路时：

因为  $U_L = 4\sqrt{2}U_2$

所以  $U_2 = \dfrac{U_L}{4\sqrt{2}} = \dfrac{2000}{4\sqrt{2}} = 354(V)$

二极管的最大反向电压为

$$U_{RM} = 2\sqrt{2}U_2 = 2.82 \times 354 \approx 998(V)$$

可见，采用四倍压整流电路时，变压器副边电压和二极管的最大反压都有所减小。

**2. 滤波电路**

许多电子设备的内部电路需要提供稳定的直流电压才能正常工作。经过二极管整流后得到的电压是一个脉动的直流电压(如图 1.1-22(b)所示)，如果不经过滤波和稳压，将达不到使用要求，会严重影响电路的正常工作。在直流电源中，常常采用 LC 滤波器将直流电压中的高频脉动成分滤除。

图 1.1-25 画出了将脉动直流电变为平滑直流电的两种滤波电路。其中，电容与负载并联，电感与负载串联。当脉动的直流电 $U_d$ 加在充电电容 $C$ 两端时，电容器被充电，其两端电压逐渐上升；当脉动直流电压低于电容器两端的充电电压时，电容器通过负载电阻放电。如果电容值选择合适，则电阻上的脉动直流电压在电容器放电的作用下趋于平滑。充电电容的作用如图 1.1-26 所示。

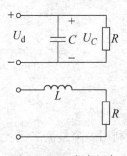
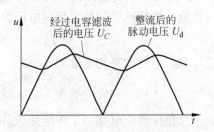

图 1.1-25　滤波电路　　　　　　图 1.1-26　充电电容的滤波作用

平滑电感的作用与充电电容类似。当脉动直流电流流过电感时,在电感中就建立了磁场。当电感中的电流减小时,磁场也会减弱,因此在电感中产生感应电流。根据楞次定律可以判断出感应电流的方向,它与脉动直流电的方向一致,于是负载上又得到了感应电流的补偿,这样使负载上的电压趋于平滑。

可见,与负载并联的电容和与负载串联的电感具有使脉动直流电压和电流趋于平滑的作用。

电容和电感的滤波作用也可以这样去理解:一个脉动的直流电压或电流是由一个直流分量和交流成分叠加而成,而电容器具有"**隔直流,通交流**"的作用,因此与负载并联的电容器对脉动直流电中的交流成分相当于短路(容抗小),这样就只有直流电成分加到了负载上。同理,电感具有"**通直流,阻交流**"的作用,因此与负载串联的电感对脉动直流电中的交流成分具有很大的感抗作用,对直流成分几乎没有阻碍作用,从而使直流分量全部加到了负载上。

在实际电路中,为了更有效地滤除高频成分,可以采用 Π 型滤波器,如图 1.1-27 所示。其中电容器与负载并联,电阻或电感与负载串联。

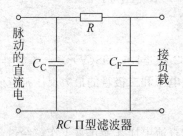
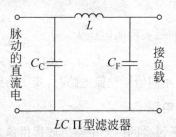

$RC$ Π 型滤波器　　　　　　　　$LC$ Π 型滤波器

图 1.1-27　Π 型滤波器

电阻对交、直流电压具有同样的降压作用,但当它与电容配合之后,就使得经过电容处理过的直流脉动电压的交流成分较多地降在了电阻两端(因为 $C_F$ 的容抗很小),较少地降在负载上,从而起到了滤波的作用。$R$ 越大,$C_F$ 越大,滤波效果越好。但是,$R$ 太大将使 $R$ 上的直流压降增加,所以这种 $RC$ 组成的 Π 型滤波器只适用于负载电流较小而又要求输出脉动电压很小的场合。

如果负载要求比较大的输出电流,则应该采用 $LC$ 组成的 Π 型滤波器。因为电感对直流电的阻碍作用很小,它只对交流成分具有较大的感抗作用。用 $L$ 取代 $R$,不仅对交流成分有较强的滤波作用,而且几乎不会降低输出电流。因此,$LC$ 组成的 Π 型滤波器的滤波效果要好于 $RC$ 组成的 Π 型滤波器。但由于电感线圈体积大、重量重、成本高,一般只用在要求较大输出电流的场合。

**3. 二极管限幅和箝位电路**

1) 二极管限幅电路

在电子线路中,经常需要将交流信号的幅值限制在一定范围内,这时可以利用二极管"正向导通电阻近似为零"的特性组成限幅电路,如图 1.1-28 所示。图中的信号源 $u_i$ 是一个正弦信号,设其幅值为 $U_{im}$,电路中的直流电源 $U_S < U_{im}$。将 $u_i$ 加在图示的电路上,在输出端就可以得到一个频率与输入信号相同、正向幅值等于 $U_S$ 的周期性信号。图中的电阻 $R$ 起限流作用。

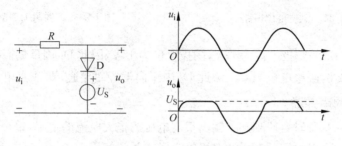

图 1.1-28 二极管限幅电路

**例题 1.1-2**:在图 1.1-29(a)所示电路中,$U_S = 5V$,$u_i = 10\sin\omega t$ V,二极管的正向压降忽略不计,试画出输出电压 $u_o$ 的波形。

**解**:分析带有二极管的电路时,主要抓住二极管的导通条件。根据电路可知,当 $u_i < U_S$ 时,二极管导通,$u_o = 5V$,当 $u_i > U_S$ 时,二极管截止,$u_o = u_i$。所以 $u_o$ 的波形图如图 1.1-29(b)所示。

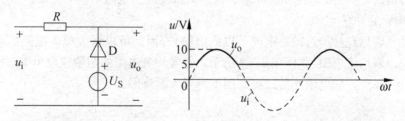

图 1.1-29 例题 1.1-2 图

2) 二极管箝位电路

这里的箝位电路指的是电位箝位,是将电路中某点的电位值箝制在选定的数值上,可以使接于该处的负载电阻在一定范围内变动时,该点电位值保持不变。电位箝位电路如图 1.1-30 所示。

在此电路中,只要二极管处于导通状态,负载电阻 $R_L$ 改变时,电路的输出端电位 $U_o$ 将等于 $E_g + U_D$($U_D$ 为二极管的正向压降),而与负载 $R_L$ 的大小无关。

需要注意的是,要保持二极管处于导通状态,电阻 $R_L$ 的值不能太小,当电阻 $R_L$ 过小时,将会使二极管成反向偏置,箝位电路将失去作用。

**例题 1.1-3**:在图 1.1-31 所示电路中,设二极管的正向导通电压为 0.7V,求 $A$ 点的电位。

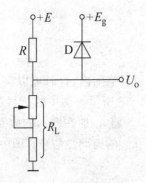

图 1.1-30 电位箝位电路

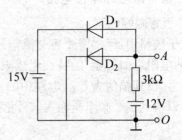

图 1.1-31 例题 1.1-3 图

**解**:二极管 $D_1$ 的阳极电位为 12V,阴极电位为 15V,因此 $D_1$ 因反偏而截止;二极管 $D_2$ 的阳极电位为 12V,阴极电位为 0V,因此 $D_2$ 因正向偏置而导通,则 $A$ 点电位为 0.7V。

**4. 二极管的串并联**

在整流设备中,有时会遇到要求输出很高电压或很大电流的情况,单个的整流器件已不能满足要求,这时可以采用同型号的二极管串联或并联使用。

1) 二极管的串联

二极管串联后,总的反向工作峰值电压成倍增长。由于各个二极管的反向电阻不可能完全一致,因此串联后,其中反向电阻最大的一只管子可能因承受过高电压而击穿,这样会使全部电压加在剩余的二极管上,最后导致全部二极管陆续击穿损坏。所以整流二极管串联使用时,一般需要并联均压电阻,如图 1.1-32 所示。均压电阻的阻值一般选为单个二极管反向电阻值的 1/3~1/5,这样实际电压就能大致按均压电阻阻值来分配。

2) 二极管的并联

二极管并联后允许通过的总电流可以成倍增长,因此可以增大整流电路的容量。二极管并联时应串联均流电阻,如图 1.1-33 所示。通常均流电阻的阻值应取单个二极管正向电阻的 3~4 倍,以免正向电阻小的二极管因电流过大而烧毁。

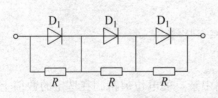

图 1.1-32 二极管的串联

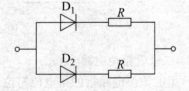

图 1.1-33 二极管的并联

### 1.1.6 特殊二极管及其应用

特殊二极管包括:稳压管、变容二极管、PIN 二极管、肖特基二极管、光电二极管及单结晶体管等,它们被广泛应用于各种电子设备中。

**1. 稳压管**

稳压管又称为齐纳二极管,是一种用特殊工艺制造的面结型硅半导体二极管。因为它具有稳定电压的功能,故称为稳压管。稳压管的代表符号及伏安特性曲线如图 1.1-34 所示。

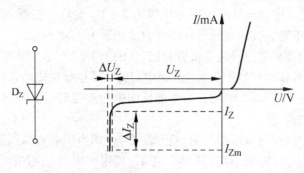

图 1.1-34　稳压管的代表符号及伏安特性曲线

从稳压管的伏安特性可以看出,稳压管的正向特性曲线与普通二极管相似,而反向击穿特性曲线比较陡。**稳压管正是工作于特性曲线的反向击穿区。**

当加在稳压管上的反向电压增加到某一数值时,反向电流急剧增大,稳压管被击穿,但这种击穿不是破坏性的,只要在电路中串接一个适当的限流电阻,就能保证稳压管工作在可逆的电击穿下,而不会达到热击穿使管子遭到永久性破坏。在电击穿状态下,通过管子的电流在很大范围内变化,而管子两端的电压基本不变,利用这一特点就可以达到稳压的目的。

稳压二极管的主要参数包括以下几个:

(1) 稳定电压 $U_Z$:在规定的稳压管反向工作电流 $I_Z$ 下所对应的工作电压。

(2) 反向工作电流 $I_Z$:可以使稳压管工作在反向击穿区域的电流,该值有一个取值范围,电流太小时稳压管截止,电流太大时会使管子过热而发生热击穿。

(3) 最大允许耗散功率 $P_{ZM}$:是稳压管不致发生热击穿的最大功率损耗,它是稳压值 $U_Z$ 与工作电流 $I_Z$ 的乘积。

图 1.1-35 是并联式稳压电路,$D_Z$ 为稳压管,$R$ 为限流电阻。该电路一方面限制了电路中的工作电流,以保护稳压管;另一方面,当输入电压或负载电流变化时,通过该电阻上电压降的变化,可以保持负载电阻 $R_L$ 上的电压不变,从而达到稳压的目的。

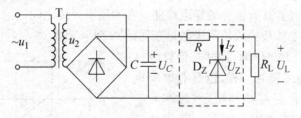

图 1.1-35　并联稳压电路

在实际的电源电路中,除了采用稳压管对整流滤波后的电压进行稳压外,还可以采用集成稳压模块进行稳压,具有电压可调、稳压效果好等优点,详细内容见本章 1.4 节。

**2. 变容二极管**

变容二极管通常由硅或砷化镓材料制成,采用陶瓷或环氧树脂封装。其特点是结电容随外加电压的大小而发生显著变化,电路中可以利用变容二极管的这种特性取代可变电容器。

变容二极管工作在反向截止状态,其结电容随着反向电压的增大而下降。其电容量最大值为 5～300pF,最大电容与最小电容之比约为 5∶1。变容二极管在高频技术中应用较多,如电视机电子调谐器。其代表符号和特性曲线如图 1.1-36 所示。

变容二极管的内部构造与普通二极管相同,如图 1.1-37 所示。N 型半导体和 P 型半导体的导电能力很强,其作用相当于金属板;而中间的耗尽层导电能力很低,相当于介质。可见,这正是一个平行板电容器的结构。当外加反向电压改变时,耗尽层的宽度将发生变化,因此将引起结电容的变化。

当 PN 结上所加的反向电压增大时,耗尽层变宽,相当于电容器两极板距离增大,结电容减小;反之,当反向电压减小时,耗尽层变窄,相当于电容器两极板距离减小,结电容增大。

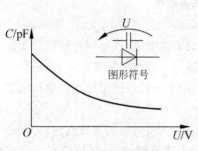

图 1.1-36 变容二极管的符号和特性曲线

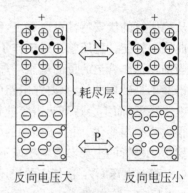

图 1.1-37 变容二极管结构随反向偏压变化

变容二极管主要应用于无线电收音机和电视机的谐振回路中,起到选台和频率自动调谐作用。

### 3. PIN 二极管

PIN 二极管的英文全称是 positive intrinsic negative。在 PIN 二极管中,其 P 型和 N 型半导体都是高掺杂的,具有很好的导电性能。在两层半导体之间,还有一层高阻的 I 型本征半导体,它是完全不掺杂的或掺入极微量杂质的 N 型半导体。

当信号频率小于 1MHz 时,PIN 二极管与只有一个 PN 结的普通二极管一样,也具有单向导电性,且结电容小。但是在高频频段(频率大于 10MHz)时,其特性却有根本的区别。当 PIN 二极管接在高频电路中时,这种管子不再具有单向导电性,其特性如同一个电阻,其阻值随导电电流的增大而减小,因此 PIN 二极管又称为变阻二极管。图 1.1-38 是 PIN 二极管在高频段的直流伏安特性。

PIN 二极管应用很广泛,从低频到高频的应用都有,主要用在射频(RF)领域,用作 RF 开关

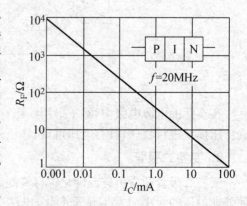

图 1.1-38 PIN 二极管的结构和特性

和 RF 保护电路,也可用作光电二极管。PIN 二极管包括 PIN 光电二极管和 PIN 开关二极管。对于高频信号来说,PIN 二极管可以用作可变电阻(衰减电路)。在电视机和天线放大器中,可以用作开关,实现几乎无失真的幅度调节。

### 4. 肖特基二极管

肖特基二极管是肖特基势垒二极管(Schottky barrier diode,SBD)的简称,它是利用金属-半导体的接触来代替 PN 结,在 N 型半导体与金属的界面中构成一个阻挡层。其结构示意图和相应的电路符号如图 1.1-39(a)、(b)所示。

众所周知,金属或半导体中的电子要逸出体外,都必须有足够的能量去克服体内原子核的吸引力。通常把逸出一个电子所需的能量称为逸出功。若将逸出功大的金属与逸出功小的半导体相接触,电子就会从半导体逸出并进入金属,从而使交界面的金属侧带负电,半导体侧留下带正电的施主离子。金属是导体,负电子只能分布在表面的一个薄层内,而 N 型半导体中的正离子将分布在较大的宽度内,形成如图 1.1-40 所示的电荷分布,产生内电场,此内电场阻止 N 型半导体中的电子进一步向金属注入。这一内电场形成的势垒称为**肖特基表面势垒**。

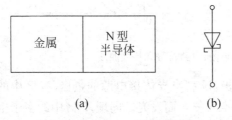

图 1.1-39 肖特基二极管的结构和符号

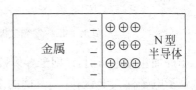

图 1.1-40 肖特基二极管电荷分布

与 PN 结中的阻挡层类似,当外加正向电压,即外电源的正极接金属、负极接半导体时,由于外加电压产生的电场与内电场方向相反,导致总电场削弱,半导体中就有更多的电子越过势垒进入金属,形成自金属到半导体的正向电流,电流的大小随外加正向电压的增大而急剧增加。当外加反向电压,即外电源的正极接导体、负极接金属时,外加电压使内电场增大,导致半导体进入金属的电子减少,形成由半导体到金属的反向电流,显然,这个电流值是很小的,其值几乎与外加反向电压的大小无关。

可见,肖特基二极管具有和 PN 结相似的伏安特性,但两者有差别,如图 1.1-41 所示。首先,肖特基二极管是依靠一种载流子工作的器件,消除了 PN 结中存在的少子储存现象,因而适用于高频高速电路;其次,省掉了 P 型半导体,只有很低的正向电阻。另外,肖特基二极管中的阻挡层很薄,相应的正向导通电压和反向击穿电压均较 PN 结低。

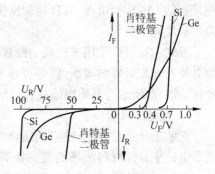

图 1.1-41 肖特基二极管的伏安特性

### 5. 光电二极管

在光的照射下,某些半导体将受激发而产生电子-空穴对,从而改变了半导体的导电能力。反之,在某些半导体中,当半导体中的自由电子和空穴复合时,会产生光辐射,且不同的半导体材料会辐射出不同颜色的光。例如,磷砷化镓(GaAsP)发红光,磷化镓(GaP)发绿光,氮化镓(GaN)发蓝光,砷化镓(GaAs)发不可见的红外光等。

利用上述光电转换可以制成各种光电二极管,例如发光二极管、光敏二极管和光电耦合器等。

1) 发光二极管

发光二极管(light-emitting diode,LED)是由电能转换为光能的一种半导体器件。它由PN结组成,其结构示意图和电路符号如图1.1-42所示。

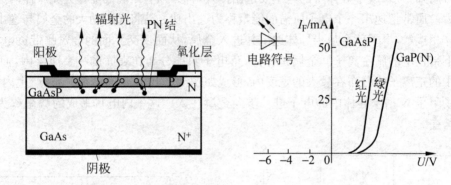

图1.1-42　发光二极管的结构示意图、电路符号和特性曲线

当外加正偏电压时,P型半导体接电源的正极,N型半导体接电源的负极,N区中的多数载流子电子注入P区,并与其间的多数载流子空穴复合而发光。同理,P区中的多子空穴注入N区,并与其间的多子电子复合而发光。

发光二极管的伏安特性与普通二极管相似,其正向导通电压为1.35～2.5V,最高反向截止电压在-6～-3V之间。发光二极管的发光亮度与通过的正向电流成正比增加,但正向电流过大时,亮度的增加趋缓。发光二极管的典型工作电流为10mA。因此,在使用发光二极管时应注意两点:一是若用直流电源电压驱动发光二极管,在电路中一定要串联限流电阻,以防止电流过大而烧坏管子;二是发光二极管的反向击穿电压比较低,因此当用交流电压驱动LED时,可在LED两端反极性并联一只整流二极管,使其反向偏压不超过0.7V,以保护发光二极管。

发光二极管广泛用来构成七段数字显示器,如用7只发光二极管排列成8字形,通过控制各段发光二极管的通断,就可以显示0到9的10个数字。控制通断的电路如图1.1-43所示。图(a)所示为共阳极连接,图(b)所示为共阴极连接,R为限流电阻。

2) 光敏二极管

光敏二极管是光能转换为电能的一种半导体器件,它有一个能受到光辐射的PN结,通常是由硅半导体材料按平面型二极管的工艺来制造,如图1.1-44所示。它的阻挡层是由N型硅片上扩散形成的($N^+$)和高掺杂P型区($P^+$)构成的。光由微小的粒子(光子)组成,当这样的光子进入PN结后,便会将它的能量赋予电子,电子接收到足够的能量后,就能够挣脱原子轨道的束缚,于是便成对地产生自由电子和空穴,它们将对流过PN结的电流产生影响。这种作用称为**光电效应**。

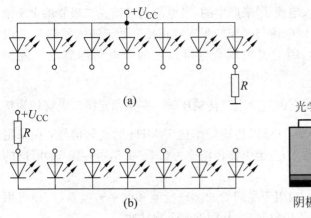
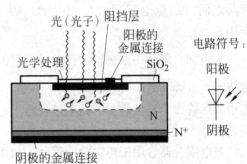

图 1.1-43　七段数字显示器电路接法
(a) 共阳极；(b) 共阴极

图 1.1-44　光敏二极管的结构和符号

光电效应的大小取决于半导体材料、照射光的波长和照度。总之，半导体材料在光的照射下，其内部的光电效应会产生导电载流子。

光敏二极管工作在反向偏置状态。在没有光照的情况下，流过光敏二极管的只是很微弱的暗电流(无照电流)，它是由半导体的本征导电和环境温度决定的。在有光照的情况下，其电流(亮电流或光电流 $I_P$)的增长与照度 $E_V$ 成正比关系，如图 1.1-45 所示。从特性曲线可以看出，光敏二极管工作在反向偏置状态，流过它的电流随着照度的增大而增大，具有变阻特性。

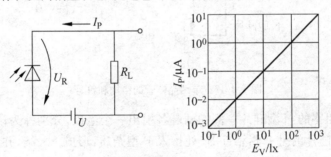

图 1.1-45　光敏二极管的特性曲线

3) 光电耦合器

光电耦合器由一个光发射器和一个光接收器组成，它们都被封装在一个不透光的外壳内，以防止外界的干扰，如图 1.1-46 所示。光发射器采用红外线发光二极管，光接收器也称为光检测器，根据不同的应用范围，可以采用光敏二极管、光敏晶体管或光敏可控硅元件。

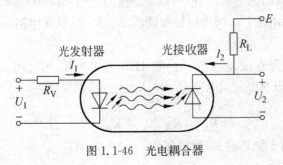

图 1.1-46　光电耦合器

光的辐射是通过发光二极管的输入电流 $I_1$ 来产生的,当电流通过发光二极管的 PN 结后,便在光接收器端产生光敏电流 $I_2$,该电流与光照的强度成正比。处于输入回路与输出回路之间的绝缘电阻很大($>10^{11}\Omega$),因此光电耦合器可以对两个电路起到电气隔离作用。

光电耦合器的一个重要特性参数是它的直流电流传输比 $\dfrac{I_1}{I_2}$。在采用光敏二极管作为接收器的光电耦合器中,该系数约为 0.002,且可以传输频率达 10MHz 的高频信号;在采用光敏晶体管作为光接收器的光电耦合器中,直流电流传输比为 0.1~0.5,可传输 500kHz 的高频信号。

光电耦合器常用于传输脉冲信号。如用于晶闸管的驱动控制和电平转换器等,还可用作继电器的代用品,为两个电路之间提供电气隔离,从而抑制干扰脉冲。

**6. 单结晶体管**

1) 结构和符号

单结晶体管也称为**双基极三极管**,因为它有一个发射极和两个基极,其外形和普通三极管相似。图 1.1-47 所示是单结晶体管的结构示意图和符号。

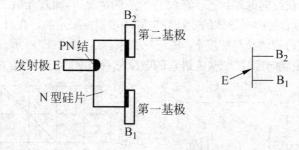

图 1.1-47 单结晶体管的结构和符号

在一块高电阻率的 N 型硅片一侧的两端各引出一个电极,分别称为第一基极 $B_1$ 和第二基极 $B_2$。而在硅片的另一侧靠近 $B_2$ 处掺入 P 型杂质,形成 PN 结,并引出一个铝制电极,称为发射极 E。两个基极之间的电阻(包括硅片本身的电阻和基极与硅片之间的接触电阻)为 $R_{BB}$,一般在 2~15kΩ 之间。$R_{BB}=R_{B1}+R_{B2}$,其中 $R_{B1}$ 和 $R_{B2}$ 分别为两个基极至 PN 结之间的电阻。

2) 工作原理和特性曲线

我们将单结晶体管按图 1.1-48(a)所示的电路连接,通过实验观察其特性。

首先在单结晶体管的两个基极 $B_1$ 和 $B_2$ 之间加上一个固定直流电压 $U_{BB}$,再在发射极 E 和第一基极 $B_1$ 之间加电压 $U_E$,两者极性如图所示。$R_E$ 是限流电阻,通过 $R_P$ 可以调节 $U_E$ 的大小。

如果将单结晶体管看成是一个二极管 D 和两个电阻 $R_{B1}$、$R_{B2}$ 组成的等效电路,如图 1.1-48(b)所示,则当基极间加电压 $U_{BB}$ 时,$R_{B1}$ 上分得的电压为

$$U_{B1}=\dfrac{U_{BB}}{R_{B1}+R_{B2}}R_{B1}=\dfrac{R_{B1}}{R_{BB}}U_{BB}=\eta U_{BB}$$

式中,$\eta$ 为分压比,与管子结构有关,数值在 0.5~0.9 之间。

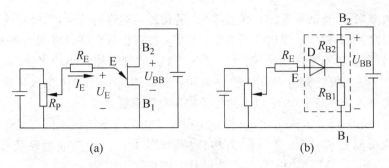

图 1.1-48 测量单结晶体管特性的实验电路

单结晶体管的工作情况分析如下：

(1) 调节 $R_P$ 使 $U_E$ 从零逐渐增加。当 $U_E$ 比较小时 ($U_E < \eta U_{BB}$)，单结晶体管内的 PN 结处于反向偏置，E 与 $B_1$ 之间不能导通，呈现很大的电阻。当 $U_E$ 很小时，有一个很小的反向漏电流。随着 $U_E$ 的增高，这个电流逐渐变成一个大约几微安的正向漏电流。该段特性如图 1.1-49 所示的截止区，是单结晶体管尚未导通的一段。

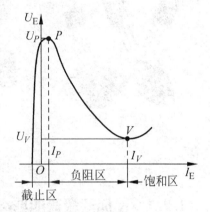

图 1.1-49 单结晶体管的伏安特性曲线

(2) 当 $U_E = \eta U_{BB} + U_D$ 时，单结晶体管内的 PN 结导通，发射极电流 $I_E$ 突然增大。把这个突变点称为峰点 $P$。对应的电压 $U_E$ 和电流 $I_E$ 分别称为峰点电压 $U_P$ 和峰点电流 $I_P$。显然峰点电压 $U_P = \eta U_{BB} + U_D$，式中 $U_D$ 为单结晶体管中 PN 结的正向压降，一般取 $U_D = 0.7$V。

在单结晶体管的 PN 结导通之后，从发射区 (P 区) 向基区 (N 区) 发射了大量的空穴型载流子，$I_E$ 增长很快，E 和 $B_1$ 之间变成低阻导通状态，$R_{B1}$ 迅速减小，而 E 和 $B_1$ 之间的电压 $U_E$ 也随着下降。这一段特性曲线的动态电阻 $\dfrac{\Delta U_E}{\Delta I_E}$ 为负值，因此称为**负阻区**。而 $B_2$ 的电位高于 E 的电位，空穴型载流子不会向 $B_2$ 运动，电阻 $R_{B2}$ 基本保持不变。

(3) 当发射极电流 $I_E$ 增大到某一数值时，电压 $U_E$ 下降到最低点，特性曲线上的这一点称为谷点 $V$。与此点相对应的是谷点电压 $U_V$ 和谷点电流 $I_V$。此后，当调节 $R_P$ 使发射极电流继续增大时，发射极电压略有上升，但变化不大，谷点右边的这部分特性称为饱和区。

利用单结晶体管的负阻特性，可以组成振荡电路，常用于构成晶闸管的触发电路。

## 1.2 双极型晶体三极管

双极型晶体管 (bipolar junction transistor, BJT) 常简称为晶体管或三极管，它与二极管一样也是非线性器件，但它们在主要特性上却截然不同。二极管的主要特性是单向导电性，而晶体三极管的主要特性则与其工作模式有关。当三极管工作在放大模式时，它对信号的电流、电压具有放大作用，从而构成放大器；当三极管工作在饱和模式和截止模式时，它相当于一个受控开关，可以构成无触点开关电路。

三极管有许多种类型，若按照所使用的材料进行分类，可以分成锗管和硅管两种；按三极管的工作频率来分，有低频管和高频管两种；若按照结构进行分类，三极管还可以分成面结型和点结型两种，本教材主要讨论面结型三极管；按三极管允许耗散的功率来分，有小功率管、中功率管和大功率管，一般把耗散功率小于 1W 的管子称为小功率管，最大允许耗散功率在 1～10W 的三极管称为中功率管，主要用在驱动和激励电路中，为大功率放大器提供驱动信号。集电极功率高于 10W 以上的管子称为大功率管。

晶体管的外形和尺寸因其用途、安装方式和耗散功率的不同而不同，如图 1.2-1 所示。图 1.2-1(a)为金属封装，图 1.2-1(b)为塑料封装，图 1.2-1(c)为表面贴装技术（surface mounted technology，SMT）三极管，又称为贴片三极管。

图 1.2-1　一些晶体三极管的外部形状

### 1.2.1　晶体三极管的结构和基本工作原理

**1. 晶体三极管的结构**

在一块极薄的硅或锗基片上制作两个 PN 结，就构成了三层半导体，从三层半导体上各接出一个引线，就是三极管的三个电极，再封装在管壳里就制成了晶体三极管。

三个电极分别称为发射极 E、基极 B 和集电极 C，对应的每层半导体分别称为发射区、基区、集电区。发射区与基区交界处的 PN 结称为发射结，集电区与基区交界处的 PN 结称为集电结。依据基区材料是 P 型还是 N 型半导体，三极管有 NPN 型和 PNP 型两种结构，它们的基本结构及符号如图 1.2-2 所示。

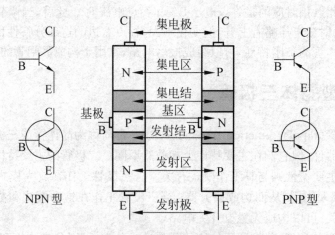

图 1.2-2　三极管的基本结构和符号

在结构上,晶体三极管具有如下特点:①发射区的掺杂浓度远大于基区的掺杂浓度;②基区很薄(微米级);③集电结的面积比发射结面积大。这种结构特点决定了三极管的工作特性和三个引脚的本质区别。

**2. 三极管的基本工作原理**

1) 三极管内部载流子的传输过程

当三极管的发射结作用正向电压(又称正向偏置,即 $u_{BE}>0$)而集电结作用反向电压(反向偏置,即 $u_{CE} \geqslant u_{BE}$)时,三极管的基极电流 $I_B$ 对集电极电流 $I_C$ 有控制作用。下面以 NPN 型管为例说明,图 1.2-3 是晶体管内部载流子运动示意图。

(1) 发射结加正向电压,扩散运动形成发射极电流 $I_E$

由于发射结正偏,发射区(N 区)的电子越过发射结扩散到基区,基区的空穴扩散到发射区,形成发射极电流 $I_E$(基区多子数目较少,空穴电流可忽略)。

(2) 扩散到基区的自由电子与空穴复合,形成基极电流 $I_B$

电子到达基区后,少数与空穴复合形成基极电流 $I_B$,复合掉的空穴由基极电源 $U_{BB}$ 从基区拉走电子来补充。由于基区很薄,掺杂浓度又低,因此电子与空穴复合机会少,$I_B$ 很小,大部分电子都能越过基区进入集电区。

(3) 集电结加反向电压($U_{CB}>0$),漂移运动形成集电极电流 $I_C$

由于集电结反偏,将扩散到基区的多数电子收集起来,形成集电极电流 $I_C$,其能量来自于集电极外接电源 $U_{CC}$。

另外,集电区和基区的少子在外电场的作用下进行漂移运动,进而形成反向饱和电流,用 $I_{CBO}$ 表示,其大小取决于基区和集电区的少子浓度,数值很小,但受温度影响大。

通过对三极管内部载流子运动的分析可以得知,三极管中的电流是由电子和空穴两种载流子的运动产生的,这就是**双极型**晶体三极管名称的由来。

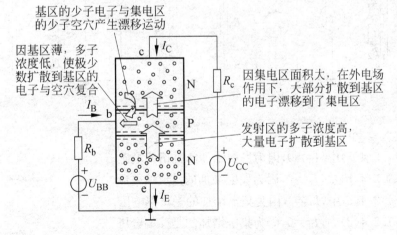

图 1.2-3 NPN 型三极管内部载流子运动示意图

2) 三极管的电流分配关系

从载流子的传输过程可知,由于晶体管结构上的特点,确保了在发射结正向偏置、集电结反向偏置的条件下,由发射区扩散到基区的载流子绝大部分能够被集电区收集,形成集电极电流 $I_C$,一小部分在基区与空穴复合,形成基极电流 $I_B$。因此有以下电流关系:

$$I_E = I_C + I_B$$

同时,通过分析及实验(如下所述)可知,集电极电流 $I_C$ 受基极电流 $I_B$ 的控制,两者的关系为

$$\bar{\beta} = \frac{I_C}{I_B} \text{ 及 } \beta = \frac{\Delta i_C}{\Delta i_B}$$

其中,$\bar{\beta}$ 称为直流电流放大系数,$\beta$ 称为交流电流放大系数。对于大多数三极管来说,直流和交流电流放大系数差别不大,计算中一般认为两者相等。

上述理论分析结果还可以通过实验电路进行验证。

[**实验一**] 按图 1.2-4 所示的实验电路测量基极电流 $I_B$ 和 $I_C$,实验结果分析如下。

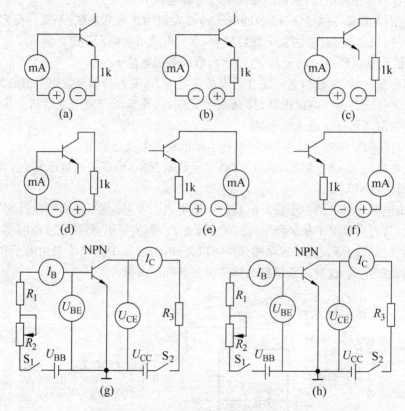

图 1.2-4 三极管特性测量实验电路

(1) 图 1.2-4(a)中,$I_B \neq 0$,因为发射结加的是正偏电压。

(2) 图 1.2-4(b)中,$I_B = 0$,因为发射结加的是反偏电压。

(3) 图 1.2-4(c)中,$I_B \neq 0$,因为集电结加的是正偏电压。

(4) 图 1.2-4(d)中,$I_B = 0$,因为集电结加的是反偏电压。

(5) 图 1.2-4(e)、(f)中,$I_C = 0$,因为电压仅加在 C、E 回路中,所以变换电压极性只能使一个 PN 结正偏。

(6) 图 1.2-4(g)中,当 $U_{BB} > U_{CC}$ 时,$I_B \neq 0$、$I_C \neq 0$,但 $I_C$ 基本上不受 $I_B$ 的控制。因为此时发射结和集电结都处于正偏状态。

(7) 图 1.2-4(h)中,当 $U_{BB} < U_{CC}$ 时,$I_B \neq 0$、$I_C \neq 0$,并且 $I_C$ 受 $I_B$ 电流的控制。即当 $I_B$ 有

一个较小的变化时,$I_C$ 将发生较大的变化。此时,发射结处于正偏状态,集电结处于反偏状态。

从上述实验中我们看到,三极管的发射结和集电结加正偏电压导通,加反偏电压截止。在三极管的发射结正偏、集电结反偏时,$I_C$ 电流随 $I_B$ 电流的变化而变化,此时的三极管就像一个由 $I_B$ 电流控制的可变电阻。从测量数值中还可以看出 $I_C$ 电流比 $I_B$ 电流大很多,这一特性也就是三极管的放大特性。

因此,晶体三极管具有放大作用的条件为:**发射结加正偏电压,集电结加反偏电压**。

从实验结果可以得出以下结论:三极管3个电极电流之间的关系为

$$I_B + I_C = I_E$$

改变三极管发射结的正向偏置电压 $U_{BE}$,就可以改变基极电流 $I_B$。当基极电流有 $\Delta I_B$ 的变化时,三极管的集电极电流 $I_C$ 就会有 $\Delta I_C = \beta \Delta I_B$ 的变化,这就是通常所说的三极管的电流放大作用。这一点我们将在后面详细讨论。

**3. 三极管的封装形式和引脚排列**

在电子电气设备维修过程中,当发现电路中的某个晶体管已经损坏,就需要更换一个新管子,更换管子时首先要知道三极管的引脚是如何排列的。三极管的引脚排列一般都有一定的规律,也可以利用万用表检测。下面简单介绍三极管的封装形式及其引脚排列规律。

三极管的封装形式是指三极管的外形参数,也就是安装半导体三极管用的外壳。在所使用的封装材料方面,三极管的封装形式主要有金属、陶瓷和塑料;在封装结构方面,三极管的封装为TOXXX,XXX表示三极管的外形;装配方式有通孔插装(通孔式)、表面安装(贴片式)、直接安装等;引脚形状有长引线直插、短引线或无引线贴装等。

常用的三极管封装形式有 TO-92、TO-126、TO-3、TO-220、SOT-23 等,如图 1.2-5 所示。

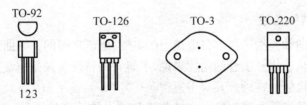

图 1.2-5 各种三极管的封装形式

三极管引脚的排列方式具有一定的规律。

对于国产小功率金属封装三极管,底视图位置放置,使三个引脚构成等腰三角形的顶点,从管键处按顺时针方向依次为 E、B、C,其引脚识别图如图 1.2-6(a)所示。

对于国产中小功率塑封三极管,使其平面朝向外,半圆形朝内,三个引脚朝上放置,则从左到右依次为 E、B、C,其引脚识别图如图 1.2-6(b)所示。

目前比较流行的三极管 9011～9018 系列为高频小功率管,除 9012 和 9015 为 PNP 型管外,其余均为 NPN 型管。

常用的 9011～9018、1815 系列三极管引脚排列如图 1.2-7(a)所示。将平面对着自己,引脚朝下,从左至右依次是 E、B、C。

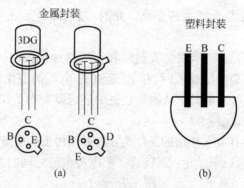

图1.2-6 国产小功率三极管的引脚排列

贴片三极管有3个电极的,也有4个电极的。3个电极的贴片三极管从顶端往下看有两边,上边只有一脚的为集电极,下边的两脚分别是基极和发射极,即1是基极B,2是发射极E,三是集电极C。在4个电极的贴片三极管中,比较大的一个引脚是集电极,另有两个引脚相通的是发射极,余下的一个是基极,如图1.2-7(b)所示。

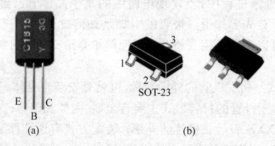

图1.2-7 塑封三极管和贴片三极管的引脚排列

## 1.2.2 晶体三极管的特性曲线及参数

**1. 三极管的特性曲线**

三极管的特性曲线是指三极管各电极上的电压、电流之间的关系曲线,它是三极管内部性能的外部体现。从使用三极管的角度来说,了解它的特性曲线是非常重要的,它可以帮助我们进一步理解三极管的特性及其应用原理。

三极管最常用的特性曲线有**输入特性曲线**和**输出特性曲线**两种。在实际应用中,通常利用晶体管特性图示仪直接观察,也可以利用图1.2-8所示的电路进行测试,然后逐点描绘。

1) 输入特性曲线

以NPN型硅管的共发射极接法为例,输入特性曲线是指当集-射极电压$U_{CE}$为常数时,输入电路(基极电路)中,基极电流$I_B$与基-射极电压$U_{BE}$之间的关系曲线$I_B=f(U_{BE})$,如图1.2-9所示。

从图中可以看出,曲线的形状与晶体二极管的伏安特性相类似,但它还与$U_{CE}$有关。当$U_{CE}$增加时曲线将向右移动。或者说,当$U_{BE}$一定时,随着$U_{CE}$的增大,$I_B$将相应地减小。

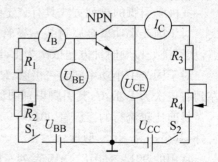

图1.2-8 三极管特性曲线测量实验电路

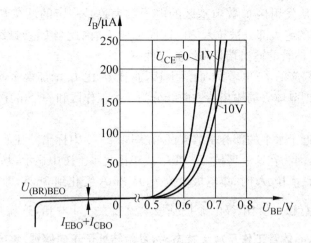

图 1.2-9　晶体三极管(硅管)的输入特性曲线

当 $U_{CE}$ 在 0V 时，集电结正偏，晶体三极管工作在饱和状态。当 $U_{BE}$ 一定时，$U_{CE}$ 从 0V 增加到 1V 时，集电结反偏电压增大，三极管逐渐退出饱和，导致 $I_B$ 迅速减少。从图上看，曲线向右移动较大。当 $U_{CE}=1V$ 时，集电结已反向偏置，晶体管处于放大状态，如果此时再增大 $U_{CE}$，只要 $U_{BE}$ 保持不变，$I_B$ 就不再明显减小。因此，$U_{CE}>1V$ 后的输入特性曲线基本上是重合的。如在 $U_{CE}=1V$ 和 $U_{CE}=10V$ 时，$I_B$ 电流变化不大，曲线基本重合。所以，在工程分析上，三极管工作于放大状态时，通常只画出 $U_{CE}=1V$ 的一条输入特性曲线，而不考虑 $U_{CE}$ 变化的影响。即认为晶体管的输入特性曲线是一条不随 $U_{CE}$ 变化的曲线。

晶体管输入特性也有一段死区。只有在发射结外加电压大于死区电压时，晶体管才会出现 $I_B$ 电流。硅管的死区电压约为 0.5V，锗管的死区电压为 0.1～0.2V。在正常工作情况下，NPN 型硅管的发射结电压 $U_{BE}=0.6～0.7V$，PNP 型锗管的 $U_{BE}=0.2～0.3V$。

2) 输出特性曲线

输出特性曲线是指当基极电流 $I_B$ 为常数时，输出电路(集电极电路)中集电极电流 $I_C$ 与集-射极电压 $U_{CE}$ 之间的关系曲线 $I_C=f(U_{CE})$。在不同的 $I_B$ 下，可得出不同的曲线，所以晶体管的输出特性曲线是一个曲线簇，如图 1.2-10 所示。

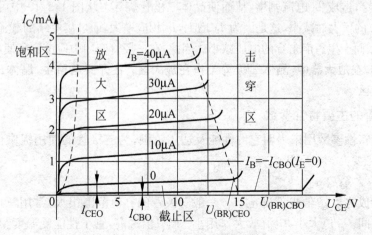

图 1.2-10　晶体管的输出特性曲线

当 $I_B$ 一定时,从发射区扩散到基区的电子数大致是一定的。在 $U_{CE}$ 超过一定值(约 1V)以后,这些电子的绝大部分被拉入集电区而形成 $I_C$,因此当 $U_{CE}$ 继续升高时,$I_C$ 也不再有明显的增加,即晶体管的输出端具有恒流特性。

当 $I_B$ 增大时,相应的 $I_C$ 也增大,曲线上移,而且 $I_C$ 比 $I_B$ 增加得多,这就是晶体管的电流放大作用。通常把晶体管的输出特性曲线分为 3 个工作区和一个击穿区。

(1) 放大区

输出特性曲线近于水平的部分是放大区,在图 1.2-10 中标出。在放大区,$I_C=\beta I_B$。放大区也称为线性区,因为在这一区域,$I_C$ 和 $I_B$ 成正比关系。图中显示,基极电流 $I_B$ 从 20μA 变化到 30μA,即 $\Delta I_B=10$μA 时,集电极电流 $I_C$ 从 2mA 变化到 3mA,即 $\Delta I_C=1$mA。它们的比值 $\frac{\Delta I_C}{\Delta I_B}=100$,也就是说集电极电流把基极电流放大了 100 倍,这就是晶体三极管的放大作用。如前所述,**晶体管工作于放大状态时,发射结处于正向偏置,集电结处于反向偏置,即对于 NPN 型管而言,应使 $U_{BE}>0$,$U_{BC}<0$**。

(2) 截止区

严格来说,在三极管截止状态,认为发射极 E 和集电极 C 之间开路,相当于开关断开。对 NPN 型硅管而言,当 $U_{BE}<0.5$V 时,管子已开始截止,但是为了截止可靠,常使 $U_{BE}\leq0$。截止时集电结也处于反向偏置。在实际电路中一般规定 $I_B=0$ 以下的区域为截止区。虽然这时还有很小的 $I_C$ 电流存在,但是这一电流很小,可以忽略。**晶体管截止时,发射结和集电结都处于反向偏置**。

(3) 饱和区

严格来说,在三极管饱和状态,认为发射极 E 和集电极 C 之间短路,相当于开关接通。但实际三极管的 C、E 之间总是存在一个约 0.3V 的饱和压降,这一电压还可以作为放大区和饱和区的分界线。当 $U_{CE}<U_{BE}$ 时,集电结处于正向偏置,晶体管工作于饱和状态。在饱和区,$I_B$ 的变化对 $I_C$ 的影响较小,两者不成正比,放大区的 $\beta$ 值也不适用于饱和区,有 $I_C<\beta I_B$。**晶体管饱和时,发射结、集电结都处于正向偏置**。

(4) 击穿区

随着 $U_{CE}$ 的增大,加在集电结上的反偏电压 $U_{CB}$ 相应增大。当 $U_{CE}$ 增大到一定数值时,集电结发生击穿,造成 $I_C$ 电流剧增,从而使晶体三极管烧坏。从图 1.2-10 中可以看出,反向击穿电压随 $I_B$ 的增大而减小,这是因为 $I_B$ 增大,$I_C$ 相应增大,通过集电结的载流子增多,碰撞机会就增大,因而产生雪崩击穿的电压减小。因此,在三极管应用中应该避免使用这一区域。

综上所述,**在放大器中,晶体三极管工作在放大区;在开关电路中,晶体三极管工作于饱和区和截止区**。

**2. 三极管的主要特性参数**

三极管的特性参数用来表明它的性能及适用范围,为三极管的使用提供依据。三极管的参数很多,主要介绍以下几个。

1) 电流放大系数 $\beta$

三极管制成之后,$\beta$ 值也就确定了。一般三极管的 $\beta$ 值范围很大,常用三极管的 $\beta$ 值在几十到几百之间。$\beta$ 值太小,电流放大作用小;但 $\beta$ 值过高,管子性能受温度影响较大,性能不稳定。因此,三极管的 $\beta$ 值过高或过低均不适用。

2) 集-基极反向饱和电流 $I_{CBO}$

$I_{CBO}$ 是当发射极开路时,由于集电结处于反向偏置,由集电区和基区中的少数载流子的漂移运动所形成的电流。在一定温度下,该电流基本保持不变,因此称为反向饱和电流。在室温下,小功率锗管的 $I_{CBO}$ 约为几微安到几十微安,小功率硅管在 1 微安以下。$I_{CBO}$ 受温度影响较大,温度越高,$I_{CBO}$ 越大。硅管在温度稳定性方面好于锗管。$I_{CBO}$ 的测量电路如图 1.2-11 所示。

3) 集-射极反向饱和电流 $I_{CEO}$

$I_{CEO}$ 是当 $I_B=0$(基极开路),集电结处于反向偏置且发射结处于正向偏置时的集电极电流。又因为它像是从集电极直接穿透晶体管而到达发射极的,故又称为**穿透电流**,如图 1.2-12 所示。

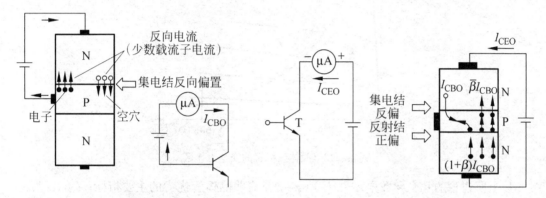

图 1.2-11 集-基极反向饱和电流 $I_{CBO}$     图 1.2-12 集-射极反向饱和电流 $I_{CEO}$

通过内部载流子的运动分析可知,$I_{CBO}$ 与 $I_{CEO}$ 有以下关系

$$I_{CEO} = \beta I_{CBO} + I_{CBO} = (1+\beta)I_{CBO}$$

而集电极电流 $I_C$ 则为

$$I_C = \beta I_B + I_{CEO}$$

由于 $I_{CBO}$ 受温度影响很大,当温度上升时,$I_{CBO}$ 增加很快,因此 $I_{CEO}$ 和 $I_C$ 也就相应增加,所以晶体管的温度稳定性较差,这是它的一个主要缺点。$I_{CBO}$ 越大、$\beta$ 越高的管子,稳定性越差。因此在选管时,要求 $I_{CBO}$ 尽可能小些,而 $\beta$ 以不超过 100 为宜。

4) 集电极最大允许电流 $I_{CM}$

指三极管允许的最大工作电流,超过可能使管子损坏。集电极电流 $I_C$ 超过一定值时,晶体管的 $\beta$ 值将下降。$\beta$ 值下降到正常数值的 2/3 时的集电极电流称为集电极最大允许电流 $I_{CM}$。可见,在使用晶体管时,$I_C$ 超过 $I_{CM}$ 并不一定会使晶体管损坏,但会使其放大能力下降。

5) 集-射极反向击穿电压 $U_{(BR)CEO}$

$U_{(BR)CEO}$ 是指基极开路时,集电极和发射极之间的反向击穿电压。当晶体管的集-射极电压 $U_{CE}$ 大于 $U_{(BR)CEO}$ 时,$I_{CEO}$ 将会突然大幅度上升,说明晶体管已被击穿。晶体管工作时,其最大反向电压不能超过 $U_{(BR)CEO}$,以防管子被击穿。

手册中给出的 $U_{(BR)CEO}$ 一般是常温(25℃)时的值,当晶体管温度升高时,反向击穿电压 $U_{(BR)CEO}$ 将降低,使用时应特别注意。

6) 集电极最大允许耗散功率 $P_{CM}$

集电极电流在流经集电结时会产生热量,使结温升高,从而引起晶体管参数的变化。当晶体管因受热而引起的参数变化不超过允许值时,集电极所消耗的最大功率称为集电极最大允许耗散功率 $P_{CM}$。管子的 $P_{CM}$ 值由下列公式确定:

$$P_{CM} = I_C U_{CE}$$

可在晶体管输出特性曲线上作出 $P_{CM}$ 曲线。晶体管的安全工作区由 $I_{CM}$、$U_{(BR)CEO}$、$P_{CM}$ 三者共同确定,如图 1.2-13 所示。

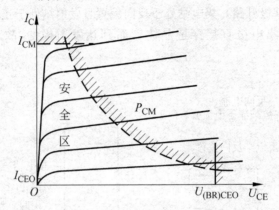

图 1.2-13　晶体三极管的安全工作区

以上所讨论的几个参数中,$\beta$ 和 $I_{CBO}$($I_{CEO}$)是表明晶体管优劣的主要指标;$I_{CM}$、$U_{(BR)CEO}$ 和 $P_{CM}$ 都是极限参数,用来说明晶体管的使用限制。

### 3. 晶体管的检测

三极管的管型及引脚的判别是电子技术初学者的一项基本功。三极管是含有两个 PN 结的半导体器件,根据两个 PN 结连接方式的不同,三极管分为 NPN 型和 PNP 型两种不同的导电类型。图 1.2-14 是三极管的内部结构示意图。PNP 或 NPN 型管在测量极间电阻时都可以看成是反向串联的两个 PN 结,显然 PNP 型管基极对集电极、发射极都是反向的;NPN 型管恰好相反,基极对集电极、发射极都是正向的,这是识别基极和判断管型的依据。

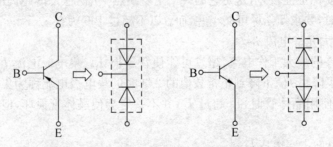

图 1.2-14　晶体三极管的内部结构示意图

1) 用指针式万用表判别引脚极性和管型

将万用表的电阻挡位调至 $R\times 100\Omega$ 或 $R\times 1k\Omega$ 挡,先假定某一引脚为基极,将万用表任意一个表笔与假设的基极接触,用另一表笔分别与另外两只引脚相接。若两次测得的阻值都大或都小,交换表笔再次测量,若两次测得的阻值都小或都大,则假定的基极是正确的;

若两次测得的阻值一大一小,则原来假定的基极是错误的,需要换个引脚重新测量,直到确定基极为止。

确定基极后,将指针式万用表的红表笔(电源负极)接触基极,黑表笔接触另外两个电极中的任一电极,若表头指针偏转角度很大(电阻小),则说明被测三极管为 PNP 型管;若表头指针偏转角度很小(电阻大),则被测三极管为 NPN 型。

确定了管子的类型和基极后,还可以判断出集电极和发射极。用万用表分别测量基极对其余两极的**正向电阻**,其中阻值较小的那个是集电极 C,另外一个就是发射极 E。这是因为集电结面积较大,正偏导通时电流也较大,所以电阻稍小一点。

当使用数字式万用表时,测量三极管的方法基本与指针式万用表相同。但需要注意的是:**数字式万用表正、负表笔内部电池的极性恰好与指针式万用表表笔的极性相反**。

2) 晶体管好坏的大致判别

根据晶体管 PN 结的单向导电性,可以检查各极间 PN 结的正、反向电阻:如果相差较大,则说明管子基本上是好的;如果正、反向电阻都较大,则说明管子内部有断路或 PN 结性能不好;如果正、反向电阻都小,则说明管子极间短路或击穿了。测试电路如图 1.2-15 所示。万用表表笔引线上的(+)(−)号表示表头内部电池的实际极性。

注意:用万用表测晶体管时,不宜用 $R \times 1\Omega$ 挡,因为电表在该挡的内阻较小,流过晶体管的电流较大;也不宜用 $R \times 10\text{k}\Omega$ 挡,因为该挡电压高,可能损坏一些低反压小功率晶体管。

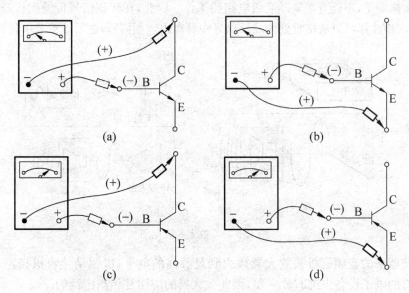

图 1.2-15 三极管好坏的判别
(a) 集电结反偏欧姆表指示值大;(b) 发射结反偏欧姆表指示值大;
(c) 集电结正偏欧姆表指示值小;(d) 发射结正偏欧姆表指示值小

## 1.2.3 放大器的一般概念

前面已经介绍了晶体三极管的结构、工作原理、工作特性以及识别其引脚的方法。那么,三极管在电子电路中有何种应用呢?晶体三极管的一个重要应用就是组成放大器。在电子电路中它可以将微弱的电信号放大,以达到驱动电声设备(扬声器)、指示显示设备

(仪表图像显示屏)和机电设备的目的。

**1. 放大的基本概念**

放大器是一种具有放大作用的电子设备。"放大"实际上就是将"幅度"增大的电子处理过程。"幅度"这一名词在电学中可以理解为信号的大小,例如,交流电中的幅度一般是指电压和电流的大小。从广义上讲,"信号"指的就是交流或直流信号、正弦或非正弦信号,甚至力、位移、声或光等非电量信号,它们的幅度可大可小。而在电子技术中,信号一般指加在电路中的交流信号或直流信号。

可见,在电子技术中,放大可以被理解为:通过输入信号对输出信号进行控制,从而使输出信号具有输入信号的特点,并且输出信号的电压、电流或功率大于输入信号。

**2. 放大器的应用**

多数电子设备利用放大器对信号进行放大。由于原始信号的幅值太小,以至于不能控制和驱动受控设备,所以需要放大。

例如,来自电唱机拾音头的音频信号很小,它不能直接使扬声器发出声音,所以这一信号需要被放大。在拾音头和扬声器之间,该信号被放大数倍。这一放大系统的电路框图如图1.2-16(a)所示。

图1.2-16(b)画出了一个无线电接收机的框图。在接收机中,天线接收无线电信号,但这一信号太微弱了,不能直接驱动后级电路的工作。因此,在将该信号传输到检波器之前,必须进行放大(检波器可以从接收到的高频信号中分离出音频信号,在后续章节中将详细讨论)。

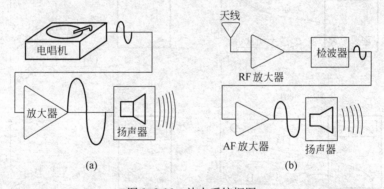

图1.2-16 放大系统框图

从检波器来的音频信号被放大器放大到足够高的电平,以驱动接收机扬声器的工作。几乎在所有的电子设备中都有放大器,因此放大器的应用是相当广泛的。

**3. 放大器的分类**

放大器的种类很多,但这里只介绍放大器的基本原理和一些典型放大电路。按照放大器的功能进行分类,放大器可以分成**电压放大器**和**功率放大器**。

**电压放大器**的功能就是将输入信号的电压进行放大,也就是说输出信号的电压大于输入信号。

**功率放大器**的功能就是将输入信号的功率进行放大,也就是既对电压放大,也对电流放大。一般功率放大器作为末级放大器,由它控制和驱动输出设备。输出设备可能是扬声器、显示器或天线等。

图 1.2-17 画出了具有输入、输出信号的电压放大器和功率放大器的示意图。从图(a)中可以看出,输出信号的电压大于输入信号。图(b)中显示,输出信号的电压小于输入信号电压,但是其输出功率却大于输入功率,因此它是一个功率放大器。

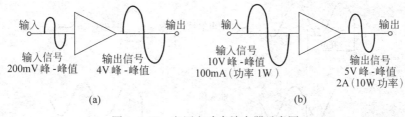

图 1.2-17　电压和功率放大器示意图

### 4. 放大器的工作类型

晶体管放大器是一个电流控制器件,双极型三极管的基极电流 $I_B$ 控制着集电极电流 $I_C$。放大器正是利用三极管的这一特性对输入信号进行放大。放大器在输入信号一个周期内的导通时间决定了放大器的工作类型,它由基极偏置电流决定。

一般低频放大器的工作类型可分为 4 种,它们是甲类、乙类、甲乙类及丙类放大器。每类放大器都有自己的适用范围和特点,它们之间没有好坏之分。工作类型的选择取决于放大器应用于什么场合。也就是说,将最好的音频信号放大器用于无线电发射机中放大高频信号,并不能产生好的放大效果,反之也是一样。

1) 甲类放大器

甲类放大器的输出信号对输入信号的全部波形进行放大。如果输入信号是一个正弦波,那么输出信号也是一个正弦波,如图 1.2-18(a)所示。也就是说,输出回路电流的变化由全部的按正弦规律变化的输入电流控制,这种类型的放大器称为**甲类放大器**。它具有保真度高和效率低的特点,甲类放大器的最大效率也只能达到 50%。小信号放大器属于甲类放大器。保真度的含义是:输出信号除幅度增大以外,其他方面都与输入信号相同,即:**输出信号与输入信号具有波形相同、频率相同的特点**。

甲类放大器的低效率是由于无论有没有输入信号,晶体管都始终处于导通状态,集电极电流 $I_C$ 和电压 $U_{CE}$ 都处于较大值,两者的乘积就是管子的损耗。经过计算可知,工作电源提供的能量大部分都消耗在管子和电路中的电阻上,负载上只得到一小部分功率。但甲类放大器的目的就是要保证输出信号的保真度,因此其效率低也是可以接受的。

2) 乙类放大器

乙类放大器的输出信号仅对输入信号波形的 50% 进行放大。例如,若输入信号是一个正弦波,那么输出信号只是正弦波的半个周期,如图 1.2-18(b)所示。而输入信号的另一个半周使三极管截止,即放大器只导通半个周期。由于在静态时,晶体管中没有电流,因此它的效率高于甲类放大器,但输出信号严重失真,需要在电路结构上采取措施。功率放大器一般采用乙类放大器。但必须注意的是,虽然这种放大器的输出信号仅为输入信号的半个周期,但它也不能用二极管整流电路来代替,因为整流电路没有放大作用。**乙类放大器不仅能输出半个周期的输入信号,而且对该半周信号进行了放大**。

3) 甲乙类放大器

甲乙类放大器的输出信号对输入信号半个周期以上的波形进行放大,如图 1.2-18(c)

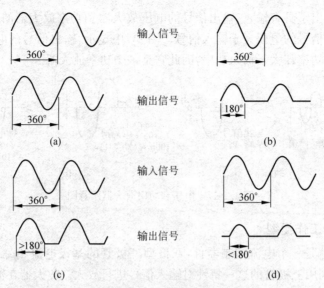

图 1.2-18 放大器的工作类型
(a) 甲类工作；(b) 乙类工作；(c) 甲乙类工作；(d) 丙类工作

所示。它的输出波形与输入波形不同。甲乙类放大器工作于甲类和乙类放大器之间，因此其特点也介于上述两种放大器之间。它的效率高于甲类放大器，而低于乙类放大器；它的保真度比甲类放大器差，但比乙类放大器好。甲乙类放大器更接近于乙类放大器的特点。实际的功率放大器都工作于甲乙类，因为它可以消除信号的交越失真(后续内容中讨论)。

4) 丙类放大器

丙类放大器的输出信号仅对输入信号波形的少一半部分(＜50%)进行放大，如图 1.2-18(d)所示。这种类型的放大器称为**丙类放大器**。这种放大器的效率最高，它一般用于对已调波的信号进行放大(单边带发射机中的信号已调波，该部分内容将在"无线电"中讨论)。

## 1.2.4 低频小信号放大器

**1. 概述**

低频小信号放大电路属于甲类放大器。它由三极管、电阻器、电容器及电源等一些元器件组成。它利用三极管的电流放大原理，把微弱的电信号转变为较强的电信号。我们把向放大器提供输入信号的电路或设备称为**信号源**，把接收放大器输出电信号的元器件或电路称为**放大电路的负载**，如图 1.2-19 所示。

要使晶体三极管处于放大工作状态，必须使发射结正向偏置，集电结反向偏置，这也是放大电路首先必须具备的条件。其次，对于放大电路，要保证输入、输出电信号的传输畅通无阻。此外，对放大电路还应满足若干基本技术要求，主要反映在以下几个方面。

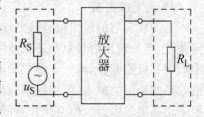

图 1.2-19 放大电路方框图

1) 放大电路的放大倍数要大

放大电路的放大能力用放大倍数来表示，根据放大对象的不同，分别又有电压放大倍数、电流放大倍数和功率放大倍数。一般要求放大倍数尽可能大。用对数表示的放大倍数称为**增益**,因此就有电压增益、电流增益和功率增益之分。

2) 放大电路的非线性失真要小

在放大过程中,要求放大电路的输出信号除了在幅值上得到放大之外,其波形形状应与输入信号保持一致。由于晶体管特性的非线性而造成放大电路输出信号波形不同于输入信号波形的现象,称为信号的**非线性失真**。如果超过了允许的失真范围,放大电路的质量就比较低劣。因此,放大电路的非线性失真越小越好。

3) 放大电路要有合适的输入电阻和输出电阻

当输入信号加到放大电路的输入端时,放大电路就相当于信号源的一个负载电阻,这个负载电阻也就是放大电路本身的**输入电阻**,如图1.2-20所示。输入电阻的大小影响到放大电路从信号源取用的信号大小。一般要求电压放大电路的输入电阻越大越好。

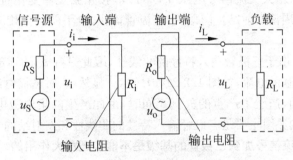

图 1.2-20　输入电阻和输出电阻示意图

放大电路的输出回路好像是一个具有一定内阻的"电源",这个内阻就是放大电路的**输出电阻**,如图1.2-20所示。输出电阻的大小对放大电路的输出有很大影响,一般要求电压放大电路的输出电阻越小越好。

4) 放大电路的工作要稳定

当放大电路周围的环境温度变化、电源电压波动以及电路相关参数发生变化时,将引起放大器的性能发生改变,使其工作状态变得不稳定。一个性能优良的放大电路,通常包含多种稳定工作特性的电路,以保证放大电路在一定工作条件下能正常工作。

上述对放大器的基本要求将在后续内容中进一步分析。在分析放大电路时,经常要遇到各种交、直流电量,它们的名称较多,符号各有不同,为了便于阅读学习,现将有关电流和电压的符号和含义列于表1.2-1中。

表 1.2-1　交流放大电路中电压和电流的符号和含义

| 名称 | 静态值 | 交流分量 | | 总电流或总电压 |
|---|---|---|---|---|
| | | 瞬时值 | 有效值 | 瞬时值 |
| 基极电流 | $I_B$ | $i_b$ | $I_b$ | $i_B$ |
| 集电极电流 | $I_C$ | $i_c$ | $I_c$ | $i_C$ |
| 发射极电流 | $I_E$ | $i_e$ | $I_e$ | $i_E$ |
| 集-射极电压 | $U_{CE}$ | $u_{ce}$ | $U_{ce}$ | $u_{CE}$ |
| 基-射极电压 | $U_{BE}$ | $u_{be}$ | $U_{be}$ | $u_{BE}$ |

## 2. 共发射极基本放大电路

前面已经阐述,在保证三极管发射结正偏、集电结反偏的条件下,三极管基极电流发生微小的变化 $\Delta I_B$,就会引起集电极电流发生较大变化,即 $\Delta I_C = \beta \Delta I_B$。而且在放大过程中,集电极电源的直流电能转变为交流电能输出。

那么在交流放大电路中,能否利用输入的交流信号电压作为发射结正向电压而直接加到三极管的基极,使三极管集电极电流也发生较大变化,从而实现放大作用呢?下面结合图 1.2-21(a)来进行讨论。

根据三极管内部的结构,图 1.2-21(a)的基极回路可以等效成图 1.2-21(b)。我们知道,三极管的发射结具有单向导电性,而且存在死区。如果加在三极管基极上的交流信号电压 $u_i$ 很小,不能超过发射结死区电压(如图 1.2-21(c)中虚线),则基极没有电流产生,更谈不上放大作用。如果增大交流信号电压 $u_i$,那么 $u_i$ 按正弦规律变化时,由于发射结的单向导电作用,$u_i$ 的负半周使发射结反向偏置,三极管截止,也不能产生相应的基极电流和集电极电流。

当 $u_i$ 正半周时,由于三极管输入特性的非线性,因此只有 $u_i$ 的顶部能大于发射结死区电压,使三极管产生基极电流,如图 1.2-21(c)所示。显然,这时基极电流的波形和输入信号的波形已经完全不同,产生了严重的失真。同时,由此产生的集电极电流也会出现严重失真。造成这种失真的原因主要是三极管输入特性的非线性和发射结的单向导电性所致。

**显然,直接将交流信号加到三极管的基极是不能实现放大作用的。**

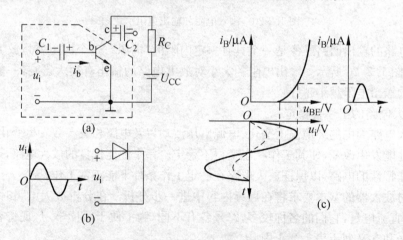

图 1.2-21 不设置静态工作点的放大器

## 3. 静态工作点的设置

为了消除上述失真,必须将全部交流信号加在三极管输入特性的线性区。因此,在未加入交流信号之前,应该先给三极管加上一个直流基极偏置电流,简称**偏流**,这个电流可以由 $U_{BB}$ 和电阻 $R_B$ 来提供。$R_B$ 称为**基极偏置电阻**,如图 1.2-22(a)所示。

在无交流信号输入时,放大电路的状态称为**静态**。由图 1.2-22(a)可见,$U_{BB}$ 通过 $R_B$ 给三极管加了直流偏置电流,相应的基极电压 $U_{BE}$、集电极电流 $I_C$、集电极电压 $U_{CE}$ 在静态时也都是不变的直流电量。这些直流电量对应着三极管输入特性曲线和输出特性曲线上的某一个点,这个点称为放大电路的**静态工作点 Q**。与静态工作点相应的这些直流电量分别记

作基极电流 $I_{BQ}$、基极电压 $U_{BEQ}$、集电极电流 $I_{CQ}$ 和集电极电压 $U_{CEQ}$。

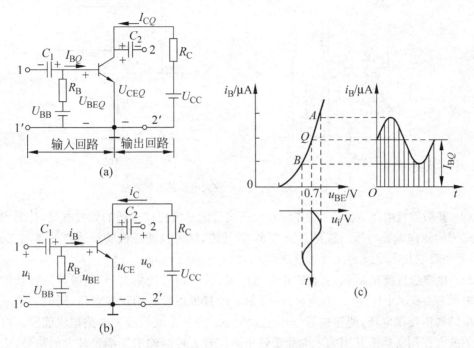

图 1.2-22　共发射极基本放大电路

当有交流信号输入时，放大电路的状态称为**动态**。在动态时，交流信号 $u_i$ 和基极电压 $U_{BEQ}$ 一起叠加到三极管的发射结上，由 $u_i$ 引起的基极变化电流 $i_b$ 也叠加在基极电流 $I_{BQ}$ 上，如图 1.2-22(b)、(c)所示。只要 $I_{BQ}$ 选择适当，在交流信号 $u_i$ 的正半周引起基极总电流 $i_B$ 增大，负半周引起基极总电流 $i_B$ 减小，但加到发射结上的总电压 $u_{BE}$ 始终为正，并大于死区电压，这样在 $u_i$ 的整个周期内，三极管的集电极总电流 $i_C = \beta i_B$，处于正常放大状态。

由此可见，设置适当的静态工作点，目的就是使放大电路工作在线性放大状态，避免信号在放大过程中产生失真。同时也说明，放大电路必须有直流偏置电路。

**4. 共发射极放大电路的组成**

图 1.2-23(a)是由 NPN 型三极管组成的最基本的放大电路。整个电路分成输入回路和输出回路两部分。图中"⊥"表示公共端，也称为接"地"。实际上公共端不一定真的与大地相连接，只是表明电位的参考点，电路中其他各点电位都是相对于该点而言。由于图中三极管的发射极是输入和输出回路的公共端，因此称为**共发射极放大电路**。在实际应用中根据不同的要求，也可分别把三极管的基极或集电极作为输入和输出回路的公共端，分别叫作**共基极放大电路**和**共集电极放大电路**，它们各自具有不同的特性。因此，放大电路有 3 种连接组态。

在实际电路中，基极回路不必使用单独的电源，而是通过基极偏置电阻 $R_B$ 直接取自集电极电源来获得直流偏置电压，使电路较为简化，如图 1.2-23(a)所示。此外，在画电路图时，往往省略电源的图形符号，而用其电位的极性及数值来表示，如图 1.2-23(b)所示。图中 $+U_{CC}$ 表示该点接电源的正极，而电源的负极就接在电位为零的公共端上。

下面以图 1.2-23(b)为例来说明放大电路中各元器件的作用。

(1) **三极管 T**：T 具有电流放大作用，是放大电路中的核心器件。

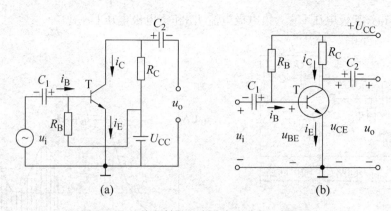

图 1.2-23 共发射极基本放大电路的习惯画法

（2）**基极偏置电阻 $R_B$**：$R_B$ 的作用是向三极管的基极提供合适的偏置电流，并向发射结提供必需的正向偏置电压。选择适当的 $R_B$ 的数值，就可以使三极管有适当的静态工作点。$R_B$ 阻值一般取几十千欧到几百千欧之间。

（3）**集电极直流电源 $U_{CC}$**：它的正极通过 $R_C$ 接三极管的集电极，负极接三极管的发射极。电源 $U_{CC}$ 有两个作用，一方面通过 $R_B$ 给三极管提供发射结正偏电压，同时又给三极管的集电结提供反偏电压，使三极管处于放大状态；另一方面给放大电路提供能源。由于三极管的放大作用实质上是用输入端能量较小的信号去控制输出端能量较大的信号，三极管本身并不能凭空创造出新的能量，输出信号的能量来源于集电极电源 $U_{CC}$，因此，它是整个放大电路的能源。电源 $U_{CC}$ 的电压一般取值为几伏到几十伏。

（4）**集电极负载电阻 $R_C$**：$R_C$ 的作用是把三极管的电流放大作用以电压放大的形式表现出来。若 $R_C=0$，则三极管的集电极电压等于电源电压，即使在输入信号引起集电极电流变化的情况下，集电极电压也仍保持不变，因此不可能有交流信号电压传送给负载电阻。$R_C$ 阻值一般取几百欧到几千欧。

（5）**耦合电容器 $C_1$ 和 $C_2$**：它们分别接在放大电路的输入端和输出端。利用其对直流电呈现的阻抗较大，对交流电呈现的阻抗较小，即"隔直流通交流"的特点，一方面可避免放大电路的输入端与信号源之间、输出端与负载之间直流电的互相影响，使三极管的静态工作点不致因接入信号源和负载而发生变化；另一方面又要保证输入和输出的交流信号畅通地进行传输。通常 $C_1$ 和 $C_2$ 选用电解电容器，取值为几微法到几十微法。

以上是用 NPN 型三极管组成的放大电路，实际上，用 PNP 型三极管也可以组成放大电路，如图 1.2-24 所示。由于 NPN 型和 PNP 型这两类三极管的极性不同，因此在放大电路中必须注意电源的极性和电容器的极性，不能接错。

**5. 共发射极放大电路的工作原理**

上面讨论了共发射极放大电路的组成及元器件的作用，明确了设置静态工作点的必要性。如果给放大电路输入一个交流信号电压，那么在放大电路的输出端，情况又会怎样呢？下面结合图 1.2-23(b)来进行讨论。

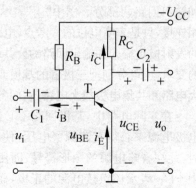

图 1.2-24　PNP 管组成的共发射极放大器

在静态时,由于电源 $U_{CC}$ 和基极偏置电阻 $R_B$ 的作用,电路中只有不变的基极电流 $I_{BQ}$、基极电压 $U_{BEQ}$、集电极电流 $I_{CQ}$ 和集电极电压 $U_{CEQ}$ 等直流电量存在。

在动态时,由于交流信号电压 $u_i$ 通过耦合电容器 $C_1$ 送到三极管的基极和发射极之间,与基极电压 $U_{BEQ}$ 叠加,如图 1.2-25(a)所示,而且要求 $U_{BEQ}$ 的数值大于 $u_i$ 的峰值,从而保证叠加后的总电压为正值,并大于发射结死区电压,使三极管发射结正偏导通,这时基极总电压为

$$u_{BE} = U_{BEQ} + u_i$$

等式右边第一项为直流分量,第二项为交流分量。

由此对应的基极总电流也是由静态基极电流 $I_{BQ}$ 和输入信号 $u_i$ 引起的交变信号电流 $i_b$ 叠加而成,如图 1.2-25(b)所示,即有

$$i_B = I_{BQ} + i_b$$

由于基极电流对集电流电流的控制作用,即 $i_C = \beta i_B$,因此有

$$i_C = \beta i_B = \beta(I_{BQ} + i_b) = \beta I_{BQ} + \beta i_b = I_{CQ} + i_c$$

可见,集电极总电流 $i_C$ 也是由静态的集电极电流 $I_{CQ}$ 和交变的信号电流 $i_c$ 叠加组成,如图 1.2-25(c)所示。

同样,集电极总电压也是由静态电压 $U_{CEQ}$ 和交流电压 $u_{ce}$ 叠加而成。从图 1.2-23(b)中可以看到

$$u_{CE} = U_{CC} - i_C R_C$$

由于 $u_i = 0$ 时,$U_{CEQ} = U_{CC} - I_{CQ} R_C$。当 $u_i$ 引起 $i_C$ 变化时,例如当 $i_C$ 增加时,上式中第二项就要增大,使 $u_{CE}$ 减小;当 $i_C$ 减小时,$u_{CE}$ 就增大,所以 $u_{CE}$ 的波形是在 $U_{CEQ}$ 上叠加一个与 $i_C$ 相位相反的交流电压 $u_{ce}$,如图 1.2-25(d)所示。

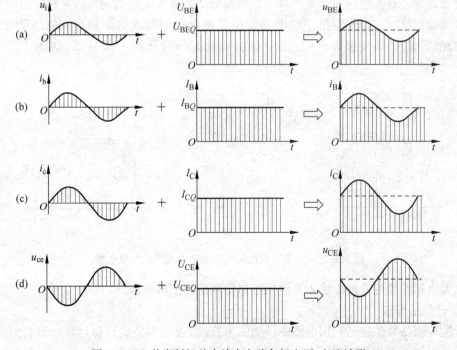

图 1.2-25 共发射极基本放大电路各极电压、电流波形

由此可以得出

$$u_{CE} = U_{CC} - i_C R_C = U_{CC} - (I_{CQ} + i_c)R_C = U_{CC} - I_{CQ}R_C - i_c R_C$$
$$= U_{CEQ} - i_c R_C = U_{CEQ} + u_{ce}$$

由于电容器 $C_2$ 的隔直流作用,在放大电路的输出端只有集电极总电压中的交流分量 $u_{ce}$,输出的交流电压为

$$u_o = u_{ce} = -i_c R_C$$

式中负号表示输出的交流电压 $u_o$ 与 $i_c$ 是反相位关系。

从以上分析可见：

(1) 放大电路工作在动态时,$u_{BE}$、$i_B$、$u_{CE}$ 和 $i_C$ 都是由两个分量组成,一个是直流分量,一个是交流分量,波形图也是这两种分量合成的结果。由于各直流分量的值大于各交流分量的值,因而三极管在整个信号周期内都是导通的。

(2) 在共发射极电路中,输入信号电压 $u_i$、基极信号电流 $i_b$ 和集电极信号电流 $i_c$ 是同相位的；输出电压 $u_o$ 的波形幅值比输入信号 $u_i$ 的波形幅值大,且频率相同,但相位相反。这一特点称为放大电路的"反相"作用。

**6. 共发射极放大电路的分析与计算**

共发射极放大电路如图 1.2-26(a)所示。由于在放大器工作过程中,要想将所需要的交流信号进行放大,就必须为三极管提供直流工作点。因此,为了更清楚地对放大电路进行分析,我们将放大电路分成**直流通路**和**交流通路**进行分析。

**直流通路**是放大电路的直流等效电路,指静态时,放大电路的输入回路和输出回路的直流电流流通的路径。由于电容器对直流电相当于开路,因此画直流通路时,把有电容器的支路断开,其他不变,如图 1.2-26(b)所示。

**交流通路**是放大电路的交流等效电路,指动态时,放大电路的输入回路和输出回路的交流电流流通的路径。由于容抗小的电容器以及内阻小的直流电源其交流电压降很小,可看作短路,因此在画交流通路时,把电容器和电源都简化成一条导线,如图 1.2-26(c)所示。

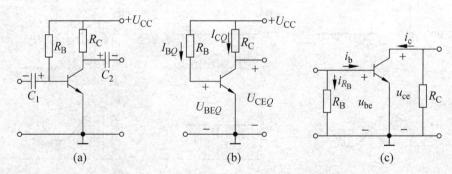

图 1.2-26　共发射极放大电路的直流通路和交流通路

放大电路性能的分析方法主要包括近似估算法和图解分析法。

1) 近似估算法

所谓近似估算法就是利用电路中已知的参数,通过数学公式近似计算来分析放大电路的性能。采用近似估算法分析小信号放大电路较为简便。

(1) 近似估算静态工作点

静态工作点的问题是直流分量的问题,通过图 1.2-26(b)中直流电通过的路径可知,电源 $U_{CC}$ 的正极经基极偏置电阻 $R_B$、三极管的基极和发射极到"地"组成回路,则可得到:

$$U_{CC} = I_{BQ}R_B + U_{BEQ}$$

经整理得到:

$$I_{BQ} = \frac{U_{CC} - U_{BEQ}}{R_B}$$

从三极管的输入特性和实测都可知道,三极管的 $U_{BEQ}$ 很小,与电源电压相比,$U_{BEQ}$ 可忽略不计,则上式也可写为

$$I_{BQ} \approx \frac{U_{CC}}{R_B}$$

由于三极管的电流关系为 $I_C = \beta I_B + I_{CEO}$(这里 $\beta$ 近似作为常数),而穿透电流 $I_{CEO}$ 一般很小,也可忽略不计,则有

$$I_{CQ} \approx \beta I_{BQ}$$

最后,我们来估算三极管的集电极电压。从集电极回路看,电源正极经集电极电阻 $R_C$、三极管集电极和发射极到"地"组成回路,则可得到

$$U_{CC} = U_{CEQ} + I_{CQ}R_C$$

经整理后得到

$$U_{CEQ} = U_{CC} - I_{CQ}R_C$$

**例题 1.2-1**:设图 1.2-26(b)中,单级小信号放大电路的参数为:$U_{CC} = 6V$,$R_B = 200k\Omega$,$R_C = 2k\Omega$,$\beta = 50$,试估算放大电路的静态工作点。

**解**:① 计算 $I_{BQ}$

$$I_{BQ} \approx \frac{U_{CC}}{R_B} = \frac{6}{200} = 30(\mu A)$$

② 计算 $I_{CQ}$

$$I_{CQ} \approx \beta I_{BQ} = 50 \times 0.03 = 1.5(mA)$$

③ 计算 $U_{CEQ}$

$$U_{CEQ} = U_{CC} - I_{CQ}R_C = 6 - 1.5 \times 2 = 3(V)$$

在计算中,电阻用 $k\Omega$ 作单位,电压用 V 作单位,则电流单位为 mA。

(2) 近似估算放大电路的输入电阻、输出电阻和放大倍数

放大电路的输入阻抗、输出阻抗和放大倍数是与交流分量有关的问题,可以借助于放大电路的交流通路来进行估算。在图 1.2-26(c)中可以看到,交流电压信号 $u_i$ 加在三极管输入端的基极-发射极之间时,在其基极上将产生相应的基极变化电流 $i_b$。这反映了三极管本身具有一定的输入电阻。必须指出,三极管的输入电阻和放大电路的输入电阻有密切的关系,但两者在概念和意义上截然不同。

**三极管的输入电阻 $r_{be}$** 是指从三极管的输入端看进去,有一个交流等效阻抗存在,当忽略其电抗(低频时)而只计算其电阻时,这个电阻称为**三极管的输入电阻**,如图 1.2-27(a)所示。

$r_{be}$ 的大小可以用公式表示为

$$r_{be} = \frac{u_i}{i_b}$$

式中,$u_i$ 为输入的交流信号电压;$i_b$ 为基极交变电流。

对于小功率三极管在共发射极接法且工作在低频小信号时,常用下面的近似公式估算:

$$r_{be} \approx 300 + (1+\beta)\frac{26(\text{mV})}{I_E(\text{mA})}$$

式中,$\beta$ 为三极管电流放大系数;$I_E$ 为静态发射极电流(也可用 $I_C$ 代替)。

上式反映了三极管的输入电阻 $r_{be}$ 与静态电流 $I_E$ 有关。静态工作点不同,$r_{be}$ 也不同。一般小功率三极管在 $I_E$ 为 1mA 时,$r_{be}$ 为几千欧左右。

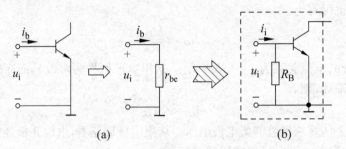

图 1.2-27 三极管和放大电路的输入电阻

**放大电路的输入电阻 $R_i$** 是指从放大电路输入端看进去的交流等效电阻,如图 1.2-27(b)所示。它定义为交流输入电压 $u_i$ 与交流输入电流 $i_i$ 的比值,即

$$R_i = \frac{u_i}{i_i}$$

从图 1.2-27(b)可以看出,放大电路的输入电阻为 $R_B$ 和 $r_{be}$ 的并联值,即

$$R_i = R_B /\!/ r_{be}$$

式中符号"$/\!/$"表示并联。由于一般 $R_B \gg r_{be}$,上式可以近似为

$$R_i \approx r_{be}$$

**放大器的输出电阻 $R_o$** 是指从放大器的输出端(不包括负载电阻 $R_L$)看进去,放大电路相当于一个具有内阻 $R_o$ 和电动势 $u_o$ 的等效电路,这个内阻 $R_o$ 就是放大电路的输出电阻,如图 1.2-28(a)所示。从图 1.2-28(b)可见,输出电阻等于三极管集电极-发射极间等效电阻 $r_{ce}$ 与 $R_C$ 的并联值,即

$$R_o = R_C /\!/ r_{ce}$$

由于三极管在放大区的 $r_{ce}$ 很大,即 $r_{ce} \gg R_C$,故上式可以近似为

$$R_o \approx R_C$$

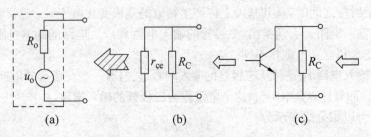

图 1.2-28 输出电阻的等效电路

**例题 1.2-2**：在图 1.2-29(a)中，如果三极管的 $\beta=50$，静态发射极电流 $I_{EQ}=1.5\text{mA}$，集电极电阻 $R_C=1\text{k}\Omega$。求：

① 放大器的输入电阻 $R_i$；

② 放大器输入端接入电压有效值为 3mV，内阻为 $0.5\text{k}\Omega$ 的信号源 $u_S$ 时，输入端口的电流和电压有效值 $I_i$ 和 $U_i$；

③ 放大电路的输出电阻 $R_o$；

④ 不接负载时，放大电路的输出电压 $u_o$ 的有效值为 1V，当输出端接上 $R_L=5\text{k}\Omega$ 时的负载电阻时，$R_L$ 上的电流和电压各是多少？

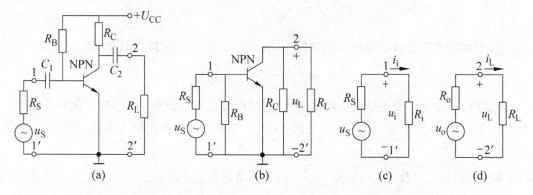

图 1.2-29　例题 1.2-2 图

**解**：① 画出放大器的交流通路，如图 1.2-29(b)所示。先求出三极管的输入电阻 $r_{be}$ 为

$$r_{be} \approx 300 + (1+\beta)\frac{26(\text{mV})}{I_E(\text{mA})} \approx 300 + (1+50)\frac{26(\text{mV})}{1.5(\text{mA})} \approx 1.2(\text{k}\Omega)$$

则放大器的输入电阻 $R_i$ 为

$$R_i = R_B \mathbin{/\mkern-6mu/} r_{be} \approx r_{be} \approx 1.2\text{k}\Omega$$

② 求放大器输入端的电流和电压，需要画出输入端交流等效电路，如图 1.2-29(c)所示。根据欧姆定律，可以得到电流和电压的有效值为

$$I_i = \frac{U_S}{R_S+R_i} = \frac{3\times 10^{-3}}{1.7\times 10^3} \approx 1.76(\mu\text{A})$$

$$U_i = I_i R_i = 1.76\times 10^{-6}\times 1.2\times 10^3 \approx 2.11(\text{mV})$$

③ 由于集电极电阻 $R_C=1\text{k}\Omega$，则

$$R_o \approx R_C \approx 1\text{k}\Omega$$

④ 求输出端的电流和电压，需要画出输出端的交流等效电路，如图 1.2-29(d)所示。

$$I_L = \frac{U_o}{R_o+R_L} = \frac{1}{6\times 10^3} \approx 0.17(\text{mA})$$

$$U_L = I_L R_L = 0.17\times 10^{-3}\times 5\times 10^3 = 0.85(\text{V})$$

从上例中可以看出：当信号源电动势和内阻一定时，放大电路的输入电阻 $R_i$ 越大，则放大电路从信号源吸取的电流 $I_i$ 越小，对信号源的负担越轻，放大电路输入的信号电压 $U_i$ 也越大；当放大电路输出电压 $U_o$ 和负载电阻 $R_L$ 一定时，放大电路的输出电阻 $R_o$ 越小，输出的电流 $I_L$ 则越大，输出电压 $U_L$ 也越大。当负载变化时，$R_o$ 越小，输出电压的变化越小，表明放大电路的带负载能力也越强。这就是前面讲到的要求电压放大电路的输入电阻大些好,输出电阻小些好的原因。

放大电路的放大倍数 $A$,是表示电路放大能力的指标,分别有下列 3 种:

① **电压放大倍数 $A_u$**:是放大电路输出电压变化量(交流分量)$u_o$ 与输入电压变化量(交流分量)$u_i$ 的比值,即

$$A_u = \frac{u_o}{u_i}$$

② **电流放大倍数 $A_i$**:是放大电路输出电流变化量(交流分量)$i_o$ 与输入电流变化量(交流分量)$i_i$ 的比值,即

$$A_i = \frac{i_o}{i_i}$$

③ **功率放大倍数 $A_P$**:是放大电路输出功率 $P_o$ 与输入功率 $P_i$ 的比值,即

$$A_P = \frac{P_o}{P_i} = \frac{u_o i_o}{u_i i_i} = A_u A_i$$

**例题 1.2-3**:某一交流放大电路的输入、输出电量的有效值分别是:输入电压 100mV,输入电流 0.1mA,输出电压 1V,输出电流 10mA。求该电路的电压放大倍数、电流放大倍数和功率放大倍数。

**解**:电压放大倍数 $A_u = \dfrac{U_o}{U_i} = \dfrac{1}{0.1} = 10$(未考虑相位关系)

电流放大倍数 $A_i = \dfrac{I_o}{I_i} = \dfrac{10}{0.1} = 100$

功率放大倍数 $A_P = A_u A_i = 10 \times 100 = 1000$

放大电路在动态时输出放大后的电信号,而输出端在空载和带负载时,其输出电压有所变化,对放大电路的放大倍数有一定的影响。下面简要分析放大电路不带负载和带负载时的电压放大倍数。

**输出端不带负载时**,从图 1.2-30(a)所示的交流通路可以看出,输入电压 $u_i = i_i R_i$,由于 $R_i \approx r_{be}, i_i \approx i_b$,因此,$u_i \approx i_b r_{be}$。由于放大后的集电极电流 $i_c$ 通过 $R_C$ 以电压的形式输送出去,即:$u_o = -i_c R_C$,所以有

$$A_u = \frac{u_o}{u_i} \approx -\frac{i_c R_C}{i_b r_{be}} = -\frac{\beta i_b R_C}{i_b r_{be}} = -\beta \frac{R_C}{r_{be}}$$

**输出端带负载时**,当输出端外接负载电阻 $R_L$ 时,从图 1.2-30(b)所示的交流通路可以看出,输出端电阻为 $R_C // R_L$,集电极电流 $i_c$ 通过交流等效负载电阻 $R_L' = R_C // R_L$ 以电压的形式输出,因此 $u_L = u_o = -i_c R_L'$。所以

$$A_u' = \frac{u_o}{u_i} \approx -\frac{i_c R_L'}{i_b r_{be}} = -\beta \frac{R_L'}{r_{be}}$$

可见,接入负载电阻后,电压放大倍数略有下降。负载越大(负载电阻 $R_L$ 越小),放大倍数下降得越多。

**例题 1.2-4**:在图 1.2-30 中,$R_C = 3\text{k}\Omega$,$I_E = 2.6\text{mA}$,三极管的 $\beta = 45$。求:

① 输出端不带负载时,放大电路的电压放大倍数;

② 输出端负载电阻 $R_{L1} = 6\text{k}\Omega$ 时的电压放大倍数;

③ 输出端负载电阻 $R_{L1} = 3\text{k}\Omega$ 时的电压放大倍数。

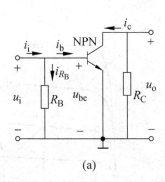 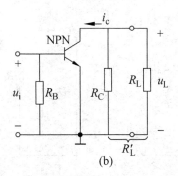

图 1.2-30 放大电路的交流通路

**解**:① 首先求出 $r_{be}$

$$r_{be} \approx 300 + (1+\beta)\frac{26(\text{mV})}{I_E(\text{mA})} \approx 300 + (1+45)\frac{26(\text{mV})}{2.6(\text{mA})} = 760(\Omega)$$

$$A_u \approx -\beta\frac{R_C}{r_{be}} = -45 \times \frac{3000}{760} \approx -178$$

② 因为 $R'_L = R_C // R_L$,所以 $R'_L = \frac{R_C R_{L1}}{R_C + R_{L1}} = \frac{3 \times 6}{3+6} = 2(\text{k}\Omega)$

$$A'_u \approx -\beta\frac{R'_L}{r_{be}} = -\frac{45 \times 2000}{760} \approx -118$$

③ 因为 $R'_L = R_C // R_L$,所以 $R''_L = \frac{R_C R_{L2}}{R_C + R_{L2}} = \frac{3 \times 3}{3+3} = 1.5(\text{k}\Omega)$

$$A''_u \approx -\beta\frac{R''_L}{r_{be}} = -\frac{45 \times 1500}{760} \approx -89$$

从上面 3 种情况可见,放大电路不带负载时输出电压最高,电压放大倍数也最大;带负载后,电压放大倍数下降,而且负载电阻越小,电压放大倍数下降越多。

从上面的讨论可知,近似估算法较为简单,并能很快计算出具体数值,可以据此来分析放大电路的一些性能。但这种方法难以判断所设置的静态工作点是否适当,放大电路在工作过程中是否会出现非线性失真,动态工作范围是多少等。而采用图解分析法就可以解决这些问题。

2)图解分析法

运用三极管的特性曲线簇,通过作图的方法,直观地分析放大电路性能的方法,称为**图解分析法**,简称图解法。

(1)直流负载线的作法

对图 1.2-31(a)所示的放大电路,根据给定的有关参数,我们可以用图解法确定静态时三极管各电极上的电压和电流,分析如下。

图 1.2-31(b)是放大电路输出回路的直流通路,假设它由虚线 $AA'$ 暂时分隔成两部分,虚线左边是三极管的输出端,输出电压 $U_{CE}$ 和电流 $I_C$ 的关系按三极管输出特性曲线所描述的规律变化,如图 1.2-32。虚线右边是集电极负载电阻 $R_C$ 和电源 $U_{CC}$ 组成的串联电路,由欧姆定律可知

$$U_{CE} = U_{CC} - I_C R_C$$

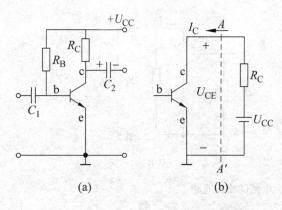 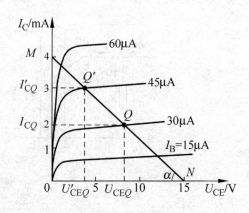

图 1.2-31 放大电路输出回路的直流通路　　图 1.2-32 直流负载线

对于一个给定的放大电路来说，$U_{CC}$ 和 $R_C$ 是定值，因此上式是反映 $U_{CE}$ 与 $I_C$ 关系的直线方程式。根据该方程式，可以在图 1.2-32 所示的三极管输出特性曲线簇上作出一条直线。方法是首先根据上式找出这条直线上的两个特殊点：

① 令 $U_{CE}=0$，则 $I_C=\dfrac{U_{CC}}{R_C}$

② 令 $I_C=0$，则 $U_{CE}=U_{CC}$

然后，分别在图 1.2-32 的纵坐标（$I_C$ 轴）和横坐标（$U_{CE}$ 轴）上定出 $M$、$N$ 两点，连结 $M$、$N$ 两点成一直线。由于这里讨论的是静态工作情况，电路中的电压和电流都是直流量，而直线 $MN$ 的斜率是 $-\dfrac{1}{R_C}$，是由集电极负载电阻确定的，故称直线 $MN$ 为放大电路的**直流负载线**。

(2) 图解法分析静态工作点

在图 1.2-31(b) 中，虚线 $AA'$ 只是为分析问题方便起见而假设的，事实上放大电路的输出回路是不可分割的。尽管对直流负载线来说，有无数组 $I_C$ 和 $U_{CE}$ 的值能满足直线方程的数量关系，但回路中的 $U_{CE}$ 和 $I_C$ 必须同时处在三极管的输出特性曲线簇上。显然，只有在它们的交点上才能满足上述条件。那么究竟应该确定哪一个交点呢？这就要取决于三极管的静态基极电流 $I_{BQ}$ 的数值。对于确定的 $I_{BQ}$，三极管输出特性曲线簇上只有一条曲线与之对应，因此它与直流负载线也只有一个交点，这个交点就是相应的静态工作点 $Q$。在图 1.2-32 中，对应于 $I_{BQ}=30\mu A$ 的输出特性曲线与直流负载线 $MN$ 的交点就是静态工作点。$Q$ 点所对应的横、纵坐标值就是 $U_{CEQ}$ 和 $I_{CQ}$ 的值。

必须指出，由于三极管的输出特性表现为一簇曲线，对应于不同的静态基极电流 $I_{BQ}$，静态工作点 $Q$ 的位置也不同，所对应的 $U_{CEQ}$ 和 $U_{CQ}$ 也不相同，如图 1.2-32 中 $Q'$ 所示。

**例题 1.2-5**：某一交流放大电路如图 1.2-33(a)，三极管的输出特性曲线簇由图 1.2-33(b) 给出。

① 试在输出特性曲线簇上作出直流负载线，并确定静态工作点（$I_{BQ}$、$U_{CEQ}$、$I_{CQ}$）。

② 若图 1.2-33(a) 中的 $R_C$ 改为 $2.5k\Omega$，其他保持不变，则直流负载线和静态工作点的情况又如何？

**解**：① 画出交流放大电路的直流通路，如图 1.2-33(c) 所示，列出直流负载线方程：

$$U_{CE} = U_{CC} - I_C R_C = 20 - 5.1 \times 10^3 \times I_C$$

令 $U_{CE}=0$,得: $I_C \approx 4\text{mA}$,即为 $M$ 点

令 $I_C=0$,得: $U_{CE}=20\text{V}$,即为 $N$ 点

连结 $M$、$N$ 两点,此直线即为直流负载线。

确定静态工作点 $Q$:

$$I_{BQ} \approx \frac{U_{CC}}{R_B} = \frac{20}{470} \approx 40(\mu\text{A})$$

在图 1.2-33(b)中找出对应于 $I_B=40\mu\text{A}$ 的曲线,此曲线与直流负载线 $MN$ 的交点即为放大电路的静态工作点 $Q$。在 $Q$ 处分别作垂线交于横坐标,作水平线交于纵坐标,即可得静态工作点:

$$U_{CEQ} \approx 10\text{V}$$
$$I_{CQ} \approx 2\text{mA}$$

② 当 $R_C=2.5\text{k}\Omega$,$U_{CC}=20\text{V}$ 时,直流负载线方程为

$$U_{CE} = U_{CC} - I_C R_C = 20 - 2.5 \times 10^3 \times I_C$$

当 $U_{CE}=0$ 时,$I_C=8\text{mA}$;$I_C=0$ 时,$U_{CE}=20\text{V}$。作出的直流负载线如图 1.2-33(b)中的 $M_1 N_1$ 所示。由于 $I_{BQ}=40\mu\text{A}$,所以此时的静态工作点为 $Q_L$。

从上例中可知:

① 当电源电压 $U_{CC}$ 一定时,静态工作点 $Q$ 在直流负载线上的位置取决于静态基极电流 $I_{BQ}$,而 $I_{BQ}$ 的大小又由基极偏置电阻 $R_B$ 决定。由 $I_{BQ}=\dfrac{U_{CC}}{R_B}$ 可知,$R_B$ 小则 $I_{BQ}$ 大,静态工作点沿直流负载线向上移动;$R_B$ 大则 $I_{BQ}$ 小,静态工作点沿直流负载线向下移动。

② 当其他条件不变,且当集电极负载电阻 $R_C$ 减小时,直流负载线的斜率增大,与纵坐标的交点 $\left(U_{CE}=0, I_C=\dfrac{U_{CC}}{R_C}\right)$ 向上移动,静态工作点从原来的 $Q$ 点移到 $Q_L$ 点;反之,$R_C$ 增大,则直流负载线斜率变小,与纵坐标的交点向下移。此外,当其他条件不变时,仅改变电源电压 $U_{CC}$ 的大小,则负载线将向右(或向左)平移,但斜率不会改变。例如,当电源电压为 15V 时,直流负载线如图 1.2-33(b)中 $M_2 N_2$ 所示。

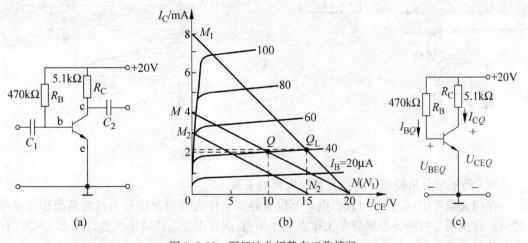

图 1.2-33 图解法分析静态工作情况

(3) 图解法分析动态工作情况

当设置好静态工作点之后,在图 1.2-33(a)的输入端输入一交流信号 $u_i = U_m \sin\omega t$,如图 1.2-34(a)中的曲线①所示。晶体三极管的输入、输出特性曲线如图 1.2-34(a)、(b)所示。求解动态输出电压的步骤如下:

首先,由输入回路的电压方程 $U_{BE} = U_{CC} - I_{BQ}R_B$ 计算出静态基极电压 $U_{BEQ}$($I_{BQ}$ 已由静态工作点算出),$I_{BQ}$ 和 $U_{BEQ}$ 的大小决定了放大电路在输入曲线上的工作点。

其次,根据三极管的基极总电压的计算公式 $u_{BE} = U_{BEQ} + u_i$,画出 $u_{BE}$ 的波形图,再通过输入曲线画出对应的 $i_B$ 波形图,如图 1.2-34(a)中的曲线②所示。

再次,根据静态工作点和 $i_B$ 电流的变化范围,在输出特性曲线上沿**交流负载线**$\left(\text{该负载线是一条通过 } Q \text{ 点、且斜率为 } -\dfrac{1}{R'_C} \text{ 的直线,这里的 } R'_C = R_C /\!/ R_L\right)$找到相对应的 $i_C$ 的变化范围,如图 1.2-34(b)中的曲线③所示;再根据 $u_{CE} = U_{CC} - i_C R_C$,画出输出电压 $u_{CE}$ 的波形,如图 1.2-34(b)中的曲线④所示。

从图中可以清楚地看出,输出信号 $u_{ce}$ 的幅度大于输入信号 $u_i$,且输出信号的相位与输入信号相差 180°,即输出信号与输入信号反相位,而频率和波形都相同。

根据图 1.2-34 所示的波形,可以计算出放大器的电压放大倍数、电流放大倍数和功率放大倍数,其计算公式为

$$A_u = \frac{\Delta u_{ce}}{\Delta u_{be}}$$

$$A_i = \frac{\Delta i_c}{\Delta i_b}$$

$$A_P = A_u A_i$$

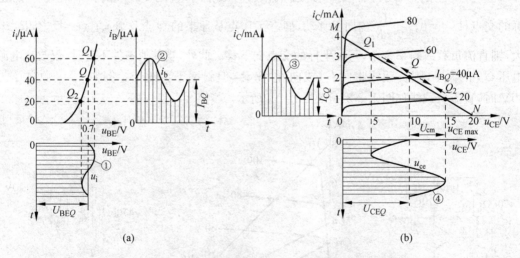

图 1.2-34 图解法分析动态工作情况

(4) 图解法分析静态工作点与波形失真的关系

在前文叙述中,我们已对放大电路不设置静态工作点会引起信号失真的情况作了简单说明。这里要分析的是如果静态工作点选择不当,同样也会造成波形失真。那么,静态工作点的位置应该选择在何处才合适呢?

通过上述图解分析法可知,放大电路的动态工作范围是围绕静态工作点附近移动的。如果静态工作点 $Q$ 在**交流负载线**上的位置定得太高,如图 1.2-35 中的 $Q_A$ 处,那么当 $i_c$ 幅值较大时,其正半周可能进入饱和区,造成输出电压波形负半周被部分消除,这种因三极管饱和而引起的失真称为**饱和失真**。反之,如果静态工作点 $Q$ 在交流负载线上的位置定得太低,如图 1.2-35 中的 $Q_B$ 处,那么当 $i_b$ 幅值较大时,其负半周可能进入截止区,造成输出电压的正半周被部分消除,这种因三极管截止而引起的失真称为**截止失真**。由于它们都是三极管的工作状态离开线性放大区而进入非线性饱和区和截止区所造成的,因此都称为**非线性失真**。

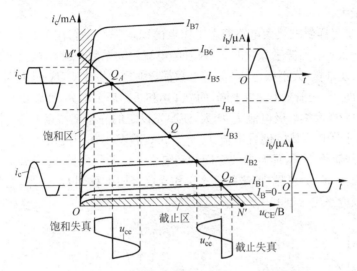

图 1.2-35 静态工作点与波形失真的关系

为了使放大电路具有最大的不失真输出信号,就应该把静态工作点 $Q$ 设置在负载线的中点处。当然,有时在信号电压幅度不大的情况下,为降低直流电源 $U_{CC}$ 的能量消耗,在不造成失真和保证一定的电压放大倍数的前提下,也可以将静态工作点选得低一些。

综上所述,图解法比较直观,有助于合理安排静态工作点和负载线,以免在放大过程中造成饱和失真和截止失真,而且还可以帮助我们理解电路参数对工作点和负载线的影响,指导我们正确选择电路参数。它的不足之处是作图比较麻烦,而且误差也大,也不能确定放大电路的输入电阻和输出电阻。

必须指出,当放大电路在大信号下工作时,电路中的交流电压和电流的振幅都很大,动态工作范围也很大,三极管的输入电阻 $r_{be}$ 和电流放大系数 $\beta$ 在信号的一个周期内都不能保持恒定,但这时仍然可以用图解法来求解放大倍数和输出功率等数据。因此,对于工作在大信号状态下的低频功率放大电路来说,主要采用图解法来进行分析和计算。

**7. 静态工作点的稳定**

在前面我们讲到,要使放大电路能对输入的交流信号进行不失真的放大,就必须给放大电路设置合适的静态工作点。但在实际电路中,常常由于某些因素的影响,使已经设定的静态工作点发生变化,有时甚至变化很大,以致放大电路产生严重的失真,甚至无法正常工作。因此,设置合适的静态工作点,并使其尽可能不随外界因素的变化而变化,是一个十分重要的问题。

在前面讨论的基本放大电路中,当基极偏置电阻 $R_B$ 确定后,基极偏置电流 $I_{BQ}$($I_{BQ}=$

$U_{CC}/R_B$)也就固定了,这种电路叫**固定偏置放大电路**。它具有元器件少、电路简单和放大倍数高等优点,但其最大的缺点就是稳定性差,因此只用在要求不高的电路中。那么,是哪些因素影响到静态工作点的稳定性呢?能不能采取一定的措施使其工作稳定呢?下面就来讨论这些问题。

1)影响静态工作点稳定的主要因素

理论和实践都证明,当放大电路受到周围环境温度的变化、电源电压的波动、三极管的老化等因素的影响时,都可能引起静态工作点的不稳定。在各种因素中,温度的变化对静态工作点的影响最大。

那么,温度是怎样影响放大电路静态工作点的稳定呢?我们在 1.2.2 中曾讨论过三极管受温度的影响很大:当温度变化时,三极管的电流放大系数 $\beta$、集电极反向饱和电流 $I_{CBO}$、穿透电流 $I_{CEO}$ 以及基极-发射极电压 $U_{BE}$ 等参数都会随之发生改变,从而使静态工作点发生变化。当温度升高时,三极管的 $U_{BE}$ 将下降,而 $\beta$、$I_{CBO}$ 和 $I_{CEO}$ 都会增大,使输出特性曲线簇上移。最终的结果集中表现为集电极电流 $I_C$ 增大,使原先设定的静态工作点上移。图 1.2-36(a)表示在常温 25℃时设定的基极偏置电流 $I_{BQ}=40\mu A$,静态工作点为 Q。当温度上升到 50℃时,输出特性曲线簇将上移,而且曲线之间的间隔增大。若仍保持 $I_{BQ}=40\mu A$(实际上 $I_{BQ}$ 将会增大),由图 1.2-36(b)可见,原来的静态工作点已经向上移到 $Q_1$ 处,其位置接近饱和区,因此将导致放大电路出现饱和失真。

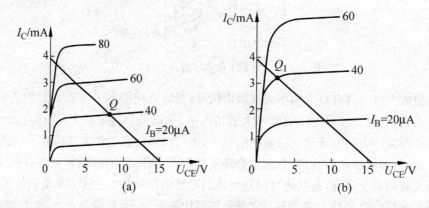

图 1.2-36 温度对静态工作点的影响

因此,为了使放大电路在温度发生变化时仍然能基本保持静态工作点的稳定,就要在电路上采取措施,设法抵消由温度变化带来的影响。通常采用改变偏置的方式或者利用热敏器件等办法,使温度变化时集电极电流 $I_C$ 仍能近似维持恒定,从而稳定静态工作点,使放大电路正常工作,这就是稳定静态工作点的基本原理。下面介绍几种常用的稳定静态工作点的偏置电路。

2)射极偏置电路

由于温度对三极管性能的影响最终表现在三极管集电极电流 $I_{CQ}$ 的变化上,而 $I_{CQ}$(或 $I_{BQ}$)和基极偏置电流 $I_{BQ}$ 的大小又有一定的关系($I_{CQ} \approx \beta I_{BQ}$),因此,如果 $I_{CQ}$ 因温度上升而增大,则可以通过减小 $I_{BQ}$ 的方法抑制 $I_{CQ}$ 的上升,从而自动维持 $I_{CQ}$ 基本不变,使放大电路的静态工作点基本稳定。图 1.2-37 就是根据这一原理组成的射极偏置电路,又叫**分压式偏置电路**。

(1)电路的特点和工作原理

从电路的组成来看,一是把固定偏置放大电路的基极电阻 $R_B$ 分成上偏置电阻 $R_{B1}$ 和下

偏置电阻 $R_{B2}$ 两部分；二是在三极管的发射极电路中串接了电阻 $R_E$ 和电容器 $C_E$。

① 利用基极偏置电阻 $R_{B1}$ 和 $R_{B2}$ 的分压使三极管的基极电位固定。在图 1.2-37(a)中，若流过 $R_{B1}$ 的电流为 $I_1$，流过 $R_{B2}$ 的电流为 $I_2$，则有 $I_1 = I_2 + I_{BQ}$。因为 $I_2 \gg I_{BQ}$，于是有 $I_1 \approx I_2$。这时三极管的基极电位 $U_{BQ}$ 就完全取决于 $U_{CC}$ 在 $R_{B2}$ 上的分压，即有

$$U_{BQ} \approx \frac{R_{B2}}{R_{B1} + R_{B2}} U_{CC}$$

从上式可以看出：在 $I_2 \gg I_{BQ}$ 的条件下，三极管的基极电位 $U_{BQ}$ 与三极管的参数无关，不受温度影响，仅由电源电压 $U_{CC}$ 以及电阻 $R_{B1}$ 和 $R_{B2}$ 的分压电路决定。

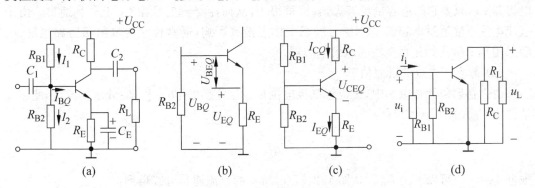

图 1.2-37 射极偏置放大器
(a) 射极偏置电路；(b) 输入回路；(c) 直流通路；(d) 交流通路

② 利用发射极电阻 $R_E$ 来获得发射极电位 $U_E$，自动调节 $I_{EQ}$ 的大小。如图 1.2-37(b)所示，由电压回路定律可得

$$U_{BEQ} = U_{BQ} - U_{EQ} = U_{BQ} - R_E I_E$$

这个关系式反映了三极管的基极偏置电压 $U_{BEQ}$ 是 $R_{B2}$ 上的电压 $U_B$ 和 $R_E$ 上的电压 $U_E$ 的差值。该式表明，直流输出回路中的发射极电压 $U_E$ 或发射极电流 $I_E$ 影响了净输入信号 $U_{BEQ}$，且由于 $U_{BEQ} < U_i$，即净输入信号被削弱，因此电阻 $R_E$ 引入了**负反馈**，这种放大器称为**反馈放大器**，反馈放大器也称为**闭环放大器**。可见，"**反馈**"就是将输出信号引入到输入端，并对输出信号的变化产生影响。在反馈放大器中，连接输出回路与输入回路的中间环节称为**反馈网络**，一般由电阻电容元件组成，如图 1.2-37 中的电阻 $R_E$ 就是反馈元件。

**在放大电路中引入负反馈可以提高放大电路的温度稳定性**。上述电路中发射极电阻 $R_E$ 稳定静态工作点的工作原理如下：如果温度升高，则 $I_{CQ}$ 增加，$I_{EQ}$ 也会增加，于是 $R_E$ 上的电压降 $U_{EQ} = I_{EQ} R_E$ 也增大，由于 $U_{BQ}$ 基本不变，$U_{EQ}$ 增大使得 $U_{BEQ}$ 减小。根据三极管的输入特性可知，基极电流 $I_{BQ}$ 也要减小，于是 $I_{CQ}$（$I_{CQ} \approx \beta I_{BQ}$）就减小了，使工作点恢复到原来设定的位置。上述变化过程可以表示为

$$温度上升 \longrightarrow I_{CQ}\uparrow \longrightarrow I_{EQ}\uparrow \longrightarrow U_{EQ}\uparrow$$
$$I_{CQ}\downarrow \longleftarrow I_{BQ}\downarrow \longleftarrow U_{BEQ}\downarrow$$

上述变化过程中的符号"↑"表示增大，"↓"表示减小，"→"表示引起后面的变化。

发射极电压 $U_{EQ} = I_{EQ} R_E$ 反映了集电极静态电流 $I_{CQ}$（$I_{CQ} \approx I_{EQ}$）的变化，$R_E$ 越大，电压降 $I_{EQ} R_E$ 就越大，自动调节能力也就越强，稳定性越好。但 $R_E$ 太大，会使放大电路的放大倍

数减小。一般在小电流情况下，$R_E$ 取几百欧到几千欧，在大电流情况下，$R_E$ 取几欧到几十欧。

为了提高稳定效果，通常对硅管取 $U_{BQ}=(3\sim 5)\mathrm{V}$，锗管取 $U_{BQ}=(1\sim 3)\mathrm{V}$，使 $U_{BQ}\gg U_{BEQ}$，则：$U_{BQ}\approx U_{EQ}=I_{EQ}R_E$，这时有

$$I_{EQ}=\frac{U_E}{R_E}\approx \frac{U_{BQ}}{R_E}=\frac{R_{B2}U_{CC}}{(R_{B1}+R_{B2})R_E}$$

可见，$I_{EQ}$ 基本保持不变，则 $I_{CQ}$ 也不变，Q 点也保持不变。

接入了发射极电阻 $R_E$ 能抑制 $I_{CQ}$ 的变化，但它对交流信号也有抑制作用。为了既稳定静态工作点又不削弱交流信号的放大作用，常常在发射极电阻 $R_E$ 两端并联一个大容量的电容器 $C_E$，只要它的电容量足够大，容抗将很小，从而让交流信号在 $C_E$ 上顺利通过。由于直流电流不能通过电容器，故 $C_E$ 对静态工作点没有影响，通常称它为**发射极旁路电容**，一般采用几十微法到几百微法的电解电容器。

(2) 静态工作点的近似估算

由于在射极偏置电路中，三极管基极电位 $U_{BQ}$ 由偏置电阻 $R_{B1}$ 和 $R_{B2}$ 分压决定，因此可以估算出 $U_{BQ}$，而 $I_{EQ}$ 可以写为

$$I_{EQ}=\frac{U_{BQ}-U_{BEQ}}{R_E}\approx I_{CQ}$$

根据 $I_{BQ}\approx \dfrac{I_{CQ}}{\beta}$ 可以求出 $I_{BQ}$。从图 1.2-37(c) 所示的直流通路可以得到：

$$U_{CEQ}=U_{CC}-I_{CQ}R_C-I_{EQ}R_E$$

即

$$U_{CEQ}\approx U_{CC}-I_{CQ}(R_C+R_E)$$

这样根据 $I_{BQ}$、$I_{CQ}$、$U_{CEQ}$ 就可以确定静态工作点。

(3) 输入电阻、输出电阻和电压放大倍数的近似估算

射极偏置电路是在固定偏置电路的基础上改进而来的，其交流通路如图 1.2-37(d) 所示。从图中可以看出，射极偏置电路与固定偏置电路的交流通路几乎相同，只是输入端电阻 $R_B$ 变为 $R_{B1}//R_{B2}$，但其作用完全相同。因此，估算输入电阻、输出电阻和放大倍数的方法完全相同。

**例题 1.2-6**：在图 1.2-37(a) 中，$R_{B1}=7.6\mathrm{k\Omega}$，$R_{B2}=2.4\mathrm{k\Omega}$，$R_C=2\mathrm{k\Omega}$，$R_L=4\mathrm{k\Omega}$，$R_E=1\mathrm{k\Omega}$，$U_{CC}=12\mathrm{V}$，三极管的 $\beta=60$。求：

① 放大电路的静态工作点；

② 放大电路的输入电阻、输出电阻和放大倍数。

**解**：① 估算静态工作点

$$U_{BQ}\approx \frac{R_{B2}}{R_{B1}+R_{B2}}\cdot U_{CC}=\frac{2.4\times 12}{7.6+2.4}=2.88(\mathrm{V})$$

$$I_{CQ}\approx I_{EQ}=\frac{U_{BQ}-U_{BEQ}}{R_E}=\frac{2.88-0.7}{1\times 10^3}=2.18(\mathrm{mA})$$

$$I_{BQ}\approx \frac{I_{CQ}}{\beta}=\frac{2.18}{60}\approx 36(\mu\mathrm{A})$$

$$U_{CEQ}=U_{CC}-I_{CQ}(R_C+R_E)=12-2.18\times(2+1)=5.46(\mathrm{V})$$

② 估算输入电阻 $R_i$、输出电阻 $R_o$、电压放大倍数 $A_u$

$$r_{be}\approx 300+(1+\beta)\frac{26\mathrm{mV}}{I_E\mathrm{mA}}=300+(1+60)\frac{26}{2.18}\approx 1.03(\mathrm{k\Omega})$$

由于在输入回路中有 $R_B = R_{B1} // R_{B2}$，因此

$$R_B = \frac{R_{B1}R_{B2}}{R_{B1}+R_{B2}} = \frac{7.6 \times 2.4}{7.6+2.4} = 1.824(\text{k}\Omega)$$

$$R_i = R_B // r_{be} = \frac{R_B r_{be}}{R_B + r_{be}} = \frac{1.824 \times 1.03}{1.824 + 1.03} \approx 0.66(\text{k}\Omega)$$

$$R_o \approx R_C = 2\text{k}\Omega$$

$$R'_L = R_C // R_L = \frac{2 \times 4}{2+4} \approx 1.33(\text{k}\Omega)$$

$$A_u = -\beta \frac{R'_L}{r_{be}} = -\frac{60 \times 1.33}{1.03} \approx -77.5$$

射极偏置放大器的静态工作点稳定性较好，对交流信号基本无衰减作用。如果放大电路满足 $I_2 \gg I_{BQ}$（一般工程上规定 $I_2 = (5 \sim 10)I_{BQ}$）和 $U_B \gg U_{BEQ}$ 这两个条件，则静态工作电流 $I_{CQ}$ 主要由电源电压 $U_{CC}$ 和电路参数 $R_{B1}$、$R_{B2}$ 及 $R_E$ 决定，而与三极管的参数无关。因此，在更换三极管时，不必重新调整静态工作点，这就给维修工作带来了很大方便。由于三极管基极电位 $U_B$ 的大小由 $R_{B1}$ 和 $R_{B2}$ 的分压决定，如果要重新设定静态工作点，只需要调整 $R_{B1}$ 和 $R_{B2}$ 的大小即可。所以，射极偏置放大电路在电子设备中得到了广泛应用。

3）具有温度补偿的偏置电路

以上讨论的偏置电路是利用集电极电流 $I_{CQ}$ 的变化反馈到输入电路的方法来稳定静态工作点的，它们并不能完全消除温度对静态工作点的影响。对于稳定性要求较高的放大电路，常常利用热敏电阻、面结型二极管等对温度敏感的元器件来补偿三极管参数随温度变化带来的影响，从而使静态工作点稳定，带有这种元器件的偏置电路称为温度补偿偏置电路。

（1）用热敏电阻进行温度补偿的偏置电路

所谓热敏电阻，是指其阻值随温度的升高而减小，随温度降低而增大，即具有负温度系数的电阻。图 1.2-38 所示的是典型的热敏电阻随温度变化的曲线。

图 1.2-39 是利用热敏电阻 $R_t$ 作温度补偿来稳定静态工作点的电路。该电路的特点是：在射极偏置电路的基础上，又增加了一个和 $R_{B2}$ 并联的热敏电阻 $R_t$。由于 $R_{B2}$ 的阻值基本不随温度变化，当 $R_t$ 和 $R_{B2}$ 并联后，在温度较低时 $R_t$ 阻值很大，并联后的电阻值基本等于 $R_{B2}$ 的阻值；当温度较高时 $R_t$ 阻值很小，并联后的阻值近似等于 $R_t$ 的阻值，这样就可以得到接近于所需要的电阻与温度的关系曲线。

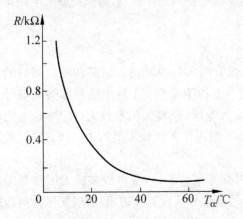

图 1.2-38 热敏电阻的温度变化曲线

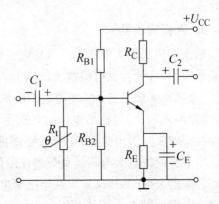

图 1.2-39 用热敏电阻稳定静态工作点

稳定工作点的基本原理是：并联 $R_t$ 后，三极管的基极电位取决于 $R_{B1}$ 和 $R_t /\!/ R_{B2}$ 的分压。当温度升高使三极管集电极电流 $I_{CQ}$ 增大时，热敏电阻 $R_t$ 的阻值同时减小，$R_t /\!/ R_{B2}$ 的值也减小，使三极管的基极电位 $U_{BQ}$ 下降，导致基极偏置电流 $I_{BQ}$ 减小，从而使集电极电流 $I_{CQ}$ 也减小，抵消了集电极电流 $I_{CQ}$ 因温度升高而增大的变化，这种变化过程可表述为：

$$\text{温度上升} \longrightarrow R_t\downarrow \longrightarrow R_t/\!/R_{B2}\downarrow \longrightarrow U_{BQ}\downarrow \longrightarrow U_{BEQ}\downarrow$$
$$\longrightarrow I_{CQ}\uparrow \longrightarrow I_{EQ}\uparrow \longrightarrow U_{EQ}\uparrow$$
$$I_{CQ}\downarrow \longleftarrow I_{BQ}\downarrow$$

只要热敏电阻 $R_t$ 的参数选择得合适，这种偏置电路就会有良好的温度稳定性。

(2) 用二极管作温度补偿的偏置电路

在二极管一节中曾讨论过，二极管的正向压降和正向电阻随温度升高而减小，反向电流随温度升高而增大。

根据二极管的这种特性，可以把二极管作为温度补偿器件来稳定静态工作点，如图 1.2-40 所示。该电路也是在射极偏置电路的基础上，用二极管 D 和下偏置电阻 $R_{B2}$ 串联，这样三极管的基极电压 $U_{BQ}$ 就取决于 D 和 $R_{B2}$ 两者的电压之和。

当温度升高使集电极电流 $I_{CQ}$ 升高时，二极管正向电阻减小，正向压降下降，基极电位 $U_{BQ}$ 下降，从而使基极电流 $I_{BQ}$ 也下降，最终使集电极电流 $I_{CQ}$ 下降，其变化过程表述为：

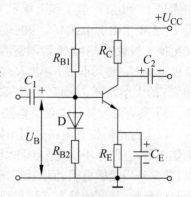

图 1.2-40 用二极管作温度补偿的偏置电路

$$\text{温度上升} \longrightarrow U_{BQ}\downarrow \longrightarrow U_{BEQ}\downarrow$$
$$\longrightarrow I_{CQ}\uparrow \longrightarrow I_{EQ}\uparrow \longrightarrow U_{EQ}\uparrow$$
$$I_{CQ}\downarrow \longleftarrow I_{BQ}\downarrow$$

以上只是介绍了一些常用的稳定静态工作点的电路及基本概念，在对稳定性要求更高的放大电路中，通常需要同时采取多种措施进一步稳定静态工作点，从而保证放大电路正常工作。

### 8. 射极输出器

前面所讲的放大电路都是从集电极输出，三极管的发射极是输入回路和输出回路的共同接地端，故称为**共发射极放大电路**。其主要特点有以下几点：①输出信号和输入信号反相位，故又称为反相器；②既能放大电流，也能放大电压，且放大倍数较大；③输入电阻较低，输出电阻较大，且输出电压和负载电阻有关，一般用作多级放大器的中间级；④负载电阻接在集电极与零电位点（交流电位）之间。

本节介绍的放大电路其负载接在发射极。对交流信号而言，集电极是输入回路和输出回路之间的公共端，故又称为**共集电极电路**。因输出信号从发射极输出，所以又称为**射极输出器**。电路如图 1.2-41(a) 所示。

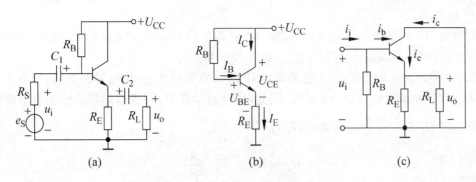

图 1.2-41 射极输出器
(a) 射极输出器电路图；(b) 直流通路；(c) 交流通路

采用放大器的直流通路(图 1.2-41(b))，可以很容易计算出电路的静态工作点：

$$I_B = \frac{U_{CC} - U_{BE}}{R_B + (1+\beta)R_E}$$

$$I_E = (1+\beta)I_B$$

$$U_{CE} = U_{CC} - I_E R_E$$

图 1.2-41(c)是射极输出器的交流通路，据此可以计算出电路的电压放大倍数、输入电阻和输出电阻，从中可以看出射极输出器不同于共射极放大器的一些特点。

1) 电压放大倍数

$$u_o = R'_L i_e = (1+\beta)R'_L i_b$$

式中，

$$R'_L = R_E \mathbin{/\mkern-6mu/} R_L$$

$$u_i = r_{be} i_b + R'_L i_e = r_{be} i_b + (1+\beta)R'_L i_b$$

电压放大倍数为

$$A_u = \frac{u_o}{u_i} = \frac{(1+\beta)R'_L i_b}{r_{be} i_b + (1+\beta)R'_L i_b} = \frac{(1+\beta)R'_L}{r_{be} + (1+\beta)R'_L}$$

根据上式可以看出：由于三极管的输入电阻 $r_{be}$ 很小，射极输出器的电压放大倍数接近于 1，但恒小于 1。且由于发射极电流大于基极电流，因此电路具有电流放大和功率放大作用。此外，电压放大倍数 $A_u$ 为正值，因此输出电压和输入电压同相位。以上两点说明，该电路的输出电压基本跟随输入电压变化，因此又称为**射极跟随器**，简称**射随器**。

2) 输入电阻

射极输出器的输入电阻是从信号源两端看进去的等效电阻，其大小为

$$R_i = R_B \mathbin{/\mkern-6mu/} [r_{be} + (1+\beta)R'_L]$$

式中的 $(1+\beta)R'_L$ 可以理解为折算到基极电路的发射极电阻，因 $i_e = (1+\beta)i_b$，$i_b$ 流过发射极电路时，则发射极电阻的折算值应为原阻值的 $(1+\beta)$ 倍。

可见，射极输出器的输入电阻是由基极偏置电阻 $R_B$ 和 $[r_{be} + (1+\beta)R'_L]$ 并联构成，一般 $R_B$ 很大（几十千欧到几百千欧），同时 $[r_{be} + (1+\beta)R'_L]$ 也比前述的共发射极电路的输入电阻($r_i \approx r_{be}$)大得多。因此，射极输出器的输入电阻很高，可达几十千欧到几百千欧，适合用作多级放大器的输入级。

3) 输出电阻

射极输出器的输出电阻是从负载两端(不包括负载电阻)看进去的等效电阻。与共发射极放大电路相似,可以画出其等效电路,如图 1.2-42 所示。

图 1.2-42(b)中的电阻 $R'_S$ 是信号源内阻 $R_S$ 和基极偏置电阻 $R_B$ 的并联值,且由于三极管发射极电流是基极电流的 $(1+\beta)$ 倍,因此,经过数学推导,射极输出器的输出电阻近似为发射极电阻 $R_E$ 和 $\dfrac{r_{be}+R'_S}{1+\beta}$ 的并联值,即有

$$R_o = R_E \mathbin{/\mkern-5mu/} \dfrac{r_{be}+R'_S}{1+\beta}$$

通常有

$$(1+\beta)R_E \gg r_{be}+R'_S$$

所以输出电阻的计算公式可以进一步简化为

$$R_o \approx \dfrac{r_{be}+R'_S}{\beta}$$

可见,射极输出器的输出电阻很低,远小于共发射极放大器,因此其带负载能力很强,常用作多级放大器的输出级。

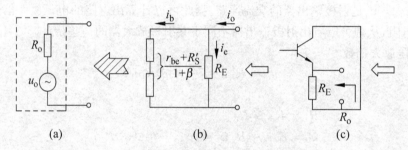

图 1.2-42 射极输出器的输出电阻

综上所述,射极输出器具有以下特点:①电压放大倍数小于等于 1;②输入电阻高;③输出电阻低;④输出电压与输入信号同相位。

4) 射极输出器的应用

利用射极输出器"输入电阻高和输出电阻低"的特点,其在放大电路中主要有以下应用:

(1) 因输入电阻高,常用在多级放大电路的第一级,可以提高输入电阻,减小信号源在其内阻上的压降,减小信号的损失。

(2) 因输出电阻低,常用在多级放大电路的末级,可以降低负载上的电压损失,提高放大电路的带负载能力。

(3) 利用输入电阻大、输出电阻小以及放大倍数近似为 1 的特点,也可以将射极输出器放在放大电路的两级之间,起到阻抗匹配的作用,这时的射极输出器称为**缓冲级**或中间隔离级。

**例题 1.2-7**:在图 1.2-41 所示的射极输出放大电路中,已知 $U_{CC}=12\text{V}$,$R_E=2\text{k}\Omega$,$R_B=200\text{k}\Omega$,$R_L=2\text{k}\Omega$,晶体管电流放大系数 $\beta=60$,$U_{BE}=0.6\text{V}$,信号源内阻 $R_S=100\Omega$,试求:

① 静态工作点 $I_B$、$I_E$ 及 $U_{CE}$;

② 电压放大倍数 $A_u$、输入电阻 $R_i$ 和输出电阻 $R_o$。

**解**: ① 由直流通路求静态工作点,如图 1.2-41(b)所示

$$I_B = \frac{U_{CC} - U_{BE}}{R_B + (1+\beta)R_E} = \frac{12 - 0.6}{200 + (1+60) \times 2} = 0.035(\text{mA})$$

$$I_E = (1+\beta)I_B = (1+60) \times 0.035 = 2.16(\text{mA})$$

$$U_{CE} = U_{CC} - I_E R_E = 12 - 2 \times 2.16 = 7.68(\text{V})$$

② 估算电压放大倍数 $A_u$、输入电阻 $R_i$ 和输出电阻 $R_o$。

$$r_{be} \approx 300 + (1+\beta)\frac{26}{I_E} = 300 + 61 \times \frac{26}{2.16} = 1.03(\text{k}\Omega)$$

$$R'_L = R_E // R_L = 1(\text{k}\Omega)$$

$$A_u = \frac{(1+\beta)R'_L}{r_{be} + (1+\beta)R'_L} = \frac{(1+60) \times 1}{1.03 + (1+60) \times 1} = 0.98$$

$$R_i = R_B // [r_{be} + (1+\beta)R'_L] \approx r_{be} + (1+\beta)R'_L = 62(\text{k}\Omega)$$

$$R_o \approx \frac{r_{be} + R'_S}{\beta} = \frac{1030 + 100}{60} = 18.8(\Omega)$$

式中,

$$R'_S = R_S // R_B \approx R_S = 100\Omega$$

### 9. 放大电路的频率特性

在讨论交流放大电路时,为了分析简便起见,假设输入信号是单一频率的正弦信号。实际上,放大电路的输入信号往往是非正弦量。例如,广播电台的语言和音乐信号、电视的图像和伴音信号以及非电量通过传感器变化所得到的信号等,都含有基波和各种频率的谐波分量。由于在放大器中一般都有电容元件,如耦合电容、发射极电阻交流旁路电容以及晶体管的极间电容和连线分布电容等,他们对不同频率的信号所呈现出的容抗值并不一样,因而放大电路对不同频率的信号在幅度上和相位上放大的效果不完全一样,导致输出信号不能重现输入信号的波形,这就产生了**幅度失真**和**相位失真**,统称为**频率失真**。放大电路的这种特性通常采用**频率特性**来表示。

频率特性分为**幅频特性**和**相频特性**。前者表示电压放大倍数的绝对值 $|A_u|$ 与频率 $f$ 的关系;后者表示输出电压相对于输入电压的相位移 $\varphi$ 与频率 $f$ 的关系。图 1.2-43 是射极偏置放大电路(见图 1.2-37)的频率特性。图(a)为幅频特性,图(b)为相频特性。图中的曲线表明,在放大电路的某一段频率范围内,电压放大倍数 $|A_u| = |A_{uo}|$,基本保持不变,同时输出电压相对于输入电压的相位移为 180°。这表明在这一频率范围内,放大电路的输出信号大小保持不变,相位与输入信号相反。

随着输入信号频率的升高或降低,放大电路的电压放大倍数 $|A_u|$ 都将减小,相位移也要发生变化,这表明输出信号的波形产生了失真。将放大倍数下降到 $\frac{|A_{uo}|}{\sqrt{2}}$ 时对应的两个频率分别记为下限频率 $f_1$ 和上限频率 $f_2$,这两个频率之间的频率范围称为放大电路的**通频带**,

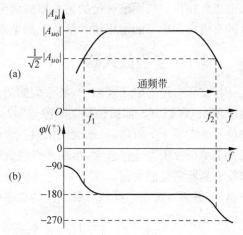

图 1.2-43 放大电路的频率特性

它是表明放大电路频率特性的一个重要指标。对放大电路而言,一般都希望通频带宽一些,让非正弦信号中幅值较大的各次谐波信号都在通频带范围内,以尽量减小频率失真。另外,有些测量仪器(如晶体管电压表)测量不同频率的信号时,电压放大倍数应该尽量做到一致,以免引起测量误差,这时也希望放大电路有较宽的通频带。

下面对放大电路的幅频特性作进一步说明。

在工业电子技术中,最常用的是低频放大电路,其频率范围为 $20 \sim 10^4$ Hz。在分析放大电路的频率特性时,再将低频范围分为低、中、高3个频段。

在**中频段**,由于耦合电容和发射极电阻旁路电容的容量较大,故对中频段信号来讲其容抗很小,可视作短路。此外,尚有晶体管的极间电容和联线分布电容等,这些电容都很小,约为几皮法到几百皮法,可认为它们的等效电容 $C_0$ 并联在输出端上(在图 1.2-37 中未标出)。由于 $C_0$ 的容量很小,它对中频段信号的容抗很大,可视作开路。所以,在中频段可以认为电容不影响交流信号的传送,放大电路的放大倍数与信号频率无关。

在**低频段**,由于信号频率较低,耦合电容的容抗较大,其分压作用不能忽略,以致实际送到晶体管输入端的电压 $u_{be}$ 比输入信号 $u_i$ 要小,同时输出到负载上的电压也下降,故放大倍数要降低。同样,发射极电阻旁路电容的容抗也不能忽略,该电容起到交流负反馈的作用,使放大倍数降低。在低频段,$C_0$ 的容抗比中频段更大,仍可视作开路。

在**高频段**,由于信号频率较高,耦合电容和发射极电阻旁路电容的容抗比中频段更小,故皆可视作短路。但晶体管的极间电容 $C_0$ 的容抗将减小,它与输出端的电阻并联后,使总阻抗减小,因而使输出电压减小,电压放大倍数降低。此外,在高频段电压放大倍数的降低,还由于高频时电流放大系数 $\beta$ 下降之故。这主要是因为载流子从发射区到集电区需要一定时间,当频率比较高时,在正半周时载流子尚未全部到达集电区,而输入信号的极性就已改变,这就使集电极电流的变化幅度下降,导致电流放大倍数 $\beta$ 值降低。

只有在中频段,可以认为电压放大倍数与频率无关,并且单级放大电路的输出电压与输入电压反相位。**前面所讨论的都是指放大电路工作在中频段的情况**。在习题和例题中所计算的交流放大电路的电压放大倍数也都是指中频段的值。

### 1.2.5 多级放大器

在实际应用的电子线路中,被放大的信号往往非常微弱,一般只有毫伏或微伏级,输入功率在 1mW 以下。而被控制的对象通常却要求放大器提供一定的电压或功率。要把微弱的信号放大成千上万倍,只靠放大倍数几十到几百倍的单级放大器是难以实现的,这就需要将几个单级放大器连接起来,组成多级放大器,把前级的输出加到后级的输入端,使信号逐级放大到所需要的数值。图 1.2-44 为多级放大器的组成方框图,前面几级主要是电压放大电路,而最后一级则是推动负载工作的功率放大电路。

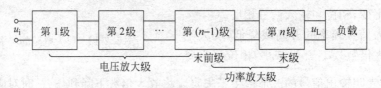

图 1.2-44 多级放大器的组成方框图

**1. 多级放大器的耦合方式**

多级放大电路由两个或两个以上的单级放大电路组成,级与级之间的连接方式叫**耦合**。实现耦合的电路称为级间耦合电路。常用的耦合方式有**阻容耦合**、**变压器耦合**和**直接耦合**等。但无论采取何种耦合方式,都需要满足以下几个基本要求,电路才能正常工作。

(1) 保证前级的电信号顺利地传输给后级;

(2) 耦合电路对前、后级放大电路的静态工作点没有影响;

(3) 电信号在传输过程中失真要小,级间传输效率要高。

在低频交流电压放大电路中,主要采用阻容耦合方式;在功率放大电路中,一般采用变压器耦合方式;在直流或极低频的放大电路中,常采用直接耦合方式。

1) 阻容耦合放大电路

所谓阻容耦合,就是把电容器作为级间的连接元件,并与下级输入电阻连接而成的一种耦合方式,由这种耦合方式连接的多级放大电路叫阻容耦合放大电路。

图 1.2-45 所示的电路是两级阻容耦合放大电路。它的第一级由三极管 $T_1$ 组成,第二级由三极管 $T_2$ 组成。其中每一级都是前面已讨论过的单级放大电路,第一级和第二级之间利用电容器 $C_2$ 和基极电阻 $R_{B12}$、$R_{B22}$ 把它们连接起来,$C_2$ 叫做耦合电容。该电路的特点是:

(1) 利用电容器的隔直流作用,使第一级和第二级的直流工作状态相互独立而互不影响,因此各级放大电路的静态工作点可单独考虑。

(2) 当输入信号 $u_i$ 经过第一级放大后,在三极管 $T_1$ 的集电极上得到一个已经放大了的交流电压信号,它通过 $C_2$ 又传送到三极管 $T_2$ 的基极,进行第二次放大。

耦合电容器的容量越大,它本身的电压降就越小,低频信号在传输中的损失就越小。因此,信号频率越低,电容值应越大。通常耦合电容器的容量选得比较大,一般为几微法到几十微法。由于阻容耦合放大电路结构简单,成本低,体积小,因此在电子技术中得到了广泛应用。但在集成放大器中,由于难于制造大容量电容器,因此无法采用这种耦合方式。

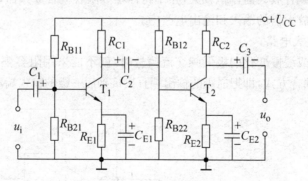

图 1.2-45 两级阻容耦合放大器

图 1.2-45 所示的两级放大电路中,每一级放大器都是共发射极电路,其输出与输入反相位,两级放大后,输出与输入就变为同相位了。

2) 变压器耦合放大电路

前后级放大电路之间用变压器连接起来,称为变压器耦合,图 1.2-46 就是变压器耦合的两级放大器。交流信号经第一级放大以后,通过变压器传送到第二级的输入回路。由于变压器只传送交流信号，因此前后级的直流偏置电位相互隔离，静态工作点互不影响。适当选择变压器的匝数比，使折合到变压器初级的负载等效电阻与三极管输出电阻相等或尽可能接近，这种特性称为**阻抗匹配**，这时后级电路可以获得最大的功率。变压器变换阻抗的特性分析如下。

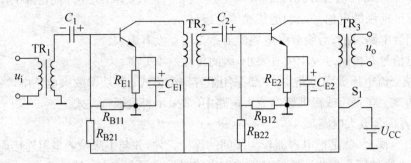

图 1.2-46　变压器耦合两级放大器

变压器电路如图 12-47 所示，设原、副边匝数分别为 $N_1$、$N_2$，变压器变比为 $k$，则变压器原、副边的电压、电流和匝数有以下关系：

$$\frac{U_1}{U_2} = \frac{N_1}{N_2} = k$$

$$\frac{I_1}{I_2} = \frac{N_2}{N_1} = \frac{1}{k}$$

从原边看进去的等效电阻为

$$R'_L = \frac{U_1}{I_1} = k^2 R_L$$

适当选择变压器的变比，就可以使等效负载电阻近似等于前级放大器的输出电阻，从而使负载获得最大功率。

但由于变压器耦合放大器体积较大，频率特性不如阻容耦合放大器，因此变压器耦合方式主要应用在功率放大器的输入和输出电路中。

3）直接耦合放大电路

放大直流信号或缓慢变化的极低频交流信号时，就不能采用阻容耦合和变压器耦合电路，只能采用直接耦合方式，即把前级的输出端直接接到后一级的输入端，如图 1.2-48 所示。

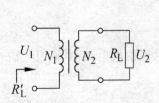

图 1.2-47　变压器电路

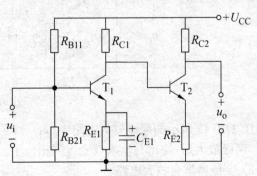

图 1.2-48　串接发射极电阻的直接耦合放大器

这种耦合方式看似简单,其实不然。直接耦合电路中有两个问题需要解决:一是前、后级的静态工作点互相影响的问题;二是零点漂移问题。

(1) 前、后级静态工作点的相互影响

在图 1.2-48 中,$T_1$ 采用的是分压式偏置电路,$T_2$ 的偏置电压(基极电位 $U_{B2}$)由 $T_1$ 的集电极电压和 $T_2$ 的发射极电压确定。因此,必须选择合适的 $R_{C1}$、$R_{E2}$ 和 $T_1$ 的静态工作点,才能使 $T_2$ 三极管的发射结处于正向偏置,这样才能保证有效地传递信号。在实际应用中,图 1.2-48 所示的电路难以完成有效的放大功能。因为前级集电极电位等于后级基极电位,为了保证 $T_2$ 的正常工作,$U_{BE2}$ 应该保持在 0.7V 左右,这样必须使 $U_{C1}$ 电压大部分降在 $R_{E2}$ 上,如果选择 $U_{C1}$ 电压较小,则使 $T_1$ 的工作接近于饱和区;如果选择 $U_{C1}$ 电压较大,则需要的 $R_{E2}$ 将较大,这将使该级的放大倍数下降。为了克服这一不足,常将 $R_{E2}$ 换成硅稳压管 $Z_1$,如图 1.2-49 所示。

由于稳压管导通后其管压降保持稳定,基本上不随 $I_{E2}$ 变化,它既抬高了 $T_2$ 的发射极电位,又降低了不必要的负反馈。考虑到 $T_2$ 集电极电流太小时稳压管可能脱离稳压区,可以通过电阻 $R$ 直接从电源给稳压管提供一个稳定的工作电流。

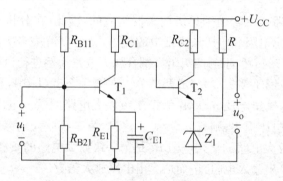

图 1.2-49 串接硅稳压管的直接耦合放大电路

(2) 零点漂移

一个理想的直接耦合放大器,当输入信号为零时,其输出电压应保持不变(不一定是零)。但实际上,把一个多级直接耦合放大器的输入端短接($u_i=0$)后,其输出电压不是恒定值,而是缓慢地、无规则地变化着,这种现象称为**零点漂移**,如图 12-50 所示。所谓漂移,就是指输出值偏离原来的起始值而随机地变化,属于有害的干扰信号。

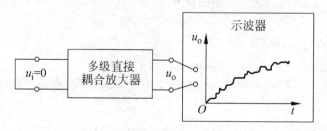

图 1.2-50 零点漂移现象

当放大器加上输入信号时,这种漂移仍然伴随着有效信号共存于放大电路中,两者都在缓慢变化,一真一假,难于分辨。当漂移量大到足以与真信号相比时,就会严重影响放大器的工作,因此必须采取措施抑制漂移。

引起零点漂移的原因很多,主要是晶体管的参数($I_{CBO}$、$U_{BE}$、$\beta$)随温度的变化引起的,其中又以多级放大器输入级的影响最为严重,因为第一级的漂移被逐级放大,导致放大器不能正常工作,所以主要在多级放大器的输入级采取抑制措施。

抑制零点漂移的方法主要有:①采取措施稳定静态工作点,如前述的射极偏置电路、热敏电阻温度补偿电路等;②输入级采用差分放大电路,这部分内容见"运算放大器"部分。

综上所述,直接耦合方式避免了耦合电容造成的放大量损失,可以获得较高的放大倍数,且低频特性好,通频带宽(见图1.2-51),易于集成,因此广泛应用于集成放大器中。

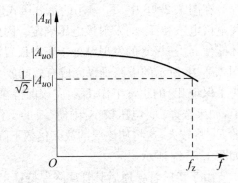

图1.2-51 直接耦合放大器的幅频特性

**2. 多级放大器的放大倍数**

由于多级放大电路是由若干个单级放大器组成的,因此,在分析单级放大电路的基础上,利用输入电阻、输出电阻和电压放大倍数的概念,就可以解决多级放大电路的分析计算问题。下面以图1.2-52(a)所示的两级阻容耦合放大电路为例进行讨论。

为了讨论方便,将图1.2-52(a)分成两部分。在图1.2-52(b)中,当交流信号$u_i$经第一级放大电路放大后,其输出电压$u_{o1}$就作为第二级放大电路的输入电压$u_{i2}$再进行放大。如果不计耦合电路上的电压损失,则有$u_{o1}=u_{i2}$。这样,第二级放大电路就成为第一级放大电路的负载,即第二级放大电路的输入电阻$R_{i2}$是第一级放大电路的负载电阻$R_{L1}$。根据交流通路的概念,可以估算出输入电阻,进而估算出电压放大倍数。

由于耦合电容$C_1$、$C_2$、$C_3$以及发射极旁路电容$C_{E1}$和$C_{E2}$的容量较大,故容抗较小,对交流可以看作短路;电源$U_{CC}$的交流电阻也较小,也可以看作短路,它们的交流通路如图1.2-52(c)所示。图中:

$$R'_{B1} = R_{B11} \mathbin{/\mkern-6mu/} R_{B21} \quad R'_{B2} = R_{B12} \mathbin{/\mkern-6mu/} R_{B22}$$

因此,第一级放大电路的输入电阻$R_{i1}$应该是$R'_{B1}$与三极管的输入电阻$r_{be1}$的并联值,即

$$R_{i1} = R'_{B1} \mathbin{/\mkern-6mu/} r_{be1}$$

同样,第二级放大电路的输入电阻$R_{i2}$也应为

$$R_{i2} = R'_{B2} \mathbin{/\mkern-6mu/} r_{be2}$$

如果$R'_{B1} \gg r_{be1}$,$R'_{B2} \gg r_{be2}$,则有

$$R'_{B1} \approx r_{be1} \quad R'_{B2} \approx r_{be2}$$

由图1.2-52(c)可见,第一级放大电路的交流负载电阻$R'_{L1}$应该是集电极电阻$R_{C1}$和$R_{i2}$的并联值,即

$$R'_{L1} = R_{C1} \mathbin{/\mkern-6mu/} R_{i2} = \frac{R_{C1} \cdot R_{i2}}{R_{C1} + R_{i2}}$$

第二级放大电路的交流负载电阻$R'_{L2}$应该是集电极电阻$R_{C2}$和$R_L$的并联值,即

$$R'_{L2} = R_{C2} \mathbin{/\mkern-6mu/} R_L = \frac{R_{C2} \cdot R_L}{R_{C2} + R_L}$$

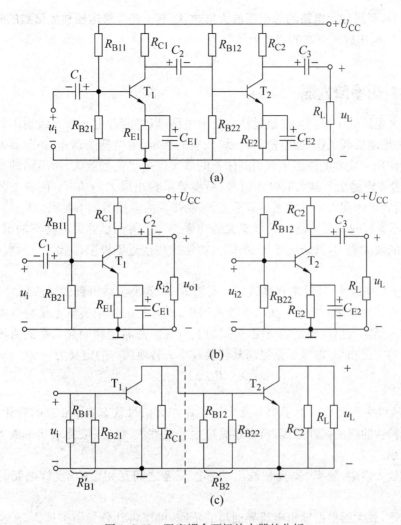

图 1.2-52 阻容耦合两级放大器的分析

根据单级放大电路的电压放大倍数计算公式,可以得到
第一级电压放大倍数的计算公式:

$$A_{u1} \approx -\beta_1 \frac{R'_{L1}}{r_{be1}}$$

第二级电压放大倍数的计算公式:

$$A_{u2} \approx -\beta_2 \frac{R'_{L2}}{r_{be2}}$$

两级放大电路的总电压放大倍数为

$$A_u = \frac{U_{o2}}{U_{i1}} = \frac{U_{o2}}{U_{i2}} \cdot \frac{U_{i2}}{U_{i1}}$$

而
$$U_{i2} = U_{o1}$$
所以
$$A_u = \frac{U_{o2}}{U_{i2}} \cdot \frac{U_{o1}}{U_{i1}} = A_{u1} \cdot A_{u2}$$

上式表明，**两级放大电路的总电压放大倍数 $A_u$ 等于各单级电压放大倍数的乘积**。

同理，$n$ 级电压放大电路的总放大倍数为

$$A_u = A_{u1}A_{u2}\cdots A_{un}$$

### 1.2.6 功率放大器

多级放大电路的末级或末前级是功率放大电路，以将前置电压放大级输出的信号进行功率放大，去推动负载工作，如电机的转动、仪表的指示、继电器的动作、扬声器发声等。电压放大电路和功率放大电路都是利用晶体管的放大作用将信号放大，所不同的是两者的目的不同：前者要求输出足够大的电压信号，后者要求输出最大的功率；前者主要工作在小信号状态，后者工作在大信号状态。鉴于此，对功率放大器提出如下要求：

（1）在不失真的情况下输出尽可能大的功率。为了得到足够大的功率输出，必须充分利用功放管的放大能力，管子的电压、电流及功耗往往接近于极限参数，要特别注意晶体管的安全。

（2）由于功率较大，就要求提高效率。所谓效率，就是负载得到的交流信号功率 $P_L$ 与电源供给的直流功率 $P_{CC}$ 之比。在功率放大器中，晶体管的作用实质上是将直流电源的直流功率转换为受输入信号控制的交流功率输出。因此，总希望将同样大小的直流功率转换为尽可能大的交流功率，即应尽量提高其转换效率。转换效率的定义为

$$\eta = \frac{P_L}{P_{CC}} \times 100\%$$

（3）非线性失真要小。由于功率放大管工作在大信号状态，$u_{ce}$ 和 $i_c$ 的变化幅度较大，有可能超出特性曲线的线性范围，所以容易产生非线性失真。一般要求功率放大器的非线性失真尽量小。

在功率放大器中，效率、失真和输出功率这三者之间互相影响，设计电路时需要统筹考虑。

如前所述，放大器根据输出电流导通角的不同，可以将其分为甲类放大（A 类）、乙类放大（B 类）、甲乙类放大（AB 类）、丙类放大等几种工作状态。甲类放大器功放管电流的导通角为 360°，适用于小信号低功率放大，其波形如图 1.2-53(a) 所示，前述的各种电压放大器都工作于甲类状态；乙类放大器电流的导通角近似等于 180°，其波形如图 1.2-53(b) 所示；甲乙类放大器的导通角大于 180°，其波形如图 1.2-53(c) 所示；丙类放大器电流的导通角小于 180°，其波形如图 1.2-53(d) 所示。乙类和丙类都适用于大功率工作。

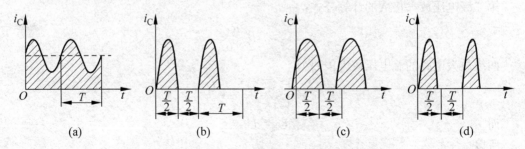

图 1.2-53　各类功放驱动电流示意图

低频功率放大器一般工作于甲类、甲乙类或乙类(限于推挽电路)状态;高频功率放大器一般都工作于丙类(某些特殊情况可工作于乙类)状态。

**1. 甲类功率放大器**

甲类功放是指在信号的整个周期内(正弦波的正负两个半周),放大器的任何功率输出元件都不会出现电流截止(即停止输出)的一类放大器。甲类放大器工作时会产生高热,效率很低,但固有的优点是不存在**交越失真**。单管放大器都是甲类工作方式,推挽放大器可以是甲类,也可以是乙类或甲乙类。

1) 电路组成及基本工作原理

图 1.2-54 是一个典型的单管甲类功率放大电路。$TR_1$ 是输入变压器,其主要作用是变换阻抗(使前级得到一个合适的负载),传输交流信号;$TR_2$ 是输出变压器,也主要起阻抗变换作用(使负载 $R_L$ 与功放管的输出电阻相匹配),并传输功率。$R_{B1}$、$R_{B2}$、$R_E$ 构成功放管的分压式偏置电路,并且具有直流负反馈;$C_E$ 为发射极交流旁路电容。$C_B$ 将 $R_{B1}$ 和 $R_{B2}$ 交流短路,这样就避免了输入信号在偏置电阻上产生功率损耗。

输入信号电压 $u_i$ 经输入变压器 $TR_1$ 耦合到功放管 $T_1$ 的输入端,产生信号电流 $i_b$,经放大后集电极有相应的信号电流 $i_c$,$i_c$ 经输出变压器将信号耦合到负载 $R_L$ 上。一般情况下,负载 $R_L$ 阻值较低(如扬声器的阻抗为 $4\Omega$、$8\Omega$、$16\Omega$ 等),如果将它直接接入到集电极电路,$R_L$ 上将得不到足够的功率。经过输出变压器变换阻抗后,就可以使 $R_L$ 上获得较大的功率。

**例题 1.2-8**:在图 1.2-54 中,若扬声器的音圈阻抗 $R_L=8\Omega$,集电极电流有效值 $I_c=10\text{mA}$,输出功率为 $P_o=20\text{mW}$,试求输出变压器的变压比 $n$(忽略变压器损耗);若将扬声器直接接在集电极电路里,它可获得多大功率?

**解**:$R_L$ 经输出变压器变换后,变压器初级的等效阻抗为

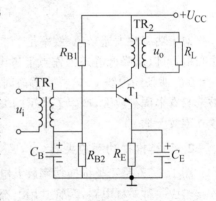

图 1.2-54 单管甲类功率放大电路

$$R'_L = \left(\frac{N_1}{N_2}\right)^2 R_L = n^2 R_L, N_1 \text{ 为变压器初级匝数},N_2 \text{ 为次级匝数}。$$

输出功率 $P_o = I_c^2 R'_L$,则 $R'_L = \dfrac{P_o}{I_c^2} = \dfrac{20 \times 10^{-3}}{(10 \times 10^{-3})^2} = 200(\Omega)$

则输出变压器变比为 $\quad n = \sqrt{\dfrac{R'_L}{R_L}} = \sqrt{\dfrac{200}{8}} = 5$

若将扬声器直接接入集电极电路,则负载获得的功率为

$$P'_o = I_c^2 R_L = (10 \times 10^{-3})^2 \times 8 = 0.8(\text{mW})$$

可见,$P'_o$ 仅为 $P_o$ 的 $\dfrac{1}{25}$。

2) 甲类功率放大器的特点

如图 1.2-55 所示,单管功率放大器的静态工作点设在交流负载线中点,在信号的整个周期内集电极电路都有电流通过。在这种工作状态下,输出信号基本没有失真,但效率小于

50%,一般只有30%～40%。当输入信号为零时,直流电源供给的功率全部消耗在三极管内,因此静态功耗很大,效率很低。若把静态工作点 $Q$ 往下移,使 $I_{CQ}$ 减小,静态功耗也将随之减小,但将会出现**截止失真**。单管功率放大器一般只适用于小功率放大场合。

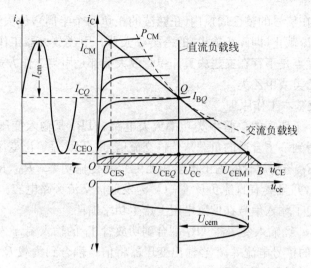

图 1.2-55 单管甲类功率放大器的图解分析法

对于功率放大器来说,效率是个重要指标,所以一定要设法减小静态功耗。为了达到这个目的,可以从降低静态工作点上考虑。若将静态工作点 $Q$ 下移到 $I_C=0$ 处,即 $Q$ 点置于 $I_B=0$ 的那条输出线上,这样在静态时管子的损耗就为零,这样可以显著提高效率。但这时波形只有半周被放大,产生了严重的失真。为了解决这一问题,可以采用下面介绍的乙类推挽功率放大器。

**2. 乙类推挽功率放大器**

图 1.2-56 是乙类推挽功率放大电路。它由两个同型号且特性相同的晶体管 $T_1$ 和 $T_2$ 连接组成一种对称电路,两管共用电源 $U_{CC}$。$TR_1$ 为输入变压器,它的次级绕组采用带中心抽头的对称形式,以便给两管的基极提供大小相等、相位相反的输入信号。$TR_2$ 为输出变压器,它的初级绕组为带中心抽头的对称形式,以便将 $T_1$ 和 $T_2$ 的集电极电流合成一个完整的波形,并耦合到次级负载上。下面具体分析其工作过程。

1) 乙类推挽功率放大器的工作原理

从图 1.2-56 可以看出,在静态时,两管基极都处于零偏置,基极电流都为零,两管都截止。集电极只有穿透电流 $I_{CEO}$,而且它们流经输出变压器 $TR_2$ 的初级绕组时方向相反,因此它们产生的磁通相互抵消,铁芯中磁通为零,输出电压为零。

当输入信号 $u_i$ 加到输入变压器 $TR_1$ 的初级绕组时,$TR_1$ 的次级绕组上感应出两个大小相等、相位相反的信号电压 $u_{b1}$ 和 $u_{b2}$。在 $u_i$ 的正半周里,$u_{b1}$ 使 $T_1$ 管的基极电位对地为正,$T_1$ 管导通;$u_{b2}$ 使 $T_2$ 管的基极电位对地为负,$T_2$ 管截止。在 $u_i$ 的负半周里,情形正好相反,$T_1$ 管截止,$T_2$ 管导通。两管的集电极电流波形如图中 $i_{c1}$ 和 $i_{c2}$ 所示。最后通过变压器 $TR_2$ 的作用,把两管交替出现的集电极电流耦合到次级负载上,使负载上得到一个完整的信号波形。两个功放管在正、负半周交替工作,很像两个人拉锯,一推一拉,所以将上述功率放大电路称为**推挽放大器**。

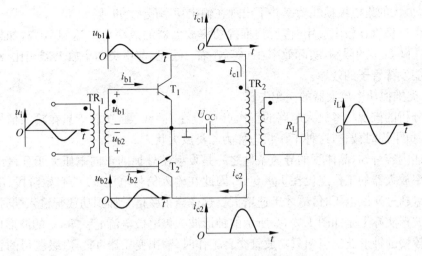

图 1.2-56 乙类推挽功率放大电路

下面利用图解法来更直观地说明乙类推挽放大器的工作特点。如图 1.2-57 所示,将 $T_2$ 的输出特性曲线倒转 $180°$,这样 $T_2$ 和 $T_1$ 的输出特性曲线的电流坐标($I_C$)刚好一正一负,得到 $T_2$ 和 $T_1$ 的集电极合成电流。同时,两个输出特性曲线的电压坐标轴($U_{CE}$)重合在同一水平线上,工作点 $Q$ 选择在水平轴上,使两个三极管工作于乙类状态。可见,三极管 $T_2$ 和 $T_1$ 分别放大输入信号的两个半周,从而使合成输出电流和合成输出电压的数值都比较大。

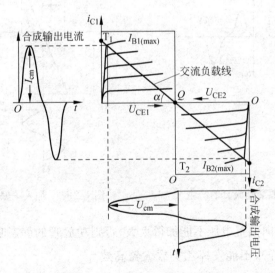

图 1.2-57 乙类推挽放大器的图解法

当无信号输入时,三极管的集电极电流为零,故没有直流集电极的功率损耗。

当输入端有交流信号加入时,集电极电流随交流输入信号的幅度变化。即信号幅度小,集电极电流也小,则管子的损耗功率小;信号幅度大,集电极电流也大,则管子的损耗功率大。但是应该指出,不能单纯地认为集电极电流越大,集电极损耗的功率也越大。因为当电源 $U_{CC}$ 一定时,集电极电流越大,管压降 $U_{CE}$ 却越小,所以集电极电流和电压的乘积未必大,也就是说,最大的集电极损耗功率并不出现在输出功率最大的时候。

当两个三极管在极限应用时,乙类推挽功率放大器的效率可以达到 78%,如果考虑三极管饱和压降 $U_{CES}$ 的限制,实际效率在 60% 左右。可见,与甲类功率放大器相比,乙类功率放大器更能发挥管子的效能。

2) 乙类推挽功率放大器的交越失真

上面分析的推挽功率放大电路的工作点 Q 设在 $I_B=0$ 处,功放管只在输入信号的正半周才导通,负半周时截止,这种工作状态称为乙类放大状态。

从前述内容可知,晶体管的导通条件之一是发射结外加的正向电压大于死区电压。由于乙类功率放大器的工作点设在 $I_B=0$ 处,因此在输入信号电压 $u_{b1}$ 的起始阶段,$i_{b1}$ 基本为零,直到 $u_{b1}$ 超过死区电压时,$i_{b1}$ 才迅速增大。这样当正弦信号加到功放管输入端时,得到的基极电流波形实际上是如图 1.2-58 所示的钟形波。集电极电流 $i_c=\beta i_b$,$i_c$ 的波形也是下边部分增长较慢的钟形波。当两只功放管交替工作时,输出变压器 $TR_2$ 次级获得的合成波形在过零处出现了失真,这种失真称为**交越失真**,信号幅度越小,交越失真越严重。

在分析了出现交越失真的原因后,自然会想到:如果给功放管的基极加上适当的正向偏压,使基极存在微小的正向偏流(即让功放管处在弱导通状态),这样就可以使输入信号不工作在功放管输入特性曲线的起始弯曲部分,从而消除交越失真。图 1.2-59 画出了给三极管加上小偏压 $U_{BEQ}$ 之后,消除交越失真的情况。

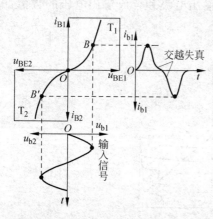

图 1.2-58 乙类功放交越失真的产生

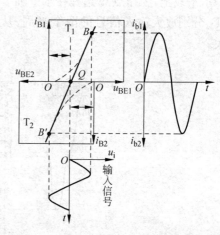

图 1.2-59 加入正偏压 $U_{BEQ}$ 消除交越失真

应该指出,这一正向偏置电压不能加得太大,否则功放管的静态功率损耗会增大(如同甲类功率放大电路一样),不能发挥乙类放大器高效率的优点。

图 1.2-60 是改进后的乙类推挽功率放大器电路。由于改进后的电路其工作点选择在功放管的弱导通区,在甲类工作点之下,靠近乙类工作点的区域,所以通常称为**甲乙类功率放大器**。由此可见,实际的双管推挽功率放大器,严格地讲是工作在甲乙类放大状态。单纯的乙类放大器是没有实用价值的。

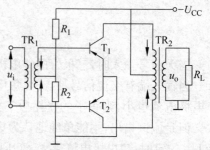

图 1.2-60 甲乙类功率放大器

图中 $R_1$、$R_2$ 为偏置电阻,用来建立适当的起始偏置电压,以消除交越失真。

这种电路要求电路的两边对称,要挑选两只特性一致的三极管配对,否则输出波形失真会显著增大。

3) 乙类推挽功率放大器的特点

乙类推挽功放电路用输入变压器将输入信号进行倒相,即将输入信号 $u_i$ 变换成大小相等、相位相反的两个信号,且把它们分别加到 $T_1$ 和 $T_2$ 管的输入端。因为 $T_1$、$T_2$ 管是轮流导通的,导通管输出信号电压的幅值接近于电源电压,当导通管集电极电流流过输出变压器半个绕组时,与截止管相连的那半个绕组中将感应出相反的电动势,与电源电压一起加到截止管上,使截止管承受的反向电压最大值接近于两倍的电源电压,所以在选择功放管时必须考虑到这一点。

乙类推挽功放电路的功放管都采用同型号、且特性相同的三极管,因此对称性好,偏置电路简单,工作点稳定,容易调整;输出端通过变压器与负载匹配,输出功率大,效率较高。乙类推挽功率放大器的最大输出效率约为 78%,而甲乙类功率放大器由于静态时有一定的基极电流,效率要稍低些,为 50% 左右。

但是采用变压器耦合的功放电路也存在一些明显的缺点,例如变压器的绕组电感对不同频率的信号呈现的感抗不同,对低频信号阻抗低,对高频信号又被绕组间存在的分布电容旁路。因此,有变压器的功放电路对较低和较高频率的信号放大效率差。此外,当交流信号经过电感时将会发生相位变化,加在同一电感上的不同频率的信号其相移范围也不同。当从变压器输出端引出深度负反馈时,实际上有些频率成分由于相移已接近正反馈,因而容易使放大器产生自激振荡(见振荡器部分)。此外还存在变压器体积大、制作复杂、成本高、本身有损耗、不能集成化等缺点。

如果功放电路不用变压器,当然就可以克服上述缺点。近年来无变压器的乙类功率放大器得到越来越广泛的应用。这些电路可以是分立元件构成,也可以是集成功放电路。在实际功放电路中,应用得最多的是**无输出变压器的 OTL**(output transformer less)**电路**和**无输出电容的 OCL**(output capacitor less)**功放电路**。

**3. OTL 互补对称型功率放大电路**

图 1.2-61 是 OTL 功率放大器的典型电路。$T_3$ 是工作于甲类状态的推动管,它保证有足够的功率推动输出管。$T_1$ 和 $T_2$ 管是一对导电类型不同、特性配对一致的功放管。从联接方式看,$T_1$ 和 $T_2$ 上下对称,两管都接成射极输出形式,由于偏置电阻 $R_4$ 的作用,使 $T_1$ 和 $T_2$ 管工作在甲乙类状态。从导电特性看:$T_1$ 管是 NPN 型,它在信号的正半周导通;$T_2$ 管是 PNP 型,它在信号的负半周导通。两管工作性能对称,互为补偿,并且该功放电路中没有变压器,故称其为**互补对称型 OTL 功放电路**。

由图 1.2-61 可以看出,在静态时,$T_3$ 的静态工作电流 $I_{CQ3}$ 在 $R_4$ 两端产生的压降为 $U_{BB'}$,用来给输出管 $T_1$ 和 $T_2$ 提供一个正向偏置,以

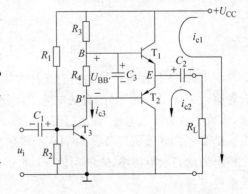

图 1.2-61 OTL 互补对称型功率放大电路

便消除交越失真。$C_3$ 用来交流旁路 $R_4$，以便使加到两个输出管的基极交流信号电压相等。在无信号时，调节 $T_3$ 的静态工作点，使 $B$ 点的电位约为 $U_B=(0.7+U_{CC}/2)$V，这样可以使 $U_E \approx U_{CC}/2$，即两个输出管平分电源电压 $U_{CC}$，此时电容器 $C_2$ 两端被充电到 $U_{CC}/2$。

在动态时，$u_i$ 接入输入端，$T_3$ 的集电极电压，即 $B$ 点电位将随 $u_i$ 作正弦变化。具体来说，当 $T_3$ 输出电压正半周时，即 $U_B$ 电位高于 $U_{CC}/2$，使 $T_1$ 管发射结处于正偏而导通；$T_2$ 管的发射结处于反偏而截止。$T_1$ 的输出电流 $i_{c1}$ 由电源 $U_{CC}$ "+"端→$T_1$→$C_2$→$R_L$ 回到电源 "—" 端。由于 $C_2$ 两端的电压为 $U_{CC}/2$，故 $T_1$ 的有效电源电压并不是 $U_{CC}$，而是 $U_{CC}/2$。同理，在 $T_3$ 输出电压的负半周时，即 $U_B$ 电位低于 $U_{CC}/2$ 时 $T_2$ 导通，$T_1$ 截止，输出电流 $i_{c2}$ 由电容 $C_2$ 的正极→$T_2$→$R_L$ 回到电容 $C_2$ 的负极，这时 $C_2$ 代替电源向 $T_2$ 供电，即 $C_2$ 充当 $T_2$ 管导通时的电源，这就要求电容 $C_2$ 上的电压 $U_{CC}/2$ 基本上维持不变，$C_2$ 必须足够大。

当两管轮流导通时，负载 $R_L$ 上的电流 $i_{c1}$ 和 $i_{c2}$ 以相反的方向流过 $R_L$，合成了完整的正弦电流输出波形。

上述互补对称放大电路要求有一对特性相同的 NPN 型和 PNP 型功率输出管，在输出功率较小时，较易选配这对晶体管，但在要求输出功率较大时，就难于配对，这时可以采用复合管。图 1.2-62 中举出了两种类型的复合管。

首先讨论复合管的电流放大系数。今以图 1.2-62(a) 的复合管为例。通过分析可知，复合管的电流放大系数近似为两管电流放大系数的乘积，即

$$\beta = \beta_1 \times \beta_2$$

其次，从图 1.2-62 可以看出，复合管的类型与第一个晶体管（即 $T_1$）相同，而与后接晶体管（即 $T_2$）无关。图 1.2-62(a) 的复合管可等效为一个 NPN 型管；图 1.2-62(b) 的复合管可等效为一个 PNP 型管。

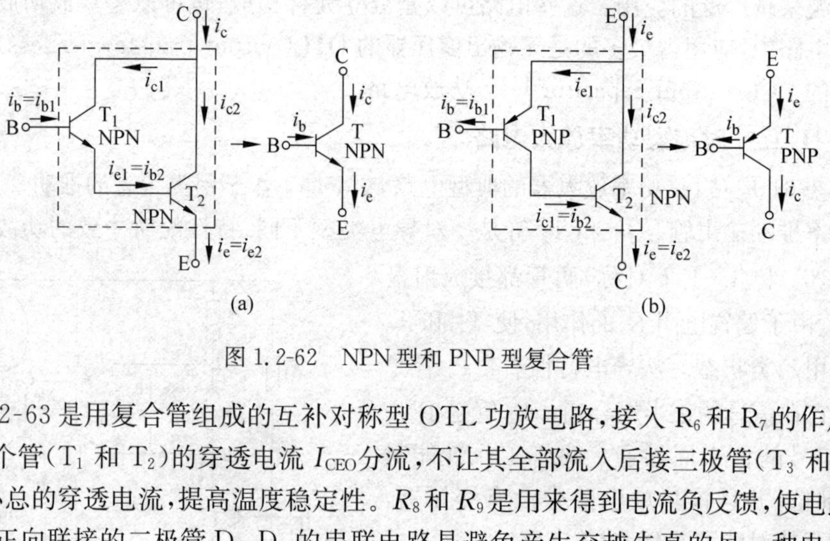

图 1.2-62　NPN 型和 PNP 型复合管

图 1.2-63 是用复合管组成的互补对称型 OTL 功放电路，接入 $R_6$ 和 $R_7$ 的作用是将复合管第一个管（$T_1$ 和 $T_2$）的穿透电流 $I_{CEO}$ 分流，不让其全部流入后接三极管（$T_3$ 和 $T_4$）的基极，以减小总的穿透电流，提高温度稳定性。$R_8$ 和 $R_9$ 是用来得到电流负反馈，使电路更加稳定。$R_4$ 和正向联接的二极管 $D_1$、$D_2$ 的串联电路是避免产生交越失真的另一种电路。由于二极管的动态电阻很小，$R_4$ 的阻值（可调的）也不大，其上交流压降也就不大，因此不一定再接旁路电容。

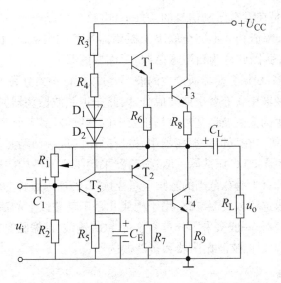

图 1.2-63　复合管组成的 OTL 互补对称型功放

### 4. OCL 互补对称型功率放大电路

在上述 OTL 互补对称型放大电路中，采用大容量的极性电容器 $C_L$ 与负载耦合，因而会影响低频性能，同时也无法实现集成化。为此，可以将电容 $C_L$ 去掉，而采用 OCL 电路，如图 1.2-64 所示。

为了避免交越失真，图 1.2-64 的电路工作于甲乙类状态。由于电路对称，静态时两管电流相等，负载电阻 $R_L$ 中无电流通过，两管的发射极电位 $U_E=0V$。

在输入电压 $u_i$ 的正半周，三极管 $T_1$ 导通，$T_2$ 截止，有电流流过负载电阻 $R_L$；在 $u_i$ 的负半周，$T_2$ 导通，$T_1$ 截止，$R_L$ 上的电流反向。

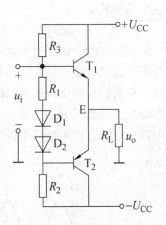

图 1.2-64　OCL 互补对称型功率放大电路

## 1.2.7 自激振荡器

前述的电压和功率放大电路都需要在电路的输入端外加输入信号，然后通过电压放大或功率放大后，再将放大后的信号输出到负载上。在电压和功率放大电路中，一般都采用负反馈改善放大器的性能，如稳定静态工作点、减小波形失真等。而自激振荡器是一种没有输入信号的电路，为了能使电路起振，必须在电路中引入正反馈。所谓**正反馈，就是将输出信号的一部分或全部反送到输入端，并使净输入信号增强。**下面将在介绍各种振荡器电路时，同时介绍正反馈的基本原理。

### 1. 振荡器的种类

自激振荡器是一种自动地将直流电源的能量变换为一定波形的交流信号的装置。前述的各种类型的放大器，虽然也能将直流电能转变为一定波形的交变能量，但它们必须在输入端加上某一频率的激励信号；其次，这些放大器的目的主要是将输入的电压或功率加以放大。放大器输出信号的振荡周期取决于输入信号，幅值取决于输入信号和电路本身的各项参数。而自激振荡器是在没有激励信号的条件下，电路也可以产生一定频率的输出信号，且输出信号的振荡周期、幅值和波形完全取决于振荡器本身的参数。由于电路没有外加激励信号也能自行起激振荡，因此称为**自激振荡器**，简称振荡器。

振荡器的种类很多，根据振荡器所产生的波形，可以把振荡器分为**正弦波振荡器**与**非正弦波振荡器**。由于非正弦波中含有各次谐波成分，因此非正弦波振荡器又称为**多谐振荡器**或**张弛振荡器**。前者所产生的振荡波形基本上是正弦形的连续波，后者所产生的是非正弦形的脉冲波、矩形波或锯齿波等。在反馈式振荡器中，按所采用的选频回路元件的性质，可以把正弦波振荡器分为 **RC 振荡器**和 **LC 振荡器**。RC 振荡器采用阻容元件构成选频和反馈电路，它多用于产生几十赫兹至几百千赫兹范围的音频至超音频频段，所以也称为**音频振荡器**。LC 振荡器采用电感和电容构成选频和反馈电路，用于构成几百千赫兹以上的**高频振荡器**。至于米波波段以上的超高频振荡器，一般多采用分布参数元件(传输线、谐振腔等)做选频回路元件。

这里主要介绍反馈型正弦波振荡器和多谐振荡器。

**2. 正弦波振荡器**

正弦波振荡器就是在没有外加输入信号的条件下，依靠电路的自激振荡而产生正弦波输出信号的电路。

1) 产生振荡的基本原理

在物理学中讨论过单摆的自由振荡，让单摆偏离平衡位置(给一定的位能)后自由释放，若不考虑空气阻力及其他摩擦作用，单摆会一直振荡下去(单摆的动能和位能不断相互转换)，振荡的振幅维持不变，如图 1.2-65(a)所示。实际上，由于空气阻力及其他摩擦作用，振幅会逐渐衰减下去，直到停止在平衡位置，如图 1.2-65(b)所示。如果在单摆的振荡过程中以一定的方式不断给予补充适当能量，则振荡将一直维持下去。

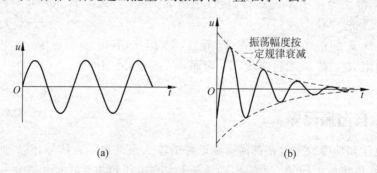

图 1.2-65  等幅振荡和衰减振荡

在 LC 回路中也有类似的现象，电路如图 1.2-66 所示。先将开关 K 合向"1"，使电容 C 充满电荷，然后将开关 K 合向"2"与电感线圈 L 相接，则电容器上充好的电荷将通过线圈放电，在放电过程中电容器 C 储存的电场能量转换成线圈 L 中的磁场能量。当电容器放电结束时，电容器储存的电场能量全部转换为线圈磁场能量。之后线圈中储存的磁场能量转换为感应电动势，并向电容器反向充电，从而在电容器上又建立了反向电场能量，如此反复继续下去。若不考虑电容和电感中的

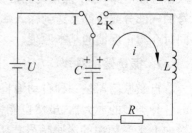

图 1.2-66  RLC 电路的自由振荡

能量损耗,则 LC 回路中就形成了等幅振荡电流,这和单摆的自由振荡完全相似。但实际的电容和电感存在损耗,在电路中用电阻 R 表示。由于电阻 R 的作用,振荡电流的幅值将按指数规律衰减。如果以一定方式给 LC 回路补充适当的能量,则这种振荡将维持下去。显然,LC 值越大,充放电过程就越慢,振荡的周期也越长,其频率越低。可以证明,LC 回路的自由振荡频率为

$$f_0 = \frac{1}{2\pi \sqrt{LC}}$$

要维持上述 LC 回路的等幅振荡,必须给 LC 回路补充适当的能量。方法是通过放大器的输出端将输出信号反馈到其输入端,当反馈信号等于电路所需的净输入信号时,就可以不外加输入信号,即用反馈信号取代外加输入信号,以保持等幅的输出信号,这就是放大电路的**自激振荡**。所以自激振荡器是一个不需外加输入信号的**选频放大器**,其框图如图 1.2-67 所示,其中的 $A_u$ 表示放大电路,$F$ 表示正反馈网络。选频放大器仅对特定频率 $f_0$ 的信号加以放大,然后通过正反馈网络将输出信号反馈到放大器的输入端。只要满足一定的条件,就可以达到给 LC 回路补偿适当能量的目的,使其维持特定频率 $f_0$ 下的等幅振荡。

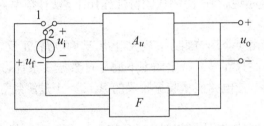

图 1.2-67 反馈振荡器框图

2) 产生振荡的条件

在图 1.2-67 所示的框图中,如果从输出电压 $u_o$ 中取出一部分电压,经过反馈网络 $F$ 后产生反馈电压 $u_f$,并使 $u_f$ 与输入电压 $u_i$ 同相位,这样就完成了输出端到输入端的正反馈过程。如果 $u_f = u_i$,则 $u_f$ 可以代替 $u_i$,这样放大电路不需要外加输入信号也能够保持输出电压为 $u_o$,这时正反馈放大电路就变成了自激振荡电路。产生自激振荡的条件推导如下:

$$\dot{A}_u = \frac{u_o}{u_i} \quad \dot{F} = \frac{u_f}{u_o}$$

上述放大倍数 $\dot{A}_u$ 和反馈系数 $\dot{F}$ 中都包含了大小和相位两个参数。

如果

$$u_i = u_f$$

则

$$u_f = \dot{F} \cdot u_o = \dot{F} \cdot \dot{A}_u \cdot u_i$$

所以

$$\dot{F} \cdot \dot{A}_u = 1$$

上式既表示了产生振荡的相位条件,也表示了幅值条件,分析如下。

(1) 相位条件:振荡电路中必须有一个由放大器和正反馈网络构成的反馈环,保证反馈到放大电路输入端的信号相位与原输入信号的相位一致,从而形成正反馈。可以用下面

的公式表示：

$$\varphi = \varphi_a + \varphi_f = 2n\pi, \quad n = 0,1,2,\cdots$$

式中，$\varphi_a$ 为放大器的相移；$\varphi_f$ 为反馈网络的相移。

上式表明，如果放大器的输出信号与输入信号相位差为 180°，则反馈网络就要将输出信号再反相 180°，从而使反馈到输入端的信号与原输入信号同相位，实现正反馈。

（2）幅度条件：为了维持振荡器的稳定输出，反馈到放大电路输入端的信号电压不得低于原输入电压。其反馈系数 $F$ 与放大系数 $A_u$ 的大小之间存在下列关系：

$$|\dot{F} \cdot \dot{A}_u| = F \cdot A_u = 1$$

此外，一般来说，当反馈环内元件确定之后，往往只有某一个特定频率的信号才符合振荡条件，于是振荡电路就在这一特定频率下工作，输出这一频率的信号，从而满足振荡电路产生单一频率信号的要求。

**3. 几种常见的正弦波振荡器**

在正弦波振荡电路中，当放大电路或正反馈网络具有选频特性时，电路才能输出所需频率 $f_0$ 的正弦信号。也就是说，在电路的选频特性作用下，只有频率为 $f_0$ 的正弦信号才能满足振荡条件。

正弦波振荡器主要由 4 个环节组成：放大电路、选频电路、正反馈电路和稳幅环节。其中的选频电路要保证电路只在某一特定频率下满足自激振荡条件，这样电路才能输出单一频率的正弦波。稳幅环节使电路能从起振阶段的 $A_u F > 1$ 过渡到等幅振荡的 $A_u F = 1$，从而达到稳幅振荡。

根据选频网络的不同，正弦波振荡器有 $RC$ 和 $LC$ 两种，下面仅作简要介绍。

1）变压器反馈式 $LC$ 振荡器

变压器反馈式 $LC$ 振荡器电路如图 1.2-68 所示。

该振荡器由放大电路、$LC$ 选频电路和变压器反馈电路组成，$L_f$ 是反馈线圈。假设某瞬间晶体管输入端 $u_{be}$ 的极性为上"+"下"−"，表示基极电位上升，由于 $LC$ 并联电路在谐振时，对外表现为纯阻性，且阻值最大，相当于集电极负载电阻 $R_C$，所以集电极电位下降，即 $LC$ 电路的同名端电位下降，用"−"表示，因此，$L_f$ 的同名端电位也下降，于是，$L_f$ 的另一端电位上升，用"+"表示。可见，反馈到输入端的电位上升，即为"+"，也就是说：$u_f$ 和 $u_{be}$ 同相，正好满足正反馈的相位条件。

反馈电压 $u_f$ 取自线圈 $L_f$，只要改变 $L_f$ 的匝数或它的耦合程度就可以改变 $u_f$ 的大小，使它满足 $A_u F > 1$ 的条件，电路即可起振。

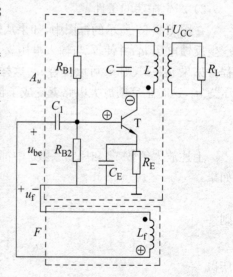

图 1.2-68 变压器反馈式 $LC$ 振荡器

变压器反馈式振荡电路通过互感实现耦合和反馈，很容易实现阻抗匹配和达到起振要求，所以效率较高，应用较普遍。要调节振荡器的输出频率，可以在 $LC$ 回路中装设可变电容器。该振荡电路的调频范围比较宽,可达几十千赫到几十兆赫,但其频率稳定度不很高,输出的正弦波形不够理想。

从《电工基础》可知,$LC$ 并联电路的谐振频率为

$$f_0 = \frac{1}{2\pi\sqrt{LC}}\sqrt{1-\frac{CR^2}{L}}$$

式中,$R$ 是电感线圈的电阻值,一般比较小,当忽略 $R$ 时,谐振频率为

$$f_0 \approx \frac{1}{2\pi\sqrt{LC}}$$

该式也是变压器反馈式 $LC$ 振荡器的振荡频率,即负载电阻 $R_L$ 上得到的信号频率。

2) 电感三端式 $LC$ 振荡器

电感三端式振荡电路(也称哈特莱振荡电路)如图 1.2-69(a)所示。图中的电感 $L_1$、$L_2$ 和电容 $C$ 组成选频电路和反馈电路。图 1.2-69(b)是其交流等效电路,电感线圈的 3 个端点分别同晶体管的 3 个电极相联,故称为电感三端式振荡器。

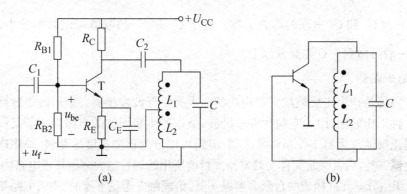

图 1.2-69 电感三端式 $LC$ 振荡器及其交流通路

反馈电压 $u_f$ 取自电感线圈的一段 $L_2$,可保证 $u_f$ 和 $u_{be}$ 同相。改变 $L_2$ 的抽头位置即可改变 $u_f$ 的大小,通常反馈线圈 $L_2$ 的匝数为电感线圈总匝数的 1/8~1/4。

电感三点式振荡器的振荡频率为

$$f_0 \approx \frac{1}{2\pi\sqrt{(L_2+L_1+2M)C}}$$

式中,$M$ 为 $L_2$ 和 $L_1$ 之间的互感。

电感三点式振荡电路的 $L_2$ 和 $L_1$ 采用紧耦合形式,容易起振。若要调节振荡器的输出频率,可以通过调节电容 $C$ 实现。这种振荡器调频范围较宽,可产生几十兆以下的正弦信号。

3) 电容三端式 $LC$ 振荡器

电容三端式 $LC$ 振荡电路(也称考毕兹振荡电路)如图 1.2-70(a)所示。电容 $C_1$、$C_2$ 和电感 $L$ 组成选频电路和反馈回路,图 1.2-70(b)是其交流等效电路,电容 $C_1$、$C_2$ 的三点分别接到晶体管的 3 个极上,故称为电容三端式振荡器。

反馈电压 $u_f$ 从 $C_2$ 上取出,这样联接可保证 $u_f$ 和 $u_{be}$ 同相。只要适当选取 $C_2$、$C_1$ 的容量,改变 $\frac{C_1}{C_2}$ 的值就会得到足够的反馈电压 $u_f$,电路便可起振。电容三点式振荡器的振荡频率为

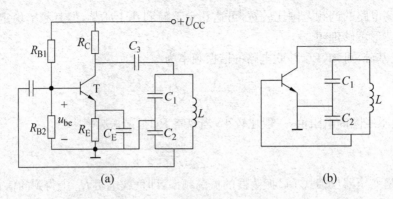

图 1.2-70 电容三端式 LC 振荡器及其交流通路

$$f_0 = \frac{1}{2\pi\sqrt{LC}} = \frac{1}{2\pi\sqrt{L \cdot \dfrac{C_2 \cdot C_1}{C_2 + C_1}}}$$

式中,$\dfrac{C_2 \cdot C_1}{C_2 + C_1}$ 为 $C_2$ 和 $C_1$ 串联的等效电容。由于 $C_2$ 和 $C_1$ 的取值可以取得较小,所以振荡频率较高,一般可做到一百兆赫兹以上。

### 4. 多谐振荡器

多谐振荡器是指由正反馈放大器构成的一大类矩形波发生器。矩形波是脉冲技术中广泛应用的一种工作波形,因为它包含许多谐波,所以产生矩形波的自激振荡器又称为**多谐振荡器**。根据正反馈放大器工作条件的不同,电路可以分为**自激多谐振荡器**、**单稳态触发器**和**双稳态触发器**三类,后者又常简称为**触发器**。目前所用的触发器大多由集成电路构成,因此此处只简单介绍由分立元件构成的自激多谐振荡器,集成触发器见下篇的"逻辑电路基础"。

自激多谐振荡器工作时没有稳态,又称为**无稳态触发器**。图 1.2-71 表示一个最常见的集-基耦合自激多谐振荡器电路。它可以看作是两级阻容耦合放大器首尾相接,构成了闭合的正反馈回路。可以设想,电源刚接通时,$T_1$、$T_2$ 两管同时导电而处于放大区,这是两管基极电阻均接正偏压的缘故。实际上,电路中管子和元件总存在某些不对称,此外也可能由于某种外部干扰,使得某一管导电要强些,如果是 $T_1$,则 $T_1$ 的集电极电位 $u_{ce1}$(即 $u_{o1}$)下降得多些,通过电容 $C_1$ 的耦合,使 $u_{b2}$ 有所下降,减弱了 $T_2$ 的导电程度,促使 $u_{o2}$ 反而上升。$u_{o2}$ 的升高通过 $C_2$ 耦合到 $T_1$ 的基极,使 $T_1$ 更加深导通,$u_{o1}$ 进一步下降。这样的一个闭环正反馈过程可以表示为

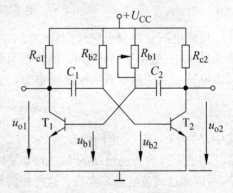

图 1.2-71 集-基耦合自激多谐振荡器

$$\begin{array}{c}
\rightarrow u_{ce1}\downarrow \xrightarrow{C_1 耦合} u_{b2}\downarrow \rightarrow i_{b2}\downarrow \rightarrow i_{c2}\downarrow \\
\uparrow \qquad\qquad\qquad\qquad\qquad\qquad\qquad\quad \downarrow \\
\leftarrow i_{c1}\uparrow \leftarrow i_{b1}\uparrow \leftarrow u_{b1}\uparrow \xleftarrow{C_2 耦合} u_{ce2}\uparrow
\end{array}$$

只要电路的开环增益 $A_0=A_1A_2$ 大于 1，则上述连锁过程愈演愈烈，如果电路参数选得合适，$T_1$ 管最终将进入饱和，$T_2$ 管进入截止状态。应该指出，$A_0>1$ 的条件是容易满足的，这里的 $A_1$ 和 $A_2$ 分别为 $T_1$ 管和 $T_2$ 管放大器的电压放大倍数。

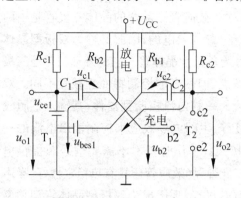

图 1.2-72　电容 $C_1$ 和 $C_2$ 的过渡过程

为了讲授方便，假设在 $t=0$ 时刻，电路进入了 $T_1$ 饱和及 $T_2$ 截止的第一个相对稳定状态，也叫**暂稳状态**。在这个状态下，电路中主要发生着耦合电容的充放电过程，如图 1.2-72 所示。由于 $T_1$ 管饱和，$T_1$ 的集电极和基极都几乎接地。所以电源 $U_{CC}$ 经 $R_{c2}$ 和 $T_1$ 基极给电容 $C_2$ 充电，使 $C_2$ 的端电压 $u_{c2}$ 逐渐升到稳态值，接近 $U_{CC}$。同时，$U_{CC}$ 又经过 $R_{b2}$ 和 $T_1$ 集电极给电容 $C_1$ 反向充电，或者说，电容 $C_1$ 放电。正是由于 $C_1$ 的放电电流在 $R_{b2}$ 上产生的压降，维持了 $T_2$ 的基极电位 $u_{b2}<0$，使 $T_2$ 处于截止状态。随着 $C_1$ 放电电流的衰减，$R_{b2}$ 上的压降逐渐减小，终于在 $t_1$ 瞬间使 $u_{b2}$ 变正，使 $T_2$ 开始导通，第一暂稳状态到此结束。各点波形如图 1.2-73 所示。

在 $t_1$ 时刻，$T_2$ 开始导通，$u_{o2}$ 下降，使 $T_1$ 退出饱和而进入放大状态。因为电路满足 $A_0>1$ 的条件，多谐振荡器又发生一次方向与上次相反的正反馈连锁过程，即

$$\begin{array}{c} u_{ce1}\uparrow \xrightarrow{C_1\ \text{耦合}} u_{b2}\uparrow \to i_{b2}\uparrow \to i_{c2}\uparrow \\ i_{c1}\downarrow \leftarrow i_{b1}\downarrow \leftarrow u_{b1}\downarrow \xleftarrow{C_2\ \text{耦合}} u_{ce2}\downarrow \end{array}$$

这次转换过程的结果使电路进入 $T_2$ 饱和及 $T_1$ 截止的第二个暂稳状态。转换过程是一种快速变化的过程，其速度仅与管子的开关特性和电路的分布电容有关，如采用高频管或开关管，转换时间通常可以小到数十纳秒量级。

$T_1$ 截止以后，$T_2$ 导通，引起电容 $C_2$ 放电。与第一暂稳状态情况类似，现在 $C_2$ 的放电电流在 $R_{b1}$ 上造成的压降使 $u_{b1}$ 瞬时下降，维持 $T_1$ 管的截止。$T_1$ 截止后，它的集电极电位 $u_{ce1}$ 随着 $C_1$ 的充电而上升。$C_1$ 充电是 $U_{CC}$ 经 $R_{c1}$ 和 $T_2$ 基极到地进行的，时间常数 $C_1R_{c1}$ 较小，充电能较快地完成。

到 $t_2$ 时刻，$C_2$ 的放电过程进行到使 $u_{b1}$ 变正，使 $T_1$ 管重新导通，这样又发生一次新的转换过程，电路的第二暂稳态宣告结束。这次转换过程的结果，使电路回到了 $T_1$ 饱和、$T_2$ 截止的起始状态。可见，多谐振荡器就是这样周而复始地在两个暂稳态之间来回转换，其波形如图 1.2-73 所示。

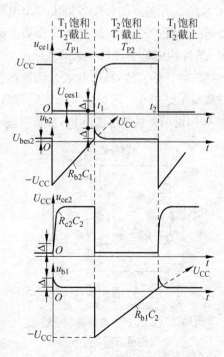

图 1.2-73　多谐振荡器波形图

## 1.3 场效应管

场效应晶体管(field effect transistor,FET)简称场效应管。前述的晶体三极管是由两种极性的载流子(多数载流子和反极性的少数载流子)参与导电的,因此又称为**双极型晶体管**。而 FET 仅是由多数载流子参与导电,因此又称为**单极型晶体管**。它的外形与普通三极管相似,并兼有比普通晶体管体积小、功耗小等的特点,但两者的控制特性却截然不同。双极型三极管是通过控制基极电流来控制集电极电流的一种**电流控制型器件**,其输入电阻较低,一般为 $10^2 \sim 10^4 \Omega$。而场效应管是利用输入电压产生的电场效应来控制输出电流的一种**电压控制型器件**,其输入电阻很高,可达 $10^9 \sim 10^{14} \Omega$,工作时基本不需要信号源提供电流,因此可以减少功率损耗,这也是它的突出优点。此外,场效应管还具有热稳定性好、噪声小、功耗低、动态范围大、易于集成、安全工作区域宽等优点,现已成为双极型晶体管和功率晶体管的强大竞争者。

### 1.3.1 场效应管的结构和分类

场效应管按其导电结构的不同,可以分为**结型场效应管**和**绝缘栅型场效应管**两大类。

**1. 结型场效应管**

1)结构和符号

结型场效应管的结构及其符号如图 1.3-1 所示,它在一根 N 型硅棒的两侧用特殊工艺制作出两个 P 型区,形成两个 PN 结,并把两个 P 型区相连之后引出一个电极,称为**栅极(G)**,在 N 型硅棒的两端各引出一个电极,分别称为**源极(S)**和**漏极(D)**。它们分别相当于普通晶体管的基极 B、发射极 E 和集电极 C。两个 PN 结中间的 N 型区域称为 N 型导电沟道,在 N 沟道管中参与导电的载流子是电子,因此称其为 **N 沟道结型场效应管**。

按同样的方法,可以制成 P 沟道结型场效应管,如图 1.3-2 所示。P 沟道管中参与导电的载流子是空穴。两种结型场效应管结构不同,工作电压极性不同,但工作原理相同。下面以 N 沟道结型场效应管为例,分析其基本工作原理和特性。

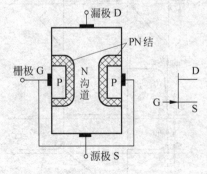

图 1.3-1 结型 N 沟道场效应管的结构及符号

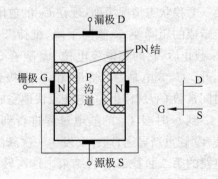

图 1.3-2 结型 P 沟道场效应管的结构及符号

## 2) 基本工作原理

如图 1.3-3(a)所示,当栅极和源极连在一起,且 $U_{GS}=0$ 时,在漏极 D 和源极 S 之间加上一定的漏极电压 $U_{DS}$,则 N 型硅棒中的多数载流子电子在 $U_{DS}$ 产生的电场作用下向漏极 D 运动,形成漏极电流 $I_D$,$I_D$ 的方向与电子流方向相反。这种 $U_{GS}=0$ 而 $I_D\neq 0$ 的工作方式称为**耗尽型**。这种场效应管在工作时,在它的栅极 G 和源极 S 之间要加上负电压 $U_{GS}$,使两个 PN 结都处于反向工作状态,如图 1.3-3(b)所示。由于 PN 结是高电阻区域,基本不导电,因此在 $U_{DS}$ 保持不变的条件下,PN 结的宽度随反向电压 $U_{GS}$ 而变化。反向电压越高(即 $U_{GS}$ 越负),PN 结就越宽,导电沟道变窄,沟道电阻变大,这样 D、S 之间的电流 $I_D$ 就减小;反之,当反向电压减小时,$I_D$ 就增大。因此,在工作中保持 PN 结反向偏置,通过改变负电压 $U_{GS}$,就可以控制漏极电流 $I_D$,这就是结型场效应管的基本工作原理。

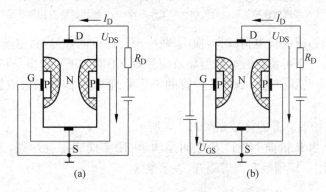

图 1.3-3　结型 N 沟道耗尽型场效应管的工作原理

### 2. 绝缘栅型场效应管

绝缘栅型场效应管是指栅极和漏极、源极完全绝缘的场效应管,它的输入阻抗更高。目前应用最广泛的绝缘栅型场效应管是**金属-氧化物-半导体场效应管**,简称 **MOSFET** 或 **MOS 管**,它也有 N 沟道和 P 沟道两类,分别称为 NMOS 和 PMOS,其中每一类又可分为增强型和耗尽型两种。下面简要介绍 N 沟道增强型和耗尽型绝缘栅场效应管的基本工作原理。

图 1.3-4(a)是 N 沟道绝缘栅型场效应管结构图,它以 P 型硅作衬底,在衬底上制作出两个高浓度的 N 型区(图中 $N^+$ 处),并引出两个电极作为漏极 D 和源极 S;再在衬底表面制作一层二氧化硅绝缘层,并在上面安装一个电极作为栅极 G。

1) N 沟道增强型 MOS 管

这类场效应管的基本工作原理是当 $U_{GS}=0$ 时,源区、衬底和漏区形成两个背靠背的 PN 结,没有导电沟道,此时 $I_D=0$。当 $U_{GS}\geqslant U_{GS(th)}$(开启电压)时,栅极和衬底之间形成电场(图(b)中箭头所示),此电场吸引衬底中的电子而形成一个 N 型薄层,称为反型层。反型层作为导电沟道把 D 和 S 连接在一起,若加上一定的漏源正电压 $U_{DS}$,沟道中就有电流 $I_D$,如图 1.3-4(b)所示。这种场效应管依靠 $U_{GS}$ 增强后产生导电沟道,称为**增强型场效应管**。

2) N 沟道耗尽型 MOS 管

这类场效应管在制造时,二氧化硅中掺有大量正离子,因此当 $U_{GS}=0$ 时,就能感应出反型层,形成 N 沟道,若加上漏源正电压 $U_{DS}$ 就有电流 $I_D$ 产生,所以它是耗尽型的,如图 1.3-4(c)

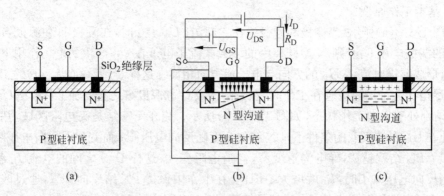

图 1.3-4 绝缘栅型场效应管的结构

(a)、(b) 绝缘栅型 N 沟道增强型场效应管的结构和工作原理;(c) 绝缘栅型 N 沟道耗尽型场效应管结构

所示。当 $U_{GS}<0$ 时,感应负电荷减少,使 $I_D$ 减小;$U_{GS}>0$ 时,感应负电荷增加,使 $I_D$ 增加。可见它的栅源电压可正可负(注意,结型场效应管 $U_{GS}$ 不能为正),这也是它的重要特点。

另外,P 沟道增强型和耗尽型场效应管的工作原理与 N 沟道场效应管相同,只不过它以 N 型硅作衬底。

4 种绝缘栅型场效应管的符号如图 1.3-5 所示。

图中的箭头是由 P 指向 N。D,S 之间是沟道,用实线表示耗尽型,虚线表示增强型。此外,符号中栅极用一短划线和沟道隔开,表示绝缘。

图 1.3-5 绝缘栅型场效应管的符号

综上所述,结型场效应管是利用 PN 结的大小来影响导电沟道的宽度,从而控制漏极电流;绝缘栅型场效应管是利用感应电荷的多少来改变导电沟道的性质,达到控制漏极电流的目的,可见它们的导电原理不同。但它们都是利用一种多数载流子导电的,这就是**单极型晶体管**名称的由来;它们也都是利用栅极电压产生的电场来控制漏极电流的,因此它们都属于电压控制型器件。

### 1.3.2　N 沟道增强型场 MOSFET 的特性曲线

下面以应用较多的 N 沟道增强型 MOSFET 为例,简要介绍场效应管的特性曲线。

与双极型晶体三极管不同,由于场效应管工作时其输入电流 $I_G$ 基本为零,因此不讨论其输入特性曲线。场效应管的伏安特性曲线主要有两种,分别为**输出特性曲线**和**转移特性曲线**。

图 1.3-6 所示是 MOSFET 的接线图和特性曲线,其中图 1.3-6(b)是管子的转移特性曲线,图中的电压 $U_{GS(th)}$ 是 MOS 管的开启电压,只有当栅源电压 $U_{GS}>U_{GS(th)}$ 时,漏极才有电流;图 1.3-6(c)是输出特性曲线,与双极型三极管的输出特性类似。

场效应管的转移特性是在 $U_{DS}$ 一定时,漏极电流 $I_D$ 与栅源电压 $U_{GS}$ 之间的关系曲线,如

图 1.3-6(b)所示，可以表示为

$$I_D = f(U_{GS})|_{U_{DS}=常数}$$

与双极型 NPN 型晶体三极管类似，增强型 N 沟道 MOS 管的控制电压是正的，即 $U_{GS}>0$，且只有当栅源电压 $U_{GS}$ 大于开启电压时，漏极才有电流。随着 $U_{GS}$ 的增加，$I_D$ 迅速增大，属于电压控制型器件。

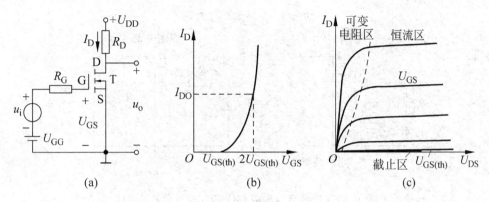

图 1.3-6  MOSFET 接线图和特性曲线

场效应管的另一个重要特性是输出特性，它是指栅源电压 $U_{GS}$ 保持一定时，漏极电流 $I_D$ 与漏极电压 $U_{DS}$ 之间的关系，即

$$I_D = f(U_{DS})|_{U_{GS}=常数}$$

输出特性曲线如图 1.3-6(c)所示。从输出特性可以看出，当 $U_{GS}$ 保持不变时，$I_D$ 基本不变，与漏源电压 $U_{DS}$ 关系不大，这时 MOS 管工作在恒流区。

场效应管的输出特性也分为 3 个区域：可变电阻区、恒流区和截止区，分别对应于双极型晶体管的饱和区、放大区和截止区。正常状态下，场效应管应工作在恒流区。在该区域，$I_D$ 只受 $U_{GS}$ 的控制，而与 $U_{DS}$ 近似无关，表现出类似于三极管的正向受控作用。

需要注意的是，图 1.3-6 所示电路和特性曲线是以增强型 N 沟道 MOS 管为例，当管子换成耗尽型 N 沟道 MOS 管或 P 沟道 MOS 管时，转移特性曲线和输出特性曲线中的电压和电流的正负都有所不同，使用时应予注意。

### 1.3.3 场效应管放大电路

与双极型三极管类似，场效应管放大电路也有 3 种接法：共源极放大电路、共漏极放大电路和共栅极放大电路。其静态电路主要采用图解法和估算法分析，动态电路可以采用小信号等效电路进行分析。本节以增强型 N 沟道 MOSFET 为例，简单介绍共源极放大电路接线图和基本工作原理。

图 1.3-7(a)是增强型 N 沟道 MOSFET 放大电路接线图，为了使 MOS 管工作在恒流区，电源取值时必须满足以下条件：$U_{GS}>U_{GS(th)}$，$U_{DS}>U_{GS}-U_{GS(th)}$。图 1.3-7(b)是其静态工作电路，为了防止输出信号失真，场效应管放大电路必须设置合适的静态工作点。

根据图 1.3-7(b)所示的电路，可以计算出静态工作点的参数，式中的 $U_{GS(th)}$ 是 N 沟道增强型 MOS 管的开启电压，$I_{D0}$ 是管子在 2 倍开启电压下的漏极电流(见图 1.3-6(b))。

$$U_{GSQ} = U_{GG}$$

$$I_{DQ} = I_{DO}\left(\frac{U_{GG}}{U_{GS(th)}} - 1\right)^2$$

$$U_{DSQ} = U_{DD} - I_{DQ}R_D$$

与双极型晶体管类似，当有输入信号时，主要分析放大电路的电压放大倍数、输入电阻和输出电阻，也可以采用估算法和图解法进行分析与计算。

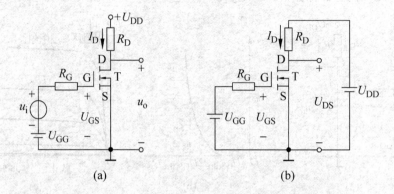

图 1.3-7　增强型 N 沟道 MOSFET 放大电路接线图

综上所述，场效应管放大电路与双极型晶体三极管相似，但双极型晶体三极管属于电流控制型器件，即由基极电流 $i_B$ 控制集电极电流 $i_C$，其输入电阻较小；而场效应管是电压控制型器件，输入电流近似为零，因此具有输入电阻高的特点，其输入电阻可达 $10^9\Omega$，适用于多级放大器的输入级，尤其是对于高内阻的信号源，采用场效应管才能有效地放大。由两种器件组成的放大电路的分析方法类似，此处不再详述。

## 1.4　集成运算放大器和集成稳压器

### 1.4.1　差动放大器

在"多级放大器"中的直接耦合放大电路中，需要解决两个问题：一是各级放大电路的静态工作点相互有影响，需要合理设计参数；二是放大电路有比较严重的零点漂移现象。由于极间没有电容器或变压器，外界的干扰信号被逐级放大，即使没有输入信号，在放大电路的输出端也有比较大的干扰信号，会严重影响放大器的正常工作，因此必须采取措施抑制这种现象。差动放大器正是为了抑制零点漂移现象而设计的。

**1. 基本差动放大电路的组成和工作原理**

用两个特性相同的三极管（这种三极管通常制造在同一块半导体基片上，又称对管），按图 1.4-1 所示联接成对称电路，输入信号通过均压电阻 $R$ 分成相等的两部分作用于两个三极管的基极，输出信号从两个三极管的集电极取出，即 $u_o = U_{C1} - U_{C2}$。在这种电路中，虽然两只三极管的集电极电位 $U_{C1}$ 和 $U_{C2}$ 都会因环境温度的改变而发生变化，但是由于两管特性相同，电路的参数也相同，所以温度的变化对两管的影响是相同的。当环境温度变化时，$U_{C1}$ 和 $U_{C2}$ 的变化方向一致，而且变化量也相同。这时虽然每只三极管对地输出有漂移，但从两管集电极间输出的电压 $u_o$ 中的漂移将被抵消，因而 $u_o$ 仍为零，这种接法的电路不仅可以解决温度漂移问题,而且还可以实现输入信号 $\Delta u_i=0$ 时,电路输出电压 $u_o=0$ 的要求。

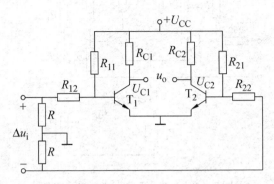

图 1.4-1　基本差动放大电路

当电路作用有输入信号 $\Delta u_i$ 后,两只三极管基极上作用的信号电压极性相反,这样就必然使一只三极管的基极电流增加,集电极电位下降,另一只三极管的电流减小,集电极电位升高。如果每只三极管集电极电位值的变化量均为 $|\Delta U_C|$,则加入信号后,放大器的输出电压 $u_o=\pm 2\Delta U_C$。

总之,只有当两个输入端的信号有差别时,放大器才会有输出,因此这种接法称为**差动式**,这种电路称为**差动放大电路**。当差动放大器的两个输入端作用的信号极性相同且幅值相等时,差动放大器没有电压输出。

**2. 具有恒流源的差动放大电路**

基本差动放大电路虽然利用抵消的方法可以减小输出端的温度漂移,但是电路中三极管的静态值仍然会因温度的变化而产生漂移,所以要使 $U_{C1}$ 和 $U_{C2}$ 的温度漂移在较大范围内都能彼此完全抵消是困难的。为了提高差动放大器的质量,并使电路实现单端对地输出,必须采取措施稳定放大器的静态工作点。在差动放大器中,通常采用恒流源来稳定静态工作点。

具有恒流源的差动放大电路如图 1.4-2 所示,这个电路可以保证三极管 $T_1$、$T_2$ 的电流 $I_C$ 在环境温度变化时保持稳定。电路的工作原理如下:

由三极管 $T_3$、电阻 $R_1$、$R_2$ 和 $R_{E3}$ 构成的电路是一个工作点稳定的电路。三极管 $T_3$ 的基-射结电压 $U_{BE3}=U_{B3}-U_{E3}=U_{B3}-I_{E3}R_{E3}$,通过电阻 $R_1$、$R_2$ 的电流 $I_1$ 和 $I_2$ 远大于 $T_3$ 管的基极电流 $I_{B3}$,可以认为 $I_1\approx I_2$,因此 $T_3$ 管的基极电位 $U_{B3}=\dfrac{R_2}{R_1+R_2}U_{CC}$ 是一个固定值。

由于三极管 $T_1$ 的电流 $I_{C1}\approx I_{E1}$,$T_2$ 管的电流 $I_{C2}\approx I_{E2}$,因此电流 $I_{E1}$、$I_{E2}$ 与三极管 $T_3$ 的电流 $I_{C3}$(或 $I_{E3}$)之间的关系为:$I_{E1}+I_{E2}=I_{C3}\approx I_{E3}$。

可见,当环境温度改变而使三极管 $T_1$、$T_2$ 的集电极电流 $I_{C1}$、$I_{C2}$ 发生变化时,电流 $I_{E3}$ 将随之发生变化。例如,环境温度升高时,三极管 $T_1$、$T_2$ 的电流 $I_{C1}$($I_{E1}$)、$I_{C2}$($I_{E2}$)增大,电流 $I_{E3}$ 将随之增加,使三极管 $T_3$ 的发射极电位 $U_{E3}$ 随之升高。由于 $T_3$ 管的基极电位 $U_{B3}$ 是个固定值,所以在 $U_{E3}$ 升高后,$T_3$ 管的净输入电压 $U_{BE3}=U_{B3}-U_{E3}$ 将减小,基极电流 $I_{B3}$ 减小,使升高的电流 $I_{E3}$ 降下来,从而使 $I_{E3}$ 保持稳定。由于 $I_{E3}$ 能保持稳定,因而 $T_1$、$T_2$ 管的集电极电流 $I_{C1}$、$I_{C2}$ 也就能保持稳定而不受环境温度变化的影响。所以,这种差动放大电路即使

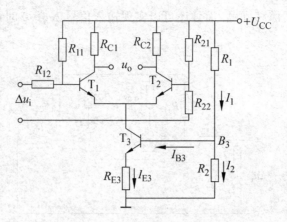

图 1.4-2 具有恒流源的差动放大电路

从三极管 $T_1$ 或 $T_2$ 的集电极对地输出(称为单端输出),因环境温度变化而产生的漂移也能被抑制。

由上可见,**差动放大电路能够抑制温度漂移**,这是它的最大优点。

### 1.4.2 集成运算放大器

**1. 集成运算放大器的组成和基本工作原理**

前面讲的都是分立电路,就是由单个元件联接起来组成的电路。集成电路是相对于分立电路而言的,是 20 世纪 60 年代发展起来的一种新型电子器件。它是在一块半导体硅片上,通过一系列工艺制造出大量的晶体管、电阻、电容及相互间的连线,从而构成一个完整的、具有特定功能的电子电路。

运算放大器是集成电路中的一种,由于集成运算放大器具有良好的性能,目前被广泛应用在计算机技术、自动控制和无线电技术等许多领域。

**运算放大器(简称运放)是一个直接耦合的多级放大器**,其内部电路通常由差动输入级(用以提高输入阻抗和减小温度漂移)、中间放大级和射极输出器(用来提高带负载能力)等组成,如图 1.4-3 所示。

图 1.4-3 运算放大器组成示意图

运算放大器内部的电路非常复杂,但其与外部的联接却很简单。一般运算放大器有两个输入端,一个输出端,还有正、负电源接入端,也有的运放电路是单电源供电。在讨论由集成运算放大器构成的电路时,无需画出运放的内部电路,只需要用一个电路图形符号来表示运放,在该符号中只需要画出运算放大器与外电路相关的引脚。由于运放工作时必须接入正负电源,因此通常省去运放与电源相接的引脚线,如图 1.4-4 所示。

在运算放大器的两个输入端中,一个为同相输入端,在该端加上输入信号后,输出信号的极性(或相位)与输入信号相同,在图 1.4-4(a)所示的运放符号上用"+"号表示;另一个为反相输入端,在该端加上输入信号后,输出信号的极性(或相位)与输入信号相反,在图 1.4-4(a)所示的运放符号上用"—"号表示。

集成运放通常被视为一个完整的独立电子器件,因此分析由集成运放构成的电路时,可以用一个等效电路替代它。有信号作用于集成运放的两个输入端时,运放对输入信号而言相当于一个电阻,这个电阻就是集成运放输入级的输入电阻,或称为运放的差动输入电阻 $R_i$。从输出端研究运放对外部负载的作用时,可以认为它是一个有内阻的电压源,该电压源的电压大小为 $u_o = A_d u_d$,$A_d$ 为运算放大器的差模(开环)放大倍数,$u_d$ 为运放的差动输入,其值为: $u_d = u_+ - u_-$,即等于两个输入端所加信号的差值;电源内阻就是运放的输出电阻 $R_o$。据此可以画出集成运放的等效电路,如图 1.4-4(b)所示。

**2. 理想集成运算放大器的条件**

实际的运放开环放大倍数很高,可达上百万或更高,因此很小的差动输入电压就可使输出电压达到饱和值。运放的传输特性如图 1.4-5 所示。所谓**传输特性**,是指运放输出电压与输入电压之间的关系曲线,图中的输入电压 $u_d = u_+ - u_-$,称为差动输入。由于运放的放大倍数很大,只要运放的输入不为零,其输出 $u_o = A_d u_d$ 就基本处于饱和状态,即输出不随输入变化,饱和值 $U_{om}$ 近似等于电源电压。

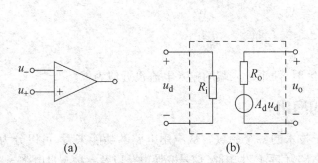

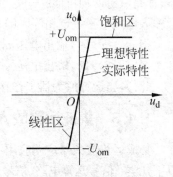

图 1.4-4 运放的符号和等效电路

图 1.4-5 运放的传输特性

为了分析方便(也非常接近实际),通常把运放视为理想器件,理想运放要满足以下 3 个条件:

(1) 开环电压放大倍数无穷大,即: $A_d = \infty$;
(2) 输入电阻 $R_i$ 为无穷大,即: $R_i = \infty$;
(3) 输出电阻为零,即: $R_o = 0$。

当运放工作在线性区时,输出电压 $u_o$ 与差动输入电压 $u_d$ 是线性关系,即有

$$u_o = A_d \cdot u_d = A_d (u_+ - u_-)$$

可见,由于 $A_d$ 一般达 $10^4$ 以上,即使很小的输入电压,都会使运放的输出电压达到饱和(近似等于电源电压 $U_{om}$)。所以,为了使运放工作在线性区,通常需要引入深度电压负反馈,即将输出电压通过反馈元件(电阻或电容)引入到运放的反相输入端,如图 1.4-6 所示,该

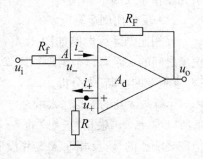

图 1.4-6 在运放中引入电压负反馈

电路是集成运算放大器组成的闭环反相比例放大器,它是集成运算放大器在线性区域工作的典型电路。

实际使用的集成运放,其特性与理想运放情况相近,一般对由集成运放构成的电路进行分析时,均按理想条件处理。

当集成运放工作在线性区域时,由于理想运放的开环放大倍数 $A_d = \infty$,所以两个输入端的电位数值必定是极其接近的,否则其输出将达到饱和值。由于两个输入端之间的电位差极小,可以认为 $u_+ = u_-$,则两输入端之间近似认为是短路,但实际上并未短路,因此这两点之间称为"虚短"。

又因为理想运放的输入电阻 $R_i = \infty$,因此运放输入端的电流极小,可视为零,即认为 $i_+ = i_- = 0$,因此,运放的输入端又可以近似认为是断路,但实际电路并未真正断开,故称为"虚断"。

如果将运算放大器的反相端接地,那么根据"虚短"的概念可以推出图 1.4-6 中的 $A$ 点也近似为"地"电位,但实际电路中 $A$ 点并未真正接地,故称该点为"虚地"。

"虚短"、"虚断"和"虚地"的概念是分析理想集成运算放大器的依据。

当不加负反馈时,运算放大器工作在饱和区,其输出电压与输入电压之间不再呈线性关系,而是只有两种可能:$+U_{om}$ 或 $-U_{om}$,输出的正负取决于两个输入信号的相对大小,且两个输入电压也不一定相等。即有以下结果:

当 $u_+ > u_-$ 时,输出电压 $u_o = +U_{om}$;

当 $u_+ < u_-$ 时,输出电压 $u_o = -U_{om}$。

此外,当运算放大器工作在饱和区时,两个输入端的输入电流也近似为零。

### 1.4.3 集成运算放大器的应用

集成运算放大器广泛应用于电子技术的各个领域。从应用电路的功能来看,可以分为以下几类:信号运算电路、信号处理电路、信号产生电路、信号变换电路以及各种测量电路等。

**1. 信号运算电路**

信号运算电路包括反相运算电路、同相运算电路、积分和微分运算电路等。信号运算电路是学习集成运算放大器其他应用电路的基础。

1)反相比例及求和电路

反相运算电路的信号从运算放大器的反相输入端引入,为了稳定电路工作,反馈信号也引到反相输入端。

(1)反相比例运算电路

反相比例运算电路如图 1.4-7 所示,该电路输入、输出之间的关系可以根据理想运算放大器的工作条件,即"虚短"和"虚断"来分析。

运算放大器的同相输入端经电阻 $R$ 接地,由于 $i_+ = 0$,所以 $u_+ = 0$。根据"虚短"的条件可知 $u_- = u_+ = 0$。但需要注意的是,反相输入端并没有真的接地,只是其电位值与地端相等,在分析时不能将其直接接地。

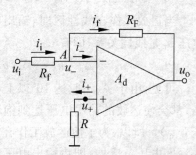

图 1.4-7 闭环反相比例放大器

根据 $u_+ = u_- = 0, i_- = 0$，可以求出输入信号电流：

$$i_i = \frac{u_i - u_-}{R_f} = \frac{u_i}{R_f}$$

反馈电流：

$$i_f = \frac{u_- - u_o}{R_F} = -\frac{u_o}{R_F}$$

因为 $i_- = 0$，所以 $i_F = i_i$，则有

$$\frac{u_i}{R_f} = -\frac{u_o}{R_F}$$

所以电路的比例关系为

$$u_o = -\frac{R_F}{R_f} u_i$$

输出电压 $u_o$ 与输入电压 $u_i$ 之比，即为电路的闭环电压放大倍数：

$$A_F = \frac{u_o}{u_i} = -\frac{R_F}{R_f}$$

上式表明，在运算放大器具有理想特性的条件下，图 1.4-7 所示电路的闭环电压放大倍数仅与运放外部电路的电阻 $R_F$ 和 $R_f$ 有关，而与集成运放本身的参数无关。当选用不同的 $R_F$ 和 $R_f$ 电阻值时，就可以方便地改变该电路的电压放大倍数。

因为信号从运算放大器的反相输入端送入，所以输出电压 $u_o$ 的极性（或相位）总是与输入电压反相。当 $R_F$ 和 $R_f$ 的阻值确定后，电压 $u_o$ 与 $u_i$ 的比值是固定的值，因此这种电路又称为反相比例运算电路。

(2) 反相求和运算电路

如果在图 1.4-7 所示电路中再增加若干个输入电路，如图 1.4-8 所示，这时电路可以对多个输入信号实现求和（代数相加）的运算。

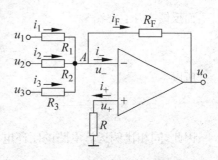

图 1.4-8 反相求和运算电路

由于 $u_+ = u_- = 0$ 及 $i_- = 0$，所以在反相输入端处的电流关系为

$$i_F = i_1 + i_2 + i_3$$

其中，$i_F = -\frac{u_o}{R_F}, i_1 = \frac{u_1}{R_1}, i_2 = \frac{u_2}{R_2}, i_3 = \frac{u_3}{R_3}$

所以：

$$-\frac{u_o}{R_F} = \frac{u_1}{R_1} + \frac{u_2}{R_2} + \frac{u_3}{R_3}$$

输出电压 $u_o$ 与各输入信号电压之间的关系为

$$u_o = -\left(\frac{R_F}{R_1} u_1 + \frac{R_F}{R_2} u_2 + \frac{R_F}{R_3} u_3\right)$$

式中的各电压 $u_1$、$u_2$、$u_3$ 可正可负，因此该电路实现了对输入电压代数求和的运算。

**例题 1.4-1**：在图 1.4-8 所示电路中，$R_F = 20 \text{k}\Omega$，$R_1 = 5 \text{k}\Omega$，$R_2 = 4 \text{k}\Omega$，$R_3 = 10 \text{k}\Omega$，$u_1 = 1.2 \text{V}$，$u_2 = -1.5 \text{V}$，$u_3 = 0.8 \text{V}$，求电路的输出电压 $u_o$。

**解：**

$$u_o = -\left(\frac{R_F}{R_1}u_1 + \frac{R_F}{R_2}u_2 + \frac{R_F}{R_3}u_3\right)$$

$$= -\left[\frac{20}{5}\times 1.2 + \frac{20}{4}\times(-1.5) + \frac{20}{10}\times 0.8\right]$$

$$= -(4.8 - 7.5 + 1.6) = +1.1\text{V}$$

2) 同相比例运算电路

信号从运算放大器的同相端输入的电路称为同相运算电路。

同相比例运算电路如图 1.4-9 所示，信号经电阻 $R$ 引至运算放大器的同相输入端。为了稳定放大器的工作，将输出电压通过反馈电阻 $R_F$、$R_f$ 组成的分压电路，取 $R_f$ 上的电压 $u_f$ 作为反馈信号引入到运算放大器的反相输入端，反相输入端的电位 $u_- = u_f$。

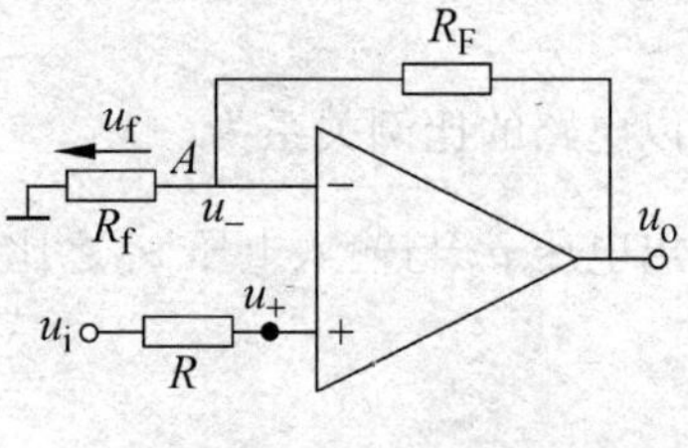

根据理想运算放大器的条件：$u_+ = u_-$ 和 $i_+ = i_- = 0$，有以下关系：

因为

$$u_+ = u_i, \quad u_- = u_f$$

而反馈电压：

$$u_f = \frac{R_f}{R_F + R_f}u_o$$

所以

$$u_i = \frac{R_f}{R_F + R_f}u_o$$

因此，同相比例运算电路的闭环电压放大倍数为

$$A_F = \frac{u_o}{u_i} = \frac{R_F + R_f}{R_f} = 1 + \frac{R_F}{R_f}$$

图 1.4-9 同相比例运算电路

从公式 $A_F = 1 + \dfrac{R_F}{R_f}$ 可以看出，同相输入时运算放大器的闭环电压放大倍数 $A_F$ 总是大于或等于 1，而且输出与输入信号同相位。

当 $R_F = 0$ 时，则有

$$A_F = \frac{u_o}{u_i} = 1$$

即输出电压与输入电压完全相同，这种放大器称为**电压跟随器**，如图 1.4-10 所示。

电压跟随器具有输入阻抗高、输出阻抗低的特点，在电路中常起隔离及增大带负载能力的作用。

3) 减法运算电路

将两个输入信号分别加到运算放大器的反相输入端和同相输入端，适当选择电路参数，可以使输出电压正比于两个输入信号之差，如图 1.4-11 所示。可以用叠加原理求出输出电压的表达式。

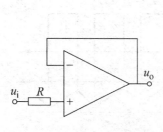 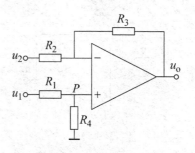

图 1.4-10　电压跟随器　　　　图 1.4-11　减法运算电路

令 $u_1=0$，在 $u_2$ 的作用下，构成了一个反相比例运算电路，其输出电压为

$$u'_o=-\frac{R_3}{R_2}u_2$$

令 $u_2=0$，在 $u_1$ 的作用下，构成了一个同相比例运算电路，其输出电压为

$$u''_o=\left(1+\frac{R_3}{R_2}\right)U_P$$

而

$$U_P=\frac{R_4}{R_1+R_4}u_1$$

所以

$$u''_o=\left(1+\frac{R_3}{R_2}\right)\left(\frac{R_4}{R_1+R_4}\right)u_1$$

根据叠加定理，有

$$u_o=u'_o+u''_o=-\frac{R_3}{R_2}u_2+\left(1+\frac{R_3}{R_2}\right)\left(\frac{R_4}{R_1+R_4}\right)u_1$$

若令 $R_1=R_2$，$R_3=R_4$，则上式可简化为

$$u_o=-\frac{R_3}{R_2}u_2+\frac{R_3}{R_2}u_1=\frac{R_3}{R_2}(u_1-u_2)$$

由上式可以看出，电路完成相减功能。

4）积分运算电路

将反相比例运算电路中的反馈电阻 $R_F$ 用一个电容 $C$ 更换之，就构成了一个反相积分运算电路，如图 1.4-12(a) 所示。

当其输入端 $u_i$ 加入阶跃电压或电流波形时，输出端 $u_o$ 将出现斜升电压波形。

当其输入端 $u_i$ 加入方波波形时，输出端 $u_o$ 将出现三角波波形。运算放大器加有正负电源时的波形如图 1.4-12(b) 所示。为了得到这样的波形，$R$、$C$ 数值必须选择合适。因此，积分运算电路常常用于波形变换。

5）微分运算电路

微分是积分的逆运算，将图 1.4-12(a) 所示电路中的电阻和电容的位置互换后，就可以获得基本微分运算电路，如图 1.4-13(a) 所示。

当其输入端 $u_i$ 加入方波波形时，输出端 $u_o$ 将出现尖脉冲。运算放大器加有正负电源时的波形如图 1.4-13(b) 所示。为了得到这样的波形，$R$、$C$ 数值必须要小。因此，微分运算电路常常用于产生脉冲信号。

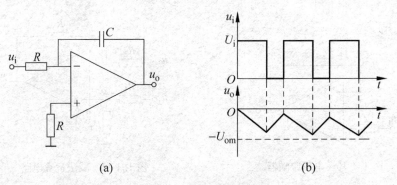

图 1.4-12 反相积分电路

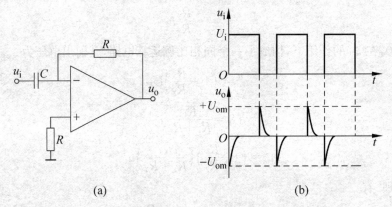

图 1.4-13 微分运算电路

### 2. 电压比较器

当运算放大器处于开环状态或施加正反馈时,由于运算放大器的开环放大倍数很高,即使在运放的两个输入端之间有一个非常微小的差值信号,也会使输出电压饱和,其大小接近于电源电压。利用这一特性可以构成电压比较器,用于判断输入信号的相对大小,或对信号幅度进行控制,也可以根据输入信号的幅度决定输出信号的极性。

常用的电压比较器有 3 种:单限电压比较器、过零比较器和迟滞比较器。

1) 单限电压比较器

图 1.4-14(a)所示电路是一个电压比较器。在这个电路中,运算放大器是开环应用,电压 $u_i$ 是输入信号,$U_R$ 是参考电压。根据理想运算放大器的条件,当 $u_i < U_R$ 时,运算放大器输出电压 $u_o = +U_{om}$;当 $u_i > U_R$ 时,输出电压 $u_o = -U_{om}$。这样根据输出电压的极性,就可以判断出输入信号 $u_i$ 与参考电压 $U_R$ 之间的大小关系。

比较器的输出电压 $u_o$ 与输入电压 $u_i$ 之间的关系称为**传输特性**曲线。图 1.4-14(b)所示是单限电压比较器的传输特性。输出电压 $U_{om}$ 近似等于电源电压。注意:只有当运算放大器加有正负电源时,输出才会有负电压。

2) 过零比较器

如果将上图所示电路的同相端直接与地相接,就构成了一个过零比较器,输入信号 $u_i$ 从负值进入正值,在过零处,输出电压 $u_o$ 的极性发生了变化,从 $+U_{om}$ 跳变到 $-U_{om}$。其传输特性曲线如图 1.4-15(a)所示。

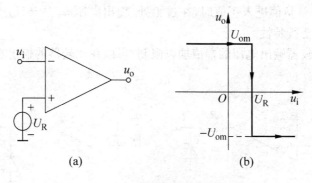

图 1.4-14　电压比较器及传输特性(下行)

当输入信号为正弦波电压时，过零比较器的输出电压 $u_o$ 为矩形波，如图 1.4-15(b) 所示。

由于在图 1.4-14(a)所示的比较器中，输入信号加在反相输入端，输出与输入反相位，当输入信号从(−)到(+)变化时，在过零处，输出信号从(+)到(−)发生负跳变，因此这种比较器称为**下行比较器**。

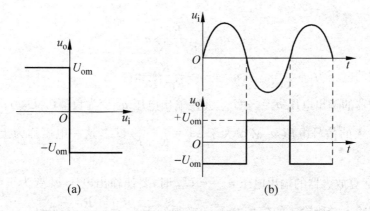

图 1.4-15　下行过零比较器的传输特性和输入输出波形

如果信号电压 $u_i$ 作用在运算放大器的同相端，运算放大器的反相输入端接地（即参考电压 $U_R=0$），如图 1.4-16(a)所示，这时电路的传输特性曲线如图 1.4-16(b)所示。

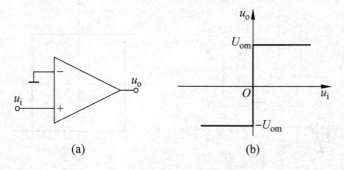

图 1.4-16　过零比较器(上行)

当信号电压 $u_i$ 从负值进入正值时,在过零处,输出电压 $u_o$ 从 $-U_{om}$ 变为 $+U_{om}$,这种输入—输出特性称为**上行特性**。

如果要求对比较器输出电压的幅值加以限制,可以在比较器的输出端接入稳压二极管,如图 1.4-17 所示。

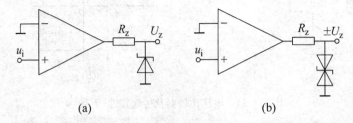

图 1.4-17 输出接有稳压管的过零比较器

3) 迟滞比较器

如果在过零比较器或单限比较器电路中引入正反馈,这时比较器的传输特性曲线具有迟滞回线形状,因此称为**迟滞比较器**。

如图 1.4-18(a),由电阻 $R_f$、$R_F$ 构成正反馈电路,反馈信号作用于同相输入端,反馈电压 $u_f$ 为

$$u_f = \frac{R_f}{R_f + R_F} u_o$$

而同相输入端的电压为

$$u_+ = u_f = \frac{R_f}{R_f + R_F} u_o$$

如果比较器的输出电压 $u_o = +U_{om}$,要使输出电压 $u_o$ 变为负值($-U_{om}$),运算放大器反相输入端所输入的信号电压 $u_i$ 必须大于 $u_+ = \frac{R_f}{R_f + R_F} U_{om}$,这一电压称为**上阈值**电压,记为 $U_{TH1}$。

反之,若运算放大器的输出电压 $u_o = -U_{om}$ 时,要使输出电压 $u_o$ 变为正值($+U_{om}$),运算放大器反相输入端所输入的信号电压 $u_i$ 必须低于 $u_+ = \frac{R_f}{R_f + R_F}(-U_{om})$,这一电压称为**下阈值**电压,记为 $U_{TH2}$。上阈值电压与下阈值电压之间的差值称为**回差**。迟滞比较器的传输特性曲线如图 1.4-18(b)所示。

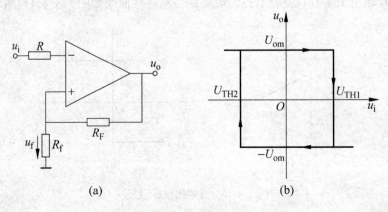

图 1.4-18 迟滞比较器

如图 1.4-18(a)所示电路中的反馈电阻 $R_f$ 经电源 $U_R$ 接地,如图 1.4-19(a)所示,这时电路的传输特性曲线将沿横轴正方向移动。电路的上、下阈值电压可应用叠加方法求出。

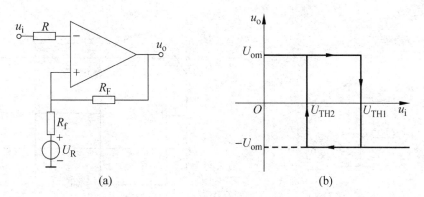

图 1.4-19　下行迟滞比较器

当电源 $U_R$ 单独作用时,运算放大器同相端产生的电位值 $u'_+ = \dfrac{R_F}{R_f + R_F} U_R$；当输出电压 $u_o$ 单独作用时产生的电位值为 $u''_+ = \dfrac{R_f}{R_f + R_F} u_o$

因此:
$$u_+ = u'_+ + u''_+ = \dfrac{R_F}{R_f + R_F} U_R + \dfrac{R_f}{R_f + R_F} u_o$$

当运算放大器输出电压 $u_o = +U_{om}$ 时,要使输出电压变为负值,输入信号 $u_i$ 应大于 $\dfrac{R_F}{R_f + R_F} U_R + \dfrac{R_f}{R_f + R_F} U_{om}$,所以图 1.4-19(a)所示电路的上阈值电压 $U_{TH1} = \dfrac{R_F}{R_f + R_F} U_R + \dfrac{R_f}{R_f + R_F} U_{om}$。

当 $u_o = -U_{om}$ 时,要使输出电压变为正值,输入信号 $u_i$ 应小于 $\dfrac{R_F}{R_f + R_F} U_R + \dfrac{R_f}{R_f + R_F}(-U_{om})$,所以下阈值电压 $U_{TH2} = \dfrac{R_F}{R_f + R_F} E_R - \dfrac{R_f}{R_f + R_F} U_{om}$,该电压根据参数的不同,可正可负。当 $U_{TH2} > 0$ 时,电路的传输特性曲线如图 1.4-19(b)所示。

**例题 1.4-2**:在图 1.4-20(a)所示电路中,$U_{om} = \pm 6V$,$U_R = 1V$,$R_F = 20k\Omega$,$R_f = 10k\Omega$,求这个比较器的上、下阈值电压。

**解**:此电路为下行迟滞比较器,根据公式可得

$$U_{TH1} = \dfrac{R_F}{R_f + R_F} U_R + \dfrac{R_f}{R_f + R_F} U_{om} = \dfrac{20}{10 + 20} \times 1 + \dfrac{10}{10 + 20} \times 6 = 2.67(V)$$

$$U_{TH2} = \dfrac{R_F}{R_f + R_F} U_R - \dfrac{R_f}{R_f + R_F} U_{om} = \dfrac{20}{10 + 20} \times 1 - \dfrac{10}{10 + 20} \times 6 = -1.43(V)$$

迟滞比较器又称为**施密特触发器**,一般用于比较输入信号的幅度。将图 1.4-20(b)所示的波形作为比较信号送入图 1.4-20(a)所示的迟滞比较器的反相输入端,该电路参考电压为 $U_R$。当信号电压 $u_i$ 超过上阈值电压 $U_{TH1}$ 时,运算放大器输出电压 $u_o$ 变为 $-U_{om}$；输入信号低于下阈值电压 $U_{TH2}$ 时,输出电压 $u_o$ 变为 $+U_{om}$。

利用比较器的这个特性可以构成许多种实用电路。图 1.4-20(a)所示电路可以作为越界报警器,当信号电压高于 $U_{TH1}$ 或低于 $U_{TH2}$ 时,输出电压 $u_o$ 跳变,发出报警信号。

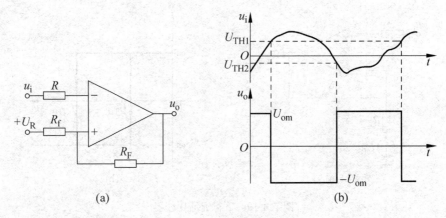

图 1.4-20 越界报警电路

与过零比较器相比,迟滞比较器有以下优点:

(1) 引入正反馈后能加速输出电压的翻转过程,改善输出波形在跃变时的陡度;

(2) 回差提高了电路的抗干扰能力。输出电压一旦转变为 $+U_{om}$ 或 $-U_{om}$ 后,$u_+$ 随即自动变化,$u_i$ 必须有较大的反向变化才能使输出电压发生翻转。

**3. 有源滤波器**

滤波电路是一种有选择地令某一频段的信号通过,同时抑制另一频段信号的电子装置。工程上常用滤波器进行信号处理、数据传输及抑制干扰等。滤波器可以分为模拟滤波器和数字滤波器,前者又分为无源滤波器和有源滤波器。

由电阻、电感、电容等元件组成的滤波电路称为无源滤波器。在这种滤波器中,低频时为增强滤波效果,必须加大无源滤波器的电感量和电容量,但是电感元件具有体积大、重量重等缺点,很难做到小型化。随着电子技术的发展,用电阻、电容元件和集成运算放大器可以构成具有各种特性的滤波器,这种滤波器工作时需要电源(运算放大器的工作电源),因此称其为有源滤波器。

由于集成运算放大器具有开环电压增益高、输入电阻高、输出电阻低的特点,因此用它构成的有源滤波器除了具有体积小、重量轻、不需要使用电感元件外,还有一定的电压放大能力,但放大器工作时要提供电源。此外,当有源滤波器在大信号下工作时,运放可能会出现饱和或截止失真,放大器输出电流也受到限制。由于集成运算放大器是一种多级放大器,其频带宽度有限,当输入信号为高频信号时,运放的增益将下降,因此一般无源滤波器工作频率范围在 100Hz 到上百兆赫,但有源滤波器的工作范围一般只能从直流到几十千赫。

有源滤波器可以分为低通滤波器、高通滤波器、带通滤波器和带阻滤波器等,下面对低通和高通滤波器作一简单介绍。

1) 有源低通滤波器

一阶有源低通滤波器如图 1.4-21(a)所示,它由同相电压放大器和一个简单的无源低通滤波器组成,同时兼有滤波和放大功能。图 1.4-21(b)是其幅频特性。从幅频特性可以看出,当输入信号的频率 $\omega \leqslant \omega_0$ 时,信号基本能到达输出端,而当输入信号频率 $\omega > \omega_0$ 时,信号被阻断,不能到达输出端,这里的 $\omega_0$ 称为截止频率。但一阶滤波器的幅度衰减率(曲线陡度)比较小,滤波效果不很理想。为此可以采用二阶、三阶或更高阶的有源滤波器改善滤波效果。

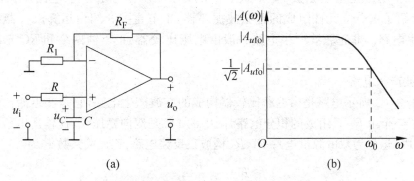

图 1.4-21　一阶有源低通滤波器

高于二阶的滤波电路都可以由一阶和二阶有源滤波电路组成。图 1.4-22(a)所示电路是二阶有源低通滤波器,它是由两节 $RC$ 电路串联而成。二阶低通滤波器的频率特性如图 1.4-22(b)所示。从幅频特性可以看出,二阶滤波电路的幅度衰减速率大于一阶滤波电路,表明其滤波效果优于一阶滤波电路。

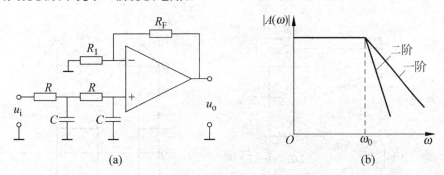

图 1.4-22　二阶有源低通滤波器

2) 有源高通滤波器

将有源低通滤波器中 $RC$ 电路中的 $R$ 和 $C$ 对调,就可以构成有源高通滤波器,如图 1.4-23(a)所示,其频率特性如图 1.4-23(b)所示。曲线表明,只有频率大于截止频率 $\omega_0$ 的输入信号才能通过滤波器,频率小于截止频率的信号被抑制。

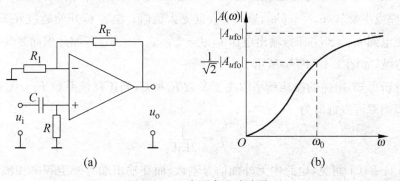

图 1.4-23　有源高通滤波器

### 4. 波形产生和变换电路

波形产生电路是指正弦波、矩形波、三角波等周期信号的产生电路。在前述章节中,已经介绍了由分立元件组成的正弦波振荡器,本节主要介绍由运算放大器组成的非正弦波产生电路。非正弦波产生电路一般由电压比较器、正反馈网络和 RC 充放电环节构成。

1) 方波产生电路

图 1.4-24(a)所示电路是由迟滞比较器构成的方波产生电路,它是在迟滞比较器的基础上增加了一个由 $R_f$、C 组成的积分电路,图中的 DZ 是双向稳压管,使输出电压的幅值限制在 $\pm U_{DZ}$ 内(运放为双电源供电);$R_1$、$R_2$ 构成**正反馈电路,正反馈系数** $F$ 为

$$F = \frac{R_1}{R_1 + R_2}$$

这样,$R_1$ 上的反馈电压 $U_{R1}$ 的大小为

$$U_{R1} = FU_{DZ} = \frac{R_1}{R_1 + R_2}U_{DZ}$$

该电压加在运放的同相输入端,作为参考电压;$R_f$ 和 C 构成负反馈电路,电容电压 $u_C$ 加在反向输入端,由 $u_C$ 和 $U_{R1}$ 比较后决定输出电压 $u_o$ 的极性;$R_0$ 是限流电阻。

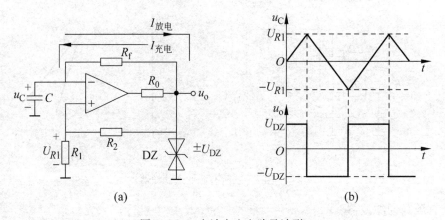

图 1.4-24 方波产生电路及波形

电路的工作过程分析如下:刚接通电源瞬间,电容 C 两端电压为零,运放输出高电平 $u_o = +U_{DZ}$,此时 $u_o = U_{DZ}$ 的高电平通过 $R_f$ 向 C 充电,使 $u_C$ 逐渐上升。当 $u_C$ 上升到 $U_{R1}$ 并略超过后,电路发生翻转,$u_o = -U_{DZ}$,这时 $U_{R1}$ 也变为负值。电容 C 开始通过 $R_f$ 放电,并反向充电。当充电到 $u_C = -U_{R1}$ 时,输出电压 $u_o$ 由 $-U_{DZ}$ 变为 $+U_{DZ}$。如此周而复始,形成振荡,输出对称方波,如图 1.4-24(b)所示。

通过分析可知,电路的振荡频率取决于参数 $R_f$ 和 C,当正反馈系数 $F = 0.462$ 时,输出方波的振荡频率可以近似为

$$f = \frac{1}{2R_fC}$$

从图 1.4-24(a)可见,电路中无外加信号输入,而在输出端有一定频率和幅值的信号输出,这种现象就是电路的自激振荡。

2) 三角波和方波产生电路

图 1.4-24 是由迟滞比较器加 RC 积分环节组成的,由于 RC 电路的充放电不是恒流的,所以电容 C 上的电压 $u_C$ 的波形不能作为三角波使用。采用由运放组成的恒流积分电路替代图 1.4-24 所示电路中的 RC 积分环节,就可以得到方波输出,还可以得到标准的三角波输出。用恒流积分电路替代 RC 积分环节的电路如图 1.4-25(a)所示。在图 1.4-25(a)中,运放 $A_1$ 构成同相输入迟滞比较器,$A_2$ 构成电压跟随器,$A_3$ 构成恒流积分电路,电路中的 $R_{P1}$、$R_{P2}$ 和 $C_1$、$C_2$、$C_3$ 是用来改变三角波 $u_{o3}$ 的幅度和周期的,$u_{o1}$ 和 $u_{o3}$ 的波形如图 1.4-25(b)所示。

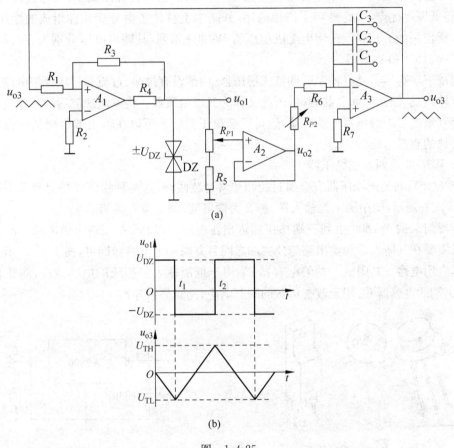

图 1.4-25
(a) 三角波方波产生电路;(b) 波形图

工作过程分析如下:当刚接上电源时,若 $u_C=0$,$u_{o1}=+U_{DZ}$,则 $u_{o2}$ 也为正值,$u_{o2}$ 通过 $R_{P2}$ 和 $R_6$ 向电容 C 充电,$u_{o3}$ 逐渐线性下降,当 $u_{o3}$ 下降到 $U_{TL}$ 时,电路发生翻转。$u_{o1}=-U_{DZ}$,则 $u_{o2}$ 也为负值,此时 C 通过 $R_{P2}$ 和 $R_6$ 反向充电,$u_{o3}$ 线性上升,当 $u_{o3}$ 上升到 $U_{TH}$ 时,电路再次发生翻转,如此周而复始形成振荡。运放 $A_1$ 输出的是矩形波,$A_3$ 输出的是三角波,因此图 1.4-25(a)所示电路称为矩形波——三角波发生器电路。

此外,采用运放及电阻、电容等元器件还可以组成锯齿波发生电路。实际上,将三角波电路的电容充、放电时间常数调整一下,就可以产生锯齿波。

### 1.4.4 集成稳压器和集成功率放大器

**1. 集成稳压器**

直流稳压电源是电子线路中不可或缺的一部分。一般的直流稳压电源主要由整流电路、滤波电路、稳压电路等分立元件构成,用于输出恒定的直流电压。其中的稳压电路由单个的稳压管或由运算放大器和三极管、电阻等组成,使用起来比较复杂。目前广泛使用的单片集成稳压器,是把分立稳压电路中的调整管、采样电路、比较放大器、基准电压、起动和保护电路等全部集成在一块半导体芯片上形成。集成稳压器具有体积小、可靠性高、使用方便、价格低廉等优点,因此得到了广泛应用,并基本上替代了由分立元件组成的稳压电路。目前广泛使用的三端固定正输出集成稳压器 W7800 系列,其输出电压分别为 5V、6V、9V、12V、15V、18V 和 24V 等。

集成三端稳压器是一种串联调整式稳压器,内部设有过热、过流和过压保护电路。由于它只有输入端、输出端和公共地端,因此又称为**三端稳压器**。将整流滤波后的不稳定的直流电压接到集成三端稳压器的输入端,经过三端稳压器后就可以在输出端得到某一值的稳定的或可调的直流电压。

1) W7800 系列集成稳压器

W7800 系列集成稳压器有金属封装和塑料封装两种,这两种稳压器外封装及引脚排列如图 1.4-26 所示,图中脚 1 为输入端,脚 2 为输出端,脚 3 为公共端。

金属封装的 W7800 系列三端稳压器输出正电压,W7900 系列输出负电压。两者在使用时只需要在其输入端和输出端与公共端之间各并联一个电容器即可,图 1.4-27 所示电路为基本应用电路。其中输入端的电容器 $C_1$ 用于抵消输入长接线的电感效应,防止自激振荡,输出端的电容器 $C_2$ 用于改善负载的瞬态响应,消除高频噪声。

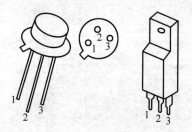

图 1.4-26 W7800 系列外形及引脚排列

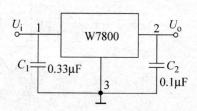

图 1.4-27 基本应用电路

(1) 正负电压同时输出的电路

在实际应用中,三端稳压器接在整流滤波电路之后。图 1.4-28 所示电路是正、负电压同时输出的实际应用电路。

(2) 提高输出电压的电路

如图 1.4-29 所示,该电路使输出电压高于固定输出电压,图中 $U_{XX}$ 为 W78XX 稳压器的固定输出电压,加入稳压管 $D_Z$ 后,其输出电压 $U_o$ 将在三端稳压器的稳压值 $U_{XX}$ 之上再增加 $U_Z$,即有 $U_o = U_{XX} + U_Z$。

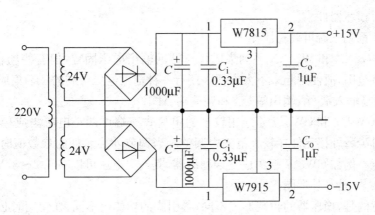

图 1.4-28 正、负电压同时输出的电路

(3) 扩大输出电流的电路

当电路所需电流大于 1～2A 时,可采用外接功率管 T 的方法来扩大输出电流。

在图 1.4-30 中,$I_2$ 为稳压器的输出电流,$I_C$ 是功率管的集电极电流,$I_R$ 是电阻 $R$ 上的电流。一般 $I_3$ 很小,可忽略不计,则可得出：

$$I_2 \approx I_1 = I_R + I_B = -\frac{U_{BE}}{R} + \frac{I_C}{\beta}$$

式中,$\beta$ 是功率管的电流放大倍数。

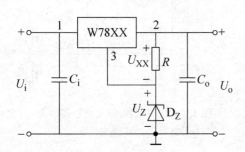

图 1.4-29 提高输出电压的电路

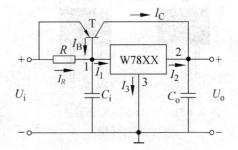

图 1.4-30 扩大输出电流的电路

**例题 1.4-3**：上述电路中,设 $\beta=10$,$U_{BE}=-0.3V$,$R=0.5\Omega$,$I_2=1A$,$I_3$ 可忽略不计,试求输出总电流 $I_总$。

**解**：根据公式 $I_2 = -\frac{U_{BE}}{R} + \frac{I_C}{\beta}$

$$\frac{I_C}{\beta} = I_2 + \frac{U_{BE}}{R}$$

$$I_C = \left(I_2 + \frac{U_{BE}}{R}\right)\beta = \left(1 - \frac{0.3}{0.5}\right) \times 10 = 4(A)$$

$$I_总 = I_2 + I_C = 1 + 4 = 5(A)$$

可见输出电流比 $I_2$ 扩大了。

使用 W78XX 和 W79XX 系列集成稳压器时要注意,为了确保芯片的稳压性能,稳压电路的输入电压与输出电压至少要相差 2～3V 以上,但也不能太大,太大则会增大器件本身的功耗以至于损坏器件。

2) W317 系列三端可调稳压器

前述的 W78XX 和 W79XX 系列集成稳压器的输出电压固定,但有些场合需要扩大输出电压的调节范围,故使用起来不太方便。还有一种输出电压可调的三端集成稳压器,它的 3 个端子分别是输入端 $U_I$、输出端 $U_O$ 和调整端 ADJ。

CW117、CW217 和 CW317 是应用较多的单片式三端可调正电压集成稳压器,其输出电压可以通过少数外接元件在较大范围内调整。当调节外接元件的参数值时,可以获得所需的输出电压。例如 CW317 型集成三端稳压器,其输出电压可以在 1.2～37V 范围内连续调节。图 1.4-31 是其外形图。

需要注意的是,稳压器的封装形式不同,各引脚的功能也不同,在使用时必须加以注意。

图 1.4-32 是三端可调式稳压器的内部结构和外接元件示意图。其内部电路主要由比较放大器 A、恒流源电路和基准电压等组成,器件本身没有接地端。其中恒流源的参考电流 $I_{REF}$ 很小,一般为 50mA,作为基准源的供电电流,从可调端 ADJ 端流出。基准电压源在 B 和可调端 ADJ 端提供稳定性很高的基准电压,一般 $U_{REF} = 1.25V(1.2～1.3V 之间)$。

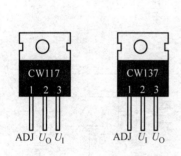

图 1.4-31　W317 系列稳压器外形
与引脚排列图

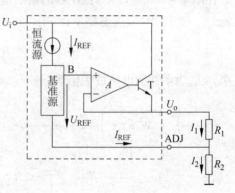

图 1.4-32　三端可调式稳压器内部
结构示意图

当在输出端和调节端接上外接电阻 $R_1$ 和 $R_2$ 后,输出电压为

$$U_o = U_{REF} + R_2 I_2 = U_{REF} + \left(\frac{U_{REF}}{R_1} + I_{REF}\right)R_2 = U_{REF}\left(1 + \frac{R_2}{R_1}\right) + R_2 I_{REF}$$

由于恒流源的参考电流很小,有 $I_{REF} \ll I_1$,故可以忽略,上式可以简化为

$$U_o \approx U_{REF}\left(1 + \frac{R_2}{R_1}\right)$$

可见,只要调节电阻 $R_2$ 和 $R_1$ 的相对大小,就可以调节输出电压的大小。

CW317、CW337 系列三端可调稳压器使用非常方便,图 1.4-33 所示是其应用实例。图中的二极管 $D_1$ 用于防止输入端短路时 $C_4$ 反向放电而损坏稳压器,$D_2$ 用于防止输出端短路时 $C_2$ 通过调整端放电而损坏稳压器。使用时一般固定电阻 $R_1$,通过调节 $R_2$ 就可以获得 1.25～37V 的可调直流电压。

当电阻 $R_1$ 和 $R_2$ 的温度系数相同时,$R_2/R_1$ 就不受温度的影响。一般选用同种材料制作的电阻,使输出电压不随温度而变化。

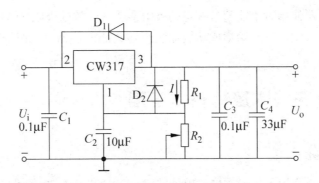

图 1.4-33　W317 稳压器实际应用电路图

**2. 集成功率放大器**

集成功率放大器由集成运算放大器发展而来,它的内部电路一般也由前置级、中间级、输出级及偏置电路等组成。与普通运算放大器所不同的是,集成功率放大器的输出级功率更大,效率更高。此外,为了保证器件在大功率状态下安全可靠地工作,集成功率放大器中还设有过流、过压以及过热保护电路等,使用起来非常方便安全。

集成功率放大器大多工作在音频(低频)范围,除具有可靠性高、重量轻、造价低、使用方便等集成电路的一般特点外,还具有功耗小、非线性失真小和温度稳定性好等优点。集成功率放大器是模拟集成电路的重要组成部分,广泛应用在各种电子线路中。

传统的功率放大电路常采用变压器耦合方式,其优点是可以实现阻抗匹配,缺点是体积大、笨重,且高、低频段的频率特性均较差,目前已较少使用。目前功率放大器多采用无输出变压器的功率放大电路(OTL 电路)和无输出电容的功率放大电路(OCL 电路),在集成运放中多采用 OCL 电路。

LM386 是电子线路中常用的集成功率放大器,其核心电路是一个高增益运算放大器,如图 1.4-34(a)所示,图 1.4-34(b)是其典型应用电路。其中电阻 $R_P$ 用于调节电压放大倍数,阻容支路 $R_4C_4$ 和电容器 $C_5$ 用于频率补偿,防止电路产生自激振荡,$C_3$ 为交流耦合电容,将功率放大器的交流输出信号送到负载 $R_L$ 上。电路的输入信号通过耦合电容 $C_1$ 接到 LM386 的同相输入端。当引脚 1、8 之间不接电容时,可以得到最小的电压增益。

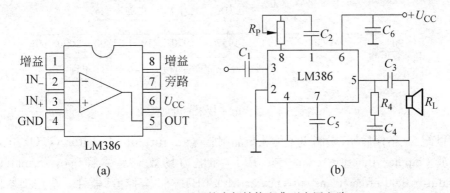

图 1.4-34　LM386 的内部结构和典型应用电路

集成功率放大器使用时不能超过规定的极限参数。功放的极限参数主要有最大功耗和最大允许电源电压。使用时要给集成功放加装足够大的散热器,以保证在额定功耗下芯片温度不超过允许值。

## 1.5 电力电子技术及其基本应用

### 1.5.1 概述

电力电子技术是应用于电力领域的电子技术,这里的"电力"指的是"电能",属于"强电"领域。前面章节讨论的模拟电子技术和后面将要学习的数字电子技术统称为"信息电子技术",主要处理各种"弱电"信号。电力电子技术就是使用电力电子器件对电能进行变换和控制的技术,一般都工作在大功率、大信号状态,因此其学习内容和分析方法也与前述内容有所不同。表 1.5-1 是电力变换的 4 种基本类型,包括 AC-DC(整流)、DC-DC(斩波)、DC-AC(逆变)、AC-AC(变频、变相)电路,分别用于实现不同的功能。

表 1.5-1 电力变换的种类

| 输入＼输出 | DC | AC |
|---|---|---|
| AC | 整流电路 | 交流变频及调压电路 |
| DC | 斩波电路 | 逆变电路 |

电力变换的 4 种类型在飞机上及实际工业、民用等领域都有广泛应用,如飞机上的二次电源就是 AC-DC(变压整流器)或 DC-AC(静止变流器)的变换。工业及民用领域的应用实例更是举不胜举。

图 1.5-1 清晰地表示出了电力电子技术的发展简史。1947 年美国贝尔实验室发明了晶体管,引发了电子技术的一场革命。而电力电子技术的诞生是以 1957 年美国 GE 公司研制出第一个晶闸管为标志的。晶闸管是一种导通可控、关断不可控的半导体器件,这种器件称为"半控型"器件。

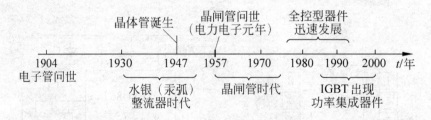

图 1.5-1 电力电子技术的发展简史

20 世纪 70 年代后期,研制出了可关断晶闸管(gate turn-off thyristor,GTO)、电力双极型晶体管(bipolar junction transistor,BJT)和电力场效应晶体管(power matel oxide semicondutor field effect transistor,power MOSFET)等"全控型"器件。全控型器件的特点是管子的导通和关断均可控,极大地简化了电路的设计。

在 20 世纪 80 年代后期,以绝缘栅双极型晶体管(insulated gate bipolar transistor, IGBT)为代表的复合器件异军突起。它是 MOSFET 和 BJT 的复合,综合了两者的优点,得到了广泛应用。

电力电子技术的应用范围十分广泛。它不仅用于一般工业和农业,也广泛用于航天、军事、交通运输、通信系统、新能源系统以及家电产品等国民经济和人民生活的各个领域。大到航天飞行器中的特种电源、远程超高压电力传输系统,小到家用空调器、冰箱和计算机电源、手机充电器等,都用到了电力电子技术。几乎可以这么说,只要是用到电能的地方,就需要电力电子技术。

本节简单介绍电力电子器件及其基本应用。

### 1.5.2 电力电子器件

从图 1.5-1 可以看出,电力电子技术的发展简史就是电力电子器件的发展史,电力电子器件制造技术的发展代表着电力电子技术的发展水平。

电力电子器件(power electronic device)是指可以直接用于处理电能的大功率半导体器件。与信息电子技术中的半导体元器件相比,电力电子器件有以下一些主要特征:

(1) 能处理高电压、大电流的电功率,其数值一般都远大于处理信息的电子元器件;
(2) 为了减小器件本身的损耗,提高效率,电力电子器件一般都工作在**开关状态**;
(3) 电力电子器件的导通和关断需要由信息电子电路来控制;
(4) 由于电力电子器件工作在高功率场合,其自身的功率损耗远大于信息电子器件,因此工作时一般都需要安装散热器。

电力电子器件有很多种类,按照其受控程度,可以分为以下几种:

(1) 不可控器件:如电力二极管(power diode),其导通和关断都不能用控制信号来控制,而是由加在管子上的电压或电流决定。
(2) 半控型器件:主要指晶闸管(thyristor)及其派生器件,其导通可以控制,但器件的关断由其在主电路中承受的电压和电流决定。
(3) 全控型器件:目前最常用的是 IGBT 和 power MOSFET,其导通和关断都是可控的。

不可控器件主要指电力二极管,其工作原理与小功率二极管类似。本节主要介绍半控型器件和典型全控型器件的结构和基本工作原理。

**1. 半控型器件(晶闸管)**

晶闸管是晶体闸流管的简称,又称作可控硅整流器(silicon controlled rectifier, SCR),简称可控硅。晶闸管是最早发明的电力半导体器件,由于其能承受的电压和电流容量仍然是目前电力电子器件中最高的,而且工作可靠,因此在大容量的应用场合仍然占有非常重要的地位。

1) 晶闸管的基本结构

晶闸管是在晶体管基础上发展起来的一种大功率半导体器件,它是具有 3 个 PN 结的四层结构,如图 1.5-2(a)所示。由最外的 $P_1$ 层和 $N_2$ 层引出两个电极,分别称为阳极 A 和阴极 K,由

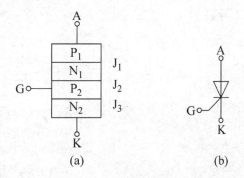

图 1.5-2 晶闸管的结构与符号

中间的 $P_2$ 层引出控制极（或称门极）G。图 1.5-2(b)是晶闸管的符号。

图 1.5-3 是晶闸管的外形图，有螺栓型、平板型和直插型几种封装形式。图 1.5-3(a)是螺栓型封装，图中的螺栓是阳极，能与散热器紧密联接且安装方便；另一端有两根引出线，其中粗的一根是阴极引线（K 端），细的是控制极引线（G 端）。

图 1.5-3(b)是平板型晶闸管，安装时可以用两个散热器将其夹在中间，以加快热量的散发。图 1.5-3(c)是直插型，方便焊接在印刷电路板上。

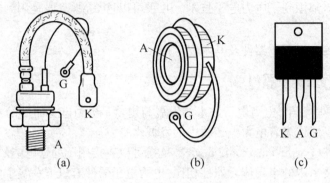

图 1.5-3 晶闸管外形图

2) 晶闸管的工作原理

为了说明晶闸管的导电原理，可按图 1.5-4 所示的电路做一个简单的实验。

(1) 晶闸管阳极接直流电源的正端，阴极经灯泡接电源的负端，此时晶闸管承受正向电压。控制电路中开关 S 断开（不加电压），如图 1.5-4(a)所示，这时灯不亮，说明晶闸管不导通。

(2) 晶闸管的阳极和阴极间加正向电压，控制极相对于阴极也加正向电压，如图 1.5-4(b)所示，这时灯亮，说明晶闸管导通。

(3) 晶闸管导通后，如果去掉控制极上的电压，将图 1.5-4(b)中的开关 S 断开，灯仍然亮，这表明晶闸管继续导通。即**晶闸管一旦导通后，控制极就失去了控制作用。**

这时若连续减小阳极电流，当其小于晶闸管的维持电流（见伏安特性）时，灯将熄灭。这表明**晶闸管只有当阳极电流小于其维持电流时才能关断。**

(4) 晶闸管的阳极和阴极间接反向电压，如图 1.5-4(c)所示，无论控制极加不加电压，灯都不亮，晶闸管截止。

(5) 如果控制极加反向电压，晶闸管阳极回路无论加正向电压还是反向电压，晶闸管都不导通。

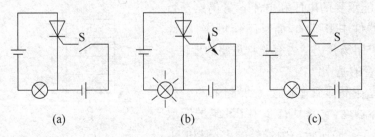

图 1.5-4 晶闸管导通实验电路

从上述实验可以看出,晶闸管导通必须同时具备两个条件:

(1) **晶闸管阳极电路加正向电压**;

(2) **控制极加适当的正向电压**(实际工作中,控制极加正触发脉冲信号)。

晶闸管导通后,其导通状态完全依赖于管子本身内部载流子的运动,这时即使控制极电压消失,晶闸管仍然处于导通状态。所以,控制极的作用仅仅是触发晶闸管使其导通,当晶闸管导通之后,控制极就失去了控制作用。若想使晶闸管关断,必须将阳极电流减小到使之不能维持内部载流子的运动为止。当然也可以将阳极电源断开或者在晶闸管的阳极和阴极间加反向电压而使其截止。

综上所述,晶闸管是一个可控的单向导电开关。它与具有一个 PN 结的二极管相比,其差别在于晶闸管的正向导通受控制极信号的控制;与具有两个 PN 结的三极管相比,其差别在于控制极信号对晶闸管的截止没有控制作用,因此称为**半控型**器件。

3) 晶闸管的伏安特性

晶闸管的导通和关断这两个工作状态是由阳极电压 $U_T$、阳极电流 $I_T$、控制极电压 $U_G$ 和电流 $I_G$ 等决定的,而这几个量又是相互联系的。在实际应用中,常用实验曲线来表示它们之间的关系,这就是晶闸管的伏安特性曲线,如图 1.5-5 所示。

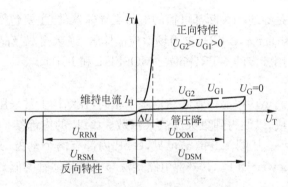

图 1.5-5 晶闸管的伏安特性曲线

(1) 正向伏安特性曲线

晶闸管在正向电压 $U_T$ 作用下的特性曲线如图 1.5-5 所示。当控制极开路时,逐渐升高 $U_T$,只有很小的漏电流,晶闸管处于正向阻断状态。

当正向电压 $U_T$ 升高到 $U_{DSM}$ 值时,电流 $I_T$ 明显升高,特性曲线急剧弯曲。电压 $U_{DSM}$ 称为晶闸管的**断态不重复峰值电压**(又称为**正向转折电压**),即 $U_T$ 升高到 $U_{DSM}$ 值后,晶闸管自行由阻断变为导通。

晶闸管工作时不允许将正向电压 $U_T$ 升高到 $U_{DSM}$ 值。正常使用的晶闸管控制极断路时,允许作用的最大正向电压值称为**断态重复峰值电压** $U_{DOM}$(正向阻断电压),其值大约为 $80\%U_{DSM}$。在 $U_{DOM}$ 电压作用下,门极开路时,晶闸管可保持阻断状态。

晶闸管在加上正向电压,同时接入控制极触发信号的情况下,从阻断到导通所需的正向电压值低于 $U_{DSM}$。门极电压 $U_G$ 越大,晶闸管从阻断变为导通所需的正向电压值就越低。晶闸管导通后,管子的压降 $\Delta U$ 很小,工作电流 $I_T$ 增加时,管压降稍有增加。当正向工作电流 $I_T$ 低于**维持电流** $I_H$ 后,管子自动阻断。

**(2) 反向伏安特性曲线**

晶闸管的反向特性与二极管的反向特性类似,随着作用在晶闸管上的反向电压的增加,反向漏电流稍有增大。当反向电压增大到反向击穿电压时,晶闸管的反向电流急剧增加(反向特性曲线在此处急剧弯曲),该电压称为**反向不重复峰值电压** $U_{RSM}$。晶闸管反向击穿后将导致其发热损坏,因此反向电压不能太大。为保证反向阻断状态,反向允许的最大电压值称为**反向重复峰值电压** $U_{RRM}$,一般 $U_{RRM} = 80\% U_{RSM}$。

将晶闸管的上述特性总结如下:

(1) 当晶闸管承受反向电压(小于 $U_{RSM}$)时,不论门极是否有触发电流,晶闸管都不会导通;

(2) 当晶闸管承受正向电压时,仅在门极有触发电流的情况下才能导通;

(3) 晶闸管一旦导通,门极就失去了控制作用,不论门极触发电流是否还存在,晶闸管都保持导通;

(4) 若要使已导通的晶闸管关断,只能利用外加电压和外电路的作用使流过晶闸管的电流降到接近于零的某一数值以下。

**2. 典型全控型器件**

全控型器件指的是导通和关断都可控的电力半导体器件,主要包括门极可关断晶闸管、电力晶体管(giant transistor,GTR)、电力场效应晶体管、绝缘栅双极晶体管等,本节简要介绍飞机电气线路中应用较多的 GTR、power MOSFET 和 IGBT。

1) 电力晶体管

电力晶体管与普通小功率晶体管的结构基本相同,在结构上常采用达林顿结构形式,即由多个晶体管复合组成,以便得到更大的放大倍数。GTR 的内部结构、符号和内部载流子示意图如图 1.5-6 所示。从图 1.5-6(a) 可见,GTR 内部有两个基极,又称为双极结型晶体管,英文有时也称为 power BJT。其外部电路接法与普通晶体管类似。

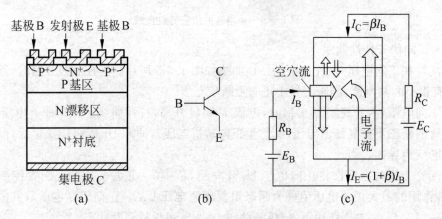

图 1.5-6　GTR 的结构、符号和载流子示意图

GTR 与普通晶体管一样,也有 3 种工作状态,即放大、饱和及截止状态,在大功率可控电路中,GTR 主要工作在饱和和截止两种状态下,以减小管子的损耗。一般一个单管的电流放大倍数只有 10 左右,因此大多采用达林顿连接的复合管。

达林顿管是将两只同类型或不同类型的三极管按一定方式连接在一起,以组成一只等效的新的三极管,这个过程称为晶体管的复合,所以达林顿管又称为复合管。图 1.5-7 是两种达林顿管的接法及等效类型。复合管的放大系数是两只三极管放大系数的乘积。

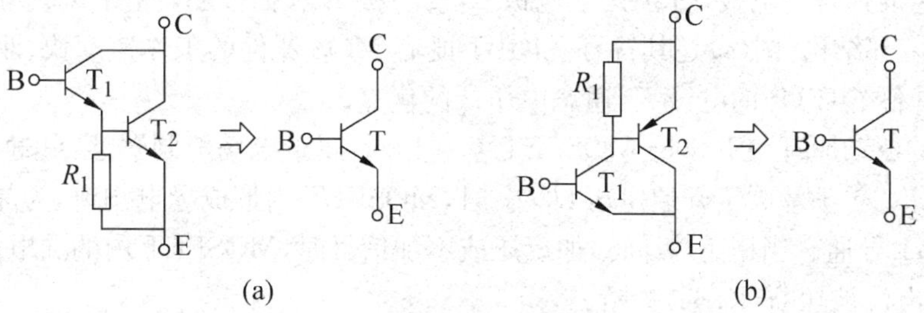

图 1.5-7 达林顿管的接法
(a) NPN+NPN=NPN；(b) NPN+PNP=NPN

由于达林顿晶体管的电流放大倍数大于单个的晶体管,因此用在需要大功率晶体管的场合,如用于大功率开关电路、电机调速等电路中。如飞机上的发电机调压器,其功率放大电路就可以采用达林顿管,以满足对励磁电流的要求。

GTR 的主要特性是耐压高、电流大、开关特性好,广泛用于交流调速、变频电源等大功率电路中。在中小容量变频器中,GTR 曾一度取代了晶闸管,但目前又大多被性能更为优越的电力场效应管(如 MOSFET)和 IGBT 所取代。

2) 电力场效应晶体管

电力场效应晶体管与普通场效应管一样,也有 3 个电极,分别是源极 S、漏极 D 和栅极 G,管子的连接及工作特性也与普通场效应晶体管基本一样,在电路中用作无触点开关,同时起到放大作用。

Power MOSFET 的导电机理与小功率 MOS 管相同,但在内部结构上有较大区别。按导电沟道也可分为 P 沟道和 N 沟道两种。Power MOSFET 主要是 N 沟道增强型,在电路中要求栅极电压大于零时才存在导电沟道。图 1.5-8 是 Power MOSFET 管的内部结构图和符号,图(a)表示的是 N 沟道增强型 Power MOSFET 管的内部结构。

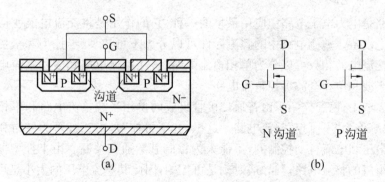

图 1.5-8 Power MOSFET 管的内部结构图和符号

Power MOSFET 具有以下优点：采用电压驱动,输入阻抗高,开关速度快,热稳定性好,所需驱动功率小且驱动电路简单。与其他器件相比,Power MOSFET 的输出功率不大,一般多用于 10kW 以下场合。

3) 绝缘栅双极晶体管

绝缘栅双极晶体管是一种集 GTR 和 Power MOSFET 两者优点于一体的复合型电力电子器件,它也有 3 个电极,分别是集电极 C、发射极 E 和栅极 G,如图 1.5-9 所示。图(a)是 IGBT 的内部结构,图(c)是其符号。IGBT 既有 MOS 器件的工作速度快、驱动电路简单的特点,又具备了 GTR 的电流大、通态电压低的优点。

IGBT 的驱动原理与 Power MOSFET 基本相同,属于**电场控制器件**,其通断由栅-射极电压 $U_{GE}$ 决定。当 $U_{GE}$ 大于开启电压 $U_{GE(th)}$ 时,MOSFET 内形成导电沟道,为晶体管提供基极电流,IGBT 导通。当栅-射极间施加反压或不加信号时,MOSFET 内的导电沟道消失,晶体管的基极电流被切断,IGBT 关断。

由于 IGBT 性能优良,它已全面取代了 GTR 而成为中小容量电力变流装置中的主要器件,并广泛用于交流变频调速、开关电源及其他设备中。随着 IGBT 单管容量的不断提高,它已开始应用到中大容量的电力变流装置中。

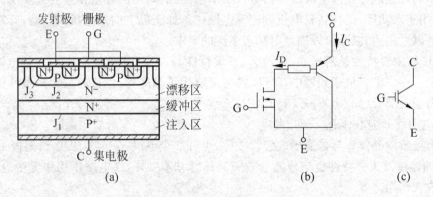

图 1.5-9　IGBT 的内部结构和符号

### 1.5.3　电力电子技术的基本应用

**1. 可控整流电路**

整流电路是电力电子电路中应用最早的一种,它的作用是将交流电能变换为直流电能供给直流用电设备。整流电路中的整流元件可以分为不可控型、半控型和全控型 3 种。整流电路按照交流电的相数可以分为单相整流电路、三相整流电路和多相整流电路。本节简要介绍单相半波和单相全波可控整流电路。

在 1.1.5 节中,已经介绍了由普通二极管组成的单相半波整流电路和单相全波整流电路,这些电路统称为"不可控"整流电路。这里的"不可控"是指二极管的导通和关断都是由二极管上的电压和电流自动控制的,不能人为控制其导通和关断。由半控型器件——晶闸管或可控硅组成的整流电路,其导通时刻是可控的,因此其整流电压的大小是可调的。

1) 单相半波可控整流电路

图 1.5-10 是单相半波可控整流电路及其波形图。其中变压器 T 起变换电压和隔离作用,其一次侧和二次侧电压瞬时值分别用 $u_1$ 和 $u_2$ 表示,有效值分别用 $U_1$ 和 $U_2$ 表示,其中 $U_2$ 的大小需要根据直流输出电压 $u_d$ 的平均值 $U_d$ 来确定。

变压器副边电压瞬时值可以表示为

$$u_2 = \sqrt{2}U_2\sin\omega t$$

按照晶闸管的导通条件，当管子的阳极电压高于阴极电压时，给控制极加上正向触发脉冲，如图 1.5-10(b)所示，在 $\omega t_1 = \alpha$ 时刻加上触发脉冲，晶闸管将导通，在 $(\alpha \sim \pi)$ 区间内，电源电压输出到负载电阻上。

当电源电压 $u_2$ 从正半周过零向负半周变化时，**晶闸管中的电流也下降到维持电流以下**，**晶闸管自行关断**，负载上没有电压输出。在电源电压的负半周 $(\pi \sim 2\pi)$ 区间内，晶闸管由于承受负电压而保持关断，电源上的电压全部加在晶闸管上，而负载电阻上的输出电压为零。至此，电路完成了一个工作周期，然后又周期性地重复上述过程。电源电压 $u_2$、触发脉冲 $u_g$、负载上的电压 $u_d$、晶闸管上的电压 $u_{VT}$ 的波形图如图 1.5-10(b)所示。

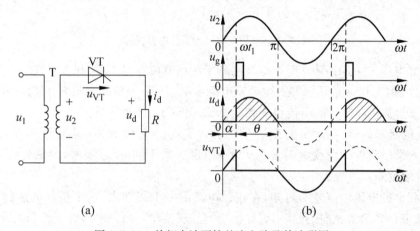

图 1.5-10　单相半波可控整流电路及其波形图

当改变触发时刻（即 $\alpha$ 角的大小）时，负载上的电压 $u_d$ 和电流 $i_d$ 波形也随之改变，但直流输出电压 $u_d$ 的极性不变，负载上得到的电压是一个瞬时值变化的脉动直流电。由于其波形只在 $u_2$ 的正半周内出现，故称为"**半波**"整流。又由于电路中采用了可控器件晶闸管，故该电路称为单相半波可控整流电路。

电路中的 $\alpha$ 角称为**触发角**或控制角，在该电路中，$\alpha$ 的大小在 $(0 \sim \pi)$ 内变化。整流元件在一个周期内导通的时间称为**导通角** $\theta$（导电角），该电路中的导通角 $\theta = \pi - \alpha$。改变触发脉冲出现的时刻，即改变控制角 $\alpha$ 的大小称为**移相**，控制角 $\alpha$ 能够变化的范围称为**移相范围**，本例的移相范围为 $0 \sim 180°$。通过改变 $\alpha$ 角的大小控制输出电压的控制方式称为"**移相控制**"，简称为"**相控**"。

单相半波整流电路的输出电压平均值 $U_d$ 为

$$U_d = \frac{1}{2\pi}\int_\alpha^\pi \sqrt{2}U_2\sin\omega t\,\mathrm{d}(\omega t) = \frac{\sqrt{2}U_2}{2\pi}(1+\cos\alpha) = 0.45U_2\frac{1+\cos\alpha}{2}$$

随着触发角 $\alpha$ 的增大，平均电压 $U_d$ 减小，当 $\alpha = 180°$ 时，$U_d = 0$，因此，$U_d$ 的大小可在 $0 \sim 0.45U_2$ 之间变化。

2）单相全波可控整流电路

与用二极管组成的单相不可控全波整流电路一样，采用晶闸管可以组成单相全波可控整流电路，电路及波形如图 1.5-11 所示。

图中，晶闸管 $VT_1$ 和 $VT_4$ 组成一对桥臂，$VT_2$ 和 $VT_3$ 组成另一对桥臂。每一对桥臂上的两个晶闸管的触发脉冲同相位，两组桥臂的触发脉冲相差 $180°$ 电角度。

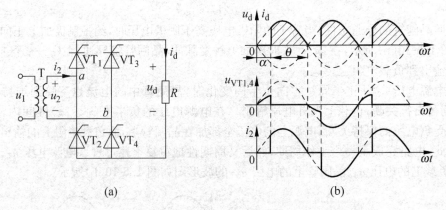

图 1.5-11　单相全波可控整流电路及波形图

在电源电压 $u_2$ 的正半周(即 $a$ 点电位高于 $b$ 点电位),给 $VT_1$ 和 $VT_4$ 在 $\omega t = \alpha$ 时刻加上触发脉冲,则 $VT_1$ 和 $VT_4$ 导通,电流从电源 $a$ 端 → $VT_1$ → 负载电阻 $R$ → $VT_4$ → 电源 $b$ 端。当 $u_2$ 过零时,流经晶闸管的电流也降到零,$VT_1$ 和 $VT_4$ 自动关断。

在 $u_2$ 的负半周,在 $\omega t = \alpha$ 时刻给 $VT_2$ 和 $VT_3$ 加上触发脉冲,则 $VT_2$ 和 $VT_3$ 导通,电流从电源 $b$ 端 → $VT_3$ → 负载电阻 $R$ → $VT_2$ → 电源 $a$ 端。到 $u_2$ 过零时,电流又降为零,$VT_2$ 和 $VT_3$ 自动关断。

从负载上的电压电流波形可知,在正弦电源的一个周期内,两个桥臂的晶闸管轮流导通,在负载上得到两个正向的脉波,因此称为"**全波**"整流。当每个桥臂上的晶闸管的触发角 $\alpha$ 在 $(0 \sim \pi)$ 内变化时,输出电压的平均值也在变化。其平均值的大小为

$$U_d = \frac{1}{\pi}\int_{\alpha}^{\pi}\sqrt{2}U_2\sin\omega t\,d(\omega t) = \frac{2\sqrt{2}U_2}{\pi}\cdot\frac{1+\cos\alpha}{2} = 0.9U_2\frac{1+\cos\alpha}{2}$$

触发角 $\alpha$ 越大,整流电压就越低,当触发角 $\alpha$ 在 $(0 \sim \pi)$ 内变化时,输出电压在 $(0.9U_2 \sim 0)$ 内变化。

单相整流电路的输出电压脉动大,平均值较低。当整流负载容量较大或要求直流电压脉动小、容易滤波时,应采用三相整流电路。

**2. 逆变电路**

将直流电变换为交流电称为**逆变**,又叫 DC/AC 变换。逆变器是电力电子技术领域中应用最广的一部分,如交流电机调速用的变频器、不间断电源(uninterrupted power supply, UPS)、飞机上的静变流器等。下面以最简单的单相桥式逆变电路为例,简要说明逆变电路的基本工作原理。

图 1.5-12(a)是单相桥式逆变电路原理图,$S_1 \sim S_4$ 是桥式电路的 4 个臂,由电力电子器件(如 GTR、MOSFET、IGBT 等)及辅助电路组成。当开关管 $S_1$、$S_4$ 闭合,$S_2$、$S_3$ 断开时,负载电压 $u_L$ 为正;当开关管 $S_1$、$S_4$ 断开,$S_2$、$S_3$ 闭合时,$u_L$ 为负,如图 1.5-12(b)所示,这样就把直流电 $U_d$ 变成了交流电。

改变两组开关管的切换频率,就可以改变输出交流电的频率。当输出端带阻性负载时,负载电流 $i_L$ 和电压 $u_L$ 的波形相同,相位也相同。当负载为阻感性负载时,负载电流 $i_L$ 相位滞后于 $u_L$ 一个角,两者波形也不相同。

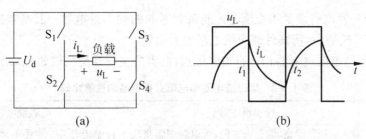

图 1.5-12 单相桥式逆变电路及输出波形

当然,实际的逆变电路并没有这么简单,首先,每个开关管必须设置保护电路,以防止管子击穿;其次,每个开关管要有驱动电路,以确保桥臂上的开关管可靠导通和截止;第三,在输出端需要设置滤波电路,这样才能在负载上得到正弦波。

### 3. 固态继电器

固态继电器(solid state relay,SSR)也称为固态开关,是用大功率半导体器件代替传统的电触点的无触点开关元器件,可以用小功率直流信号接通和断开大功率负载电路。与传统的电磁继电器(electro magnetic relay,EMR)相比,SSR 是一种没有机械部件、不含运动部件的继电器,具有与电磁继电器相同的功能,目前已广泛应用于各种弱电控制强电的电路中。

按负载电源的类型不同,固态继电器分为交流型和直流型两种,两者不能混用。图 1.5-13(a)是一种简单的直流固态继电器示意图,主要由光电隔离电路、控制电路和开关主电路组成,图中的负载 $R_L$ 和直流电源 $E$ 是被控电路。

当控制信号 $U_C$ 等于零时,光电耦合器截止,晶体管 $T_2$、$T_3$ 均截止,负载 $R_L$ 中没有电流。当控制信号 $U_C$ 为高电平时,光电耦合器导通,晶体管 $T_2$、$T_3$ 均导通,负载 $R_L$ 中有电流流过。控制信号 $U_C$ 一般为低压直流电,如 5VDC,负载的供电电源可为几十伏至上百伏的电压,取决于负载的需要和 SSR 的耐压值。对不同的供电电源,须选用不同型号的 SSR,以防损坏。

单相交流固态继电器和直流固态继电器都是一种四端有源器件,包括两个输入控制端和两个输出端,输入输出间常采用光电隔离方式。当输入端加上直流电压或脉冲信号后,输出端就能从断态转变为通态,使负载与电源接通。图 1.5-13(b)是交流固态继电器结构示意图,图中的 Z 为过零控制电路,控制双向可控硅在交流电源的过零点触发,以防止产生电磁干扰。

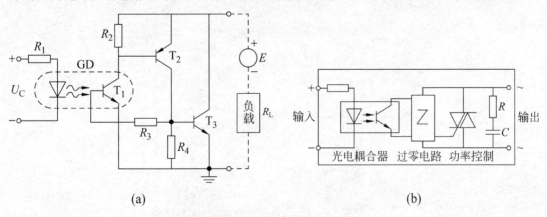

图 1.5-13 固态继电器结构示意图
(a) 直流固态继电器;(b) 交流固态继电器

目前，已经开发出直接采用交流电控制负载通断的固态继电器。其基本原理是将整流电路集成在 SSR 模块中，使其外部应用电路更为简化。

固态继电器与电磁继电器相比有很多优点，两者的主要性能比较如表 1.5-2 所示。

表 1.5-2　固态继电器和电磁式继电器的性能比较

| 性　　能 | 固态继电器 | 电磁继电器 |
| --- | --- | --- |
| 输入电压及功率 | 输入电压范围宽，驱动功率低，可以和逻辑集成电路兼容而不需要加缓冲器，驱动功率＜30mW | 控制电压窄，需要驱动电路，灵敏度差，驱动功率一般在几十到几百 mW |
| 寿命及可靠性 | 无机械运动部件，可以在冲击振动环境下工作，寿命长 | 对冲击、振动环境较敏感，物理触点只能经受有限次的开关 |
| 切换速度 | 切换速度快，为 ms 级或 $\mu s$ 级 | 速度一般，一般大于 10ms |
| 电磁干扰 | 绝大多数交流固态继电器输出是一个零电压开关，电磁干扰较小 | 因本身线圈以及触点控制，有较大的电磁干扰 |

但是，固态继电器也有一些缺点，主要有：①半导体器件关断后仍可有数微安至数毫安的漏电流，因此不能实现理想的"断开"；②交直流电路不能通用；③开关器件存在导通压降，会导致功率器件发热。负载电流小于 5A 的固态继电器，利用空气对流散热即可，但对于负载电流大于 5A 的场合，就需要安装散热片或者采取其他降温措施。

综上，固态继电器一般适用于以下场合：负载需要频繁切换、对电磁干扰敏感、需要快速开关切换、工作环境有易燃易爆及腐蚀性物质以及要求低功耗等的场合，如飞机负载管理、计算机外围接口装置、遥控系统等各种工业和国防等各领域。

# 第2章 印刷电路板

## 2.1 印刷电路板的基础知识

印刷电路板(printed circuit board,PCB)是安装电子元器件的载体,在电子设备中应用广泛。除了固定各种小零件外,PCB 的主要功能是为各种元器件提供相互之间的电气连接。随着电子设备越来越复杂,需要的元器件也越来越多,PCB 上的线路与元器件也越来越密集。印刷电路板设计和制作技术的发展使电子产品的设计、生产和装配走向标准化、规模化和自动化。可以这么说,没有印刷电路板就没有现代电子信息产业的发展。因此,了解印刷电路板的基础知识很有必要。本章仅简单介绍印刷电路板的基本知识。

**1. 印刷电路板的基本组成**

印刷电路板主要由基板、附在其上的铜箔(用于制作导线)、焊盘、元器件等组成。基板分为无机类基板和有机类基板两大类,常用的绝缘基板厚度为 1.5mm。铜箔经高温、高压敷在基板上,铜箔纯度大于 99.8%,厚度在 $18\sim105\mu m$。

印刷电路板在加工之前,铜箔已经覆盖在整个基板上,在 PCB 的加工制造过程中,铜箔一部分被蚀刻处理掉,留下来的部分就变成了网状的细小线路。PCB 的加工过程大多是通过印刷方式形成供蚀刻的轮廓,因此称其为"印刷电路板"。加工处理后留下的细小线路称为导线或布线,用于为 PCB 上的元器件提供电路连接,如图 2.1-1 所示。

**2. 印刷电路板的分类**

印刷电路板的分类方法有多种,按照层数分类最为常见,一般可以分为以下几类:

(1) 单面板:仅在一面上有印刷电路,设计较为简单,便于手工制作,适合布线密度较低的电路使用。

(2) 双面板:在印刷板正反两面都有导电图形,用金属化孔或者金属导线使两面的导电图形连接起来。与单面印刷板相比,双面印刷板的设计更加复杂,布线密度也更高。

(3) 多层板:由三层或三层以上的导电图形构成,导体图形之间由绝缘层隔开,相互绝缘的各导电图形之间通过金属化孔实现导电连接。

(4) 软性印刷电路板:也称为柔性印刷板或挠性印刷板,是采用软性基材制成的印刷电路板。其特点是体积小、质量轻,可以折叠、卷缩和弯曲,常用于连接不同平面间的电路或活动部件,可实现三维布线。

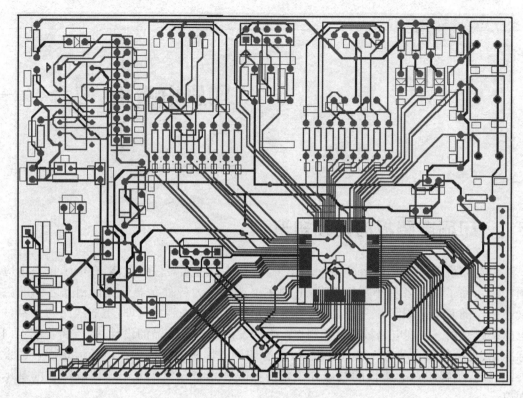

图 2.1-1 PCB 中的导线

一个典型的四层印刷电路板结构如图 2.1-2 所示。有顶层、中间层和底层。在焊接面除了有导线和焊盘,还有防焊层,防焊层留出焊点的位置,将印刷板导线覆盖住。

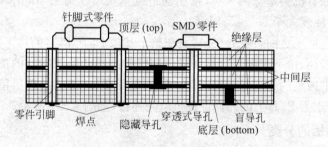

图 2.1-2 典型四层印刷电路板结构

一般 PCB 的颜色以绿色或棕色居多,绿色或棕色是防焊漆的颜色。对 PCB 来说,防焊层非常重要,它是绝缘的防护层,可以保护铜线,也可以防止元器件被焊到不正确的地方。

在防焊层上,还会印刷上一层丝印层,丝印层上通常会印上文字与符号,以标示出各元器件在 PCB 上的位置。

### 3. 元器件封装形式

电路板是用来装配元器件的,封装时要保证元器件的引脚和印刷电路板上布局的焊点一致,因此在印刷电路板设计时就必须知道零件的封装形式。

元器件的封装形式可以分为针脚式封装(THT)和表面贴装式(SMT)封装两大类。采用针脚式封装技术时,要先将引脚端插入焊盘的导通孔,然后再进行焊接,全部元器件安置在 PCB 的一面,而元器件的引脚焊接在另一面上。在这种封装方式中,元器件需要占用大量的空间,并且要为每只引脚钻一个洞,且焊点也比较大,但元器件与 PCB 的连接较紧固,能够耐受较高的压力。

采用表面安装技术封装的元器件焊接时,其引脚焊在与元器件同一侧,也可以在 PCB 的两面同时安装元器件,极大地提高了 PCB 面积的利用率。

### 4. 导线的宽度与间距

印刷电路板上的导线用于连接各个焊点,是 PCB 最重要的部分,印刷电路板设计都是围绕如何布置导线来进行的。

导线用于两个焊盘之间的连接,导线通常设计为直线或曲线。导线的宽度需要根据流过的电流大小决定,同时还需要考虑导线与绝缘基板间的粘附强度。对于数字集成电路,导线宽度通常选 0.2~0.3mm 就足够了。对于电源和地线,只要布线密度允许,应尽可能采用宽的布线。印刷导线的载流量可以按 $20A/mm^2$ 来计算,即当铜箔厚度为 0.05mm 时,宽度为 1mm 的印刷导线允许通过 1A 的电流。因此可以认为,导线宽度的毫米数即等于载荷电流的安培数。

印刷电路板上的导线宽度应按照表 2.1-1 所列数据设计。

表 2.1-1　PCB 上的导线宽度

| 导线宽度/mm | 1 | 1.5 | 2 | 2.5 | 3 | 3.5 | 4 |
|---|---|---|---|---|---|---|---|
| 导线面积/$mm^2$ | 0.05 | 0.075 | 0.1 | 0.125 | 0.15 | 0.175 | 0.2 |
| 导线电流/A | 1 | 1.5 | 2 | 2.5 | 3 | 3.5 | 4 |

导线的最小间距主要由线间绝缘电阻和击穿电压决定,导线越短,间距越大,绝缘电阻就越大。当导线间距为 1.5mm 时,其绝缘电阻超过 10MΩ,允许电压为 300V 以上;当导线间距为 1mm 时,允许电压为 200V。一般选用间距 1~1.5mm 就可以满足要求。印刷电路板上的导线间距应按照表 2.1-2 所列数据设计。

表 2.1-2　PCB 上导线的最小间隔

| 导线间距/mm | 0.5 | 1 | 1.5 | 2 | 3 |
|---|---|---|---|---|---|
| 工作电压/V | 100 | 200 | 300 | 500 | 700 |

### 5. 焊盘、引线孔和过孔(导孔)

1) 引线孔的直径

在印刷电路板上,元器件的引线孔钻在焊盘的中心,孔径大小应适中,一般采用 0.6mm、0.8mm、1.0mm 和 1.2mm 等尺寸。在同一块电路板上,孔径的尺寸规格应当小一些,并尽量避免异形孔,以降低加工成本。

2) 焊盘的外径

引线孔及其周围的铜箔称为焊盘。焊盘用来放置焊锡、连接导线和元器件引脚,所有元器件通过焊盘实现电气连接。为了确保焊盘与基板之间的牢固粘结,引线孔周围的焊盘应尽可能大,并符合焊接要求。

在单面板上,焊盘的外径一般应当比引线孔的直径大 1.3mm 以上,在高密度单面电路板上,焊盘的最小直径可以比引线孔的直径大 1mm。在双面电路板上,由于焊锡在金属化孔内也形成浸润,提高了焊接的可靠性,所以焊盘的外径可以比单面板的略小。

焊接点最小径距和元器件引线孔径须符合表 2.1-3。

表 2.1-3　圆形焊接点的最小径距和引线孔径的关系

| 引线孔径/mm | 0.5 | 0.6 | 0.8 | 1.0 | 1.2 | 1.6 | 2.0 |
| --- | --- | --- | --- | --- | --- | --- | --- |
| 焊接点最小径距/mm | 1.5 | 1.5 | 2 | 2.5 | 3.0 | 3.5 | 4.0 |

焊盘也有多种形状,有圆形、椭圆形等,图 2.1-3 为椭圆形焊盘。

3) 过孔(导孔,via)

过孔的作用是连接不同板层间的导线。过孔有 3 种,即从顶层贯通到底层的穿透式过孔、从顶层通到内层或从内层通到底层的盲导孔和内层间的隐藏导孔(见图 2.1-2),如图 2.1-4 所示。

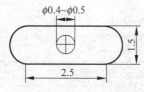

图 2.1-3　椭圆形焊盘

图 2.1-4　过孔结构示意图

### 6. PCB 的连接

如果要将两块 PCB 相互连接,即在物理上将两块 PCB 在电路上连接起来,则一般采用俗称为"金手指"(gold finger 或称 edge connector)的边接头。金手指上包含了许多裸露的铜排,这些铜排也是 PCB 布线的一部分,如图 2.1-5 所示。连接时可以将其中一片 PCB 上的金手指插进另一片 PCB 上合适的插槽上。在计算机中,显卡、声卡或其他类似的界面卡都是采用金手指来与主机板连接的。

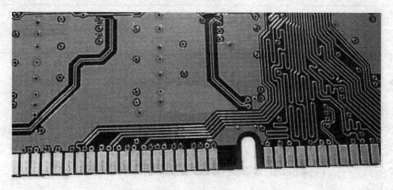

图 2.1-5　PCB 上的边接头(俗称"金手指")

## 2.2 印刷电路板的简易制作

印刷电路应该本着正确、可靠、合理和经济的原则进行设计。早期都是人工设计印刷电路板,目前大都采用计算机软件设计。根据电路图并通过计算机专用软件,可以设计出印刷电路,同时还可以设计出元器件安装图。目前流行的印刷电路设计软件有 TANGO、Protel、Auto Board、PCAD 等。本节仅介绍在实验室人工设计和制作 PCB 的方法和步骤,采用软件自动设计 PCB 的方法可参考相关专业书籍。

**1. 人工设计 PCB 的方法**

1) 线路观点法

根据原理图摆放电子元件的位置。因为在绘制电路原理图时,已经对如何减少元件的交叉及电路的布局给予了充分的考虑。

2) 中心观点法

以原理图中一个主要的元件为中心,例如晶体管、集成电路等,合理地安排其他辅助元件。图 2.2-1 就是采用上述两种方法设计的印刷电路。

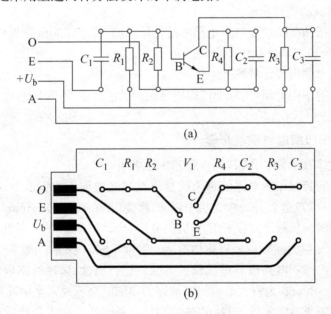

图 2.2-1 人工设计印刷电路
(a) 采用线路观点法设计的电路原理图;(b) 采用中心观点法设计的印刷电路图

3) 周边观点法

当该印刷电路板上的元件不多,并且它要固定于机座或正面板上时,就可以采用这种方法。采用周边观点法设计出的印刷电路板不但应具备正确、可靠、合理的原则,还应具备美观匀称的特点。

当然,上述 3 种方法不是彼此分离的,在实际设计时,常常混合使用。另外,在制作印刷电路板时,还应该特别注意以下几点:①设计或制作印刷电路板时,应该采用下面推荐的标准印刷电路图形,如图 2.2-2 所示;②必须考虑元件的密度和主要元件的散热问题,必要时应对原布局进行调整；③对于高频印刷电路的设计,应该遵循"一点接地"和抑制电磁干扰的原则。

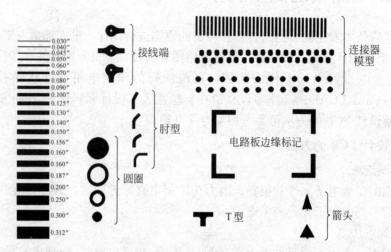

图 2.2-2　标准印刷电路图形

简单印刷电路板的设计步骤如下：

（1）根据电路图的复杂程度以及电路板的使用环境,确定印刷电路板的轮廓尺寸,例如选用标准尺寸 80mm×160mm 的基板；

（2）在坐标纸上画出设计草图；

（3）按照设计的印刷电路,用标准印刷电路图形粘贴在透明胶片上,以备制做印刷电路板用。

**2. 蚀刻法制作印刷电路板的步骤**

以下是在实验室简易制作 PCB 的步骤和注意事项：

（1）将设计好的带有印刷电路的透明胶片放在感光敷铜板的铜面上,注意印刷电路的正面朝上,将它们一同放进紫外线曝光机中曝光,曝光时间大约为 1.5min。

（2）曝光后的敷铜板放于线路板显影机中显影,当印刷电路在敷铜板上清晰地显现出来以后将其取出。显影时间根据氢氧化钠溶液的浓度不同而不同,一般 3～5min 即可。

（3）将显影后的印刷电路板放进线路板腐蚀机进行腐蚀,腐蚀时间取决于过硫酸钠溶液的浓度,一般 20～30min 为宜。最后将腐蚀好的印刷电路板放入水中冲洗以备使用。

**注意**：氢氧化钠溶液具有强碱性,过硫酸钠溶液具有强酸性。在工作中应避免溶液溅到皮肤和眼睛上。

（4）使用印刷电路板专用台钻对腐蚀好的印刷电路板进行钻孔,孔的大小可以根据安装元件端脚的直径确定,一般为 0.8mm、1mm 及 1.2mm 等。

在完成上述步骤后,就可以焊接元器件了。至此,一块简易的印刷电路板就制作完成了。

# 第3章 自动控制原理基础

## 3.1 自动控制系统概述

### 3.1.1 自动控制的基本概念

随着科学技术的发展,自动控制技术的应用越来越广泛。从比较简单的家用电器设备(如冰箱、空调等)到复杂的飞机自动控制系统,都采用了自动控制技术。在控制过程中,被控量可能是电压或电流等电参量,也可能是温度、速度、压力等非电量。

所谓自动控制,是指在没有人直接干预的情况下,利用物理装置使工作机械或生产过程自动地按照预定的规律运行,或使被控量(工作机械或过程的某个物理参数)按预定的要求变化。

自动控制系统一般包括控制器和被控对象两大部分。被控对象是指生产设备或工艺过程;控制器指对被控对象实施控制作用的装置。自动控制的任务就是使系统克服各种扰动的影响,使系统按所要求的规律运行。

下面以水位控制系统为例,介绍自动控制的基本概念。

**1. 人工控制与自动控制**

图 3.1-1 所示为水箱的水位控制系统,实现水位控制有两种方法:人工控制和自动控制。通过人工控制阀门的开度可以达到控制水位的目的。

这种人工调节的过程可以归纳为:

(1) 操作员将期望的液位值(即水位高度)记在大脑中;

(2) 操作员用眼读取实际液位值;

(3) 操作员将液位实际值与期望值(也称为给定值)进行比较,得出两者的偏差;

(4) 操作员根据偏差的大小和性质(正负性)调节进水阀门的开度,当实际水位高于要求值时,关小进水阀门开度,否则加大阀门开度以改变进水量,从而改变水箱水位,使之与要求值保持一致。

由此可见,人工控制的过程就是测量、求偏差、进行控制以纠正偏差的过程。也就是检测偏差,并以此为依据纠正偏差的过程。

这样一个简单的控制系统,若能找到一个控制器代替人的大脑,就可以变为一个能自动进行控制的系统了。图 3.1-2 所示的就是一个能自动控制水位的系统。图中阀门的开度由浮子、连杆和杠杆控制。当用户用水量突然增加导致水池液位下降时,用于测量液位高度的浮子将下降,浮子、连杆与杠杆机构测出液位期望值与实际值之间的偏差值,然后由杠杆机构带动进水阀,使阀门开度增大,通过增大进水量维持水位高度不变。

在图 3.1-2 所示的系统中,没有人的直接参与,而是利用自动控制装置使阀门的开度自动调整,以维持水箱水位按照预定的要求变化。这就是一个最简单的自动控制系统。

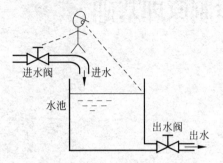 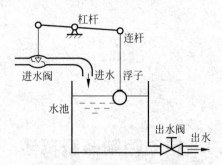

图 3.1-1 人工控制水箱水位　　　　　图 3.1-2 水位自动控制系统

图 3.1-2 所示的自动控制系统与图 3.1-1 所示人工控制系统的工作原理非常相似,自动控制装置与人的器官所对应的、能完成相应功能的元件有:

(1) 给定元件:连杆的长度决定期望的液位高度,因此连杆长度就可以代替人的大脑记下液位的期望值;

(2) 测量元件:浮子作为传感器,可以代替人的眼睛测取实际液位值;

(3) 比较元件:浮子和连杆的组合代替人的大脑计算出液位的偏差值;

(4) 调整元件:杠杆机构代替人的大脑对偏差的大小和性质做出判断;

(5) 执行元件:杠杆机构代替人手调节进水阀的开度,以调节进水量的大小,使实际液位值达到期望值(给定值)。

由此可见,一个自动控制系统一般应包括以下环节:给定元件、测量元件、比较元件、调整元件和执行元件,而上述液位自动控制系统就是由这些元件和被控对象(液位高度)组成的有机整体。

一个可消除误差的液位自动控制系统如图 3.1-3 所示。阀门的开度由电位器的电压控制,浮子为实际水位的测量装置,当实际水位低于要求水位时,电位器输出的电压值为正,且其大小反映了实际水位与给定值的差值。放大器将差值信号放大后驱动电动机带动减速器使阀门开度变化,直到实际水位重新与给定水位值相等时为止。可见,水位自动控制的目的是消除或减小偏差,使实际水位达到要求的值。

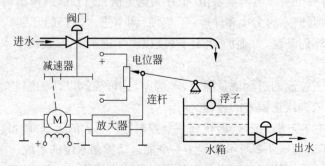

图 3.1-3 可消除误差的液位自动控制系统

实际的自动控制系统都很复杂,为了使控制系统容易理解,经常采用**方框图**的形式来表示控制系统的基本结构。上述的自动控制系统可以用图 3.1-4 所示的方框图表示。它由给定元件(电位器)、测量比较元件(浮子/连杆)、执行元件(电动机、减速器及阀门 $V_1$)、被控对象(水箱及液面高度)等组成,图中的 $Q_1$ 表示进水量,$Q_2$ 表示出水量,属于干扰信号。上述部件组成了一个闭合的环路。在闭环系统中,实际的液面高度与设定值进行比较,误差信号通过电动机去控制阀门的开度,对被控对象实施控制。

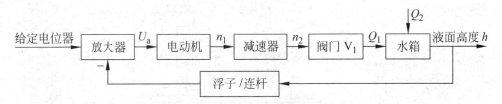

图 3.1-4 水位自动控制系统方框图

在控制系统方框图中,常用方框表示各个环节,用箭头代表信号的流动方向。从图中可看到反馈控制的基本原理,也可以看到各职能环节的作用是单向的,每个环节的输出受输入信号的控制。

**2. 自动控制系统的控制方式**

自动控制有两种基本的控制方式:**开环控制**与**闭环控制**。与这两种控制方式对应的系统分别称为开环控制系统和闭环控制系统。

1) 开环控制系统

开环控制系统是指被控量对控制过程无影响的系统,控制信号的传递方向只有顺向没有反向。也就是说,控制作用的传递路径不是完全闭合的,故称为开环控制系统。这种控制方式需要控制的是被控量(如水位),而系统可以调节的只是给定值,系统的信号由给定值至被控量单向传递。图 3.1-5 所示的直流电动机转速控制系统就是一个开环控制系统的例子。

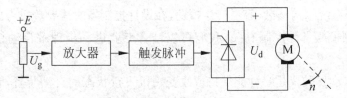

图 3.1-5 开环控制系统

在该系统中,电机的转速由设定电位计上的电压来控制。但当电机所带负载变化或电网电压波动时,电机的转速值 $n$ 必将发生变化,从而偏离原来设定的值。因此,开环系统的抗干扰能力差,控制精度较低,一般只用在要求不高的场合,如家用电风扇的转速控制、自动洗衣机、灯光照明系统及各种顺序控制系统等。

2) 闭环控制系统

为了解决抗干扰问题,必须采用闭环控制。在闭环系统中,将输出量**反馈**到系统的输入端,使输出量对控制作用产生直接影响,其原理框图如图 3.1-6 所示。从系统的信号流向看,系统的输出信号沿反馈通道又回到了系统的输入端,构成了闭合通道,故称为闭环控制或反馈控制。

在图 3.1-6 中,被控对象是电动机的转速,但因速度是非电量,它不能直接与给定的电压值进行比较,因此采用测速发电机将转速转换为电压信号 $U_f$,并反送回给定端,与给定电压值 $U_g$ 进行比较,只要两者不相等,就会产生偏差信号,控制器根据偏差信号控制电路的工作,最终使直流电动机的转速得到精确控制。

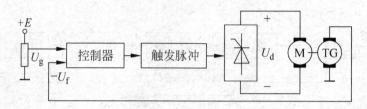

图 3.1-6　闭环控制系统原理图

上述的闭环系统可以用图 3.1-7 所示的方框图表示。它由控制对象(电动机)和控制器(放大器、触发器等)组成。反馈通道的反馈网络一般就是一个分压器。这些部件组成一个闭合的环路。在闭环系统中,输出信号(实际值)与设定值进行比较,误差信号通过控制器传送到控制对象的输入端。

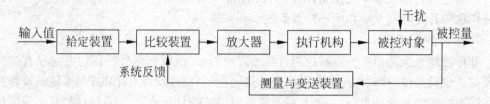

图 3.1-7　闭环控制系统方框图

闭环控制系统的优点是采用了反馈,因而使系统响应不受外界扰动的影响,具有精度高等优点;但闭环系统结构复杂,容易产生振荡,在设计控制器时需要着重考虑。

下面这个例子与飞行控制有关,我们可以结合专业进一步理解自动控制系统的基本概念。

飞机上的自动驾驶仪是一种能保持或改变飞机飞行状态的自动装置,它可以稳定飞行的姿态、高度和航迹,可以操纵飞机爬高、下滑和转弯。

如同飞行员操纵飞机一样,自动驾驶仪控制飞机飞行是通过控制飞机的 3 个操纵面——升降舵、方向舵和副翼的偏转,来改变舵面的空气动力特性,以形成围绕飞机质心的旋转转矩,从而改变飞机的飞行姿态和轨迹。现以比例式自动驾驶仪稳定飞机俯仰角为例,说明其控制原理。图 3.1-8 为自动驾驶仪稳定俯仰角的控制原理示意图。

图中的垂直陀螺仪作为测量元件,用以检测飞机的俯仰角,当飞机以给定俯仰角水平飞行时,陀螺仪电位器没有电压输出;如果飞机受到扰动,使俯仰角向下偏离期望值,陀螺仪电位器将输出与俯仰角偏差成正比的信号,经放大后驱动舵机,一方面推动升降舵面向上偏转,产生使飞机抬头的转矩,以减小俯仰角偏差;与此同时,带动反馈电位器滑臂,使其输出

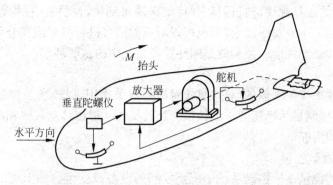

图 3.1-8　飞机自动驾驶仪原理示意图

与舵偏角成正比的电压,并反馈到输入端。随着俯仰角偏差的减小,陀螺仪电位器的输出信号越来越小,舵偏角也随之减小,直到俯仰角回到期望值,这时舵面也恢复到原来的状态。

图 3.1-9 是该系统的方框图。图中的飞机是控制对象,俯仰角 $\theta$ 是被控量,放大器、舵机、垂直陀螺仪、反馈电位器等都是控制装置,即自动驾驶仪。设定值是给定的常值俯仰角。控制系统的任务是在任何扰动(如气流冲击)作用下,始终保持飞机以给定的俯仰角飞行。

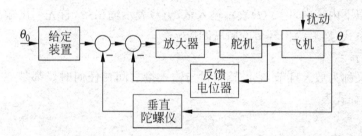

图 3.1-9　俯仰角控制系统方框图

### 3.1.2　自动控制系统的组成

**1. 自动控制系统的组成**

根据控制对象和使用元件的不同,自动控制系统有各种不同的形式,但大都可以用几个基本环节表示。下面以图 3.1-9 所示的飞机俯仰角控制系统为例来说明系统的组成和相关术语。

1) 给定机构

其功能是设定与被控量相对应的给定量,并要求给定量与反馈量在种类和量纲上保持一致。常见的给定装置有电位器、给定积分器及数字给定装置等。图示系统的给定装置是电位器。给定装置的精度直接影响着控制精度。

2) 检测及反馈环节

其功能是测量被控量,并将其转换为与给定量相同的物理量,再反馈到系统的输入端,与给定量进行比较。该环节的精度及特性直接影响控制系统的品质,是构成闭环控制系统的关键部件。在飞机自动驾驶仪中,检测及反馈元件是电位器和垂直陀螺仪。

3) 控制器

首先将反馈量与给定量进行比较,输出差值信号;再根据这个偏差信号的大小和变化趋势,按预先设计的运算规律进行运算,并将结果输出到执行机构。根据控制要求,控制器可以是一个简单的电压或功率放大器,也可以对偏差信号进行微分或积分等运算,其目的是改善系统的稳态和动态性能。控制器是闭环控制系统中的重要环节。

4) 执行机构

其功能是接收来自控制器的信号,直接对被控对象作用,以改变被控量的值,从而减小或消除偏差,使被控制量达到所要求的数值。执行机构一般由传动装置和调节机构等组成,本系统中执行机构为舵机。

5) 被控对象及被控量

被控对象及被控量是指控制系统中所要控制的设备或变量。如上面的系统中,飞机就是被控制的对象,各舵面的偏转角就是被控量。

**2. 典型环节及其特性**

自动控制系统是由一个一个的环节组成的总体。在生产实际中存在着许多工程控制系统,这些系统有机械的、液压的、气动的、电气的或几种类型混合的,尽管它们的构造或功能不同,但有些环节的**动态性能**相同,因此可以用同一类环节表示,这些环节称为典型环节。复杂的控制系统都是由一些典型环节组成的。以下是自动控制系统中常见的一些典型环节及其特性。在以下内容中,用 $x(t)$ 表示输入量,$y(t)$ 表示输出量,首先列出输出量和输入量之间的数学关系式,然后给出环节的**阶跃响应**。

1) 比例环节

比例环节又称为放大环节,它的输出量与输入量之间在任何时候都是一个固定的比例关系,其数学方程式为

$$y(t) = K_P x(t)$$

式中,$K_P$ 为比例系数。

比例环节是自动控制系统中使用最多的一个环节,如比例运算放大器、齿轮减速器、杠杆、分压器等都是比例环节。图 3.1-10 是比例环节的阶跃响应曲线,图中的 $x(t)$ 表示阶跃输入信号,$y(t)$ 是比例环节的输出信号。从曲线可以看出,当输入量发生突变时,输出量成比例地变化。

2) 惯性环节

惯性环节的特点是:**当输入量突变时,输出量不会突变,而是按指数规律逐渐变化**,即具有惯性,上升的快慢由时间常数 $T$ 决定。惯性环节的输入输出信号变化曲线如图 3.1-11 所示。由图可见,惯性环节都存在一定的延迟,这是由于这类环节中一般都有储能元件,当输入突然改变时,它们的物理状态不能突变,即输出量不能立即反映输入量的变化。

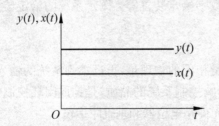

图 3.1-10 比例环节的阶跃响应

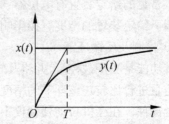

图 3.1-11 惯性环节的阶跃响应

在实际系统中,惯性环节经常用到,如储存磁场能的电感、储存电场能的电容、储存弹簧势能的弹簧、储存动能的机械负载等,都可以用惯性环节表示。

3) 积分环节

积分就是随时间积累的意思,在日常生活中属于积分过程的例子很多。

为了说明积分环节的概念,先看一个例子。图 3.1-12 是一个充液体的容器,其输入量是液体流量,输出量是液面高度,因此输入量随时间积累起来就是输出量,输出量和输入量之间的这种关系就叫积分关系,具有这种特性的环节统称为积分环节。

积分环节输出量和输入量之间的关系可以表示为

$$y(t) = \frac{1}{T}\int x(t)\mathrm{d}t \quad t \geqslant 0$$

式中,$T$ 为积分常数,其大小决定积分的快慢。$T$ 越大,积分越慢。

**当输入量发生阶跃变化时,输出量以一定的斜率线性上升**,如图 3.1-13 所示。

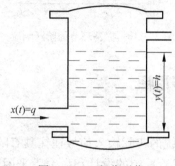

图 3.1-12 积分环节

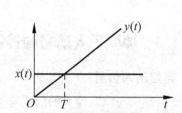

图 3.1-13 积分环节的阶跃响应

对积分环节来说,只要有输入信号存在,不管多大,输出总是上升的。这一特点可以用来改善控制系统的稳态性能。

积分环节也是自动控制系统中最常见的环节之一,凡是输出量对输入量具有储存和积累特点的元件一般都含有积分环节,例如机械运动系统中的位移与转速、转速与转角、阻容电路中的电压与电流等。

4) 微分环节

微分环节被广泛应用于自动控制系统中,用来改善系统的动态特性。微分环节的特点是:输出量与输入量的微分成正比,即输出量与输入量无关而与输入量的变化率成正比。

理想微分环节的输出 $y(t)$ 与输入 $x(t)$ 的关系为

$$y(t) = T\frac{\mathrm{d}x}{\mathrm{d}t}$$

若输入信号为阶跃函数,则其输出信号是一个脉冲函数,当 $t>0$ 时,输出即为零,如图 3.1-14 所示。可见,**微分环节只在输入信号发生跃变时起作用**,即只在系统的动态过程中起作用,当系统进入稳态运行时,微分环节就不再有输出。这一特性可用来改善系统的动态品质。

5) 振荡环节

这种类型的系统常含有两个不同形式的储能元件,若

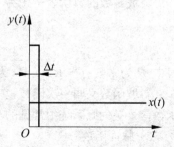

图 3.1-14 微分环节的阶跃响应

两种元件中的能量有相互交换,就可能在交换和储能过程中产生振荡。在机械元件中,储能元件一般指弹簧和惯性元件;在电子领域,储能元件有电容器和电感线圈。图 3.1-15 所示是由电阻 $R$、电感 $L$ 和电容 $C$ 组成的电路。当电路的参数满足 $R<2\sqrt{\dfrac{L}{C}}$ 时,电路的阶跃响应曲线是振荡的,如图 3.1-16 所示。电路的这种状态称为欠阻尼状态。在实际系统中,为了提高系统的快速性,常常将系统设计成欠阻尼状态。

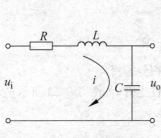

图 3.1-15　RLC 串联电路

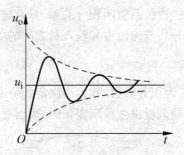

图 3.1-16　振荡环节的阶跃响应

### 3.1.3　典型输入信号和控制系统的性能指标

**1. 典型输入信号**

系统的响应与输入信号的形式有关。自动控制系统的实际输入信号往往具有随机性,无法事先知道,也不便用确定的数学表达式表示,这就给系统的设计和研究带来困难。为此,常把实际的输入信号用几种有代表性的函数来表示。系统的响应指的也是在这些典型输入信号下的响应。

常用的典型输入信号有以下几种。

1) 阶跃函数(见图 3.1-17)

阶跃函数的数学表达式为

$$x(t)=\begin{cases}0 & t<0 \\ R & t\geqslant 0\end{cases}$$

式中,$R$ 为常数。当 $R=1$ 时,为单位阶跃函数,记为 $\varepsilon(t)$。

突然改变参考输入值,或电动机突加载及突卸载,都可以用阶跃函数表示。

2) 斜坡函数(见图 3.1-18)

斜坡函数的数学表达式为

$$x(t)=\begin{cases}0 & t<0 \\ Rt & t\geqslant 0\end{cases}$$

式中,$R$ 为常数。当 $R=1$ 时,为单位斜坡函数。

斜坡函数又叫一次函数,它是阶跃函数对时间的积分,而它的导数就是阶跃函数。斜坡函数信号是伺服系统中常见的输入信号。

3) 脉冲函数

图 3.1-19 所示的矩形脉冲的数学表达式为

$$x(t) = \begin{cases} 0 & t<0 \\ \dfrac{R}{\varepsilon} & 0 \leqslant t \leqslant \varepsilon \\ 0 & t>\varepsilon \end{cases}$$

脉冲函数的面积等于 $R$。当 $R=1$，$\varepsilon \to 0$ 时，就得到单位脉冲函数即 $\delta$ 函数。

脉冲函数用于表示幅值特别大、持续时间非常短的信号。

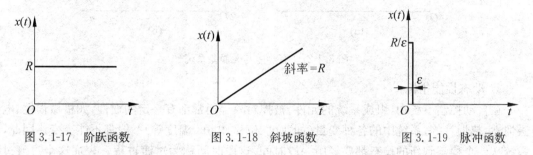

图 3.1-17　阶跃函数　　　图 3.1-18　斜坡函数　　　图 3.1-19　脉冲函数

### 2. 控制系统的性能指标

当自动控制系统的给定量改变或受到各种扰动时，被控制量就会偏离原来的值而产生偏差。通过系统的自动调节作用，并经过短暂的**过渡过程**，被控制量又恢复到原来的状态，或按照新的给定量稳定在新的值上，这时系统就从原来的平衡状态过渡到新的平衡状态。这一过渡过程又称为**动态过程**或**暂态过程**，新的平衡状态称为**稳态**或**静态**。自动控制系统的动态品质或稳态性能可以用相应的技术指标来衡量。

1) 系统的稳定性

当给定量发生变化或有扰动时，输出量将偏离原来的稳定值。这时若系统通过自动调节作用，其输出量跟随给定量变化，或又恢复到原来的稳定值，就说系统是稳定的，如图 3.1-20(a)所示；但若系统的输出量发散，处于不稳定状态，如图 3.1-20(b)所示，则系统将无法正常工作，这种系统就称为不稳定系统。可见，一个自动控制系统首先必须是稳定的，然后才能正常工作。

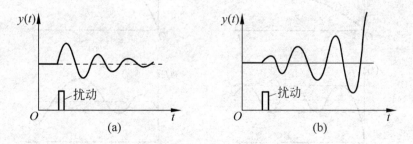

图 3.1-20　稳定与不稳定系统

2) 稳态性能指标

当系统从一个稳态过渡到一个新的稳态，或系统受到扰动作用又重新平衡后，系统可能会出现偏差，这种偏差称为**稳态误差**($e_{ss}$)。控制系统的稳态性能通常用稳态误差来表示，其大小反映了系统的稳态精度，也表明了系统控制的准确度。稳态误差越小，系统的稳态精度就越高。若稳态误差为零，则系统称为无静差系统，如图 3.1-21(a)所示；若稳态误差不为零,则系统称为有静差系统,如图 3.1-21(b)所示。

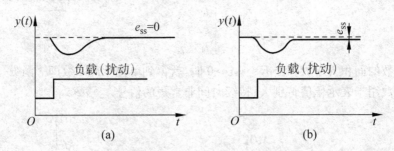

图 3.1-21　有静差与无静差系统

3) 动态性能指标

在自动控制系统中,组成系统的元件、被控对象等通常都有一定的惯性,如机械惯性、电磁惯性、热惯性等,系统中的各种变量(如速度、位移、电压、温度等)一般都不能突变。因此,系统从一个稳态到新的稳态都要经历一段时间,这段时间称为**过渡过程**。表征这个过渡过程的性能指标称为动态性能指标。对于一般的控制系统,在给定量变化时,输出量的动态变化过程有以下几种情况。

(1) 单调过程。输出量近似按指数规律变化,缓慢达到新的稳态值。这种系统的反应速度较慢,过渡过程较长,如图 3.1-22(a)所示。

(2) 衰减振荡过程。输出量变化较快,经过几次振荡后,达到新的稳态值,如图 3.1-22(b)所示。

(3) 等幅振荡过程。输出量持续振荡,始终达不到新的稳态,如图 3.1-22(c)所示。这种系统是不稳定的。

(4) 发散振荡过程。输出量发散振荡,且振荡越来越严重,如图 3.1-22(d)所示。这是一种严重的不稳定状态,应避免系统出现这种状况。

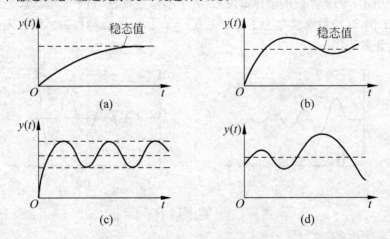

图 3.1-22　自动控制系统的动态过程

系统通过**校正**后,一般都可以得到图 3.1-22(b)所示的动态过程,这样才能兼顾快速性和稳定性的要求。下面以这种典型响应为例,说明描述系统动态品质的参数。系统的阶跃响应曲线如图 3.1-23 所示。图(a)是衰减振荡的响应曲线,图(b)是单调上升的响应曲线。

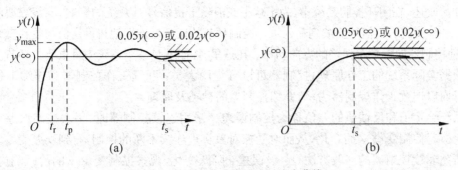

图 3.1-23 稳定系统的阶跃响应曲线

(1) 上升时间 $t_r$：指响应从零值第一次上升到稳态值所需的时间。对单调上升系统，一般指响应从稳态值的 10% 上升到稳态值的 90% 所需的时间。如图(a)中的 $t_r$ 或图(b)中的 $t_s$。

(2) 峰值时间 $t_p$：指输出响应超过稳态值到达第一个峰值 $y_{max}$ 所需的时间。

(3) 调节时间（或称过渡过程时间）$t_s$：指输出响应 $y(t)$ 与理想稳态值 $y(\infty)$ 之间的误差达到 ±5%（或 ±2%），且以后不再超出此范围的最短时间。

(4) 超调量 $\sigma_p$：指系统的最大响应值与稳态值之差的百分比。

$$\sigma_p = \frac{y_{max} - y(\infty)}{y(\infty)} \times 100\%$$

(5) 稳态误差 $e_{ss}$：当时间 $t$ 趋于 ∞ 时，系统响应的期望值与实际值之差。

(6) 振荡次数 $N$：指在调整时间 $t_s$ 内，输出量在稳态值上下波动的次数。该参数反映了系统的稳定性，振荡次数越少，说明系统越稳定。

在上述各项性能指标中，上升时间 $t_r$ 和峰值时间 $t_p$ 表征了系统的快速性；$t_s$ 表示了系统过渡过程的持续时间，从总体上反映了系统的快速性；超调量 $\sigma_p$ 和振荡次数 $N$ 反映了系统的稳定性；稳态误差反映系统的抗干扰能力和控制精度。通常用超调量 $\sigma_p$、调节时间 $t_s$ 和稳态误差 $e_{ss}$ 这 3 个指标来评价系统的动态品质和稳态精度。

一般希望系统具有快的响应速度、小的超调量和高的稳态精度。但系统固有的特性一般都不能满足上述要求，这就需要通过设计控制器来对系统进行校正，使系统的动、静态品质都满足要求。

## 3.1.4 控制器的类型和特点

控制器是自动控制系统中的关键部分。控制器通过对误差信号的放大或运算，输出一个控制量去控制执行机构的工作，使被控对象达到所期望的状态。控制器可以是简单的机械或电气装置，也可以是复杂的实时计算机系统。带有控制器的闭环系统结构框图如图 3.1-24 所示。

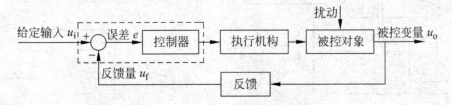

图 3.1-24 闭环控制系统结构框图

如前所述，在闭环控制系统中，为了减小或消除干扰信号对系统的影响，一般需要将输出量或与之有关的一个信号反馈到输入端。控制环节的任务是连续地将设定值与受控变量进行比较，使控制器向着减小误差的方向动作。在这里，控制器是整个系统中最重要的环节。

根据实际系统的工作原理，控制器可以分为两大类：断续工作控制器和连续工作控制器。下面以连续工作控制器为例，介绍控制器的种类及原理。

系统给定值和反馈值的差值称为**控制误差**。采用连续控制器时，每次控制误差 $e$ 的变化都会引起控制变量 $y$ 的变化，从而对受控对象实现连续不断的控制，直到误差为零。

研究连续控制器的一般方法是：设误差 $e$ 阶跃变化，观察控制变量 $y$ 的阶跃响应（$y$ 随时间 $t$ 的变化过程）。根据阶跃响应特性就可以区分出控制器的类型和特点。

**1. 比例控制器（P-控制器）**

下面首先用液面控制的例子来讨论 P-控制器的工作。

图 3.1-25 是一个由杠杆机构和浮子组成的 P-控制器，其功能是控制液面的高度。注水管向水箱中注水，排水管向外排水。注水阀门开启度的大小由杠杆和浮子控制。

浮子用于测量液面的实际高度（$x_i$），液面参考值（$w=x_s$）通过改变杠杆的支点位置设定。干扰量（$z$）是注水管和排水管中的水压。

在单位时间内，如果注水量大于排水量，则浮子向上浮起至 $x_i$。此时，杠杆在浮子的推动下向上运动，产生了误差信号 $e$。通过杠杆的作用产生了一个控制变量 $\Delta y$，由该控制量对阀门的开度进行成比例的控制。假设这个 P-控制器的调整范围 $y_n$ 与注水管直径相匹配，则注水阀门向下运动使进水量减小，从而动态地维持液面的高度。

**P-控制器的控制量与误差成比例**。也就是说，阀门的开启度 $\Delta y$（也就是控制器的控制量）与液面的误差 $e$ 的大小成正比。

理想 P-控制器的阶跃响应特性如图 3.1-26 所示。该特性表明，当误差信号 $e$ 在控制器的输入端发生阶跃变化时，输出端的控制变量 $y$ 将出现相同的变化。实际上，P-控制器往往不能将受控量保持在给定值上。例如在液面调节时，如果注水管内的压力上升，则注水量将增加，浮子上升，使阀门关闭，以限制注水量的增加。因此，当有注水量（干扰量）存在时，控制器只能在浮子的位置升高后，即出现一定量的误差积累时，才能阻止液面的继续上升。可见，**用 P-控制器控制受控量将产生稳态误差**。也就是说，P-控制器无法完全消除误差 $e$，只能减小误差，因此比例控制器的控制精度不高。

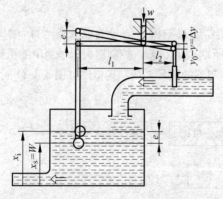

图 3.1-25　杠杆机构和浮子组成的 P-控制器

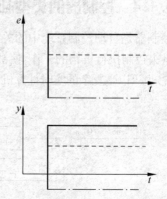

图 3.1-26　P-控制器的阶跃响应

在电子电路中,可以采用电子元器件组成 P-控制器。由运算放大器组成的比例放大器(或加法器)如图 3.1-27 所示。P-控制器的电路符号如图 3.1-28 所示。

在图 3.1-27 所示的比例放大器中,在 $R_2$ 端加入给定值 $U_s$,在 $R_1$ 端加入实际值 $U_f$。在实际电路中,实际值一般是与输出量成比例的负反馈信号,即反馈量 $U_f$ 和给定值 $U_s$ 的符号相反,因此放大器的输出信号 $U_o$ 与 $(U_s-U_f)$ 成比例,设 $R_1=R_2=R$,则比例放大器的输出输入关系为

$$U_o = -\frac{R_F}{R}(U_s - U_f) = K_P e$$

P-控制器的输入输出关系示意图如图 3.1-28 所示。通过调整运算放大器的电阻 $R_F$,就可以改变 P-控制器的比例系数 $K_P$。

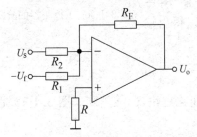

图 3.1-27 电子 P-控制器

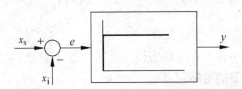

图 3.1-28 P-控制器电路符号

**2. 积分控制器(I-控制器)**

由于采用 P-控制器对液面控制时总是存在稳态误差,要想消除这一稳态误差,就必须采用积分控制器。在 I-控制器中,控制变量 $y$ 的变化速度取决于误差信号 $e$ 的大小。只要有误差信号存在,控制变量就会变化,受控变量就会受到控制。

下面仍然利用液面控制的例子来说明 I-控制器的作用,如图 3.1-29 所示。

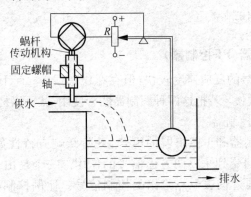

图 3.1-29 杠杆机构和浮子组成的 I-控制器

图 3.1-29 中的浮子机构不再直接控制注水阀门,而是控制一个电位计,利用电位计上的电压反映水面的变化。电位计上的电压控制着一个伺服电机,由电机带动注水阀门的开闭。当水面低于或高于设定的液面高度时,电机受到电位计电压的控制,将阀门开启量增大或减小,直到水面回到设定值即误差变为零,电位计上的电压回到初始值时,电机才停转。在这个例子中,电机转轴的转角就是控制量 $y$,其大小是液面误差 $e$ 的积分,即只要误差不为零,电机转轴的转角就增大,带动阀门向着误差减小的方向运动。

可见，**I-控制器的控制变量按误差信号的大小和正负以一定的斜率上升或下降。**

I-控制器的积分系数用 $K_I$ 表示，它是控制变量的变化速度与误差之比。该控制器的阶跃响应特性如图 3.1-30 所示。从图中可以看到，当误差信号阶跃变化时，控制变量线性上升或下降。与比例控制器不同的是，I-控制器的控制变量 $y$ 是在误差信号 $e$ 出现之后逐步建立的，因此其控制作用比较慢。

综上所述，**I-控制器可以消除稳态误差，但是其控制作用比较缓慢。**

与比例控制器类似，I-控制器也可以由电子器件构成，图 3.1-31 所示是用运算放大器组成的积分器。设电阻 $R_1 = R_2 = R$，则根据运算放大器"虚短"和"虚断"的知识可以得出输出量 $U_o$ 与输入量 $(U_s - U_f)$ 的函数关系为

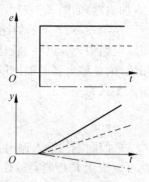

图 3.1-30　I-控制器的阶跃响应

$$U_o = -\frac{1}{RC_F}\int(U_s - U_f)\,\mathrm{d}t = -\frac{1}{\tau_i}\int e\,\mathrm{d}t$$

式中，$\tau_i = RC_F$ 称为积分时间常数，$\tau_i$ 越小，输出量 $y$ 的变化越快，曲线越陡。图 3.1-32 是积分器的电路符号。

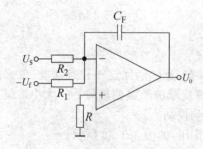

图 3.1-31　电子 I-控制器

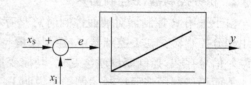

图 3.1-32　I-控制器的电路符号

### 3. 比例-积分控制器（PI-控制器）

P-控制器对误差信号的反应速度较快，但存在稳态误差；而 I-控制器可以消除稳态误差，但其反应速度比较缓慢，若把这两种控制器联合使用，就可以构成一个既快速又无稳态误差的控制器，称为 PI-控制器。

图 3.1-33 是 P-控制器和 I-控制器的组合，其阶跃响应特性如图 3.1-34 所示。当液面发生变化时，注水阀门受到来自两方面信号的作用。一个是由 P-控制器给出的控制信号，另一个是 I-控制器通过伺服电机给出的控制信号。比例控制器的输出信号使注水阀门快速运动，改变注水量；积分控制器实现对系统稳态误差的控制，从而使液面回到原位。

可见，PI-控制器的控制变量 $y$ 由两部分组成，一部分是 P-控制器，另一部分是 I-控制器，两部分特性的叠加产生了 PI-控制器的阶跃响应，如图 3.1-34 所示。图中的垂直部分是 P-控制器的阶跃响应，斜升部分是 I-控制器的阶跃响应。$T_n$ 是 PI-控制器的调整时间。当误差变化时，其阶跃响应特性的斜率将发生变化。

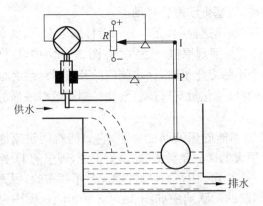

图 3.1-33　PI-控制器控制液面

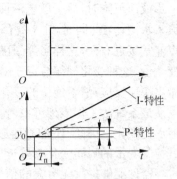

图 3.1-34　PI-控制器的阶跃响应

**PI-控制器既可以快速调整误差,又可以消除稳态误差。**

图 3.1-35 是由运算放大器组成的 PI-控制器。它是转速调整电路中最常用的控制器,可以同时满足快速性和无稳态误差的要求。图 3.1-36 是 PI-控制器的电路符号。

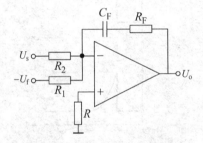

图 3.1-35　电子 PI-控制器

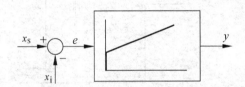

图 3.1-36　PI-控制器的电路符号

设图 3.1-35 所示的 PI-控制器中的电阻 $R_1=R_2=R$,利用理想运放的条件,可以推导出输出量 $U_o$ 与输入量 $(U_s-U_f)$ 的函数关系为

$$U_o = -\frac{R_F}{R}(U_s - U_f) - \frac{R_F}{R} \cdot \frac{1}{R_F C_F}\int (U_s - U_f)\,dt$$

令 $\frac{R_F}{R}=K_P, \tau_i=RC_F$,上式可以写为

$$U_o = -\left[K_P(U_s - U_f) + \frac{1}{\tau_i}\int (U_s - U_f)\,dt\right]$$

可见,PI-控制器的输出信号 $U_o$ 由两部分组成,第一部分与输入信号成比例,$K_P$ 称为比例放大倍数,第二部分与输入信号成积分关系,积分的快慢与时间常数 $\tau_i$ 有关。

**4. 微分控制器(D-控制器)**

当控制系统的实际值与参考值之间的差值很大时,如果使用调节过程迟缓的 I-控制器进行控制,将不利于系统的快速调节。为了克服这一缺点,可以在系统中引入微分控制器。它的控制过程几乎是一个脉冲响应,可以快速地将系统的误差纠正为零。

下面仍然利用液面控制的例子来说明 D-控制器的工作过程。

图 3.1-37 所示是由液压活塞、回力弹簧、浮子和杠杆等组成的液面控制系统。浮子感

受液面的变化,活塞可以做近似无摩擦的运动,活塞带动滑杆移动。

当液面下降时,浮子敏感液面的变化,活塞被迅速提起(无阻力),滑杆随之上升,供水立即流入水槽;与此同时,注水阀门又被回力弹簧拉回到原位。注意:在图 3.1-37 中,杠杆的支点非常接近右面,这样当浮子随液面有一个小的变化量时,注水阀门的开启量就会有很大的变化量,这种变化规律接近于对输入信号(液位变化量)进行微分,使控制系统对液面的变化做出快速反应,消除液位的变化量。

从该系统的工作原理可以看出,D-控制器不能确保液面的恒定,它只能瞬间快速地控制液面的变化。因此,**D-控制器必须有一个很大的微分系数 $K_D$**。也就是说,理想的 D-控制器其控制变量的瞬间变化率接近于无穷大。但在实际中,这种脉冲响应是不存在的,因为没有一种器件能够提供无穷大的信号。D-控制器的阶跃响应如图 3.1-38 所示。从图中可以看出,当误差信号发生阶跃变化时,控制变量立即产生一个脉冲响应,然后按指数规律衰减为零。这时就不再对系统有控制作用。因此,**D-控制器不能单独作为一个控制装置使用,它必须与 P-控制器或 PI-控制器联合使用**,以便产生持续的控制作用。

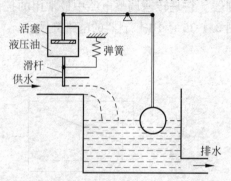

图 3.1-37 机械式 D-控制器对液面的控制

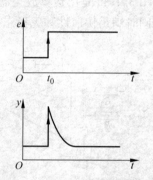

图 3.1-38 D-控制器阶跃响应

### 5. 比例-微分控制器(PD-控制器)

PD-控制器由 P-控制器和 D-控制器组成,其阶跃响应如图 3.1-39 所示。图中表示当控制器的输入量 $e$ 有一个阶跃变化量时,PD-控制器的输出量中包含了两个分量:一部分与误差 $e$ 成正比,一部分与误差的变化率 $\frac{\Delta e}{\Delta t}$ 成正比。这样当输入量发生变化时,PD-控制器的输出量立即响应,输出一个较大的控制量去消除误差。经过短暂的调整后,控制器的输出量仅与误差 $e$ 的大小有关($e$ 的变化率仅出现在 $t_0$ 时刻)。

PD-控制器也可以用一个运算放大器组成,如图 3.1-40 所示。PD-控制器的电路符号如图 3.1-41 所示。

与 PI-控制器类似,电子式 PD-控制器的输入输出关系也可以推导出来。设图 3.1-40 所示的 PD 调节器中的电阻 $R_1 = R_2 = R$,利用理想运放的条件,可以推导出输出量 $U_o$ 与输入量 $e = U_s - U_f$ 的函数关系为

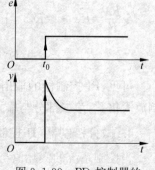

图 3.1-39 PD-控制器的阶跃响应

$$U_o = -\frac{R_F}{R}e - \frac{R_F}{R} \cdot RC_F \frac{de}{dt}$$

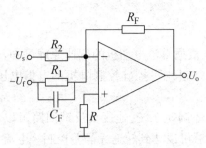

图 3.1-40 电子 PD-控制器

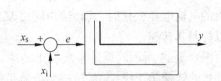

图 3.1-41 PD-控制器符号

令 $\dfrac{R_F}{R}=K_D,\tau_d=R_F C_F$,则上式可以写为

$$y=-\left(K_D e+\tau_d\dfrac{de}{dt}\right)$$

可见,PD-控制器的输出由两部分组成,第一项与误差 $e$ 成比例,第二项与误差的变化率成比例,式中的 $\tau_d$ 称为微分时间常数,$K_D$ 称为微分系数。

### 6. 比例-积分-微分控制器(PID-控制器)

PID-控制器由 P-控制器、I-控制器和 D-控制器组成。它的阶跃响应是 3 种控制器叠加的结果,如图 3.1-42 所示。阶跃响应表明,控制过程的开始时刻由 P-控制器和 D-控制器的叠加响应产生作用,既可以保证反应迅速,又可以使误差大大减小,然后在 P-控制器的作用下继续纠正系统误差,最后在 I-控制器的作用下,将误差修正到零。

可见,**PID-控制器的调整速度最快,而且没有稳态误差**。

PID-控制器的特性参数有 3 个,调整起来比较困难。运算放大器组成的电子 PID-控制器及其电路符号如图 3.1-43 所示。在该电路的输入端有一个 D 元件($C_D$),反馈支路有一个 I 元件($C_F$)。PID-控制器的品质由运算放大器的性能和电容器的品质决定,运算放大器的漂移越小越好。高级的 PID-控制器必须使用低漂移放大器。但 PID-控制器的元件多,电路复杂,难以调节,一般只用在要求精度高、速度快的特殊场合。

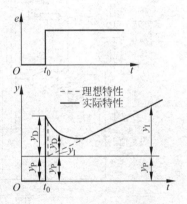

图 3.1-42 PID-控制器的阶跃响应

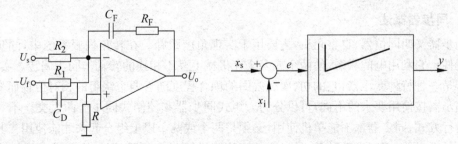

图 3.1-43 电子 PID-控制器及其电路符号

### 3.1.5 自动控制系统举例

图 3.1-44 是一个直流电动机的转速控制电路。根据直流电动机的调速原理可知,当电动机的电枢电压变化时,其转速也随之改变。因此,通过用可控硅控制电机的电枢电压,就可以控制其转速。

图 3.1-44 所示的调速系统属于转速、电流双闭环调速系统,速度负反馈回路可以确保电动机的转速等于设定值,转速调节器采用 PI-控制器可以达到转速无静差控制。电流负反馈是为了在电动机起动阶段实现恒流起动,以达到最大的起动速度。当电动机起动完毕后,电枢电流由负载的大小决定。为了达到这一目的,电流调节器也采用 PI-调节器。

在图 3.1-44 所示的系统中,转速设定值由电位计给出,该值与测速发电机输出的转速负反馈信号进行比较,得到的转速误差信号经过第一个 PI-控制器调节后,加到第二个 PI-控制器的输入端,并与电流互感器输出的电流负反馈信号进行比较,进行比例积分运算后输出控制信号 $y$。控制信号 $y$ 通过触发器产生移相脉冲信号,以控制可控硅的导通角,从而控制直流电动机的电枢电压,使电动机的实际转速始终等于给定值。

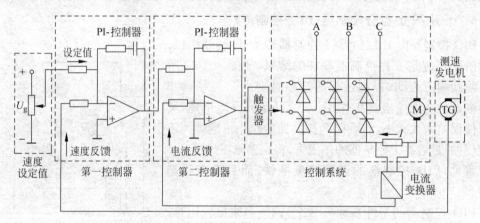

图 3.1-44 具有 PI-控制器的速度控制系统

## 3.2 同步器和伺服机构

### 3.2.1 同步器

**1. 同步器概述**

同步器又叫同位器、自整角机,主要用于实现角度跟踪。在转角伺服系统中,同步器是主要元件。它利用电的联系,使两个或多个在机械上互不相连的转轴作同步偏转。实际上,同步器是一种特种变压器,它的初、次级线圈的耦合程度随着两个绕组的相对位置而变化。

同步器按使用要求的不同,可以分为力矩式同步器和控制式同步器两大类。不管是哪一种运行方式,同步器都不能单机使用,必须是两个或两个以上组合起来才能使用。其中必有一个是**发送器**,用于发送转角,另一个是**接收器**或**控制变压器**,用于接收转角或输出与转角相关的电信号。

力矩式同步器的功用是直接传送转角,即可以将机械角度变换为力矩输出,但没有力矩放大作用,且接收误差较大,负载能力较差,其静态误差范围为 0.5°~2°。因此,力矩式同步器只适合用于驱动小功率负载和精度要求不高的开环伺服系统中。

控制式同步器的功用是用作角度和位置的检测元件,它可以将机械角度转换为电信号输出,精度较高,误差范围只有 3′~14′。因此,控制式同步器用于精密闭环伺服系统中。

图 3.2-1 是控制式同步器在雷达俯仰角自动显示系统中的应用。

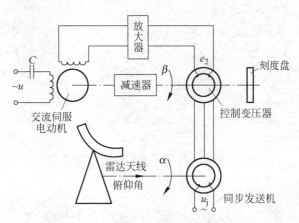

图 3.2-1 雷达俯仰角自动显示系统原理图

图中的同步发送器和控制变压器的定子三相绕组对应连接,发送器的转子接单相交流电压,控制变压器的转子输出端接放大器,通过两个圆心的点画线表示转轴。

同步发送器的转轴直接与雷达天线的俯仰角耦合,雷达天线的俯仰角 $\alpha$ 就是发送器轴的转角,控制变压器的转轴与交流伺服电动机(见 3.3.2 节内容)及作为负载的刻度盘相连,所以其转角就是刻度盘的读数,用 $\beta$ 表示。

当同步发送器转子绕组加交流励磁电压 $u_j$ 时,控制变压器的转子绕组上输出一个与转角相关的交变电动势 $e_2$。$e_2$ 经放大器放大后送至交流伺服电动机的控制绕组,使电动机跟随发送器的转子旋转过相同的角度。这样,刻度盘显示的数值就是转轴转过的角度。

可见,**同步器可以实现角度的远距离传送和指示**。

从外观上看,同步器就像一个小马达,它由定子和转子两部分组成。在线路图中,常常使用字母 S 和 R 表示定子和转子。同步器用图 3.2-2 所示的符号表示。在仅关注同步器的外部连接时,可以使用图中的(a)和(b)表示。当需要分析转子和定子的内部连接时,一般用图中的(c)、(d)、(e)表示。转子上的小箭头表示**转子绕组轴线与定子参考轴的相位差**,图中显示这一相位差为 0°,这一位置称为**电气零位**。

**2. 同步器的基本结构**

同步器的结构和一般的旋转电机相似,主要由定子和转子两大部分组成。定子铁心的内圆和转子铁心的外圆之间存在有很小的气隙。定子铁心是由冲有若干槽数的薄硅钢片叠压而成,图 3.2-3(a)是典型的定子组装图,图 3.2-3(b)是定子叠片的形状。在定子铁心的槽内安放有 3 个以星形联接的三相对称绕组。但需要注意的是,同步器的"三相"定子绕组在结构上虽然与三相交流电机的三相定子绕组相同,但三相绕组中并不流过三相交流电,因此不会产生旋转磁场。这里的"三相"二字仅是为了叙述方便而使用的。

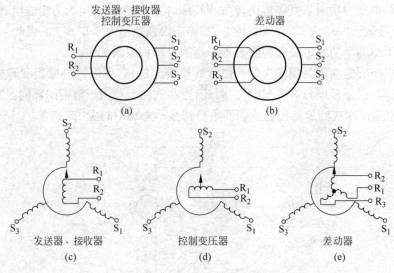

图 3.2-2 同步器的电路符号

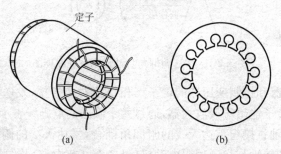

图 3.2-3 同步器定子结构图

同步器的转子主要由转子铁心、转子绕组、滑环和转轴等组成。转子铁心也是叠片结构，根据叠片的形状，其转子可以分为两种类型：凸极式转子和隐极转子。无论是哪一种结构，转子都做成一对极的，因此转子的电角度就等于机械角度。

凸极式转子又称为"哑铃"或"H"型转子，铁芯叠片的形状如图 3.2-4 所示。转子励磁绕组的轴线恰好与凸极轴重合，当绕组中通入单相交流电时，转子铁心就变成了一块交流电磁铁，产生极性变化的交变磁场。

隐极转子的铁芯叠片形状如图 3.2-5 所示。隐极转子常用在同步控制变压器和差动变压器中，这种转子上的绕组采用单相或三相分布绕组。

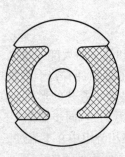

图 3.2-4 凸极转子

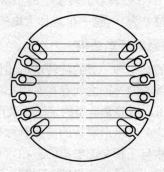

图 3.2-5 隐极转子

在同步发送器和接收器中,转子绕组是励磁绕组,绕组的接线端与安装在轴上的滑环相连接,电刷压在滑环上,外接励磁电压通过电刷引入到转子励磁绕组中。当转轴旋转时,电刷与滑环滑动接触。由于轴承的摩擦力很小,所以转轴的旋转很灵活。

在力矩式同步器中,定子绕组是次级绕组,在正常情况下,定子不直接与交流电源联接,它由转子上产生的交变磁场激励。

**3. 力矩式同步器的工作原理**

力矩式同步器的转子上可以产生转矩,使接收机的转子随发送器转子的空间位置而转动。若接收机转子上带动的是指示器的指针,则可以直接指示出发送机的转角,因此又称为指示型同步器。

1) 同步发送器(TX)

力矩式同步发送器采用凸极转子。当单相正弦交流励磁电压加到转子绕组上时,转子绕组中产生**脉振磁场**。磁力线或磁通的幅度和方向随正弦交流电的变化而变化。通过电磁感应原理,在定子线圈上感应出电压。**定子线圈中产生的感应电压的大小取决于定子线圈轴与转子线圈轴之间的相对角度**。当转子处于某一位置时,定子三相绕组中的感应电压在时间上与转子励磁电压同相位,而感应电压的大小则与转子绕组在空间的位置有关。

如果已知定子每相绕组的最大有效电压值,则当转子在任意角度上时,定子绕组的感应电压有效值就可以确定。图 3.2-6 画出了发送器在转子转到不同位置时,定子线圈中感应出的电压有效值。

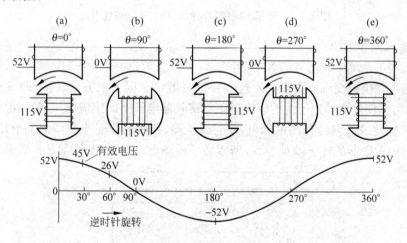

图 3.2-6 转子旋转时的定子电压有效值

设飞机上的同步器其定、转子之间的匝数比一定,则当转子励磁绕组中加入 115V/400Hz 的单相交流电压时,定子上产生的感应电压的最大值为 52V。当转子轴对准定子线圈轴时,初级线圈与次级线圈的磁耦合最大,转子的这一位置设定为电气零位,这时的转子转角为 0°。当转子偏离这一位置时,两个线圈之间的磁耦合将发生变化。若转子周期性地旋转,则定子上的感应电压的幅值将周期性地变化。从图 3.2-6 中可以看出:定子次级绕组上产生的感应电压的有效值 $U_S$ 与转子初级电压有效值 $U_R$、次级与初级绕组的匝数比 $k$ 和**两个线圈轴线之间的夹角 $\theta$** 之间存在下列关系:

$$U_S = kU_R\cos\theta$$

由于 $U_R$ 和 $k$ 是常数，所以 $U_S$ 随 $\cos\theta$ 的变化而变化。

2) 定子线电压

因为同步器的定子三相绕组接成 Y 形电路，没有中线，因此相电压不容易测量，可以通过测量定子三相绕组的线电压计算出相电压。假如已知线电压的最大值，则其有效值就可以确定。图 3.2-7 画出了三相定子绕组各线电压随转子旋转而变化的情况。当线电压与转子绕组 $R_1$-$R_2$ 上的电压同相位时，其数值在零线的上方；当两者反相位时，其数值为负。例如，转子从零位偏转到 50°时，$S_3$-$S_1$ 上的电压大约为 70V，并与 $R_1$-$R_2$ 同相位。而 $S_1$-$S_2$ 上的电压大约为 85V，与 $R_1$-$R_2$ 的电压相位差大约为 180°。图 3.2-7 画出了定子电压有效值的幅度、方向及相位与转子位置之间的关系。

同步接收器与其尺寸相同的发送器在电气上是完全相同的。一些 400Hz 的标准同步器既可以用作发送器也可以用作接收器。

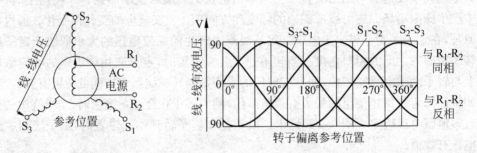

图 3.2-7　转子不同位置时的三相定子绕组线电压

3) 力矩式同步系统

力矩式同步系统由发送器 (TX) 与接收器 (TR) 组成，如图 3.2-8 所示。发送器与接收器的转子绕组并接到交流电源上。发送器和接收器定子以下列方式联接，即 $S_1$-$S_1$，$S_2$-$S_2$，$S_3$-$S_3$，这样可以使发送器定子上的感应电压与接收器定子上的感应电压极性相反。定转子电压的瞬时极性或方向已在图中标出，此时发送器、接收器定子上感应出的电压反极性串联。由于图中发送器的转子轴对准 $S_2$，所以转子磁场也对准 $S_2$，如图 3.2-8 所示。

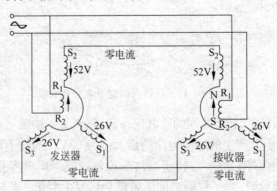

图 3.2-8　转子位置协调时的磁场

当两个转子的空间位置差为 0°时，转子的位置也就决定了定子三相绕组上的感应电动势大小。这时定子、转子处于协调状态，在三对定子绕组上产生的感应电势大小相等，方向相反，因此在定子线路中没有电流流动。因此，**当定子与转子位置相协调时，定子线圈中没**

**有电流流动**。

发送器转子的机械旋转角度称为信号。当发送器和接收器的转子位置不协调时,在发送器和接收器的每相定子绕组中产生的感应电势就不能相互抵消,在定子绕组中就会产生电流。该电流和接收器的转子励磁磁通相互作用,在转子上产生转矩(称为**整步转矩**),转子在该转矩的作用下,也跟随发送器的转子转过同样的角度。当接收器和发送器再一次对正后,其转子上的转矩变为零。其原理如图3.2-9(a)、(b)所示。

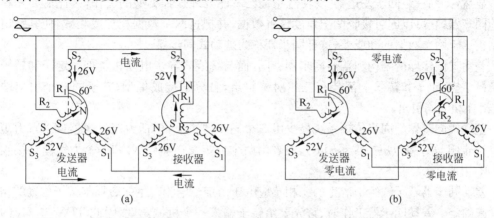

图 3.2-9 转子位置从不协调到协调的过程
(a) 系统处于不协调状态；(b) 系统再次进入协调状态

在接收器接近于协调位置时,发送器上的定子电压与接收器的定子电压接近相等。这一作用使定子电流减小,接收器上的转矩随着协调位置的到达而减小。在协调状态,接收器转子上的转矩很小,因此,接收器仅用于对非常轻的负载进行定位。图3.2-10是力矩式同步器在液位指示器中的应用示意图。图中浮子随着液面而升降,通过滑轮和平衡锤使发送器转动。因为接收器是随动的,所以它带动的指针能反映出发送器所转过的角度,从而实现了液位的传递。

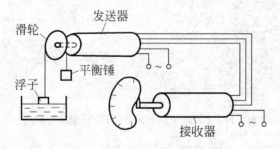

图 3.2-10 液位指示器示意图

力矩式同步传输系统用于负载转矩比较小的场合。当负载需要较大转矩驱动时,就需要采用某种方法放大这一较小的转矩。随动系统一般采用交流伺服电动机驱动大负载。

在许多同步系统中,一个发送器可以驱动几个并联在一起的接收器。这种联接方式要求发送器能为所有的接收器提供足够大的负载电流,且所有转子绕组的两端都要并联到单相交流电源的两端。接收器定子各端与对应的发送器定子各端联接在一起。

机载同步器通常使用400Hz的交流电源,这样可以使设备的质量轻,体积小。

### 4. 差动同步器

同步系统并不总是用于简单地显示从接收器接收到的角度信息。例如，在进行点火控制设备的误差探测时，需要使用同步系统确定点火咀与监视瞄准器之间的位置误差。为了完成这一任务，同步系统必须同时接收两个信号，一个是瞄准器信号，另一个是点火咀的实际位置信号。然后系统比较这两个信号，并在显示器上显示出这两个信号之间的位置差。

显然，采用一组同步发送器-接收器系统已不能处理这种类型的工作，因此需要一种新型的同步器，它可以同时接收两个角度位置数据，并把这两个数据相加或相减，使其输出的数据正比于两个数据的和或差，这种同步器称为**差动式同步器**。

差动式同步器的结构和普通同步器不同，而与绕线式异步电动机类似。定子和转子均为隐极结构，定子和转子上都装有三相对称绕组，且分别接成星型，转子的3个引出端由3个滑环和电刷引出。

差动式同步器的同步传输系统最少由3个同步器组成，包括力矩发送器（TX）、力矩差动发送器（TDX）和力矩接收器（TR），或者由两个力矩发送器（TX）和一个力矩差动接收器（TDR）组成。

差动同步器转子绕组中产生的三相感应电压由定子电流产生的磁场与转子位置的相互关系来确定。差动同步器工作时，首先要给转子输入一个机械角度，因此 TDX 与 TX 的转子轴线之间存在一定的角度差。当 TDX 的转子位置发生变化时，TDX 转子绕组上产生的感应电压将发生变化，这一电压反映了差动同步器转子与定子磁场之间的关系。

1) TX-TDX-TR 同步系统

图 3.2-11 所示是力矩发送器 TX 的定子端与力矩差动发送器 TDX 的定子端接线图。定子三相绕组产生的合成磁动势由图中的空心箭头表示，转子上产生的磁动势与其相反，由图中的实心箭头表示。

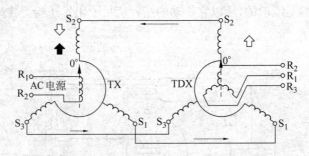

图 3.2-11　TX 转子在 0°时 TDX 定子磁动势的方向

在两个单元中，三相定子绕组的对应端相互串联。如 TX 的 $S_2$ 与 TDX 的 $S_2$ 相串联，这时，定子电流在 TDX 定子绕组中所产生的磁动势与 TX 定子绕组中的磁动势强度相同，方向相反。因此，**TDX 定子磁动势的方向与 TX 定子磁动势的方向相反，与 TX 转子磁动势的方向相同**。

TDX 的三相转子绕组在空间上相差 120°，其接法与 TX 定子线圈相同。TDX 定子绕组产生的磁动势与 TX 转子磁动势完全一致（忽略电路损耗的条件下）。

需要注意的是：TDX 定子磁场的位置反映的是 TX 转子的位置，而不是 TX 定子的位置。假设 TX 转子逆时针旋转 $\theta_1 = 75°$，那么 TDX 定子磁场相对于 $S_2$ 的角度也是 75°。在

以 $R_2$ 轴线作为参考的条件下,如果 TDX 的转子逆时针转过 $\theta_2=30°$,那么此时的 TDX 定子磁场仅以 $\theta_1-\theta_2=45°$ 角切割转子,如图 3.2-12 所示。因此,TDX 转子的输出电压反映的是 $45°$,即 TDX 转子上的电压与两个转轴的角度之差$(\theta_1-\theta_2)$有关。

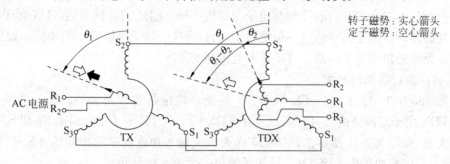

图 3.2-12 通过旋转 TX 转子产生的 TDX 定子旋转磁场

2) 差动发送器 TDX 如何相减

在力矩式差动发送器 TDX 中,可以将两个输入的磁动势进行相减或相加,这两个磁动势代表的是 TX 和 TDX 的转子角度位置信息。图 3.2-13 画出的是一个相减系统。图中画出的是:一个 $75°$ 的机械输入角加到 TX 的转子上,并且被转换成电信号,这一电信号由 TX 发送到 TDX 的定子绕组中。TDX 从这一角度中减去其转子的机械输入角 $30°$,因此转子的角度位置差为 $45°$,并将这一结果送到 TR,作为该力矩系统的机械输出。

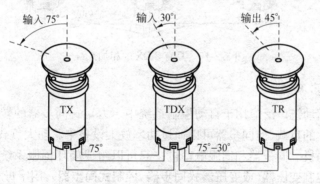

图 3.2-13 具有 TDX 的相减系统

为了理解上述系统的工作原理,下面首先考虑 TX 和 TDX 的转子在 $0°$ 时的工作情况,如图 3.2-14 所示。

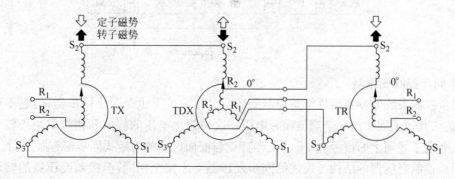

图 3.2-14 所有转子在 $0°$ 时 TX-TDX-TR 的磁动势方向

在同步接收器中，通过将转子转到与发送器相对应的位置上可以看出转矩是如何形成的。TDX 转子上的电压取决于定子磁场相对于转子绕组的位置。这与 TR 上的转子电压取决于 TR 转子绕组相对于其定子磁场的位置一样。在 TDX 中，定子磁场轴线总是反映 TX 转子的位置，就像 TX 的转子轴与定子相对应一样。因此，TR 转子随 TDX 转子电压反映的角度而转动。由于图中的这一角度为 0°，所以 TR 的转子也转到 0°的位置。如果 TDX 转子电压反映的角度是 45°，那么 TR 转子也转过 45°。

3) 差动发送器如何相加

在实际应用中，建立一个 TX-TDX-TR 相加系统也是常常需要的。这一系统通过在 TX 和 TDX 定子之间调换 $S_1$ 和 $S_3$，以及在 TDX 转子和 TR 定子之间调换 $R_1$ 和 $S_3$ 的接线位置来实现，如图 3.2-15 所示。75°和 30°作为机械输入角度提供给相应的 TX 和 TDX 转子，这两个角度相加后传送给 TR，TR 转子输出一个 105°的转角。

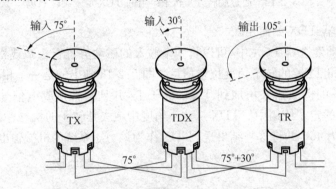

图 3.2-15　具有 TDX 的相加系统

**5. 控制式同步系统**

同步器作为随动链广泛应用于自动控制系统中。力矩式同步器的转矩较小，无法驱动像雷达天线这样大的负载，但同步器可以通过功率放大设备来驱动大负载。在这一应用中，必须使用伺服电动机。同步器和伺服电动机一起可以组成闭环伺服系统，这种特殊类型的同步器称为**同步控制变压器**(或**变压器式同步器**、**控制式同步器**)，用字母 CT 表示。在飞机上，控制变压器应用在与大气数据计算机相连的电动高度表和空速指示器中。由控制变压器组成的伺服系统框图如图 3.2-16 所示。

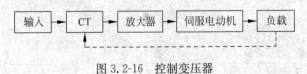

图 3.2-16　控制变压器

1) 同步控制变压器

同步控制系统的特殊组件就是控制变压器(CT)。CT 也是一个同步器，但它不产生转矩，而是从其转子端输出一个交流误差电压。这一输出电压的幅值和相位取决于转子的位置和三个定子线圈上的信号。CT 的工作特点与前面讨论的力矩式同步器有所不同。

同步控制变压器的结构与前述的同步发送器 TX 完全相同，但**控制变压器的转子绕组不与交流电源联接**，所以在定子线圈中没有感应电压产生。CT 的定子电流仅由同步发送器 TX 的定子感应电压决定。转子线圈的作用是产生感应电动势,该**电动势的大小与转子的位置或发送器与变压器转子之间的角度之差**有关。当转子产生的感应电动势加到阻抗较大的负载上时,转子绕组中也没有明显的电流流动。所以,**当不接伺服电动机时,同步控制变压器的转子不转动,而是输出一个误差电压**。

TX-CT 系统接线图如图 3.2-17 所示。在这里,TX 与 CT 一起工作,两个转子轴位置都为零。CT 定子电压与发送器的 $R_1$-$R_2$ 电压之间的相位差用小箭头表示。CT 三相定子绕组的合成磁场在图中用空心箭头画出。当 CT 转子在**电气零位**时,转子与 $S_2$ 绕组的耦合最小。这时转子绕组上的输出电势 $E_2$ 等于零,这一位置称为**协调位置**,这时发送器和接收器的转子互相垂直。这时转子线圈上无感应电压产生,因此 CT 转子绕组两端的输出电压为零。

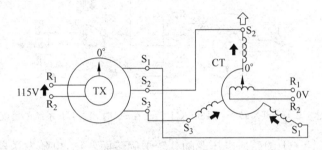

图 3.2-17 在 TX-CT 系统中,转子协调时的情况

2) CT 中的转子输出电压与定子磁场的关系

当电流流过 CT 的三相定子绕组时,在三相绕组中将产生合成磁场。来自同步发送器或差动发送器的信号可以使这一合成磁场旋转。这与前面所讨论的 TDX 的磁场合成原理是相同的。当 CT 定子磁场与转子线圈轴成直角时,转子绕组上产生的感应电压为零。当定子磁场与转子线圈轴重合时,转子上产生的感应电压最大。可见,转子上的感应电压与定子电压、合成磁场的位置以及转子轴的角度有关。

若以发送器和同步变压器转子的电气零位为基准,设发送器转子的转角为 $\theta_1$,同步变压器的转子转角为 $\theta_2$,则 CT 转子上的感应电动势为

$$E_2 = E_{2\max}\sin(\theta_2 - \theta_1)$$

上式说明控制变压器的输出电势与转角之差的正弦成正比。

3) TX-CT 系统的工作原理

图 3.2-18 所示是 CT 的转子逆时针旋转 90°,TX 的转子保持在 0°的情形。由于 CT 的转子位置不影响定子电压或电流,所以 CT 的三相定子合成磁场仍然保持与 $S_2$ 重合。此时转子线圈轴正好被定子磁场切割,因此在线圈上感应出最大电压,用 $E_{2\max}$ 表示。这一转子端电压将作为 CT 的输出加到放大器上。

下面假设 TX 转子转到 180°,如图 3.2-19 所示。TX 和 CT 的转子在电气位置上相差 90°,CT 的定子磁场正好切割转子绕组,CT 的输出电压达到最大值。但此时 TX 转子绕组的方向与定子磁场方向相反,因此 CT 定子的合成磁场与图 3.2-18 中相反。所以输出电压 $E_2$ 的相位与前面例子中的 $E_2$ 相位相反。可见,**CT 转子上输出电压的相位反映了 CT 转子的角度**。

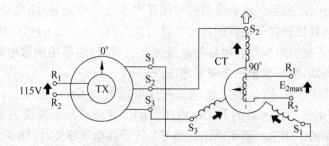

图 3.2-18　TX 转子在 0°，CT 转子在 90°时 TX-CT 系统的情况

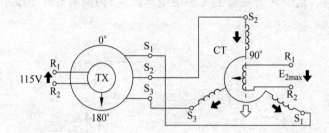

图 3.2-19　TX 转子在 180°，CT 转子在 90°时，TX-CT 系统的情况

可以证明，CT 转子上的感应电压既随其转子旋转而变化，也随发送器转子的角度位置信号而变化。实际上，输出信号的幅值和相位取决于发送器和变压器转子之间的角度位置之差，而与其实际位置无关。

### 6. 同步解算器

同步解算器又称为**旋转变压器**（resolver transformer），是一种输出电压随转子转角以一定规律变化的交流微特电机，用于测量角度或完成三角函数运算。

同步解算器主要用于进行坐标变换、三角函数运算、将旋转角度转换成电压信号等。根据解算器在数据传输系统中的用途不同，解算器也可以分为发送器（TX）、差动发送器（TDX）和控制变压器（CT）。实际上，作为数据传输用的解算器在系统中的作用与相应的同步器的作用是相同的。

在飞机上，解算器用于机载雷达设备中为 PPI 显示提供旋转时基。在甚高频全向信标（VOR）系统中，解算器的输出信号用于驱动指示器指示出相应的角度。在上述设备中，解算器能完成矢量分解与合成等电气方面的计算。

1）同步解算器的结构

同步解算器的典型结构与绕线式异步电动机相似，也由定子和转子两大部分组成。定、转子铁心由硅钢片或坡莫合金片叠压装配而成。定子铁心内圆周和转子铁心外圆周上都布有齿槽。在定、转子铁心槽中分别嵌放着两个轴线在空间互相垂直的两相对称绕组，如图 3.2-20(a)、(b)所示。

在同步解算器中，一般把定子绕组作为初级绕组，但在解算器的其他一些应用中，定子也可以作为次级线圈。同样，转子绕组也可以作为次级或初级，这取决于解算器所要完成的功能。

转子绕组的出线端与滑环相连，转子可以相对于定子线圈旋转，它可以与定子线圈呈任

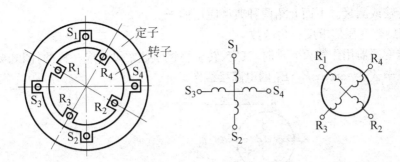

图 3.2-20　同步解算器的结构

意角度。原、副绕组之间的电磁耦合程度与转子的转角有关,因此转子绕组的输出电压也与转角有关。定、转子绕组都有相同的匝数,其匝数比为 1∶1。由于定子绕组的两个线圈之间的相位差是 90°,所以,两个定子绕组之间没有磁耦合。同理,两个转子线圈之间也没有磁耦合。

2) 同步解算器的基本工作原理

解算器的输出绕组是转子绕组 $R_1R_2$ 和 $R_3R_4$。空载时输出绕组开路。工作时在定子绕组 $S_1S_2$ 上接单相交流励磁电压 $U_f$,由其产生脉振磁场 $\Phi_m$,位于 $S_1S_2$ 的轴线上,如图 3.2-21 所示。

设转子绕组 $R_1R_2$ 的轴线与脉振磁场轴线的夹角为 $\theta$,则该绕组中的磁通 $\Phi_{R12}$ 为

$$\Phi_{R12} = \Phi_m \cos\theta$$

该绕组中的感应电动势有效值为

$$E_{R12} = E_R \cos\theta$$

同理,在转子上的另一套绕组 $R_3R_4$ 中,磁通和感应电势分别为

$$\Phi_{R34} = \Phi_m \sin\theta$$

$$E_{R34} = E_R \sin\theta$$

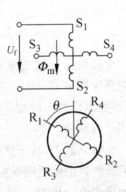

图 3.2-21　解算器的工作原理

根据变压器原理,当定子绕组加上单相交流励磁电压 $U_f$ 后,转子绕组上产生的最大感应电压有效值为

$$E_R = 4.44 f W_R \Phi_m$$

上述最大感应电动势发生在转子绕组和定子绕组之间的相位差为 0°的时刻,这时定子绕组中产生的磁通全部与转子绕组交链。

当磁路不饱和时,定子绕组产生的磁通与励磁电压成正比,因此上式可以写为

$$E_R = kU_f$$

因此,转子绕组上产生的感应电势分别为

$$E_{R12} = E_R \cos\theta = kU_f \cos\theta$$

$$E_{R34} = E_R \sin\theta = kU_f \sin\theta$$

可见,解算器转子绕组上的输出电压与转子和定子绕组轴线之间的夹角 $\theta$ 的三角函数值成正比。$R_1R_2$ 称为**余弦绕组**,$R_3R_4$ 称为**正弦绕组**。

3) 同步解算器的典型应用

同步解算器广泛应用于解算装置和高精度随动系统中。在解算装置中,主要用于求解矢量或进行坐标变换、求反三角函数、进行加减乘除及函数运算等;在随动系统中,进行角

度数据的传输或测量。下面介绍两种典型应用例子。

(1) 用旋转变压器求反三角函数

当旋转变压器用作解算元件时,其定、转子绕组匝数常设计成一样的,图3.2-22是用于计算反余弦函数 $\theta=\arccos E_2/E_1$ 的电路接线图。

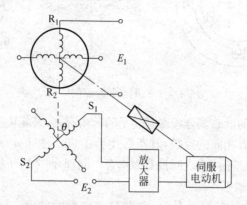

图 3.2-22  计算反余弦函数 $\theta=\arccos E_2/E_1$ 的电路接线图

交流电压 $U_1$ 加在解算器的转子绕组 $R_1R_2$ 上,忽略转子绕组上的阻抗压降,则转子绕组上的感应电势 $E_1=U_1$;定子绕组 $S_1S_2$ 端和外加电势 $E_2$(电压)串联后接至放大器的输入端,经放大器放大后加在伺服电动机的电枢绕组上,伺服电动机通过减速器与解算器的转轴之间机械耦合。

在解算器中,转子绕组 $R_1R_2$ 和定子绕组 $S_1S_2$ 绕组的匝数相同,所以 $R_1R_2$ 绕组通过电流后所产生的励磁磁通在 $S_1S_2$ 绕组中产生的感应电势为 $E_1\cos\theta$。若连接时保证 $S_1S_2$ 上产生的感应电动势 $E_1\cos\theta$ 与外加电势 $E_2$ 在时间上同相位,则可以求得放大器输入端的电势为($E_1\cos\theta-E_2$)。如果 $E_1\cos\theta=E_2$,则此时伺服电动机将停止转动,此时即有 $E_2/E_1=\cos\theta$,因此转子的转角 $\theta=\arccos E_2/E_1$,这正是我们所要求的结果。可见利用这种方法可以求取转角的反余弦函数。

(2) 由旋变发送器(XF)、差动发送器(XC)和旋变变压器(XB)构成的角度数据传输系统

旋变发送机 XF、旋变差动发送机 XC 及旋变变压器 XB 的结构和工作原理与正余弦旋转变压器完全相同。由 XF、XC 和 XB 构成的角度数据传输系统(如图3.2-23所示)与由 TX、TDX 和 CT 组成的同步器角度数据传输系统具有相同的功用。

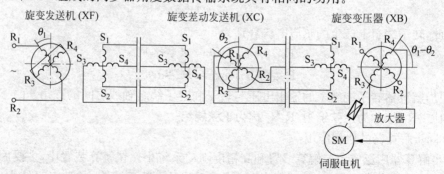

图 3.2-23  XF-XC-XB 组成的角度数据传输系统

由旋转变压器所构成的角度传输系统也能精确地传输旋变发送机的转子转角 $\theta_1$ 与旋变差动发送机转子转角 $\theta_2$ 的差角 $\theta_1 - \theta_2$。$\theta_1$ 和 $\theta_2$ 的正方向应按照逆时针方向取正、顺时针方向取负的原则来取。

### 3.2.2 伺服机构

**1. 伺服机构的基本组成**

在电子电气设备工作中,常需要通过控制台远程控制负载机械的工作。例如,让沉重的雷达天线作扫掠运动和让一个指示马达转动。负载机械转动所需要的转矩可大可小,还可能要求负载运动的速度和方向经常发生改变。

伺服机构实际上是一种电动机械设备,它可以按照可变信号为某一物体定位,其信号源的能量可能很小。伺服机构可以减小两个变量之间的误差,这些变量通常是指控制设备的位置和负载的位置。

伺服系统的基本组件是**输入控制器**和**输出控制器**。

输入控制器是为操作人员遥控负载提供的控制机构。这一机构的动作既可以由机械设备完成,也可以由电气设备完成,目前一般使用电气设备。在伺服系统中,输入控制器广泛采用同步器和桥式电路。

伺服系统的输出控制器是一个具有功率放大和能量转换功能的组件,其功率放大功能通常由电子放大器和磁放大器完成,在许多情况下它们是配合使用的。经过放大器放大后的信号加到伺服电动机上,将电能转换为机械能后,驱动负载沿某一方向运动。伺服系统的功能框图如图 3.2-24 所示。

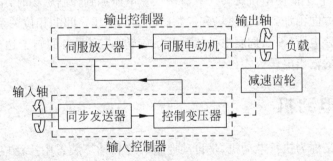

图 3.2-24 伺服机构原理框图

**2. 伺服机构的基本工作原理**

图 3.2-24 所示方框图的内部电路如图 3.2-25 所示。下面讨论其基本工作原理。

输入控制器由同步发送器(TX)和同步控制变压器(CT)以及起始系统的工作指令组成。TX 的转子附着在轴上,用手或机械控制设备可以使其旋转。当 TX 转子的运动偏离了电气零位时,将引起定子绕组 $S_1$、$S_2$ 和 $S_3$ 上的电压产生不平衡(这一点已经在前面的控制同步系统中解释过),于是在控制变压器的转子上感应出电压。感应电压的幅度取决于 TX 转子的角位移量,相位取决于偏离电气零位的方向。这一电压就是**误差电压**。由于控制变压器在设计上不具备足够的能量驱动大负载,所以误差电压必须经过放大,达到足够大的功率,才能驱动伺服电动机,从而带动负载运动。随着伺服电动机带动负载和 CT 的转子

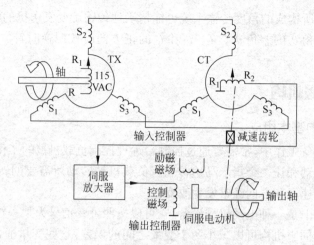

图 3.2-25　伺服机构内部电路框图

随发送器转子同方向旋转,CT 转子绕组上的输出电压逐渐减小,直到两个转子又一次达到协调位置,CT 的输出电压为零时,伺服电动机才停止转动。

前面已经阐述,伺服放大器有两种类型:一种是电子放大器,另一种是磁放大器。在许多情况下,这两种放大器联合使用。在实际应用中,电子放大器放大误差电压,由它来控制磁放大器的工作。功率放大在磁放大器中进行。

无论使用什么类型的放大器,功率放大器的输出都要加到伺服电动机的控制磁场上。在图中所使用的电机是两相交流伺服电动机。两相交流伺服电动机工作时,固定磁场由交流电源激励,但是它不能使电机旋转。只有当误差电压加到控制磁场时,电机才能转动。

电机的旋转方向由加到固定磁场和控制磁场上的电压之间的相位关系决定。一旦控制变压器产生了误差电压,那么伺服电动机就开始旋转,直到两者的转子达到协调位置为止,这时控制变压器的输出电压为零。

## 3.3　伺服电动机

伺服电动机又称为执行电动机,是自动控制系统和计算装置中广泛应用的一种执行元件,其功能是把所接收到的电信号转换成电动机轴上的角位移或角速度输出,并能带动一定的负载。改变控制信号就可以改变伺服电动机的转速和转向。

伺服电动机分为直流和交流两大类,直流伺服电动机通常用在功率稍大的系统中,其输出功率为 1~600W。交流伺服电动机的功率一般为 0.1~100W,频率有 50Hz/60Hz 和 400Hz 几种,较常使用的功率一般都小于 30W。

与普通电动机相比,伺服电动机主要有以下特点:

(1) 调速范围宽。要求伺服电动机的转速能随控制电压的改变而在宽广的范围内调节。

(2) 具有线性的机械特性和调速特性,即电动机转速随负载增加而匀速下降。

(3) 无"自转"现象,即控制电压为零时,电动机应立即停转。

(4) 快速响应。要求电机的转动惯量小,起动转矩大。

(5) 控制功率要小,起动电压要低。

正因为伺服电动机的上述优点,它广泛应用在自动驾驶仪、雷达等航空设备中。

下面简要介绍直流伺服电动机和交流伺服电动机的结构和基本工作原理。

### 3.3.1 直流伺服电动机

直流伺服电动机的基本结构与普通他励直流电动机一样,所不同的是直流伺服电动机的电枢电流很小,换向并不困难,因此不需要安装换向磁极。为了减小转动惯量,直流伺服电动机的电枢转子做成细长形状,定、转子之间的气隙较小,磁路不饱和,且电枢电阻较大,因此其机械特性较软。

按励磁方式的不同,直流伺服电动机分为励磁式和永磁式两种,通常采用电枢控制,即励磁电压一定,通过调整电枢电压来控制电机的转速。直流伺服电动机的接线图如图3.3-1所示。

直流伺服电动机的机械特性与他励直流电动机相似,可以用下式表示:

$$n = \frac{U_c}{K_E \Phi} - \frac{R_a}{K_E K_T \Phi^2} T$$

图3.3-2是在不同控制电压下($U_c$为额定控制电压)的机械特性曲线。

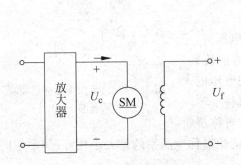 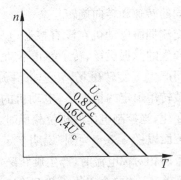

图3.3-1 直流伺服电动机接线图　　　　图3.3-2 直流伺服电动机的机械特性

由图可见:在一定负载转矩下,当磁通不变时,升高电枢电压,电机转速随之升高;反之,降低电枢电压,转速随之下降;当$U_c=0$时,电动机立即停转。若要使电动机反转,可通过改变电枢电压的极性实现。

直流伺服电动机和交流伺服电动机相比,具有机械特性较硬、输出功率大、不自转、起动转矩大等优点,主要用于功率较大(1~600W)的自动控制系统中。但励磁式直流伺服电动机结构复杂,低速稳定性差,换向火花会引起无线电干扰。近年来,无刷直流电动机的发展和应用克服了电刷的缺点,已经广泛应用在各种自动控制系统中。

### 3.3.2 两相交流伺服电动机

两相交流伺服电动机实际上是一台两相异步电动机。它的定子铁心中安放有两相对称绕组,两相绕组轴线在空间互差90°,其中一套为励磁绕组,一套为控制绕组,如图3.3-3所示。

转子的结构主要有鼠笼形转子和非磁性杯形转子。鼠笼形转子与鼠笼式三相异步电动机的转子结构相似,如图3.3-4所示。

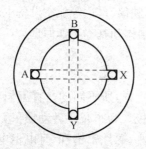

图3.3-3 定子两相绕组分布图

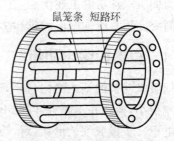

图3.3-4 鼠笼形转子绕组

两相交流伺服电动机与三相鼠笼式异步电动机不同的是,其转子的电阻更大,转动惯量更小,以便获得宽的调速范围、线性的机械特性,以及无"自转"现象和快速的动态响应特性。鼠笼式转子一般采用高电阻率的导电材料制成,为了减小转子的转动惯量,转子做成细长形状。

交流伺服电动机使用时,励磁绕组两端施加恒定的正弦交流电压$u_j$,控制绕组两端施加同频率的控制电压$u_c$,如图3.3-5所示。当改变控制电压的大小或相位时,转子就以不同的转速和转向旋转起来。

交流伺服电动机在没有控制电压时,定子内只有励磁绕组产生的脉振磁场,转子静止不动。当有控制电压时,定子内便产生了旋转磁场,转子将沿旋转磁场的方向旋转。在负载转矩恒定的情况下,电动机的转速随控制电压的大小而变化,当控制电压的相位相反时,伺服电动机将反转。

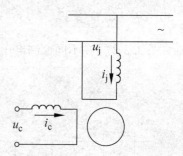

图3.3-5 交流伺服电动机原理示意图

下面以图3.3-6为例,说明在定子上的两相对称绕组中通入两相对称电流时,产生旋转磁场的原理。两相对称电流指的是大小相等、频率相同、相位互差90°的两个单相正弦交流电。

**1. 旋转磁场的形成**

为了分析方便,我们设定两绕组匝数相等。同时假定两相绕组中通入的电流频率相同,振幅相等,相位互差90°。

如图3.3-6所示,AX绕组中通入交流电$i_1$,BY绕组中通入交流电$i_2$,当电流$i_1$和$i_2$的瞬时值为正时,电流的实际流向是由末端流向首端(即由XY流向AB);当电流瞬时值为负时,电流的实际流向为由首端流向末端。下面分析各瞬间定子磁场的情况。

在$t_1$(即在0°时)瞬间,$i_2=0$,$i_1$为正向最大值,电流方向为X入A出,用右手定则判断出定子绕组产生的磁场方向为由下向上。

到$t_2$(90°时)瞬间,$i_1=0$,$i_2$为正向最大值,电流方向为Y入B出,所以磁场方向由左向右,与$t_1$瞬时相比,已顺时针转过90°。

到$t_3$(180°时)瞬间,$i_2=0$,$i_1$为负的最大值,磁场又顺向旋转了90°,转到垂直向下的方向。

到$t_4$(270°时)瞬间,$i_1=0$,$i_2$为负的最大值,磁场顺时针旋转90°,转到由右向左的位置。

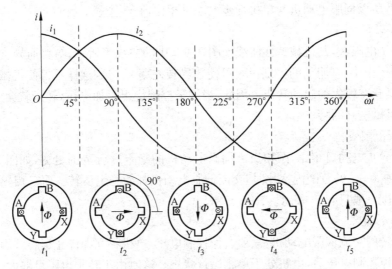

图 3.3-6 两相旋转磁场的产生

到 $t_5$（360°时）瞬间，$i_2=0$，$i_1$ 为正向最大值，磁场又转了 90°，转到与 $t_1$ 瞬时一样的位置。

综上所述，定子所产生的磁场是一对磁极的旋转磁场。与三相旋转磁场一样，设旋转磁场的同步转速为 $n_s$，其大小为

$$n_s = \frac{60f}{p}$$

式中，$f$ 为励磁电源频率；$p$ 为旋转磁场的磁极对数，它取决于定子绕组的接法。

旋转磁场的转向是从流过超前电流的绕组轴线转到流过滞后电流的绕组轴线。如图 3.3-6 所示，A 相绕组中的电流 $i_1$ 超前于 B 相绕组中的电流 $i_2$，所以旋转磁场从 AX 绕组轴线转到 BY 相绕组轴线，即按顺时针方向转动。当要改变磁场的旋转方向时，将任一套绕组中的电压反相位即可。

**2. 交流伺服电动机的工作原理和机械特性**

当旋转磁场旋转时，将切割转子上的导体，在导体中产生感应电动势。由于转子导体是相互短接的，因此在导体中产生感应电流，其方向用右手定则判定，如图 3.3-7 所示。根据通电导体在磁场中受力的原理，转子载流导体又要受到电磁力的作用，电磁力的方向用左手定则判定，如图中所示。各导体所受的力对转轴形成电磁转矩，从而带动转子顺着旋转磁场的方向转动起来。

与异步电动机一样，转子的转速始终低于旋转磁场的同步转速。如果两者转速相同，则磁场就不会切割导体，在导体中也不会产生感应电动势，转子上也没有电磁转矩产生，因而转子也就不能旋转了。

当控制绕组中的电流为零时，就不能形成旋转磁场，电机也将停止转动。

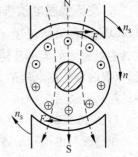

图 3.3-7 鼠笼转子的转动原理

交流伺服电动机的工作原理与分相式单相异步电动机虽然相似，但前者的转子电阻比

后者大得多,所以伺服电动机与单机异步电动机相比,有3个显著特点:

1) 起动转矩大

由于转子电阻大,其机械特性曲线如图3.3-8中的曲线1所示,与普通异步电动机的机械特性曲线2相比,有明显的区别。它可使临界转差率 $s_m > 1$,这样不仅使机械特性更接近于线性,而且具有较大的起动转矩。因此,当定子控制绕组一加电压,转子就会立即转动,具有起动快、灵敏度高的特点。

2) 运行范围较宽

与三相异步电动机相比,两相交流伺服电动机的稳定运行范围更宽,如图3.3-8所示。当转差率 $s$ 在 0~1 的范围内变化时,交流伺服电动机都能稳定运转。而三相异步电动机的稳定运行范围一般只有 0~0.1。

3) 无自转现象

正常运转的交流伺服电动机,只要去掉控制电压,电机将立即停止运转。因为当两相伺服电动机去掉控制电压后,电机处于单相运行状态。这时由于转子电阻足够大,使得总的电磁转矩始终是制动性转矩,即电磁转矩与转子转速反方向。在该转矩的作用下,转子将迅速停止运转,而不会产生自转现象,这是交流伺服电动机与异步电动机的重要区别。

图3.3-9是不同控制电压下的交流伺服电动机机械特性曲线。由图可见,当负载一定时,控制电压 $U_c$ 越高,转速也越高;在控制电压一定时,负载增加,转速迅速下降。

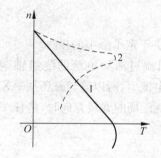

图3.3-8 伺服电动机的机械特性

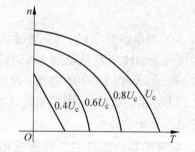

图3.3-9 不同控制电压时的机械特性

**3. 交流伺服电动机的控制方法**

从上面的分析可知,伺服电动机转子转动的关键是在电机气隙中建立旋转磁场,而这个旋转磁场磁通的大小及转向是由励磁绕组和控制绕组上电流的振幅及其相位差决定的。因此,只要改变控制电压的大小及其与励磁电压的相位差,就可以控制转子的转速和转向。常用的控制方法有3种。

1) 幅值控制

保持控制电压和励磁电压的相位差为90°,只改变控制电压的大小,从而改变旋转磁场磁通的大小。控制电压越高,控制电流就越大,旋转磁场的磁通也越大,转子的转速就越快。

2) 相位控制

保持控制电压的幅值不变,只改变控制电压与励磁电压的相位差,从而改变旋转磁场磁通的平均值,以改变转子的转速与转向。控制电压与励磁电压的相位越偏离90°,旋转磁场的磁通平均值就越小,电动机的转速就越低。若控制电压反相180°,则电机也反向旋转。

3) 幅相控制

这种控制方式通过同时改变控制电压的大小及其与励磁电压的相位差来改变电动机的转速和转向。

交流伺服电动机应用的关键在于如何调节控制电压的大小和相位。在实际使用中,常采用电子移相网络或串接电容器的方法。限于篇幅,这里不再讨论。

交流伺服电动机运行平稳,噪声小,但控制特性是非线性的,同时由于转子电阻大,损耗较大,效率较低,因此与同容量的直流伺服电动机相比,具有体积大、质量大的缺点,只适用于 0.5~100W 的小功率伺服系统。

## 3.4 步进电动机

步进电动机是一种**将电脉冲信号转变为机械角位移(或直线位移)的机电元件**。当给电机输入一个电脉冲时,电机只运动一步,故称之为步进电动机。又因输入的电信号既不是通常的直流电,也不是正弦交流电,而是脉冲电流,因此又称为脉冲电机。步进电动机常用在数字控制系统中,用于实现位置控制。

步进电动机种类很多,主要分为反应式和励磁式(或永磁式)两大类。两者的差别在于产生转矩的因素不同,但动作过程相似。现以反应式步进电动机为例,说明其运行原理。

### 3.4.1 步进电动机的典型结构和基本工作原理

图 3.4-1 是反应式步进电动机的结构示意图。它由定子和转子两部分组成,其定子具有均匀分布的 6 个磁极,每个磁极上都装有控制绕组。两个相对的磁极绕组串联组成 3 个独立的绕组,独立绕组的组数称为步进电机的相数,这里为**三相绕组**。三相绕组接成Y型,如图所示。假定转子具有均匀分布的 4 个齿,称为 4 个极,转子**由硅钢片或其他软磁材料制成,且转子上不带绕组**。

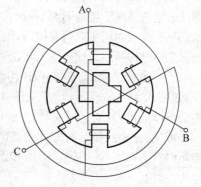

图 3.4-1 反应式步进电动机结构示意图

步进电动机工作时,驱动电源将脉冲信号按一定顺序轮流加到三相绕组上。按通电顺序的不同,三相反应式步进电动机主要有单三拍、双三拍和六拍 3 种运行方式。这里的"单"是指同时只有一相绕组通电,"双"是指同时有两相绕组通电。"拍"指定子绕组改变一次通电方式,"三拍"表示通电三次完成一个循环,即第四拍通电时重复第一拍的动作。

下面通过单三拍、六拍及双三拍 3 种运行方式,说明步进电动机的基本原理。

**1. 三相单三拍运行方式**

设 A 相绕组首先通入**直流电**,B、C 两相绕组不通电,电机内部建立以 AA′ 为轴线的磁场,并通过转子形成闭合回路。这时 A、A′ 极就成为电磁铁的 N、S 极。在磁场的作用下,转子总是力图转到磁阻最小的位置,也就是要转到齿与 A、A′ 磁极对齐的位置,如图 3.4-2(a)所示。转子在这一位置停止转动。

然后,A 相绕组断电,B 相绕组通电,转子磁极 2、4 的轴线力图与定子磁极 BB′的轴线重合,因此转子顺时针方向转过 30°空间角(称为**步距角**),它的齿和 B、B′对齐后就停止转动,如图 3.4-2(b)所示。

再断开 B 相,只单独接通 C 相,转子又顺时针方向转过 30°,如图 3.4-2(c)所示。

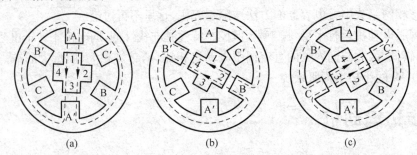

图 3.4-2　三相单三拍运行

在这种工作方式中,电流换接 3 次,磁场旋转一周,转子前进了一个**齿距角**(转子 4 个齿时为 90°)。如果按 A→B→C→A→⋯的顺序轮流通电,则定子磁场顺相序步进式地转动,转子便跟随这个磁场一步一步地顺时针方向转动起来。这种通电方式称为**单三拍方式**。如果通电顺序改为 A→C→B→A→⋯,则转子将反向旋转。

通过分析可见,**步进电机的转速取决于控制绕组中通电脉冲的频率,转向取决于电源接通的顺序**。

**2. 三相六拍运行方式**

设 A 相绕组首先通电,转子 1、3 齿和定子 A、A′极对齐,如图 3.4-3(a)所示。然后在 A 相继续通电的情况下接通 B 相,这时定子 B、B′极对转子齿 2、4 有磁拉力,使转子顺时针方向转动,但 A、A′极对齿 1、3 仍有拉力,因此,转子转动到两个磁拉力平衡时为止。这时转子的位置如图 3.4-3(b)所示。比较图 3.4-3(a)和图 3.4-3(b)可以看出,转子顺时针方向转过了 15°。

下一步让 A 相绕组断电,B 相绕组继续通电。这时转子齿 2、4 力图和定子 B、B′极对齐,如图 3.4-3(c)所示,转子从图 3.4-3(b)的位置又顺时针转过了 15°。而后接通 C 相,B 相仍继续通电,这时转子又转过了 15°,其位置如图 3.4-3(d)所示。

可见,三相六拍运行方式的通电方式是 A→AB→B→BC→C→CA→A→⋯,这时转子按顺时针方向一步一步地转动,步距角为 15°。在这种通电方式下,每一循环换接 6 次,因此称为"六拍"。

**3. 三相双三拍运行方式**

如果每次都是两相绕组通电,即按 AB→BC→CA→AB→⋯的顺序通电,则每一循环换接 3 次,转子的位置与六拍运行两相绕组同时通电时相同,如图 3.4-3(b)、(d)所示,这时转子的步距角与单三拍一样,也是 30°。这种通电方式称为双三拍运行。

从以上分析可知,采用单三拍和双三拍方式时,转子走三步前进了一个齿距角,每走一步前进了 1/3 齿距角;采用六拍方式时,转子走六步前进了一个齿距角。因此,**步距角 θ** 的计算公式可写为

$$\theta = \frac{360°}{Z_R m}$$

式中,$Z_R$ 为转子齿数;$m$ 为运行拍数。

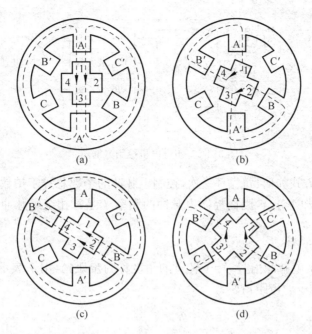

图 3.4-3 三相六拍运行

实际的步进电动机,其步距角(机械角)的大小将极大地影响其使用性能,可采用增加转子齿数的方法来减小步距角,如图 3.4-4 所示。转子上有多个齿,为了使转子齿和定子齿能对齐,两者的齿宽和齿距必须相等。因此,定子上除了 6 个极以外,在每个极面上还有几个和转子齿一样的小齿。

在实际使用中,根据指令输入的电脉冲不能直接用来控制步进电动机,必须采用脉冲分配器先将电脉冲按通电工作方式进行分配,再经过脉冲放大器放大到具有足够的功率,才能驱动电动机工作。

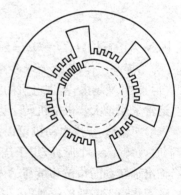

图 3.4-4 步进电动机结构图

### 3.4.2 步进电动机的工作特点

步进电动机必须有驱动器和控制器才能正常工作。驱动器的作用是对控制脉冲进行环形分配、功率放大,使步进电机绕组按一定的顺序通电,控制电机转动。图 3.4-5 是三相步进电动机控制方框图,当给驱动器输入一个脉冲信号和一个正方向信号时,驱动器经过环形分配器和功率放大后,依据控制方式给电机绕组通电,使电机按照规定的方向转动;当方向信号变负时,通电顺序也改变,使电机反方向运转。

步进电动机的工作特点归纳如下:

(1) 步进电动机工作时,每相绕组不是恒定的通电,而是通过"环形分配器"按一定规律轮流通电(分配)。环形分配器输出的各路脉冲信号经过各自的功率放大器放大后,输入到步进电机的各相绕组,使步进电机一步步转动。

步进电机的这种轮流通电方式称为"分配方式",每循环一次所包含的通电状态数称为

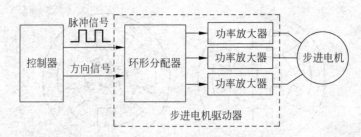

图 3.4-5 步进电机控制方框图

"拍数"。无论分配方式如何,每循环一次,控制电脉冲的个数总等于拍数 $N$,而加在每相绕组上的电脉冲个数却等于 1,因而控制电脉冲的频率 $f$ 是每相绕组脉冲信号频率 $f_{相}$ 的 $N$ 倍,即

$$f = f_{相} \times N$$

(2) 每输入一个电脉冲信号,转子转过的角度称为**步距角**,用 $\theta_b$ 表示。设 $Z_R$ 为转子齿数,则步进电动机转子的齿距角 $\theta_t$ 为

$$\theta_t = \frac{360°}{Z_R}$$

所以转子每步转过的空间角度(机械角度),即步距角 $\theta_b$ 为

$$\theta_b = \frac{\theta_t}{N} = \frac{360°}{Z_R N}$$

式中,$N$ 为运行拍数,$N = km$($k = 1、2$,$m$ 为相数)。

为了提高工作精度,要求步距角尽可能小,这可以通过增加拍数 $N$ 或转子齿数 $Z_R$ 来实现。但拍数 $N$ 越大,步进电机的相数 $m$ 也越大,这会导致电机和驱动电源的结构复杂。因此,通常采用增大步进电机转子齿数 $Z_R$ 的方法来减小步距角。

(3) 反应式步进电动机可以按照特定指令进行角度控制,也可以进行速度控制。角度控制时,每输入一个脉冲,定子绕组就换接一次,输出轴就转过一个角度,其步数与脉冲数一致,输出轴转动的角位移量与输入脉冲数成正比。速度控制时,送入步进电动机的是连续脉冲,各相绕组不断地轮流通电,步进电动机连续运转,转速与脉冲频率成正比,每输入一个脉冲,转子转过整个圆周的 $1/(NZ_R)$,也就是转过 $1/(NZ_R)$ 转,故转速为

$$n = \frac{60f}{Z_R N}$$

式中,$f$ 为控制脉冲的频率。

由上式可见,反应式步进电动机的转速取决于脉冲频率、转子齿数和拍数,而与电压、负载、温度等因素无关。当转子齿数 $Z_R$ 一定时,转子的转速和转向就由脉冲频率和通电顺序决定。因此,改变电脉冲输入的情况,就可以方便地控制步进电动机的正、反转,快速起动、制动以及改变转速的大小;改变输入脉冲的频率,就可以改变步进电动机的转速,进行无级调速。

步进电动机的转速还可以用步距角来表示,用步距角表示的转速为

$$n = \frac{60f}{Z_R N} = \frac{60f \times 360°}{360° Z_R N} = \frac{f}{6°} \theta_b \text{(rpm)}$$

式中,$\theta_b$ 为用度数表示的步距角。

可见,当脉冲频率 $f$ 一定时,步距角越小,电机转速就越低,电机输出功率也越小。从提高加工精度上考虑,应选用小的步距角;但从提高输出功率上考虑,步距角又不能太小。一般步距角应根据系统中应用的具体情况进行选取。

(4) 步进电动机具有自锁能力。当控制电脉冲停止输入,并让最后一个脉冲控制的绕组继续通直流电时,电机可以保持在固定的位置上。因此,步进电动机可以实现停车时转子定位。

综上所述,由于步进电机工作时的步数或转速既不受电压波动和负载变化的影响(在允许负载范围内),也不受环境条件如温度、压力、冲击和振动等变化的影响,而是与控制脉冲同步,具有结构简单、维护方便、精确度高、起动灵敏、停机准确等优点,在飞机上主要用于发动机控制及飞行操纵系统中。

# 第4章

# 无线电基础知识

顾名思义,"无线电"就是从一点向另一点以"无线"的方式传送信号。目前,飞机上的机载通信系统、导航系统大多采用无线电技术。无线电传输以自由空间为媒介来传输信号,完成通信和导航任务。

采用无线电技术传输信息的原理框图如图 4-1 所示。

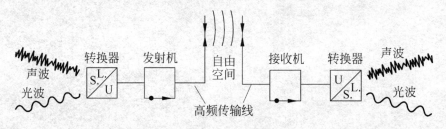

图 4-1 无线电传输系统原理框图

在图示的传输系统中,声波或光波等信号经过变换器变换成电信号,在发射机中进行调制,将信号的频率搬移到能用天线向空间辐射的频段内,然后由发射天线辐射到空间;接收天线从空间接收信息,在接收机中进行解调,再经过变换器的变换还原成声波或光波信号,这样就完成了信号的传输。由于发射设备与接收设备之间没有导线的连接,所以这一信息传输系统称为**无线电传输系统**。

为了更好地理解无线电传输系统的基本原理,我们必须学习下列基本知识:无线电频段的划分,信号、频谱与带宽,高频传输线,电磁波的传播与天线,调制与解调,发射机与接收机。

## 4.1 无线电频段的划分

无线电是指频率范围在 3kHz～300GHz 的电磁波,按频率从低到高可以分为 8 个频段:甚低频(VLF)、低频(LF)、中频(MF)、高频(HF)、甚高频(VHF)、特高频(UHF)、超高频(SHF)和极高频(EHF)频段,机载无线电设备几乎使用了所有的频段,如图 4.1-1 所示。

无线电波在空气或真空中以光速传播,频率与波长之间的关系为

$$\lambda = \frac{c}{f}$$

式中,$\lambda$ 为波长,m;$c$ 为光速,$3\times10^8$ m/s;$f$ 为频率,Hz。

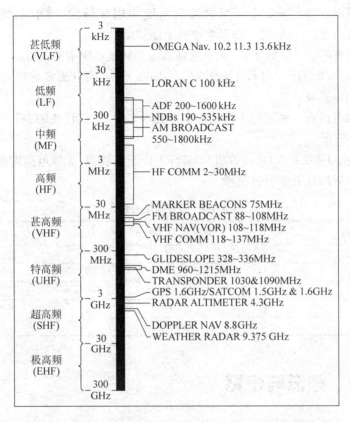

图 4.1-1　无线电频段的划分及机载无线电设备所使用的频率

从上式可以看出：频率越低，波长越长；反之，频率越高，波长越短。例如，频率为 1MHz 的信号，其波长为 300m；而频率为 10MHz 的信号，其波长为 30m。

当无线电波在电缆中传播时，传播速度为光速的 60%～80%。

甚低频：频率在 3～30kHz，波长在 $10^4 \sim 10^5$ m，因此也称为超长波。这一频段用于早期的 OMEGA 导航系统中，现在仍用于军事领域。另外，人说话的音频信号也在这一频段内。

低频：频率在 30～300kHz，波长在 1000～10000m，也称为长波。飞机通信系统不使用该频段，但长波广播电台（190～535kHz）和导航系统中的自动定向机（ADF）使用这一频段。

中频：频率在 300kHz～3MHz，波长在 100～1000m，也称为中波。飞机通信系统也不使用该频段，但中波广播电台（550～1800kHz）和导航系统中的自动定向机（ADF）（200～1600kHz）使用这一频段。

高频：频率在 3～30MHz，波长在 10～100m，也称为短波。机载高频通信系统（HF）使用该频段，它可以完成远距离的通信。

甚高频：频率在 30～300MHz，波长在 1～10m，也称为超短波。机载甚高频通信系统（VHF）使用该频段，其通信作用范围可达 200n mile。导航系统中的指点信标系统（MB）、甚高频全向信标系统（VOR）和仪表着陆系统（ILS）及调频广播电台也使用这一频段。

特高频：频率在 300MHz～3GHz。这一频段仅用于军事通信系统中，另外，导航系统中的下滑系统（GS）、测距机（DME）、ATC 应答机和 GPS 也使用该频段。

超高频：频率在 3～30GHz。卫星通信系统使用该频段，导航系统中的气象雷达（WXR）、无线电高度表（RA）的工作频率也属于该频段。

极高频：频率在 30～300GHz。飞机通信系统和导航系统中的设备都不使用这一频段。

频率范围在 300MHz～300GHz，即波长在 1mm～1m 的电磁波统称为微波，是频率最高但波长最短的电磁波。

对于微波频段还有一种国际上公认的字母表示方法，它们代表的是一个大约的频率范围。如表 4.1-1 所示。

可见，测距机（DME）、ATC 应答机和 GPS 工作于 L 波段，无线电高度表（RA）工作于 C 波段，气象雷达（WXR）工作于 X 波段。

表 4.1-1　微波频段的划分

| 字母 | 频率范围/GHz | 名称 |
| --- | --- | --- |
| L | 1～2 | L 波段 |
| S | 2～4 | S 波段 |
| C | 4～8 | C 波段 |
| X | 8～12 | X 波段 |
| K | 12～18 | K 波段 |

## 4.2　信号　频谱与带宽

### 4.2.1　信号

无线电系统中所说的信号，是指代表一定信息的电信号。语言、文字、音乐、图像和数据等都可以反映一定的信息，可以统称为信号，但它们都不属于电信号。如果采用无线电技术传送这些信息，就必须将其变换为电信号，话筒就是这样一个变换器，它可以将声音信号变换为随之作相应变化的电流或电压信号。因此，我们将反映一定的非电量信息的电流或电压称为电信号。

### 4.2.2　频谱与带宽

**1. 频谱的概念**

规则的非正弦信号，不论是周期性的还是非周期性的，都可以分解为一系列幅度、频率和相位都不同的正弦分量，即由这些正弦分量叠加而成。图 4.2-1 所示为方波及其所分解的正弦分量。图中与方波频率相同的正弦波称为**基波**分量，高于基波频率的正弦波称为**谐波**分量。

可见，正弦信号是组成各种周期信号的基础。因此，在研究信号的传输时，我们仅讨论正弦信号的传输过程。

如果将各正弦分量的幅度按其频率的高低依次排列，可以得到振幅频谱，简称为**幅谱**；将各正弦分量的初相位也按其频率的高低依次排列，即为相位频谱，简称为**相谱**。

幅谱和相谱统称为**频谱**。在没有注明的情况下所说的频谱一般指的是幅谱。

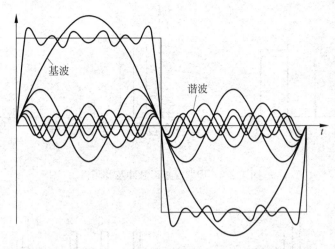

图 4.2-1 方波包含的正弦谐波分量

信号的频谱可以用图形表示,这种图形称为**频谱图**。它的幅谱图和相谱图中平行于纵轴的线段称为**谱线**,其长度代表正弦波的振幅或初相,它在横轴上所处的位置代表该正弦波的频率。

因为正弦波比较简单,所以,将信号分解为各种频率不同的正弦波后,分析电路对所有正弦波产生的影响,就可以了解电路对信号的影响。因此,了解信号的频谱对于研究如何不失真地传递信号具有重要意义。

**2. 周期性脉冲信号的频谱**

周期性矩形脉冲信号是一种具有重要典型意义的无线电信号,下面以此为例来说明非正弦周期信号的频谱。

图 4.2-2(a)所示是周期性矩形脉冲信号的波形图,其中 $E$ 为脉冲幅度,$\tau$ 为脉冲宽度,$T$ 为脉冲重复周期,可以写出矩形脉冲的傅里叶级数为

$$e(t) = \frac{1}{2}a_0 + \sum_{n=1}^{\infty} a_n \cos n\Omega t$$

式中,$\Omega$ 为基波的角频率。

第 $n$ 次谐波的振幅为

$$a_n = A_n = \frac{2E\tau}{T} \left| \frac{\sin n\Omega \frac{\tau}{2}}{n\Omega \frac{\tau}{2}} \right|$$

现在设想用一些不同长度的线段来分别代表基波和各次谐波的振幅,然后将这些线段按照频率高低依次排列起来即可得出频谱图,如图 4.2-2(b)所示。

在图 4.2-3 中可以看出,当脉冲持续时间不变而重复周期 $T$ 增大时,谱线逐渐变密,即频谱变密。可以设想,当重复周期 $T$ 无限增大时,谱线的间隔就无限变小,因而谱线就无限地密集,这时周期性信号已向非周期性信号转化,而信号的频谱不再是离散的频谱,而变成连续频谱了。可见,非周期信号的频谱为连续谱。

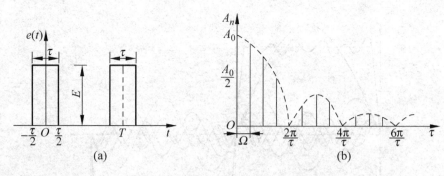

图 4.2-2 周期性矩形脉冲及其频谱

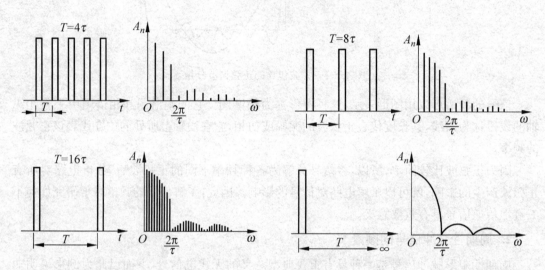

图 4.2-3 周期与频谱的关系

以上的特性虽然是从一个特殊的周期性矩形脉冲信号导出的,但实际上,一切周期性非正弦信号的频谱都具有上述特性。

### 3. 带宽

从理论上说,周期性信号的谐波分量有无限多个,若所取的谐波分量越多,则叠加起来后的波形就越接近原来函数的波形。但是,若要求考虑过多的谐波分量,不但会在工作中造成很大的困难,而且对回路的通频带要求也过宽,这是不必要的。因为谐波振幅具有收敛特性,所以谐波次数很高的那些分量,其振幅已经很小了,它们的影响可以忽略不计,只需要考虑谐波次数比较低的一部分分量就足够了。信号主要谐波所占据的频率范围称为信号的有效占有频带宽度,简称为频带宽度或**带宽**。

例如,图 4.2-4(a)是"啊……"音信号的波形图,图 4.2-4(b)是该波形的频谱图,图 4.2-4(c)画出了该音频信号占有的频率范围。

可见,要想传输"啊……"音信号,就必须将图 4.2-4(b)中的谱线全部传出,这样才能保证所传信号不失真。因此在传输信号时,应该保证一个基本的频率范围。例如,在电话通信时,从经济角度来考虑,带宽约为 3kHz 就可以满足要求。而传输高质量的音乐信号所需要的频率范围为 30Hz~16kHz。在调频无线电广播中,至少需要 150kHz 的带宽。电视的每个频道需要占用的带宽为 7~8MHz。

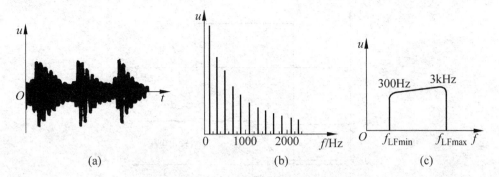

图 4.2-4 "啊……"音信号的波形、频谱图和音频信号的频率范围
(a)"啊……"音信号的波形；(b)"啊"音信号的频谱图；(c)音频信号的频率范围

图 4.2-5 画出了脉冲周期不变而脉冲宽度不同时的频谱图。从图中可以看出，当周期相同而脉冲宽度减小时，振幅收敛速度变慢，这就意味着信号的带宽加大。可以证明，**对一切周期性脉冲信号，其脉宽和带宽总是成反比关系的**。

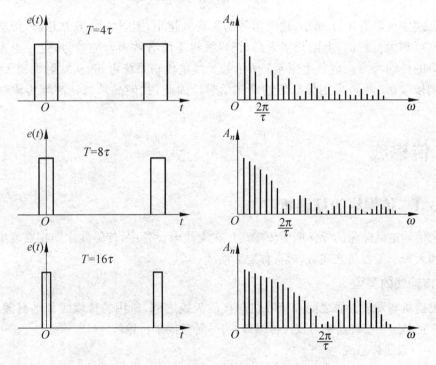

图 4.2-5 脉冲宽度与频谱的关系

信号的脉宽和带宽成反比，这是无线电技术中十分重要的概念。传输线路是否具有足够的带宽，只要输入一个正跳变信号，从输出电压的波形变化中就可以判断出来，如图 4.2-6 所示。

带宽越小，输出电压达到它的终值所需要的时间越长。上升时间由电压终值的 10% 和 90% 之间的时间 $t_r$ 来确定。它们之间的关系为

$$f_h \geqslant \frac{1}{2t_r}$$

式中，$f_h$ 为信号的上限频率；$t_r$ 为上升时间。

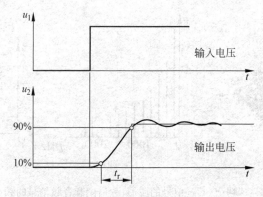

图 4.2-6 输出信号的上升时间

**例题 4.2-1** 如果上升时间 $t_r=2\mu s$，则这个传输线路的上限频率至少应该为多大？

**解：**

$$f_h \geqslant \frac{1}{2t_r} = \frac{1}{2\times 2} = 250\text{kHz}$$

从公式中可以看出，$t_r$ 越小，输出信号的失真就越小，上限频率 $f_h$ 就越高，传输信号要求的带宽就越大。然而，上限频率太高，铜导线将不能有效地传输信号，这一点由导线对高频信号的传输特点决定。由图 4-1 所示的无线电传输系统可知，从发射机到天线，以及从天线到接收机，就是采用导线传输高频信号。因此，我们必须讨论高频传输线的相关知识。

## 4.3 传输线

### 4.3.1 传输线的基础知识

用来传输电磁能量的导体叫做传输线。在无线电设备中，传输线主要用在发射机与天线之间和天线与接收机之间，这时常称之为馈线。

**1. 传输线的类型**

在发射机与发射天线之间和接收机与接收天线之间，所用的传输线都是高频传输线。主要有两种类型：一种是平行双线传输线，另一种是同轴传输线。

1) 平行双线传输线

平行双线传输线由两根线径相等的平行导线组成，如图 4.3-1(a)所示。导线的直径在 1 毫米至数毫米之间，两根导线的间距不超过被传输的电磁波波长的 1/10。这种传输线的辐射损耗大，一般工作频率在 200MHz 以下。

2) 同轴传输线

机载设备中以同轴传输线的应用最为普遍，同轴线又称为同轴电缆，其结构如图 4.3-1(b)所示。它由同轴排列的内外两个导体组成。内导体是实心导线，外导体由金属编织网制成。内外导体间充以高频绝缘介质，表面附有绝缘保护层。由于外导体的屏蔽作用，同轴线的辐射损耗很低，其工作频率可达到 3GHz。

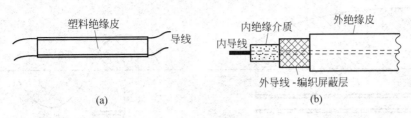

图 4.3-1 传输线的类型
(a) 平行双线传输线；(b) 同轴传输线

我们平常所使用的电缆线、电话线都是传输线。但这两种传输线的工作频率都比较低。在这种情况下，传输线上的电阻一般可以忽略不计。由于工作频率很低，传输线上的分布电感和分布电容也可以忽略。因此可以认为：电流和电压在某一时刻可以同时传输到传输线上的各个点。

随着传输信号频率的升高，传输线上的传输特性将发生变化。要想使用传输线传送高频信息，就需要清楚传输线的特点。下面首先介绍长线与短线的概念。

**2. 长线与短线的概念**

由于工作频率的不同，传输线可以分为高频传输线和低频传输线。低频传输线的工作频率较低，信号波长大于导线长度，即：$\lambda \gg L$（$L$ 是传输线的几何长度）。这时可以认为：无论传输线本身的绝对几何长度如何，都称为"**短线**"。

在前面研究电路问题时，常常认为电能只存储或消耗在电路元件上，而各元件之间则用既无电阻也无电感的理想导线连接，这些导线与电路其他部分之间的电容也不予考虑，这就是所谓的**集总参数电路**。因此，**短线概念适用于集总参数电路**。

图 4.3-2 所示是长线和短线示意图。从图 4.3-2(a)中可以看出，由于 $\lambda \gg L$，所以可以认为沿传输线上任一点的电压和电流的分布是相同的，它们不随空间的变化而变化。

实际电路并不像集总参数电路等效的那样，任何电路参数都具有分布性。如任何导线上的电阻都是分布在它的全部长度上的；线圈的电感不仅分布在它的每一线匝上，一根导线也存在着分布电感；两根导线之间不仅有分布电容，而且由于绝缘不完善将处处有漏电导存在。

高频传输线的工作频率较高，信号波长较短，传输线的长度和沿传输线传播的电磁波波长可以相比拟，即：$\lambda \approx L$（$L$ 是电路的几何长度）。这种长度能和波长相比拟的传输线称为"**长线**"。因此，在处理这种电路时，应该考虑电路的分布参数，这一类电路称为**分布参数电路**。可见，**长线概念适用于分布参数电路**。

在图 4.3-2(b)中可以看出，由于 $\lambda \approx L$，所以沿传输线上任一点的电压和电流的数值变化都较大。一般来说，当 $L > \dfrac{\lambda}{10}$ 时，传输线上的电压和电流值不仅随时间变化，而且也随空间位置的变化而变化，电磁波在传输线上的传播呈波浪式地向前推进。

**注意**：长线和短线的概念都是与波长相比较而言，并非指它们本身的绝对几何尺寸的长短。

在本节中，我们主要研究高频传输线。

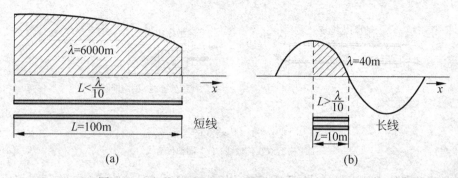

图 4.3-2 长线与短线上瞬时电流或电压的分布情况
(a) 传输低频信号时的电压电流分布图；(b) 传输高频信号时的电压电流分布图

**3. 传输线的等效电路**

射频传输线就是一种分布参数电路，分布参数用 $R$、$G$、$L$ 和 $C$ 表示，分别表示传输线单位长度的分布电阻、分布电导、分布电感和分布电容。它们的数值均与传输线的类型、形状、尺寸、导体材料和周围媒质的特性有关。考虑分布参数的传输线的等效电路如图 4.3-3 所示。

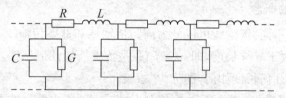

图 4.3-3 传输线的分布参数等效电路

## 4.3.2 传输线的长度和传输信号的频率对信号传输的影响

传输线的长度和传输信号的频率对线上信号电压的影响如图 4.3-4 所示。可以看出，随着传输线长度的增加，沿线上传输信号的电压衰减增大；随着传输信号频率的增加，传输线对信号电压的衰减也增大。

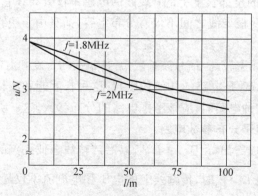

图 4.3-4 传输线的长度和传输信号的频率对线上信号电压的影响

信号电压随传输线的长度增加而衰减的现象，主要是由传输线的分布电阻引起的。传输线越长，其电阻就越大，对传输信号的损耗也越大。这种损耗可以通过放大器加以解决。

传输信号频率的增加对信号电压的衰减现象，主要由以下 3 个原因引起：

(1) 平行双线传输线在传输较高频率信号时，会产生大量的直接辐射。这样使大量的电磁能量被辐射出去，只有很小部分能量得到传输。这一电磁能量的辐射产生的损耗通常用"封闭"的方法加以解决。因此，在传送频率较高的信号时，常常使用同轴传输线。

(2) 平行双线传输线和同轴传输线都靠电介质将两根导体隔开。在频率较高时，电介质也会损耗电能，这种损耗称为介质损耗。虽然从理论上说，介质上无电流流过，无电能损耗，或者说损耗很小，但当频率很高时，介质损耗将逐渐增大。

(3) 传输线上的能量损耗还来自于导体所产生的热量（$I^2R$）。在电流一定的条件下，热损耗或铜损耗与导体的电阻成正比。当传输线传输射频能量时，由于"集肤效应"的作用，导体的电阻随频率的增加而增加，从而使损耗增加。

基于上述原因，同轴传输线只能传输频率为3GHz以下的信号，而高于3GHz的信号由波导传输。

## 4.3.3 传输线上的电压波和电流波

忽略传输线的损耗，由传输线等效电路可以看出，当电源加到输入端之后，电源依次给分布元件充电。因为电感上的电流和电容两端的电压不能突变，因此每次充电都需要一定的时间，即某点的电压电流只有经过一段时间才能前进到另外一点。正是由于这个原因，形成了传输线上的电压波和电流波。

设在 $t=0$ 时刻，将随时间作余弦变化的电源电压加到图4.3-5所示的无限长传输线的输入端。

显然，在 $t=0$ 时刻，除了传输线输入端的电压为正的最大值外，传输线上其他点的电压均为零值。

在 $t=T/4$ 时刻，输入端的电压变化到零，而输入电压的正最大值已沿传输线传输了1/4波长的距离，而距离电源端大于1/4波长的各点上的电压为零。

在 $t=T/2$ 时刻，输入端的电压变化到负的最大值，这时，正最大值传输到传输线上1/2波长处，距离电源大于1/2波长的各点上的电压仍为零。

以此类推，可以得出如图4.3-5(b)所示的其他瞬间的电压波形。可见，在任一瞬间，行波电压是沿传输线按正弦规律分布的。传输线上行波电流的变化规律与行波电压完全相同。

在图4.3-5(c)中画出了线上各点电压随时间变化的规律。在始端，该点电压 $u_0$ 就是电源电压。

在距始端1/4波长处，1/4周期以前，电压尚未传输到这里，该点电压为零；在1/4周期的瞬间，电压传输到这里，该处电压 $u_1$ 开始随时间按正弦规律变化。也就是说，电压 $u_1$ 的变化在时间上落后于电源电压1/4周期，相当于相位滞后 $\pi/2$。

在距始端1/2波长处，该点电压 $u_2$ 从1/2周期的瞬间开始随时间按正弦规律变化，也就是说，电压 $u_2$ 在相位上比电源电压相位滞后 $\pi$。以此类推，可以得出线上其他各点电压随时间变化的曲线。

可见，线上任一点电压随时间变化的规律与电源电压一样。由于无耗线上没有能量损耗，因此各点电压的振幅相等，但其相位滞后于电源电压。距始端越远，相位越滞后。由于电压波是以一定速度向单一方向运动的，故又叫做**行波电压**。线上各点行波电流同行波电压一样，也是随时间按正弦规律变化，各点的振幅相等，并且和行波电压同相位。

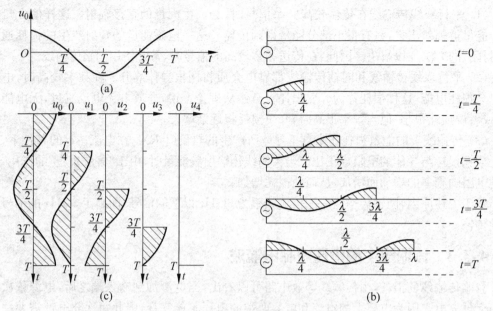

图 4.3-5 行波电压、电流的变化规律
(a) 输入端信号波形；(b) 各瞬间行波的沿线分布规律；(c) 线上各点电压变化规律

## 4.3.4 传输线的特性阻抗及电磁波在线上的传播速度

**1. 传输线的特性阻抗 $Z_0$**

特性阻抗是传输线对行波呈现的阻抗。若忽略传输线的电阻和电导的损耗，并且认为分布电感和分布电容沿传输线均匀分布，则特性阻抗可以表示为

$$Z_0 = \sqrt{\frac{L}{C}}$$

式中，$Z_0$ 为特性阻抗，$\Omega$；$L$ 为传输线上的分布电感，H/m；$C$ 为传输线上的分布电容，F/m。

在实际情况中，传输线中仅有很小的电阻，通常可以忽略不计。因此，传输线的特性阻抗是一个常数，且呈电阻性，其大小取决于传输线本身的类型、尺寸和介质等，而与信号频率及负载状况无关。飞机上同轴电缆的特性阻抗通常为 50Ω。

**例题 4.3-1** 某传输线上的分布电容 $C=0.666\text{pF/m}$，分布电感 $L=1.665\text{nH/m}$，求它的特性阻抗为多大？

**解：**

$$Z_0 = \sqrt{\frac{L}{C}} = \sqrt{\frac{1.665 \times 10^{-9}}{0.666 \times 10^{-12}}} = 42(\Omega)$$

**2. 电磁波在传输线中的传播速度**

传输线传输电磁波的速度取决于传输线的分布电感与分布电容。这是因为，电磁能沿传输线向前传播的过程，实际上是电源通过分布电感依次向分布电容充电的过程。我们知道，分布电容上电压的建立需要一定时间；同样，分布电感上电流的建立也需要一定时间。分布电感越大，达到电流 $I$ 所需的时间越长；分布电容越大，充电所需的时间也越长。因此，分布参数越大，传播速度越小；反之，分布参数越小，传播速度越大。传播速度 $v$ 与分布电感和电容的关系可用下式表示：

$$v = \frac{1}{\sqrt{LC}}$$

机载设备中所使用的同轴线内外导体之间填充有高频介质，电磁能在其中的传播速度略小于光速。

**例题 4.3-2**　测得某传输线上的分布电容 $C=20\text{pF/m}$，分布电感 $L=1.5\mu\text{H/m}$，求沿线的传播速度为多大？

**解：**

$$v = \frac{1}{\sqrt{LC}} = \frac{1}{\sqrt{20\times10^{-12}\cdot 1.5\times10^{-6}}} = 1.82\times10^8\,(\text{m/s})$$

该速度略小于光速。

### 4.3.5　均匀无损耗传输线的工作状态

上面只分析了由电源向负载方向传输的电压波和电流波，它们被称为**入射波**。当它们到达末端之后，会发生什么现象呢？可以想象，如果能量被负载全部吸收，它们就在负载上转变成其他形式的能量；如果负载不吸收任何能量，那么根据能量守恒原理，全部能量将仍以电压、电流的形式由负载返回到电源端；如果负载只吸收一部分能量，那么剩余的那部分能量也将以电压、电流的形式由负载返回到电源。这种由负载向电源运动的电压波或电流波叫做**反射波**。反射波本身也是行波。

因此，传输线上一般存在着频率相同、运动方向相反的入射波和反射波，它们将在线上互相叠加。末端反射情况不同，合成的电压、电流也将不同。依据末端是无反射、全反射还是部分反射，传输线将分别工作于行波状态、驻波状态和复合波状态。

**1. 行波状态**

当传输线末端的负载能够将传输到末端的能量全部吸收时，传输线上只有入射波而没有反射波，这时传输线的工作状态称为行波工作状态。

当负载阻抗 $Z_L$ 等于传输线的特性阻抗 $Z_0$ 时，负载和传输线对电波所呈现的阻抗完全相同，传输线上的电压和电流分布与无限长传输线类似，只有从电源向负载传输的入射波，而没有从负载向电源传输的反射波。这时负载将入射波的功率全部吸收，传输效率最高，这就是通常所说的**匹配状态**。

行波状态下，沿线各点的电压、电流和阻抗分布如图 4.3-6 所示，图中的横坐标 $z$ 为传输线长度（以下同）。由图可见，行波状态下沿线各点电压和电流的振幅不变，沿线各点输入阻抗均等于传输线的特性阻抗，负

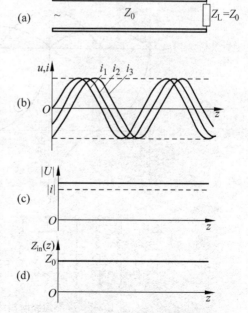

图 4.3-6　传输线上行波电压和电流的变化规律
(a) 传输线终端接匹配负载；(b) 电压电流的瞬时分布；
(c) 电压电流的振幅分布；(d) 阻抗变化曲线

载吸收了全部的入射波功率。但在实际工作中,负载阻抗不一定等于传输线的特性阻抗,必须采取阻抗匹配措施减小反射,实现功率的最大传输。

### 2. 驻波状态

当传输线终端短路、开路或接纯电抗负载时,负载均不吸收能量,终端的入射波将被全反射,沿线入射波与反射波叠加形成驻波分布。驻波状态意味着入射波功率一点也没有被负载吸收,即负载与传输线完全失配。

1) 终端短路($Z_L=0$)

根据传输线理论可以得出,终端短路时沿线电压、电流和阻抗的分布如图 4.3-7 所示。由图可见,短路时的驻波状态分布规律如下:

(1) 瞬时电压或电流在传输线的某个固定位置上随时间 $t$ 作正弦或余弦变化,而在某一时刻随位置 $z'$ 也作正弦或余弦变化,但瞬时电压和电流的时间相位差和空间相位差均为 $\pi/2$,这表明传输线上没有功率传输。

(2) 当 $z'=(2n+1)\lambda/4(n=0,1,2,\cdots)$ 时,电压振幅恒为最大值,而电流振幅恒为零,这些点称为电压的**波腹点**和电流的**波节点**;当 $z'=n\lambda/2(n=0,1,2,\cdots)$ 时,电流振幅恒为最大

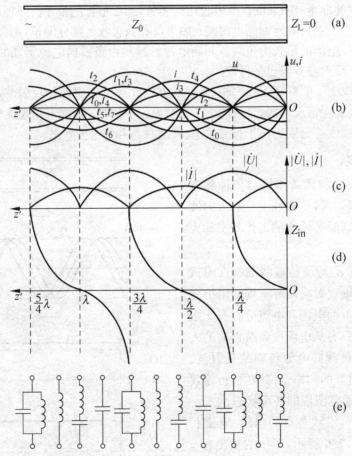

图 4.3-7 终端短路时沿线电压、电流和阻抗的分布
(a)长线终端短路;(b)电压电流的瞬时分布;(c)电压电流的振幅分布;
(d)阻抗变化曲线;(e)不同长度的短路线对应的等效电路

值,而电压振幅恒为零,这些点称之为电流的波腹点和电压的波节点。

(3) 终端短路的传输线上的阻抗为纯电抗,沿线阻抗如图 4.3-7(d)所示。由图可见,在 $z'=\lambda/4$ 的奇数倍处(即电压波腹点),输入阻抗 $Z_{in}=\infty$,可等效为并联谐振回路;在 $z'=\lambda/2$ 的偶数倍处(即电压波节点),输入阻抗 $Z_{in}=0$,可等效为串联谐振回路;在 $0<z'<\lambda/4$ 范围内,$Z_{in}>0$,可以等效为电感;在 $\lambda/4<z'<\lambda/2$ 范围内,$Z_{in}<0$,可以等效为电容。每隔 $\lambda/2$ 阻抗重复一次,每隔 $\lambda/4$ 阻抗性质变化一次。沿线各区域相应的等效电路如图 4.3-7(e)所示。

2) 终端开路($Z_L=\infty$)

观察图 4.3-7 可以看出,距离终端 $\lambda/4$ 处的输入阻抗 $Z_{in}=\infty$。因此,只要将终端短路的传输线上的电压、电流及阻抗分布从终端开始去掉 $\lambda/4$ 线长,余下线上的分布即为终端开路时的传输线上电压、电流和阻抗的分布,如图 4.3-8 所示。由图可见,终端为电压波腹点、电流波节点,阻抗为无穷大。

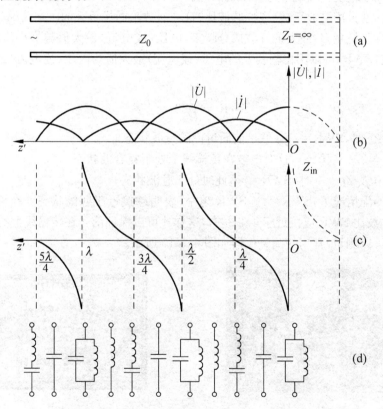

图 4.3-8 终端开路时沿线电压、电流和阻抗的分布
(a) 长线终端开路;(b) 电压电流的振幅分布;
(c) 阻抗变化曲线;(d) 不同长度的开路线对应的等效电路

### 3. 复合波与电压驻波比

一般情况下,传输线末端不会是开路或短路的,而总是接有负载。但当负载不是准确等于传输线的特性阻抗时,入射波的能量不能被负载全部吸收,会有一部分被反射回来。这时,反射波与部分入射波叠加后就形成了驻波。因此,在这种情况下,传输线上既有行波又

有驻波,两者的合成称为**复合波**。

图 4.3-9 画出了复合波电压在线上的分布情况。

从以上分析可知,负载越接近于传输线的特性阻抗,传输线的传输效率越大,即负载吸收的能量就越多,传输线上的电压、电流波形也就越接近于行彼状态。因此当传输线用于传输高频能量时,总是力求使负载阻抗等于传输线的特性阻抗,这就是通常所说的**阻抗匹配**。

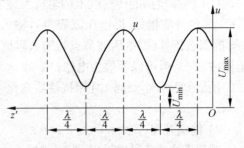

图 4.3-9 复合波在线上的电压分布

然而,理想的阻抗匹配状态是很难实现的。例如,当发射机工作于一定的频段时,由于天线阻抗随工作频率而变化,因此不可能在工作频段中的各个频率上都实现理想的阻抗匹配。我们的任务是尽可能使设备工作在接近阻抗匹配的状态。通常用**驻波系数**(也称**驻波比**)这一参数来衡量负载的匹配情况。负载阻抗偏离传输线特性阻抗越多,线上的驻波成分越多,电压(或电流)最大值与最小值的差别越大。因此,驻波比(SWR)可以用传输线上的电压(或电流)最大值与电压(或电流)最小值之比表示,即有

$$\mathrm{SWR} = \frac{U_{\max}}{U_{\min}} = \frac{I_{\max}}{I_{\min}}$$

当 $Z_L = Z_0$ 时,SWR=1,这就是前面讨论的行波状态。

如果 $Z_L \neq Z_0$,SWR>1,这时电波在传输线上处于复合波状态。

当 $Z_L = 0$ 或 $Z_L = \infty$ 时,SWR=$\infty$,此时处于驻波状态。

在理想匹配情况下,SWR=1。SWR 越小,表明越接近于匹配状态。在机载无线电雷达设备中,驻波比 SWR 应接近于 1.2 左右,这样才可以保证信号在传输线上的有效传输。

驻波比可以测量,常用的测量仪器如图 4.3-10 所示。

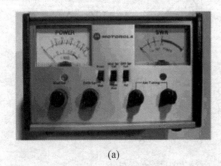

(a)

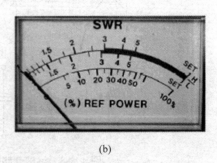

(b)

图 4.3-10 驻波比测量仪器

(a) RF 功率/SWR 测量仪;(b) SWR 测量仪(显示 SWR 和反射功率的百分比)

**4. 传输线的应用**

1) 用传输线构成调谐回路

在波长较短(例如米波、分米波等)的无线电设备中,其谐振电路常由传输线构成。如图 4.3-11(a)所示是由开路线和短路线并联组成的谐振电路,其等效电路如图 4.3-11(b)所

示。开路线的长度为 $l_1$，短路线的长度为 $l_2$，只要满足 $l_1+l_2=\lambda/4$（$\lambda$ 是传输线上传输信号的波长），就可以组成谐振电路。因为 $l_1$ 是小于 $\lambda/4$ 的开路线，它相当于电容；而 $l_2$ 是小于 $\lambda/4$ 的短路线，它相当于电感。可见，电容与电感并联构成并联谐振电路。当 $A$、$B$ 两端在传输线上滑动时，$l_1$ 和 $l_2$ 的长度发生变化，因此，回路的谐振频率也随之改变，可以完成调谐功能。

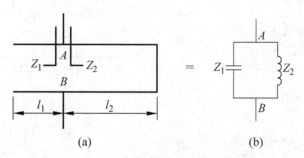

图 4.3-11 均匀无耗传输线构成的调谐回路
(a) 原理图；(b) 等效电路

2) 用传输线构成滤波器

利用传输线的谐振特性还可以构成多种滤波器。如图 4.3-12(a) 所示是带通滤波器的原理图。对于通带内的中心频率 $f_0$ 来说，并联的 $\lambda_0/4$ 短路线相当于并联谐振电路，而两个串联的 $\lambda_0/4$ 开路线相当于串联谐振电路。其等效电路如图 4.3-12(b) 所示。

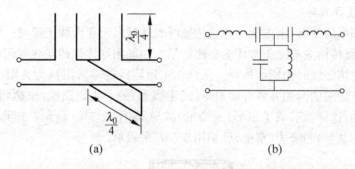

图 4.3-12 谐振线构成的带通滤波器
(a) 原理图；(b) 等效电路

另外，由于 $\lambda/4$ 短路线相当于并联谐振电路，其输入阻抗为无穷大，因此可以用它作为金属绝缘支架，如图 4.3-13 所示。由于它输入阻抗很高，对线上的电压和电流的分布几乎没有影响，这时如果用一般的绝缘介质做绝缘，将有较大的功率损耗，而用 $\lambda/4$ 短路线则几乎不消耗功率。

3) 延迟线与仿真线

传输线上分布电感与分布电容的存在，使得电磁能只能以一定的速度在线上传播，因而可以利用传输线来作为延迟线，例如无线电高度表检查仪中的延迟电缆。

传输线的分布参量 $L$、$C$ 很小，因此延迟时间极短。在实际应用中，经常利用集总参数元件来代替传输线，称其为仿真线，电路及其图形符号如图 4.3-14 所示。

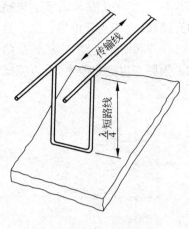

图 4.3-13 $\frac{\lambda}{4}$ 短路线支架

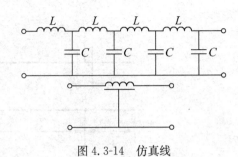

图 4.3-14 仿真线

### 4.3.6 波导

波导的基本功用是传输微波电磁能量。当工作频率达到几千兆赫或更高时,传输线的损耗显著增大,无法正常传输电磁能量,这时只能用波导来传输。与传输线相似的是,波导除了用作能量传输器件外,还可以作为谐振腔等器件。

**1. 波导的形成与种类**

1) 从传输线到波导

随着信号频率的升高,电磁能量通过传输线时就像电流在天线上流通一样,会形成电磁波辐射出去,致使传输线不能正常传输电磁能量。如能用导体把传输线封闭起来,就可以避免电磁能量通过传输线时的辐射损耗。依据 λ/4 短路线的输入阻抗为无限大这一特性,可以设想在平行传输线的两侧并联许多矩形(或半圆形)的 λ/4 短路线,来达到把电磁能封闭起来传输的目的,这样就形成了矩形(或圆形)波导,如图 4.3-15 所示。矩形波导的横截面为矩形,其宽边(宽壁)和窄边(窄壁)分别用 $a$ 和 $b$ 来表示。

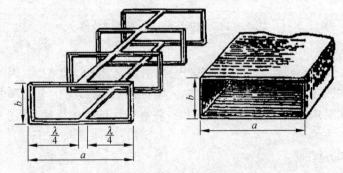

图 4.3-15 矩形波导

由上可知,波导是可以传输电磁能的。虽然同轴传输线也是封闭的,但它的内导体的表面积有限,当频率达到 3GHz 以上时,电阻损耗非常大,并且所能传输的电磁能量及功率受到限制,所以无法在微波波段应用。

由于电磁波是封闭在波导内部传播的,所以波导具有损耗小、功率容量大、结构坚固、架设方便等优点。但是,波导只适宜传输波长很短的电磁波,如果波长较长,则波导的尺寸就会很大。例如,如要传输 300MHz 的电磁能,波导的宽边至少应大于 0.5m,这显然是不可行的。通常波导只用于厘米波段和毫米波段。

2) 波导所能传输的电磁波

波导所能传输的电磁波的波长小于波导宽边的两倍($\lambda < 2a$)。如果波长等于或大于波导宽边的两倍($\lambda \geqslant 2a$),即波导宽边等于或小于半个波长,则等效平行传输线两旁所并接的短路线就短于 $\lambda/4$,相当于在平行线上并接的是许多阻抗有限的电感,因而电磁波是不可能沿波导传输的。

可见,宽边为 $a$ 的矩形波导,传输的电磁波的最大波长小于 $2a$,这个波长称为波导的截止波长。

3) 波导的种类

波导通常是用铝、铜等金属制成的封闭金属导管,其内壁镀银,以减少损耗。除此以外,也有用介质材料制成的特殊波导器件。

波导的形状以矩形截面波导应用最为普遍,其次是圆形波导。

波导的尺寸是有严格限制的,一定尺寸的波导只能用于传输一定波段的信号。例如,工作波长为 3cm 的机载气象雷达中所用的是宽边为 23mm、窄边为 10.2mm 的小 3cm 波导(或尺寸略大的大 3cm 波导)。

除了刚性的金属波导外,波导系统中往往还装有一种软性的波导。这种波导可以在一定范围内上下、左右弯折,以适应整个波导系统的需要。

**2. 电磁波在波导中的传播与分布**

自由空间中电磁波的磁场和电场是互相垂直的。电波的传播方向既垂直于电场,也垂直于磁场,因此称为横电磁波,记为 TEM 波。

在波导中,电磁波被导电的金属波导壁所封闭,当电磁波投射到导体表面时,会发生电波的反射,这就使得波导内电磁波的传播方式和分布状况不同于自由空间的电磁波。

1) 导体对电波的反射与边界条件

如同镜面会反射入射的光线一样,金属导体也会对入射的电波产生反射,如图 4.3-16(a) 所示。在反射面较大且为平面的条件下,电波的反射规律与光的反射规律相同:反射角等于入射角;反射线、入射线与法线处于同一平面内。

电波的反射分量与入射分量相叠加后,使得金属表面附近只有垂直的电场,而没有平行的电场。这是因为当存在平行于金属表面的电场时,金属表面的自由电子就会沿电场方向移动,导致电荷分离,从而产生新的、方向与入射电场 $E'$ 相反的反射电场 $E''$,直到与入射电场抵消为止,如图 4.3-16(b) 所示。另一方面,金属表面又只可能存在平行的磁场而不可能存在垂直的磁场。因为垂直磁场在金属表面会引起涡流,而生成的涡流又将产生与入射垂直磁场 $H'$ 大小相等方向相反的反射磁场 $H''$,使得导体表面处的垂直磁场为零,如图 4.3-16(c) 所示。以上是金属表面处的电磁波所必须具有的规律,通常称为电磁波的**边界条件**。实际上,这是电磁波的反射所引起的电波结构的变化。

2) 电磁波在波导中的传播

金属对电波的反射所形成的边界条件,决定了自由空间的横电磁波不可能沿着波导的

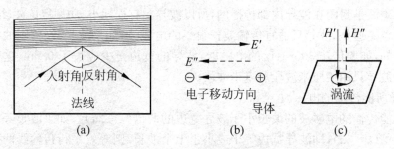

图 4.3-16　导体对电波的反射
(a) 电波的反射；(b) 导体表面不存在平行电场；(c) 导体表面不存在垂直磁场

轴线向前传播。否则，如果波的传播方向平行于波导轴线，与波的传播方向相垂直的电场就会平行于波导壁，磁场也会垂直于波导壁，参见图 4.3-17(a)。这是不符合边界条件的。

实际上，电磁波在波导中是由波导窄壁斜反射而曲折前进的，如图 4.3-17(b)所示。

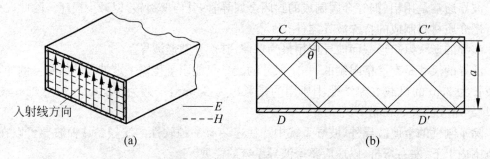

图 4.3-17　电磁波在波导中的传播
(a) 横电磁波不可能沿波导轴向传播；(b) 波导中电波的传播

### 3) 矩形波导中 $TE_{10}$ 模场分布图

矩形波导中传输的通常是主模 $TE_{10}$ 波，研究场分布有利于设计和选择合适的耦合结构产生 $TE_{10}$ 波。所谓**场分布图**就是在固定的时刻，用电力线和磁力线表示某种波形场强空间变化规律的图形。图 4.3-18 为 $TE_{10}$ 波的场分布图。图 4.3-18(a)是波的立体分布图，图 4.3-18(b)为同一瞬间波导壁上高频电流的分布情形，图 4.3-18(c)是各截面上的分布图，图中实线为电场，虚线为磁场；图 4.3-18(d)是纵剖面上的场分布图；图 4.3-18(e)是立体图。

(1) 电场的分布：电场垂直于波导宽壁，且中间密、两边稀，在靠近窄壁处电场等于零，即没有平行于窄壁的电场，这是符合边界条件的。

(2) 磁场的分布规律：磁场为封闭的环形曲线，所成的平面与波导壁相平行，也符合边界条件。磁场始终与电场相互垂直。

### 4) 矩形波导中 $TE_{10}$ 模壁电流的分布

当波导内传输电磁波时，波导内壁上将会感应出高频电流。这种电流属传导电流，称为**壁电流**。由于假定波导壁由理想导体构成，故壁电流只存在于波导的内表面。矩形波导中 $TE_{10}$ 模的壁电流分布图如图 4.3-19 所示。

由图可以看出，在宽壁上管壁电流有中断现象，似乎电流不连续。实际上除了波导壁上有壁电流以外，在波导内还存在**位移电流**。宽壁上的壁电流与空间的位移电流相连接构成**全电流**。

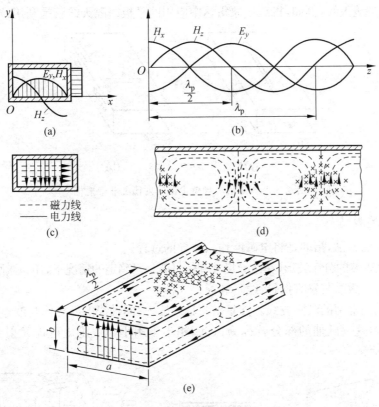

图 4.3-18 波导中 $TE_{10}$ 模的电磁场分布
(a) 场分量沿 $x$ 轴的变化规律；(b) 场分量沿 $z$ 轴的变化规律；
(c) 横截面上的场分布；(d) 纵剖面上的场分布；(e) 立体图

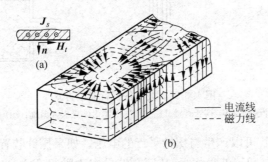

图 4.3-19 矩形波导中 $TE_{10}$ 模的壁电流分布

　　了解波导中不同模式的管壁电流分布，对于处理各种不同类型的技术问题和设计波导元件具有指导意义。若需要在波导壁上开槽而不希望影响原来波导内的传输特性或不希望能量向外辐射，则开槽位置必须选在不切割管壁电流线的地方。例如，对于 $TE_{10}$ 波在波导宽壁中心线上开纵向窄槽，在窄壁上开横向窄缝，如图 4.3-20(a)所示，都不会切断电流线，因而这些缝都是无辐射缝。波导宽壁中心线上开纵向窄槽可被制成驻波测量线，用于波导中各种微波参量的测量。相反，如果希望波导内传输的模式的能量向空间产生辐射(如波导的开槽天线)，则开槽的位置必须选在切割管壁电流线的地方。例如对于 $TE_{10}$ 波，若开槽位置如图 4.3-20(b)所示，则会切断电流线，使电磁能量从波导中辐射出去。在波导壁上开缝,可以做成裂缝天线,例如,机载气象雷达中应用的平板缝隙天线就是利用该原理制成的。

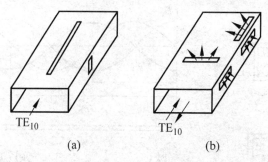

图 4.3-20　矩形波导壁上的辐射槽和非辐射槽

**3. 波导的激励**

所谓波导的激励,指的是将电磁能输入波导的过程。

波导中电磁波的分布波形,在波导尺寸和信号波长已确定的情况下,还与激励方式有关。常用的波导激励装置有探针、线环和窗口 3 种。

探针激励是常用的激励方式。能量由同轴线输入,同轴线的外导体与波导壁相连,内导体伸入波导内,这一延伸的部分就称为探针,相当于用小天线把电磁能发射到波导内,如图 4.3-21 所示。

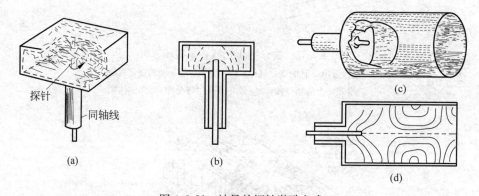

图 4.3-21　波导的探针激励方式
(a) 矩形波导探针激励;(b) 探针激励 $TE_{10}$ 波;(c) 圆形波导探针激励;(d) 探针激励 $TE_{10}$ 波

探针发射电磁能时,可以产生与探针平行的电场。如果探针装置在波导宽壁的中央处,则探针所建立的电场与 $TE_{10}$ 波很相近,从而在波导中激励起 $TE_{10}$ 波。改变探针的位置,利用探针也能激励起其他类形的波。

## 4.4　电磁波传播与天线

### 4.4.1　电磁波的辐射

我们知道,在终端开路的传输线上会产生电压和电流的驻波,电压驻波在传输线之间形成电场,当传输线的终端不断张开时,位于边缘的电力线将发生弓形弯曲,这是因为同一方向的电力线是相互排斥的,如图 4.4-1 所示。

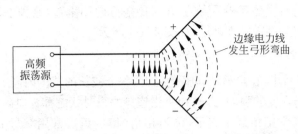

图 4.4-1　不断张开的传输线之间的电力线分布情况

换一个视角,再观察传输线(迎着传输线从右向左看),我们发现:除了传输线之间的电力线以外,在电流驻波的作用下,传输线周围还有磁力线存在,如图 4.4-2 所示。图中的"实线"表示电力线,"虚线"表示磁力线。

由于高频交流电压加在传输线上,因此其电力线的方向随着交流信号而改变。从理论上说,当交流电的交变频率超过 40kHz 时,最外侧的电力线将不能与反向电力线合并在一起,而是被瞬间到来的同向电力线排斥到自由空间,形成闭合环线,如图 4.4-3(a)所示。

在高频交流电压的不断作用下,新的电力线环不断出现,并将旧的电力线环推向远方,如此重复,如图 4.4-3(b)所示。同理,磁力线的相互作用过程

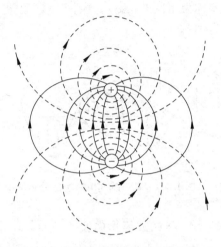

图 4.4-2　传输线周围的电力线和磁力线的分布

与电力线相同,结果一个携带电磁能量的连续波链从张开的传输线上产生,并辐射向自由空间,这就是电磁波的辐射,如图 4.4-3(c)所示。

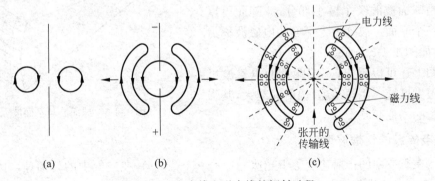

图 4.4-3　电力线和磁力线的辐射过程

## 4.4.2　电磁波的传播

**1. 电场及磁场与传播方向的关系**

当输入到传输线终端的高频信号按正弦规律变化时,空间电磁波的电场强度和磁场强度随之按正弦规律变化,并且在其传播方向上均按正弦规律分布。它们在空间任意点处的

电场向量与磁场向量始终是互相垂直的,并与传播方向相垂直,这种电磁波称为**横电磁波**。它的传播方向可以用右手定则来确定,如图 4.4-4 所示。

### 2. 电磁波的相角

从图 4.4-4 可以看出,在电磁波传播途径上,一个波长的范围内同一时刻的电场强度是不相同的。某点电场强度的强弱、方向和变化趋势的瞬时状态称为电磁波的相位。

电磁波的相位通常用角度来表示,称为相角(相位角),常用字母 $\varphi$ 表示。如图 4.4-5 所示,$A$ 点的相位 $\varphi=0°$;$B$ 点的相位 $\varphi=90°$;$C$ 点的相位 $\varphi=180°$ 等。两点间的相位之差称为相位差($\Delta\varphi$)。在同一电磁波的传播途径上,两点之间的距离每隔 $\lambda/4$ 相位差为 $90°$。

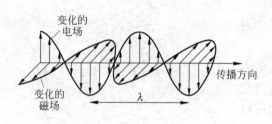

图 4.4-4  某一瞬间电磁场的分布情况

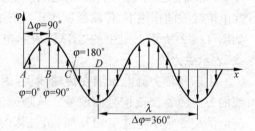

图 4.4-5  电磁波的相角

### 3. 球面波与平面波

电磁波中相位相同的各点组成的面,称为波阵面。

波阵面实际上是距波源相同距离的各点所组成的面。显然,当把波源看成是一个点时,电磁波的波阵面是一个球面,这样的电磁波称为球面波。

实际上,在距天线遥远的地方,天线所接收到的只是球面波的一个极小部分,波阵面可以看成是一个平面。波阵面为平面的电磁波称为平面波,如图 4.4-6 所示。

从图上还可以看出,一定能量的电磁波可以传播很大区域。距离越远,辐射面越大,其强度随距离的增加而减小。

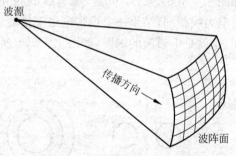

图 4.4-6  球面波与平面波

### 4. 电磁波的传播速度

电波在真空中的传播速度等于光速 $c$($c=3\times10^8$ m/s),在空气中的传播速度略小于光速,但通常可以认为其等于光速。

### 5. 电波的极化

由天线的工作原理可知,为了分析电波在天线上所产生的信号电动势的状况,必须了解电波的电场和磁场的方向及其变化规律。

电波在空间传播时,其电场矢量是按照一定的规律变化的,这就是电波的极化。电波的电场方向称为它的极化方向。电波的极化有以下几种。

1) 线极化波与圆极化波

如果空间某点电波的电场矢量终端随时间变化的轨迹为一条直线,则这种电波称为**线极化波**;如果电场矢量终端随时间变化的轨迹为一个圆,则称为**圆极化波**。此外,电场终端矢量的轨迹还可能为椭圆——这样的电波称为**椭圆极化波**。

2) 水平极化波与垂直极化波

如线极化波的电场是与地面垂直的,就称为**垂直极化波**;如与地面平行,就称为**水平极化波**。显然,与地面垂直的天线所产生的是垂直极化波;要有效地接收垂直极化波,接收天线也应当是垂直安置的。

上述各种极化波如图4.4-7所示。

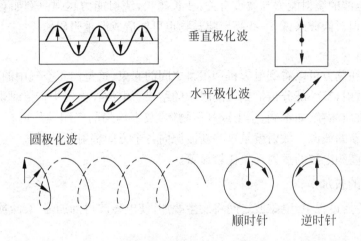

图4.4-7 电波的极化

### 4.4.3 电磁波传播的基本规律

电磁波的传播规律与可见光的传播规律具有许多相似之处。

电磁波在均匀媒质中是以恒定的速度沿直线传播的。甚高频通信信号、甚高频导航信号、测距信号、空中交通管制应答信号等,都可以认为是沿直线在收发天线之间传播的。

当电磁波通过不均匀的媒质——相对介电常数为 $\varepsilon_r$ 和相对磁导率为 $\mu_r$ 不等的两种或两种以上的媒质时,不仅电波的传播速度会发生变化,而且电波的传播方向也会发生变化,产生反射、折射、绕射及散射现象。以下利用与光的传播相对比的方法,分别说明这几种电波方向变化的规律及原因。

**1. 反射**

光线遇到镜面时会被反射,电波经过不同媒质的分界面时,也会发生反射现象。尤其是当电波遇到相对介电常数 $\varepsilon_r$ 很大的金属或其他导电体时,电波的能量几乎全部被分界面所反射。当反射面是平面且远大于电波波长时,电波的反射遵循光的反射规律——反射线与入射线及反射点处的法线处于同一平面内,且反射角等于入射角。如图4.4-8所示。

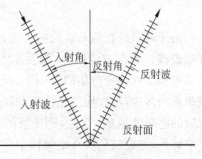

图4.4-8 电磁波的反射

## 2. 折射

电波由一种媒质进入到另一种媒质时,除了在分界面上产生反射以外,通常也会产生折射现象,并服从光的折射定律。电波通过两种媒质的分界面时,其折射方向总是向着相对介电常数 $\varepsilon_r$ 较大的媒质的法线方向偏折。短波在进入大气层中的电离层时,就会发生这种折射现象。

## 3. 绕射

任何波通过障碍物时,都可能产生绕射现象。电波遇到某些障碍物时,同样能绕过障碍物继续向前传播,这种现象称为绕射。由于电波具有绕射特性,所以能够沿着起伏不平的地球表面传播。电波的绕射能力与波长有关,波长越长,绕射能力越强。例如对长波来说,高山也不算障碍,但对微波来说,一些高层建筑物也可能造成严重阻碍。

## 4. 散射

放电影时,在侧方可以看到电影机和银幕之间的光束,这是由于空气中的灰尘微粒将光波向四面八方散射,有一部分传播到人的眼中的结果。电波在大气中传播时也会产生散射。大气中的其他物质微粒(如水滴、尘土或其他物体)及不均匀的气团等均可在电波的作用下激起电流,成为新的波源。散射就是这些新波源向各个方向辐射的结果。

一般讲,甚高频电波的散射现象比较显著。

## 5. 电磁波的叠加

在电磁波传播过程中,电磁波之间将发生叠加,使电磁波得到加强、衰减或相互抵消,如图 4.4-9 所示。

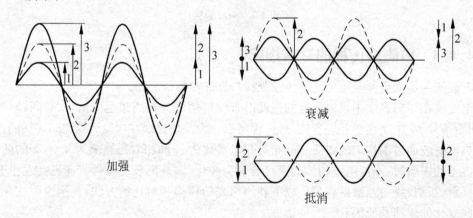

图 4.4-9 电磁波的叠加

由于能量的扩散和媒质的吸收,电磁波在传播过程中,能量将逐渐减小,场强逐渐减弱。如电磁波在真空中传播时,随着波阵面的增大,将造成能量的扩散;在媒质中传播时,媒质中带电粒子在交变电场的作用下,同其他粒子相互碰撞发热而吸收电磁能等。媒质对电磁波吸收的多少,与媒质的电性质和频率有关。通常媒质的导电性越好,电磁波频率越高,则吸收的电磁能越多;反之,则吸收的越少。

此外,电磁波只能在绝缘体中传播而不能穿过导体。因为导体内部不可能存在交变电场和交变磁场,所以,电磁波不能在导体中存在,当电磁波射向导体时将全部被反射。

### 4.4.4 电磁波的传播方式

无线电波的传播方式可以分为地面波、天波和空间波。

**1. 地面波传播**

电磁波沿地球表面传播到接收点,称为地面波,或称表面波,如图 4.4-10 所示。当天线低架于地面上,天线架设长度比波长小得多且最大辐射方向沿地面时,电波是紧靠着地面传播的,地面的性质、地貌、地物等情况都会影响电波的传播。长波、中波波段和短波的低频段($10^3 \sim 10^6$ Hz)均可用这种传播方式。

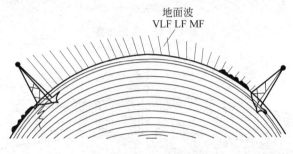

图 4.4-10 地面波传播

当地面波沿地球表面附近的空间传播时,地面上有高低不平的山坡和房屋等障碍物,根据波的衍射特性,当波长大于或相当于障碍物的尺寸时,波才能明显地绕到障碍物的后面。地面上的障碍物一般不太大,长波可以很好地绕过它们,中波也能较好地绕过;但短波和微波由于波长过短,绕过障碍物的本领就很差了。由于障碍物的高度比波长大,因此短波和微波在地面上不能绕射,而是沿直线传播。

当电磁波沿地面传播时,地面在电磁波电磁场的作用下会产生感应电流。由于地面是不良导体,所以感应电流的流动会使电磁波损耗一部分能量,即地面吸收了电磁波的部分能量。地面的导电系数越小,地面损耗越大;另一方面,电磁波频率越高,损耗也越大。因此,若利用地面来传播电磁波,则电磁波的频率应尽量低。海水的导电系数比陆地大,所以电磁波沿海面可以传播较远的距离。

为了使表面波的传播效率更高,表面波适宜用垂直极化波。这是因为水平分量在地面上会引起较大的传导电流,从而增加功率损失。也就是说,地面对水平极化波吸收大,因此表面波多采用垂直极化波,故需要采用垂直于地面的直立天线。

**2. 天波传播**

电磁波由发射天线向空中辐射,遇到电离层后反射到接收点,这种传播方式称为天波传播,如图 4.4-11 所示。短波主要利用天波传播。

大气外层中的气体分子在阳光中的紫外线照射下,将电离成自由电子和正离子,这种大气层称为电离层。由于电离层中含有较多的电子和正离子,所以具有一定的导电性,对电波传播会产生较为明显的影响。由于不同高度上大气的成分不同,受阳光照射的程度不同,所以电离层中的电子浓度是不均匀的,各层电子浓度的强度顺序为 $F_2$、$F_1$、E、D 4 层,如图 4.4-12 所示。电离层的电子浓度与日照密切相关——白天大,晚间小,黑夜 D 层消失,$F_1$ 和 $F_2$ 合并为 F 层。

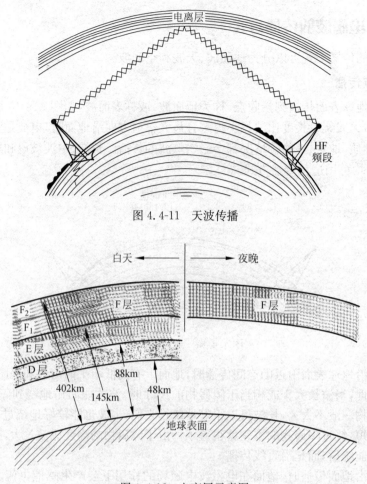

图 4.4-11 天波传播

图 4.4-12 电离层示意图

如图 4.4-13 所示,电离层随季节而变化,夏季的太阳直射到地面上,紫外线较强,因此 E 层的电子浓度在夏季最大,冬季最小。但 $F_2$ 层的密度在夏季中午反而比冬季中午的小。

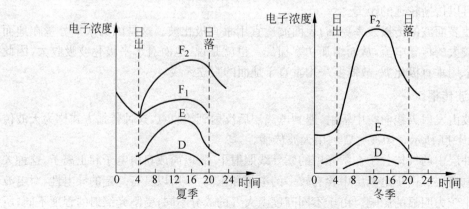

图 4.4-13 电子浓度随时间和季节的变化

一天中,白天的电子浓度比晚上的大。这是因为气体的电离是在白天阳光照射下发生的,夜间电子与正离子会部分地复合,所以电子浓度下降。D 层和 $F_1$ 层入夜后很快消失;E

层电子浓度在中午阳光最强时最大，在夜间减弱并几乎保持不变；$F_2$层的电子浓度在下午达到最大值，黎明前最小。

电离层的电子浓度还与纬度有关，纬度越高的地方，阳光越弱，电子浓度就越小。

此外，不同年份电离层的电子浓度也有所不同，这与太阳的活动性有关，变化周期约为11年。

为了分析电磁波在电离层中的传播，将电离层分成许多薄片层，假设每一薄片层的电子浓度均匀，但彼此并不相等。因为各薄片电离层的电子浓度随高度的增加而变大，各层的折射率关系为 $n_0 > n_1 > \cdots > n_i$。图 4.4-14 绘出了电波在分层结构的电离层中连续折射的情况。

在图 4.4-14 中，各薄层间的界面上连续应用折射定律，可以得到如下关系：

$$n_0 \sin\theta_0 = n_1 \sin\theta_1 = \cdots = n_i \sin\theta_i$$

也就是说，当电波以入射角 $\theta_0$ 进入电离层时，由于电离层的折射率小于空气的折射率，因此折射角 $\theta_1$ 大于入射角 $\theta_0$，射线要向下偏折；当电波进入电离层后，各薄层的折射率依次变小，因此电波将连续地向下偏折，直到到达某一薄层处的入射角 $\theta_n = 90°$ 时，电波开始回返，则称此点为反射点。

当电波的入射角一定时，电离层反射电波的能力与电波的频率有关，频率 $f$ 越高，反射条件要求的电子浓度 $N_n$ 越大，所以要在较高处才能返回，如图 4.4-15 所示。当电波工作频率高于 $f_{max}$ 时，致使反射条件所要求的 $N_n$ 值大于电离层的最大电子浓度 $N_{max}$ 值，因此电波不能被电离层"反射"回来，电波将穿透电离层进入宇宙空间而不再返回地面，如图 4.4-15 中的 $f_5$ 所示。这正是超短波和微波不能在电离层传播的原因。

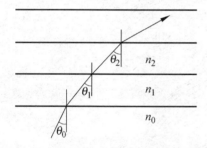

图 4.4-14　电离层对电波的连续折射

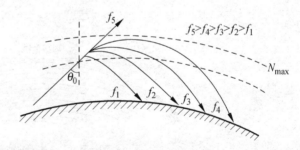

图 4.4-15　入射角 $\theta_0$ 一定而频率不同时的电波轨迹

当电波频率一定时，射线对电离层的入射角 $\theta_0$ 越小，电波需要到达电子浓度较高的地方才能被反射回来，且通信距离越近，如图 4.4-16 的曲线"1""2""3"；但当 $\theta_0$ 继续减小时，通信距离变远，如图 4.4-16 中的曲线"4"；当入射角 $\theta_0 < \theta_{0min}$ 时，则电波能被电离层"反射"回来所需的电子浓度超出实际存在的 $N_{max}$ 值，于是电波穿出电离层，如图 4.4-16 中的曲线"5"。

由于入射角 $\theta_0 < \theta_{0min}$ 的电波不能被电离层"反射"回来，使得以发射天线为中心的、一定半径的区域内就不可能有天波到达，从而形成了天波的静区。

电磁波在电离层中传播时，电子在振动过程中与周

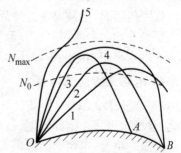

图 4.4-16　频率一定时通信距离与入射角的关系

围正离子及气体分子相碰撞,从而吸收电磁波的能量。电离层电子浓度越大,电离层对电磁波的衰减越大。电离层的D层对电波的吸收严重,夜晚,D层消失,致使天波信号增强,这正是晚上能接收到更多短波电台的原因。因此,依靠电离层的折射而传播的短波白天衰减较大。

电波频率越低,周期越长,电波对电子向一个方向的加速时间长,电子振动幅度大,与原子、分子等碰撞增多,加大了对电波的吸收。为了减小损耗,天波传播应尽可能采用较高的工作频率。然而当工作频率过高时,电波需到达电子浓度很大的地方才能被"反射"回来,这就大大增长了电波的电离层中的传播距离。为此,为了通信可靠,必须在不同时刻使用不同的频率。但为了避免换频的次数太多,通常一日之内使用两个(日频和夜频)或3个频率。

短波利用电离层的反射来传播,受电离层变化的影响特别明显,因而导致传播的不稳定,产生衰落现象。所谓衰落现象,是指所接收的信号强度时起时落的不规则现象。由于电波可能是经两个或两个以上的路径到达接收点的,而反射这些电波的电离层本身经常变化,所以两路电波的相对大小和相位变化不定,造成了合成电波的时强时弱。

### 3. 空间波传播

空间波包括直达波和地面反射波。电磁波沿视线直接传播到接收点,称为**直达波**,如图 4.4-17 所示;经地面反射后到达接收点的电磁波称为**地面反射波**。它主要用于超短波和微波波段的电波传播。

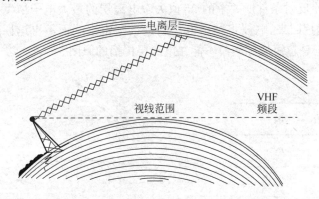

图 4.4-17 直达波或视距传播

空间波在大气的底层传播,传播的距离受到地球曲率的影响。收、发天线之间的最大距离被限制在视线范围内,因此空间波传播也称为**视距传播**。

视距传播时,电波是在地球周围的大气层中传播的,大气对电波产生折射和衰减作用。大气层是非均匀介质,其压力、温度与湿度都随高度而变化。由于对流层对波的折射作用,其无线电水平距离略大于视线水平距离。无线电水平距离比视线水平距离大约长15%。

### 4. 电磁波传播的特点

(1) 超长波和长波(VLF、LF 频段):绕射能力很强,地面的吸收很小,所以地波传播距离远,且稳定可靠。因此,超长波和长波的传播方式以表面波为主。由于波段很窄,故不能容纳大量的电台,这两个波段的天波干扰最大。由于超长波还可以深入水下一定距离,所以可供潜艇导航使用。

(2) 中波(MF 频段):地面对中波的吸收比长波大,所以中波的地波比长波的传播距离近。白天电离层对中波吸收较大，因此白天中波不能用来有效地传播信号。夜间 D 层消失，E 层的电子浓度也减小，电离层对天波的吸收大为减小，因此，夜间中波的天波传播比地波传播距离更远。

中波以地波传播方式为主。中波的地波与超长波一样，也具有稳定可靠的特点。无线电罗盘使用中长波波段。

（3）短波（HF 频段）：以天波传播方式为主。电离层对短波的吸收比对中波和长波的吸收都小，因此，短波可利用天波传播很远的距离；而地面对短波的吸收比对中、长波大，故地波传播距离近。由于短波是利用电离层的反射来传播的，受电离层变化的影响特别明显，会导致传播不稳定，产生衰落现象。这会严重影响电磁波传播的稳定性和通信系统的可靠性，甚至引起通信中断。

另外，短波的传播有时会出现静区，如图 4.4-18 所示。发射点 A 发出的地波传播距离近，只能到达 B 点，而由 A 点发出的天波，又只能到达比 C 点更远的地区，这样在地波到达不了天波又越过了的 BC 区域，就接收不到信号，形成了静区。

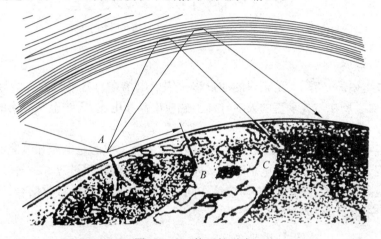

图 4.4-18 静区的形成

天波虽然具有不够稳定的特点，但使用中小功率的电台，便可用天波传播较远的距离，所以在航空通信方面获得了广泛应用。

（4）超短波（VHF 频段）：它的频率很高，因而其地波衰减很快，其天波又一般都会穿过电离层而不能被折射回地面，所以超短波的天波与地波都不能有效地传播，只能以空间波方式传播。

超短波受天线干扰较小，直线传播方式的保密性也较好。甚高频通信与甚高频导航系统的信号就是以直达波的方式在地面设备与机载设备之间传播的。

## 4.4.5 天线

在无线通信系统中，信息都是依靠无线电波来传输的，因此需要有无线电波的辐射和接收设备，辐射和接收无线电波的装置称为天线。

我们已经知道，高频信号可以通过终端张开的传输线向自由空间辐射电磁能量，那么在什么条件下能最有效地向外辐射电磁波呢？

从高频传输线的知识中知道，$\lambda/4$ 的开路线相当于串联谐振，其阻抗为零，它本身不消耗能量,最利于电磁波的辐射。可见,张角为180°的 $\lambda/4$ 的开路线能最有效地向外辐射电磁波。因此,我们把张角为180°的 $\lambda/4$ 开路线作为天线或组成天线的基本单元,它是辐射电磁能量的装置,用于辐射或接收电磁能量。

如果把上述关于辐射分析中的传输线长度定为 $\lambda/4$,那么一对张开的导线就是 $\lambda/2$ 长,它就构成了最基本的天线单元。实际上,天线向外辐射的基本原理与电波辐射的过程一样,其更形象的辐射图形如图 4.4-19 所示。

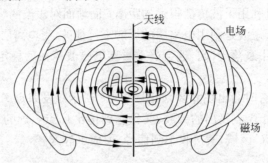

图 4.4-19　天线向自由空间辐射电场和磁场示意图

**1. 天线的接收**

天线接收电磁波,实际上是辐射的逆过程。辐射电场在与其平行的天线导体上感应出高频电流,辐射磁场在与其垂直的天线导体上感应出高频电流,天线上感应出的高频电流被接收电路接收。

发射天线和接收天线的外形尺寸完全相同。发射时完成的是电压和电流源向电场和磁场的转化过程,接收时完成的是电场和磁场向电压和电流的转化过程。

发射天线和接收天线的摆放方向应该在同一极化方向上,这样接收信号最强,否则接收信号弱,无法完成通信任务,如图 4.4-20 所示。

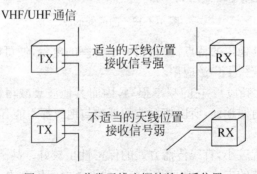

图 4.4-20　收发天线应摆放的合适位置

**2. 天线的电参数**

描述天线工作特性的参数称为天线的电参数,又称为电指标。它们是定量衡量天线性能的尺度。

1) 方向图

方向图就是在与天线等距离处,天线辐射场的大小在空间中的相对分布随方向变化的图形。图 4.4-21 为某些类型的方向图。

立体的方向图比较复杂,常取通过主向的剖面方向图来讨论天线的方向性特性。假设天线的方向性图是花瓣形的,如图 4.4-22 所示,包含最大方向的瓣称为主瓣,其他的称为旁瓣。常用的波瓣参量定义如下。

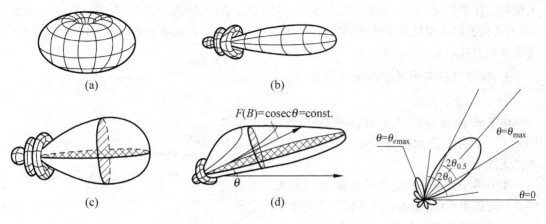

图 4.4-21　某些类型的方向图
(a) 元辐射方向图；(b) 铅笔形方向图；
(c) 扇形方向图；(d) 余割平方方向图

图 4.4-22　方向图剖面图

(1) 主向角 $\theta_{max}$：最大辐射的方向角。

(2) 主瓣宽度 $2\theta_{0.5}$：主向两侧平均功率流密度为主向的一半,或辐射场强为主向 0.707 倍的方向所决定的夹角。

(3) 主瓣张角 $2\theta_0$：主向两侧主瓣零辐射方向间的夹角。

(4) 旁瓣电平 $L_S$：主向辐射场强与旁瓣中最大辐射场强之比,通常用分贝数表示：

$$L_S = 10\log \frac{E_{Smax}}{E_{max}}$$

式中,$E_{max}$ 为最大辐射方向的电场强度；$E_{Smax}$ 为旁瓣中的最大辐射电场强度。

2) 天线增益

为了比较不同天线在其主要辐射方向上所产生的场强大小,常采用**天线增益**的概念。其定义为：在输入功率相等($P_i = P_{i0}$)的条件下,天线在最大辐射方向上某点的功率密度 $S_{max}$ 与理想的无方向性天线在同一点处的功率密度 $S_0$ 之比,即有

$$G = \frac{S_{max}}{S_0} \bigg|_{P_i = P_{i0}}$$

若不特别说明,则某天线的增益系数一般就是指该天线在最大辐射方向上的增益系数。通常所指的增益系数均是以理想天线作为对比标准的,但有些厂家也采用自由空间半波对称振子作为对比标准。半波对称振子的方向性系数等于 1.64。以它作为对比标准时所得的增益系数 $G_A$ 和用点源作为对比标准的增益系数 $G$ 之间的关系为

$$G_A = \frac{G}{1.64}$$

增益系数也可用分贝表示,即有

$$G(\text{dB}) = 10\lg G$$

3) 输入阻抗

天线通过传输线与发射机相连,天线作为传输线的负载,与传输线之间存在阻抗匹配问题。天线与传输线的连接处称为天线的输入端,天线输入端呈现的阻抗值定义为天线的**输入阻抗**。在谐振时,天线的输入阻抗为纯电阻,不含电抗(感抗或容抗)分量。在这种情况下,若天线的输入阻抗等于馈线的阻抗,则天线辐射的功率和效率较高,否则可能产生反射,使天线辐射功率和效率降低。

**3. 典型飞机电子系统的天线种类**

1) 半波振子天线

由于终端张开的 $\lambda/4$ 开路线的长度是 $\lambda/4$,如图 4.4-23 所示。因此称其为半波振子天线,它是最基本的天线单元。

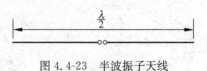

图 4.4-23 半波振子天线

半波振子天线一般是水平安装,而离开天线的电力线是与天线平行的,所以它向外辐射的是水平极化波。

水平放置的半波振子天线的方向图如图 4.4-24 所示。

用通过天线的平面切割图 4.4-24(a),就可以得到与天线平行平面内的辐射图形,它是一个"8"字形的图形,如图 4.4-24(b)所示。其最大辐射点在 0°和 180°的方向上,而天线的终端实际上不存在辐射,也就是说 90°和 270°的方向上是辐射最小点。可见,半波振子天线在与天线平行的平面内,其辐射是有方向性的。

用垂直于天线的平面,并通过馈源点切割图 4.4-24(a),就可以得到与天线垂直平面内的辐射图形,它是一个圆形,在垂直于天线的平面内其辐射强度相同,如图 4.4-24(c)所示。半波振子天线在与天线垂直的平面内,其辐射是全向的、无方向性的。

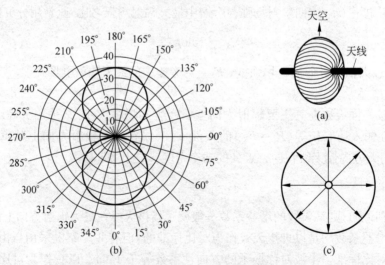

图 4.4-24 水平放置的半波振子天线辐射方向图
(a) 半波偶极子天线空间方向图;(b) 水平面方向图;(c) 垂直面方向图

一些飞机的机载无线电高度表使用的就是半波振子天线,从其外形来说,也称为 π 型天线,如图 4.4-25(a)所示。

由上述内容可知,半波振子天线在通过天线的平面内其方向图呈"8"字形。由于机身的反射作用和天线距离机身的尺寸,正好将上面的半个"8"字形反射回下面,从而在机身下部形成了更尖锐的半"8"形,如图 4.4-25(b)所示,这样就增强了垂直方向的辐射与接收能力。

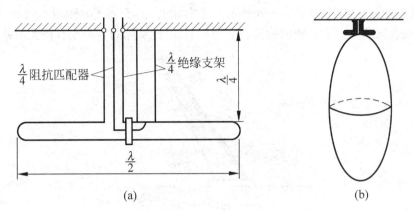

图 4.4-25　机载无线电高度表使用的半波振子天线
(a)半波振子天线；(b)方向图

2) 垂直天线

垂直天线的长度是 $\lambda/4$,垂直于地面(或某个平面)安装,辐射垂直极化波。它也称为马克尼(Marconi)天线。

$\lambda/4$ 天线的低端与导电性能良好的大地相连,由于镜像效应,它很像垂直放置的半波振子天线。其辐射方向图如图 4.4-26 所示。

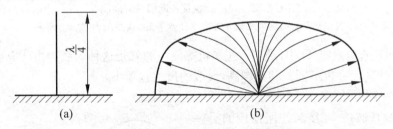

图 4.4-26　垂直天线的方向图

$\lambda/4$ 垂直天线在水平平面内的辐射是全向的,是无方向性的辐射图形。

如果大地的导电性能良好,其天线上的电压、电流驻波的分布就像一个半波振子天线。大地提供的半个天线称为**镜像天线**,如图 4.4-27 所示。

由于电流驻波的波峰位于半波振子天线的中心,而此中心位于地面,因此,天线周围的大地必须具有良好的导电性。

调幅(AM)广播电台使用的就是这种天线。一些广播电台天线周围的地面上铺设有金属导电网,这一金属网称为地网,它产生镜像效应,使天线的总辐射功率增强。

在飞机上,垂直天线的应用也相当广泛,工作在 VHF 以上的一些机载无线电设备常采用刀型天线。这种类型的天线相当于 $\lambda/4$ 波长的垂直天线,只是

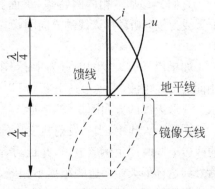

图 4.4-27　垂直天线等效成半波振子天线

为了适应飞机高速飞行的需要,天线才与飞机蒙皮成一定的角度安装。此时,飞机的蒙皮相当于大地。

刀型天线及其方向图如图 4.4-28 所示。但实际上,由于天线的倾斜和机身、机翼反射的影响,天线在某些方向上的辐射和接收能力很弱,因此实际的方向图有较大的差别。

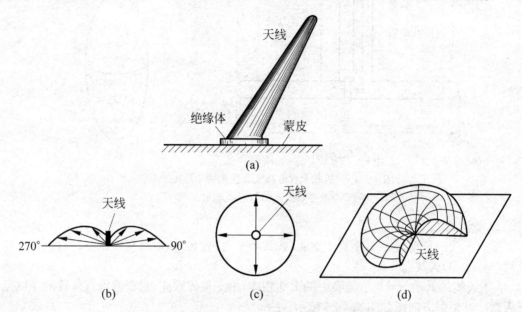

图 4.4-28　刀形天线及其近似的方向图
(a) 刀型天线;(b) 垂直平面方向图;(c) 水平面方向图;(d) 空间方向图

机载 VHF 通信系统、DME、ATC、应答机等使用的就是这种天线。由于其使用的频率不同,所以天线的尺寸也不同。频率越高,天线的尺寸就越小。

3) 环形天线

环形天线是通信、导航系统所使用的另一种重要天线,由于它具有对信号的聚集作用及方向性好等优点,所以应用很广泛。环形天线有多种形状,如圆形、矩形或菱形等,如图 4.4-29 所示。

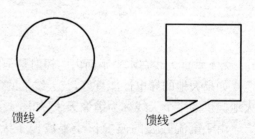

图 4.4-29　环形天线的形状

它们具有基本相同的特点,下面我们以矩形天线为例分析环形天线的方向图,如图 4.4-30 所示。

如果以环形天线的中点为中心,在它的周围等距离各点 $X_1$、$X_2$、…、$X_{12}$ 分别发射强度相同的无线电波,根据上述分析,可以画出环形天线在水平面内的方向图,如图 4.4-31 所示。环形天线的方向图是"8"字形。

在环形天线中,当从发射机发出的信号等距离地到达环形天线的两边时,将在环形天线的两边上同时产生感应电压,并且两者幅值相同,极性相反,因此相互抵消。相反,如果发射信号到达环形天线两边的距离不相等,那么环形天线两边所产生的感应电压也不相同,合成电势将不能相互抵消。如在 $X_4$ 和 $X_{10}$ 点上,环形天线的合成电势为零;在 $X_1$ 和 $X_7$ 点上,环

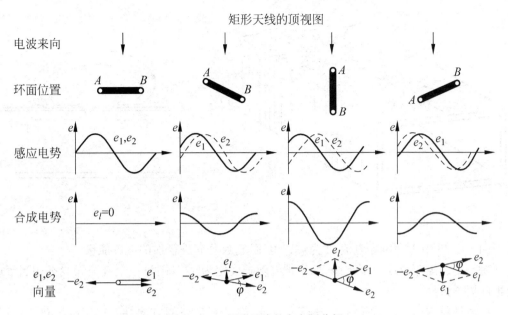

图 4.4-30 环形天线的方向图分析

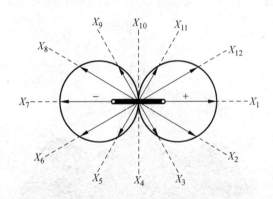

图 4.4-31 环形天线的方向图

形天线的合成电势最大。这样就可以通过天线上的合成信号来确定电波的方向,定向天线就是利用环形天线的这一特性。飞机上的机载 ADF 接收机就是利用垂直天线与环形天线的组合进行定向的。

4) 平板缝隙天线

它由两层薄铝合金平板及平板之间的隔板组成,天线的正面是开有很多缝隙的辐射面,背板为圆形平板,辐射面与背板相互平行,间距约为 5mm,纵向隔板是平行的,如图 4.4-32 所示。

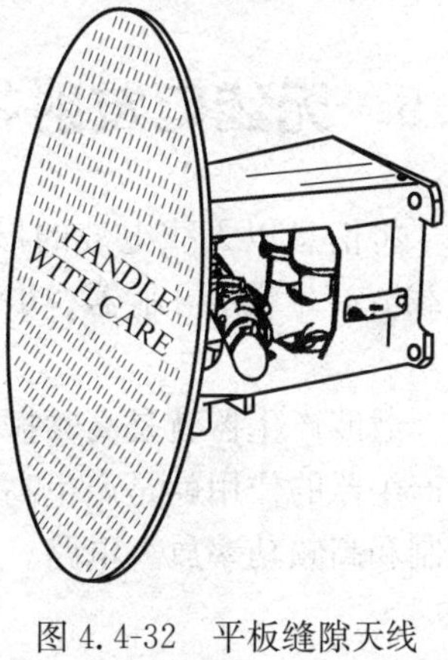

如前所述,当电磁能量在矩形波导中传播时,波导管的内壁表面将会产生高频电流。在波导的管壁上,将缝隙开设在能截断管壁电流的位置,波导中的电磁能量就会从缝隙中泄漏出来,产生辐射,如图 4.4-33 所示。

图 4.4-32 平板缝隙天线

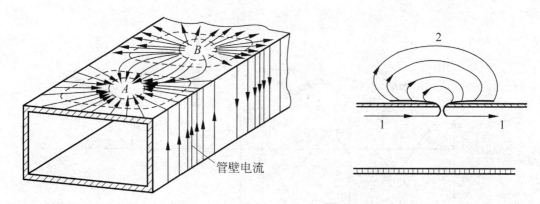

图 4.4-33 缝隙天线原理

图 4.4-33 中 1 为传导电流,2 为位移电流,它就是向外辐射的电磁能量。

每一个缝隙等效成一个天线,如果把缝隙长度定为 $\lambda/2$,则每一个缝隙天线都相当于一个半波振子天线。

机载气象雷达天线就是一个缝隙天线阵,它具有良好的方向性。以 B747-400 飞机为例,辐射面共有 656 个缝隙,30 列。其辐射方向图如图 4.4-34 所示。

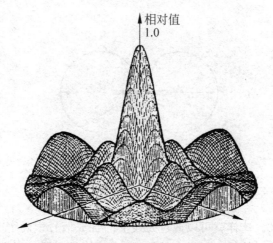

图 4.4-34 缝隙天线阵方向图

## 4.5 无线电发射机

将信息以无线电波的形式发射出去,这一任务由无线电发射机完成。无线电发射机由载波产生器、调制器、功率放大器、话筒、低频放大器和发射天线等组成,如图 4.5-1 所示。

载波产生器就是高频振荡器,在本书的"正弦波振荡器"中已有介绍,在此不再重复。载波产生器的作用就是产生高频振荡信号,作为发射机中的载波信号。本节主要分析信号的调制和高频功率放大电路。

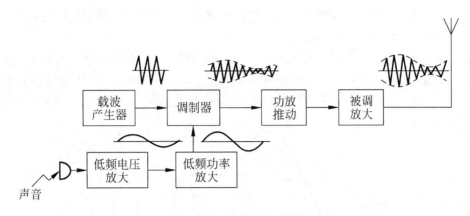

图 4.5-1　发射机的组成框图

## 4.5.1　高频功率放大器

高频功率放大器与低频功率放大器都要求输出功率大和效率高,但因工作频率高、低不同,相对频带宽度不同,因此对输出负载的要求也不同。高频功率放大器一般采用 LC 谐振回路作负载,因为它具有选频和阻抗变换功能,可使放大器得到最佳的匹配阻抗,从而获得大的功率增益;并通过回路的滤波作用,使放大器工作在非线性区域(饱和或截止),其信号波形的失真也可得到改善。

高频功率放大器可选择在丙类(或丁类)等非线性工作状态,丙类放大状态的导通角 $\theta < 90°$。丙类放大器的集电极功耗小,效率高,所以高频功率放大器通常选择丙类工作状态,因为它的工作范围已延伸至截止区和饱和区(即非线性区),故这种放大器也称为"非线性谐振放大器"。

**1. 高频功率放大器的组成和工作原理**

高频功率放大器一般由晶体管、谐振回路和直流供电电路组成,如图 4.5-2 所示。

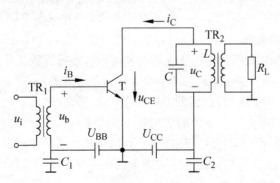

图 4.5-2　高频功率放大器的基本组成

晶体管起开关控制作用,把直流电能变为交流电能;变压器 $TR_1$ 耦合高频激励信号,变压器 $TR_2$ 的初级绕组与电容组成 LC 高频谐振回路,作为晶体管的负载,并将高频输出信号传输给实际负载 $R_L$,如发射机的传输线或天线。直流供电电路为其提供适当的静态工作点和电能。

当集电极回路调谐在基波频率时,回路发生谐振而呈电阻性,其谐振阻抗用 $R_{oe}$ 表示(直流成分和各高次谐波很小,可忽略)。

要了解高频功率放大器的工作原理,首先必须了解晶体管的电流、电压波形及其对应关系。晶体管的转移特性如图 4.5-3 中虚线所示。由于输入信号较大,可用折线近似模拟转移特性,如图中的实线所示。图中的 $U_{BZ}$ 为晶体管的导通电压。

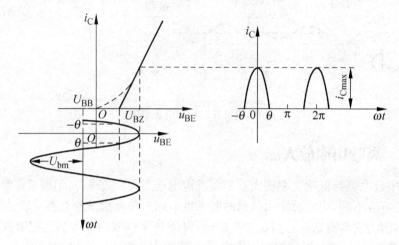

图 4.5-3 丙类工作情况的输入电压、集电极电流波形

设输入电压为一余弦电压,即

$$u_b = U_{bm}\cos\omega t$$

在丙类工作时,$U_{BB} < U_{BZ}$,在这种偏置条件下,集电极电流 $i_C$ 为余弦脉冲,其最大值为 $i_{Cmax}$,$\theta$ 为导通角,丙类工作时,$\theta < \pi/2$。把集电极电流脉冲用傅里叶级数展开后,可将其分解为直流、基波和各次谐波分量,因此,集电极电流 $i_C$ 可写为

$$i_C = I_{c0} + I_{c1m}\cos\omega t + I_{c2m}\cos 2\omega t + I_{c3m}\cos 3\omega t + \cdots$$

式中,$I_{c0}$ 为直流电流,$I_{c1m}$、$I_{c2m}$ 分别为基波、二次谐波电流的幅度。

高频功率放大器的集电极负载是一高品质因素的 $LC$ 并联振荡回路,如果选取谐振角频率 $\omega_0$ 等于输入信号 $u_b$ 的角频率 $\omega$,那么,尽管在集电极电流脉冲中含有丰富的高次谐波分量,但由于并联谐振回路的选频滤波作用,振荡回路两端的电压可近似认为只有基波电压,即

$$u_c = I_{c1m}R_{oe}\cos\omega t = U_{cm}\cos\omega t$$

式中,$U_{cm}$ 为 $u_c$ 的振幅;$R_{oe}$ 为 $LC$ 回路的谐振电阻。

高频功率放大器各极电压和电流的波形如图 4.5-4 所示。

由以上分析可以看出,虽然集电极电流为脉冲,但由于 $LC$ 并联谐振回路的选频滤波作用,振荡回路两端的电压仍为与输入电压同频率的余弦波。

**2. 高频功率放大器的负载特性**

晶体管的静态特性是指集电极电路不接负载阻抗时,集电极电流受基极电压(或集电极电压)控制的变化规律(对应有 $i_C \sim u_{CE}$ 输出特性)。

如集电极电路接入负载阻抗,则当改变 $u_{BE}$ 使 $i_C$ 变化时,由于负载上有电压降,必将同时引起 $u_{CE}$ 的变化,因此集电极电流同时受 $u_{BE}$ 和 $u_{CE}$ 的控制。此时描绘的电流曲线称为动态特性或负载线($AQ$),如图 4.5-5 所示。

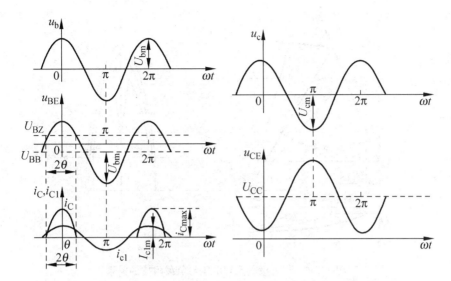

图 4.5-4　高频功率放大器各电极的电压和电流波形

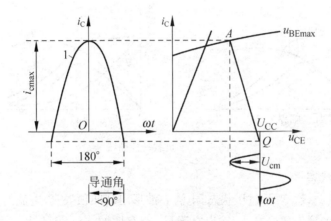

图 4.5-5　$i_C \sim u_{CE}$ 的动态特性

负载阻抗 $R_{oe}$ 越大，在其上产生的交流输出电压 $U_{cm}$ 也越大，负载线的斜率就越小。因此，随着负载的变化，放大器的工作状态也随之改变，如图 4.5-6 所示。

在丙类高频功率放大器中，根据晶体管工作是否进入饱和区，可将其区分为欠压、临界和过压 3 种工作状态。将不进入饱和区的工作状态称为欠压状态，如图 4.5-6 中的负载线 a 所示；将进入饱和区的工作状态称为过压状态，如图 4.5-6 中的负载线 c 所示；如果晶体管工作刚好未进入饱和区，则称之为临界工作状态，如图 4.5-6 中的负载线 b 所示。

由图 4.5-6 可以看出，随着 $R_{oe}$ 的增大，放大器工作状态由"欠压"到"临界"，并逐渐过渡到"过压"，这将导致电压、电流、功率、效率等参数发生变化。

1) 欠压工作状态

欠压工作状态如图 4.5-6 中负载线 a 表示。这时 $R_{oe}$ 较小，输出电压 $U_{cm}$ 也较小，集电极电流 $i_C$ 为尖顶脉冲。随着 $R_{oe}$ 的增大，集电极电流 $i_C$ 略有减小，导致分解出来的 $I_{c0}$、$I_{c1m}$ 略有减小，而输出电压 $U_{cm}$ 迅速增大，输出功率 $P_o$ 增大，直流输入功率 $P_d$ 略微减小，集电极损耗功率 $P_c$ 减小，效率 $\eta_c$ 增加。如图 4.5-7 所示。

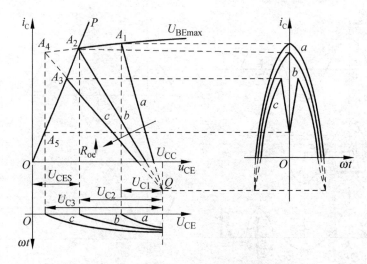

图 4.5-6 集电极电流和电压与负载阻抗的关系

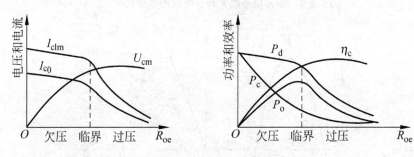

图 4.5-7 负载特性曲线

2) 过压工作状态

图 4.5-6 中负载线 $c$ 表示过压状态,电流 $i_C$ 波形出现凹顶失真,电流的直流成分 $I_{c0}$ 和基波分量 $I_{c1m}$ 随 $R_{oe}$ 的增大急剧减小,输出电压 $U_{cm}$ 略有增加,但变化不大。输出功率 $P_o$ 减小,而直流输入功率 $P_d$ 也随 $I_{c0}$ 的下降而减小,效率 $\eta_c$ 变化不大,但较临界状态仍有提高,如图 4.5-7 所示。

3) 临界工作状态

图 4.5-6 中负载线 $b$ 表示 $R_{oe}$ 较大时的情况,此时放大器的输出功率 $P_o$ 最大,且效率 $\eta_c$ 较高,集电极损耗功率 $P_c$ 较小。

由以上分析可见,当高频功率放大器带不同的负载阻抗值时,其对应的电流、电压、功率与效率也不相同。各电流、电压、功率与效率等参数随负载阻抗 $R_{oe}$ 而变化的曲线即为"负载特性"。负载阻抗变化时,放大器工作状态便由"欠压"到"临界"逐渐过渡到"过压"。

由于高频功率放大器要求输出功率大,效率高,所以通常选择在弱过压工作状态;如要求输出电压稳定时,高频功率放大器应选择在过压状态。可见,高频功率放大器可以根据不同的需要和要求,选择工作在不同的状态。

**3. 集电极调制特性**

集电极调制特性是指当保持 $U_{BB}$、$U_{bm}$、$R_{oe}$ 不变而改变 $U_{CC}$ 时,功率放大器的电流 $I_{c0}$、

$I_{c1m}$、电压 $U_{cm}$ 随之变化的曲线。

由图 4.5-6 可知,当 $U_{CC}$ 由小增大时,因 $R_{oe}$ 不变,负载线斜率不变,负载线向右平移,工作状态由过压变到临界再进入欠压,$i_C$ 波形由较小的凹陷脉冲变为较大的尖顶脉冲。$I_{c0}$、$I_{c1m}$、$U_{cm}$ 与 $U_{CC}$ 的关系曲线如图 4.5-8 所示。

由集电极调制特性可知,在过压区,输出电压幅度 $U_{cm}$ 与 $U_{CC}$ 成正比。利用这一特点,可以通过控制 $U_{CC}$ 的变化,实现电压、电流的相应变化,这种功能称为**集电极调幅**,所以称这组特性曲线为集电极调制特性曲线。

**4. 基极调制特性**

基极调制特性是指当保持 $U_{CC}$、$U_{bm}$、$R_{oe}$ 不变而改变 $U_{BB}$ 时,功率放大器的电流 $I_{c0}$、$I_{c1m}$、电压 $U_{cm}$ 随之变化的曲线。

由图 4.5-6 可知,当 $U_{BB}$ 由小增大时,$U_{BEmax}$ 提高,负载线斜率不变,工作状态由过压变到临界再进入欠压,$i_C$ 波形由较小的凹陷脉冲变为较大的尖顶脉冲。$I_{c0}$、$I_{c1m}$、$U_{cm}$ 与 $U_{BB}$ 的关系曲线如图 4.5-9 所示。

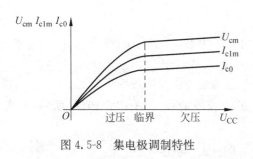

图 4.5-8 集电极调制特性

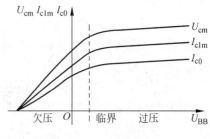

图 4.5-9 基极调制特性

由图可见,在欠压区域,集电极电压的幅度 $U_{cm}$ 与 $U_{BB}$ 基本成正比,利用这一特点,可通过控制 $U_{BB}$ 实现对电流、电压的控制,称这种工作方式为**基极调制**,所以称这组特性曲线为基极调制特性曲线。

## 4.5.2 信号调制的基本原理

在本章最初我们讲到:要想以无线电的方式传送声音信号,首先必须将其变换成音频电信号,然后再将该电信号装载在高频信号上,才能用天线辐射到空间。因此自然会提出这样的问题:能否直接把音频信号发射出去呢?回答是否定的。因为音频信号的频率太低,它们属于 VLF~LF 频段。

例如 3kHz 的音频信号,其波长为 100km。由天线理论可知,张角为 180°的 $\lambda/4$ 长的开路线能最有效地向外辐射电磁波。那么如果采用半波振子天线,要有效地辐射 3kHz 的音频信号,则其天线的长度应该为 50km。显然,在实际中架设这样的天线是不可能的。

另外,音频信号的频带太宽,频率变化范围大,天线和调谐回路要达到如此宽的范围,也是难以做到的。

如果直接发射音频信号,则发射机将工作于同一频率范围,接收机将同时接收到许多不同的音频信号,这又给信号的选择带来困难。

为了克服上述问题,必须利用高频信号作为载波,将音频信号"附加"到高频信号上。这样不仅可以使天线的尺寸大大减小,辐射效率提高,而且还可以使每路信号采用不同的载波频率。这样就可以通过接收机调谐选择不同的信号,从而使以无线电方式传送音频信号成为可能。

在无线电技术中,将低频信号"附加"在高频载波上的过程称为**调制**。调制的种类很多,分类方法也不相同。按调制信号的形式不同,可以分为模拟调制和数字调制。调制信号是模拟信号的称为模拟调制,调制信号是数字信号的称为数字调制。按载波的不同可分为正弦波调制、脉冲调制。载波是正弦波的称为正弦波调制,载波是脉冲波的称为脉冲调制。

在以连续波作为载波的调制中,由于"附加"音频信号的方法不同,所以分为幅度调制、频率调制和相位调制3种基本方式,后两者合称为角度调制。

### 4.5.3 调幅信号的特性

根据振幅调制信号频谱结构的不同,振幅调制波分为普通调幅波(简称**调幅波**)、抑制载波的双边带调制波、抑制载波的单边带调制波等。其中普通调幅波是基本的,其他振幅调制波是由它演变而来的。

**1. 普通调幅波**

1) 调幅波的表示式和波形

假设低频调制信号是单一频率的余弦波,角频率为 $\Omega$,频率为 $F$,如图 4.5-10(a)所示,其表示式为

$$u_\Omega(t) = U_{\Omega m}\cos\Omega t$$

未被调制的载波是角频率为 $\omega_c$,频率为 $f_c$ 的余弦波信号,如图 4.5-10(b)所示,其表示式为

$$u_c(t) = U_{cm}\cos\omega_c t$$

为了简化分析,设两个电压的初相角为零。因为调幅波的振幅和调制信号成正比,所以调幅波的振幅可表示为

$$U_{am} = U_{cm}(1 + m_a\cos\Omega t)$$

式中:

$$m_a = k_a \frac{U_{\Omega m}}{U_{cm}}$$

称为**调幅系数**或**调幅度**,它表示输出载波振幅受调制信号控制的程度。$k_a$ 是由调幅电路参数决定的比例常数。

上式反映了调制信号变化的规律,称为**调幅波的包络**。

由上式可得调幅波的数学表达式为

$$u_{AM}(t) = U_{cm}(1 + m_a\cos\Omega t)\cos\omega_c t$$

载波被调制后,波形将如图 4.5-10(c)所示。当低频调制信号电压幅度达到正的最大值时,调幅信号的振幅变为最大;当低频调制信号电压幅度达到负的最大值时,调幅信号的振幅变为最小,但载波频率不变。

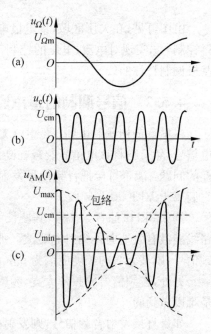

图 4.5-10 调幅信号的波形
(a) 调制信号;(b) 载波;(c) 已调波

由上式看出,当 $m_a=0$ 时,说明 $u_c(t)$ 没有被调制,即是载波状态。$m_a$ 越大,调制越深。当 $m_a=1$ 时达到最大值,即百分之百调幅。如果 $m_a>1$,由于载波振幅不可能为负值,于是使高频振荡部分截止,如图 4.5-11 中的 $a\sim b$ 部分,这时包络严重失真,产生了所谓的**过调**现象。这样的已调波经过检波后,不能恢复原来调制信号的波形,而且它所占据的频带较宽,将会对其他电台产生干扰。因此,过调现象必须尽量避免。

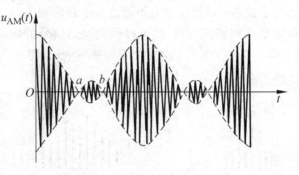

图 4.5-11 过调幅失真

2) 调幅波的频谱与带宽

由图 4.5-10(c)可知,调幅波不是一个简单的正弦波。将调幅波的数学表达式用三角函数展开,可以得到

$$u_{AM}(t) = U_{cm}\cos\omega_c t + \frac{1}{2}m_a U_{cm}\cos(\omega_c+\Omega)t + \frac{1}{2}m_a U_{cm}\cos(\omega_c-\Omega)t$$

从该式可以看出,调幅波由 $\omega_c+\Omega$、$\omega_c$、$\omega_c-\Omega$ 三个不同频率的余弦波组成。式中的第一项称为载波分量,第二和第三项分别称为上边频和下边频分量。载波频率分量的振幅仍为 $U_{cm}$,而两个边频分量的幅值均为 $\frac{1}{2}m_a U_{cm}$,因 $m_a$ 的最大值只能等于 1,所以边频分量的振幅最大值不超过 $\frac{1}{2}U_{cm}$。

调幅波的频谱图如图 4.5-12 所示。显然,在调幅波中,载波并不含有任何有用的信息,要传送的信息只包含在边频分量之中。边频的振幅反映了调制信号幅度的大小,边频的频率虽属于高频范畴,但反映了调制信号频率的高低。

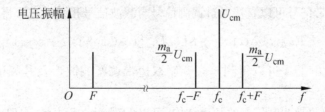

图 4.5-12 调幅波的频谱图

由图 4.5-12 可以看出,调幅过程实际上是一种频率搬移过程。即经过调幅后,调制信号的频谱被搬移到载波附近,对称排列在载频两侧。因此,单频调制时,调幅波的频带宽度为调制信号频率的两倍,即有

$$BW = 2F$$

实际上调制信号是比较复杂的,含有许多频率。不论单频调制或复杂信号调制,调幅电路的作用是：在时域上实现$u_\Omega(t)$和$u_c(t)$的相乘运算,反映在波形上就是将$u_\Omega(t)$不失真地搬移到高频振荡的振幅上；而在频域上则将$u_\Omega(t)$的频谱不失真地搬移到载波频率的两边。

如果调制信号不是单一的正弦波,而是包含有许多正弦分量的复杂信号,那么每一正弦分量将在载波两侧形成一对边频分量。所有下边频分量所占的频带称为**下边带**,所有上边频分量所占的频带称为**上边带**。调幅信号的频谱就是由载波和上、下边带组成的。只要将调制信号的频谱对称地搬移到载波两侧,就可以得到调幅信号的频谱,如图 4.5-13 所示。因此,调幅信号的带宽等于调制信号所包含的最高频率的两倍,即

$$BW = 2F_{\max}$$

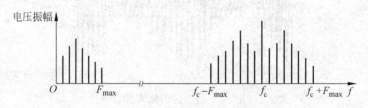

图 4.5-13  调幅信号的带宽

3) 调幅信号的功率分配

为了增大传输有用信号的功率,应当尽可能增大调幅系数,使$m_a$接近于 1,即实现接近 100% 的调幅；但$m_a$不能大于 1,否则会出现过调幅,进而造成信号失真。即使调幅系数为最大($m_a=1$)时,调幅波中所包含的有用信息的上、下边频功率之和也只占总输出功率的 1/3,而不包含信息的载波功率却占了总输出功率的 2/3。因此,在调幅信号中,包含有用信息的上、下边频功率只占总输出功率的很小一部分,这是普通调幅(AM)本身所固有的缺点。但由于这种调制设备简单,特别是解调电路简单,便于接收,所以广泛应用于各种系统中,如飞机上的 VHF 通信系统使用的就是这种调制方式。

**2. 双边带调幅波和单边带调幅波**

为了提高功率的利用率,可以不发送占有绝大部分功率的载波信号,而只发送携带信息的边带信号,这样就可以大大节省发射机的发射功率。这种仅传输两个边带的调制方式称为**抑制载波**(amplitude modulation-suppressed carrier)**的双边带调幅**,用 DSB(double side band)表示。双边带信号可以直接通过调制信号与载波信号相乘的方法得到,其表达式为

$$u_{\text{DSB}}(t) = Ku_\Omega(t)u_c(t) = \frac{1}{2}KU_{\Omega m}U_{cm}[\cos(\omega_c+\Omega)t+\cos(\omega_c-\Omega)t]$$

式中,$K$ 为常数。由上式可以得到单频调制双边带调幅波波形及其频谱图,如图 4.5-14 所示。

进一步观察双边带调制信号的频谱结构,可以发现,上、下边带中任何一个边带已经包含了调制信号的全部信息,所以可以进一步将其中的一个边带抑制掉而只发射单个边频,这种方法称为**单边带调幅**,用 SSB(single side band)表示。其数学表示式为

$$u = U_m\cos(\omega_c+\Omega)t$$

或

$$u = U_m\cos(\omega_c-\Omega)t$$

根据上述分析可画出单边带调幅信号的波形和上边带频谱如图 4.5-15 所示。

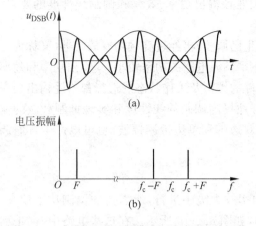 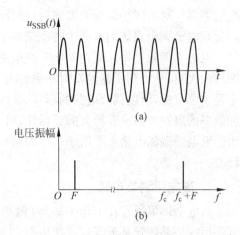

图 4.5-14　单频调制双边带调幅波波形及其频谱
(a) 波形；(b) 频谱

图 4.5-15　单频调制单边带调幅波波形及其频谱
(a) 波形；(b) 上边带频谱

单边带调制方式主要有以下优点：

(1) 提高了频带的利用率，有助于解决信道拥挤问题。与普通调幅波相比，采用单边带调制其传输频带可节省一半，或者说在同一波段内所容纳的信道数目可增加一倍。

(2) 节省功率。从理论上看，采用单边带调制时，其发射功率可全部用来传输包含消息的一个边带信号。也就是说，在与 AM 波总功率相等的情况下，接收端的信噪比明显提高，因而通信距离可大大增加。

(3) 减小了由选择性衰落所引起的信号失真。从电波传输过程看，AM 波的载频和上、下边带的原始相位关系在传播过程中往往容易遭到破坏，且各分量幅度衰减也不同。因此在接收端表现为信号时强时弱，并且有失真，这一现象称为选择性衰落，在短波波段尤为显著。而单边带信号只有一个边带分量，选择性衰落现象就不太严重。

但单边带调制方式也有以下缺点：

(1) 收、发两端的载频要求严格同步。在单边带接收机中，必须提供一个与发射机载波保持同频同相的本地参考信号，才能检出原来的调制信号。因此，要求收发机具有很高的频率稳定度及其他技术性能。

(2) 边带滤波技术要求严格。单边带信号一般是在产生抑制载波双边带信号的基础上，设法除去一个边带而获得的，常采用滤波法，且对边带滤波器的技术要求很高。

(3) 对收发设备的线性度要求高。因为单边带信号保持着原来调制信号的频谱结构，仅仅在频率位置上产生线性搬移，因此，在单边带信号所经过的传输通道内，必须严格保证频率搬移的线性化，否则频谱结构变化必然会产生严重的信号失真。

### 4.5.4　调幅电路

在调幅无线电发射机中，按照实现调幅级电平的高低，可将调幅电路分为低电平调幅和高电平调幅。

高电平调幅是直接产生满足发射机输出功率要求的已调波。为了获得最大的输出功率，一般是用调制信号去控制处于丙类工作的末级谐振功率放大器来实现调幅，其优点是整机效率高。对末级受调放大器来说，设计时必须兼顾输出功率、效率和调制线性度的要求。通常高电平调幅只能用来产生普通调幅波。

低电平调幅是先在低功率电平级电路中产生已调波，再经过高频功率放大器（又称为已调波放大器）放大到所需的发射功率。由于低电平调幅电路的功率较小，其输出功率和效率不是主要指标，所以调幅电路的形式、非线性器件的类型及工作状态的选择都不受输出功率和效率的限制。因而有较大的灵活性，可以更好地提高调制的线性度和实现抑制载波的输出。低电平调幅电路主要用于产生抑制载波的双边带和单边带调幅波，也可以产生普通调幅波。

**1. 高电平调幅电路**

高电平调幅通常在工作于 C 类（丙类）的功率放大级中进行，所需要的调制功率较大。常采用的是晶体管基极调幅或集电极调幅电路，如图 4.5-16 所示。在这些电路中，都是利用基极偏压变化或集电极电源电压变化时放大器输出电压随之变化的特性达到调幅目的的。

1）集电极调幅

集电极调幅的基本电路如图 4.5-16(a)所示。$u_b$ 为载波信号，调制信号 $u_\Omega$ 与直流电压 $U_{CC}$ 相串联作为集电极电源电压 $U'_{CC}$，即 $U'_{CC}=U_{CC}+u_\Omega$。

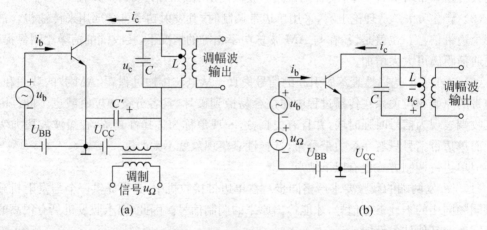

图 4.5-16 高电平调幅电路
(a) 集电极调幅；(b) 基极调幅

由集电极调制特性可知，高频功率放大器工作在过压区时，调谐于工作频率的集电极谐振回路输出电压幅度 $U_{cm}$ 与集电极电压成正比。因此，当集电极电源电压 $U'_{CC}=U_{CC}+u_\Omega$ 随调制信号 $u_\Omega$ 变化时，$U_{cm}$ 也按 $u_\Omega$ 的规律变化，如图 4.5-17 所示，于是得到调幅波输出。

2）基极调幅

基极调幅的基本电路如图 4.5-16(b)所示。调制信号 $u_\Omega$ 与直流电压 $U_{BB}$ 相串联作用于 C 类放大器的基极，即基极电压为 $U'_{BB}=U_{BB}+u_\Omega$。

根据基极调制特性，高频功率放大器工作于欠压区时，集电极的回路输出高频电压振幅 $U_{cm}$ 与基极电压成正比，因此，当基极电压 $U'_{BB}=U_{BB}+u_\Omega$ 随调制信号 $u_\Omega$ 变化时，$U_{cm}$ 也按 $u_\Omega$ 的规律变化，如图 4.5-18 所示，于是得到调幅波输出。

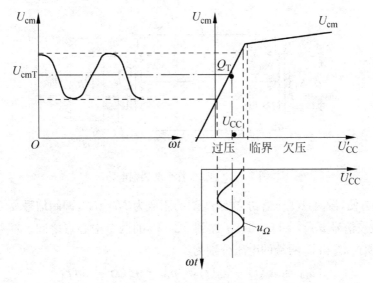

图 4.5-17 集电极调幅波形

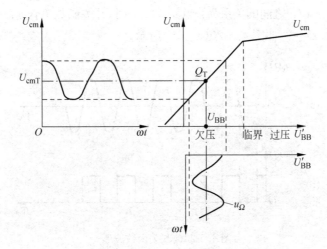

图 4.5-18 基极调幅波形

高电平调幅电路的优点是将调幅与功率放大的功能合二为一,整机效率高,可以直接产生大功率输出的调幅信号。但高电平调幅电路也有一些缺点和局限性:一是只能产生普通调幅信号,二是调制线性度差。例如集电极调制特性中,$U_{cm}$ 与 $U_{CC}$ 并非完全成线性关系。

**2. 低电平调幅电路**

在低电平调幅电路中,广泛采用二极管开关式调幅电路和模拟乘法调幅电路。

1) 二极管平衡调幅器

二极管平衡调幅器可以用来产生抑制载波的双边带调幅波,其原理电路如图 4.5-19 所示。它由性能一致的二极管 $D_1$ 和 $D_2$ 及具有中心抽头的变压器 $T_{r1}$、$T_{r2}$ 接成平衡式电路。$T_{r2}$ 的输出端接有中心频率为 $f_c$ 的带通滤波器,用以滤除无用的频率分量,从 $T_{r2}$ 次级向右看的等效负载为 $R_L$。

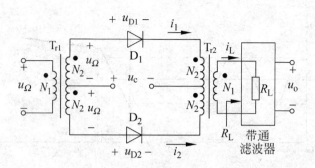

图 4.5-19 二极管平衡调幅电路

为了分析方便,设两只变压器初、次级线圈的匝数为 $N_1=N_2$,调制信号 $u_\Omega(t)=U_{\Omega m}\cos\Omega t$ 由 $T_{r1}$ 输入,载波信号 $u_c(t)=U_{cm}\cos\omega_c t$ 加到 $T_{r1}$、$T_{r2}$ 的两个中心点之间。在忽略负载反作用的情况下,加在 $D_1$ 和 $D_2$ 两端的电压分别为

$$u_{D1}=u_c(t)+u_\Omega(t), \quad u_{D2}=u_c(t)-u_\Omega(t)$$

设 $U_{cm}\gg U_{\Omega m}$,二极管 $D_1$ 和 $D_2$ 受 $u_c(t)$ 的控制工作在开关状态,设 $g_D$ 为二极管的导通电导,开关函数 $K_1(\omega_c t)$ 与 $u_c(t)$ 之间的关系为:当 $u_c(t)>0$ 时,开关函数 $K_1(\omega_c t)=1$;当 $u_c(t)<0$ 时,开关函数 $K_1(\omega_c t)=0$,如图 4.5-20(a)、(b)所示。

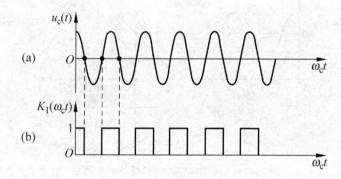

图 4.5-20 开关函数波形

由于滤波器的滤波作用,只有 $i_{DSS}$ 在回路两端形成电压 $u_0(t)$,其余分量被滤除,因此得到的就是抑制载波的双边带调幅波。

调制信号 $u_\Omega(t)$、载波信号 $u_c(t)$、负载电流 $i_L(t)$ 和输出电压 $u_0(t)$ 的波形分别如图 4.5-21 (a)、(b)、(c)、(d)所示。

2) 二极管环型调幅器

为了进一步减少平衡调幅器输出电流中无用的组合频率分量,目前广泛采用二极管环型调幅器,其原理电路如图 4.5-22 所示。它和二极管平衡调幅器的差别就是增加了两个二极管 $D_3$ 和 $D_4$,并使 4 个二极管组成一个环路,故称之为环形调幅器。

调制信号 $u_\Omega(t)$、载波信号 $u_c(t)$、电流 $i_1-i_2$、$i_3-i_4$ 和 $i_L$ 的波形分别如图 4.5-23(a)、(b)、(c)、(d)、(e)所示。

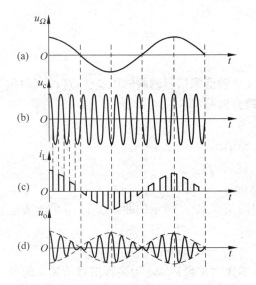

图 4.5-21 平衡调幅器的电压、电流波形

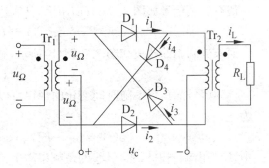

图 4.5-22 二极管环形调幅电路

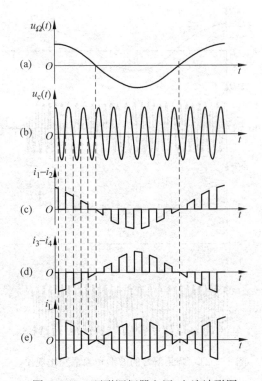

图 4.5-23 环形调幅器电压、电流波形图

与平衡调幅器相比,环型调幅器的输出电流 $i_L$ 中,边带输出幅度加倍,无用组合频率分量的数目比平衡调幅器的少,因此输出电压 $u_o$ 的频谱纯净。

3) 模拟乘法调幅器电路

模拟乘法器是低电平调幅电路的常用器件,它不仅可以实现普通调幅,也可以实现双边带调幅和单边带调幅。限于篇幅,此处不作介绍。

## 4.5.5 调频波与调相波

**1. 调频信号的波形**

用低频信号控制(调制)载波的频率,使载波频率随低频信号的瞬时值变化,这种调制称为频率调制,简称**调频**。经调频的高频信号称为**调频信号**。

假设低频信号如图 4.5-24(a)所示,其表达式为

$$u_\Omega(t) = U_{\Omega m}\cos\Omega t$$

而未被调制的载波如图 4.5-24(b)所示,其表达式为

$$u_c(t) = U_{cm}\cos\omega_c t$$

调频信号的角频率随时间变化的规律可以用图 4.5-24(c)所示的曲线表示,其数学表达式为

$$\omega(t) = \omega_c + k_f U_{\Omega m}\cos\Omega t = \omega_c + \Delta\omega_m\cos\Omega t$$

式中,$k_f$ 为由调制电压 $u_\Omega$ 引起的角频率产生偏移的比例常数;$\Delta\omega_m$ 为调频信号角频率的最大偏移,简称角偏移,相应的 $\Delta f_m$ 称为**频偏**。

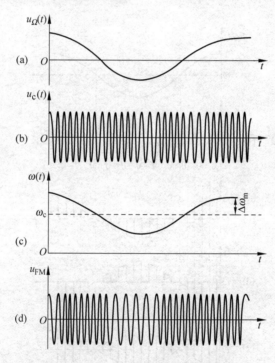

图 4.5-24 调频信号的波形和频率变化规律

调频信号的相位随时间变化的规律可以用下式表示:

$$\varphi(t) = \int_0^t \omega(t)\mathrm{d}t = \omega_c t + \frac{\Delta\omega_m}{\Omega}\sin\Omega t$$

因此调频信号的表达式为

$$u(t) = U_{cm}\cos(\omega_c t + m_f\sin\Omega t)$$

式中,$m_f = \dfrac{\Delta\omega_m}{\Omega} = \dfrac{\Delta f_m}{F}$,称为**调频指数**,它表示调频时最大的相位偏移。

调频信号波形如图 4.5-24(d) 所示。可以看出,低频信号电压为正半周时,频率升高;低频信号电压为负半周时,频率降低。

**2. 调频信号的频谱与带宽**

图 4.5-25 所示是以单一正弦波调制时,调频信号的频谱。

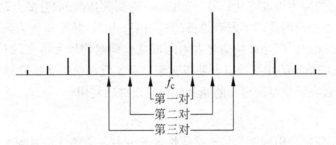

图 4.5-25　调频信号的频谱

与调幅信号的频谱比较,调频信号的频谱也是以载频分量为中心,两侧具有对称的边频分量。调频信号频谱具有以下特点:第一,即使低频信号是单一的正弦波,调频信号的频谱中所包含的边频分量也不是一对,而是无限多对;第二,频谱中不仅各边频分量的振幅随调频指数而变化,载频分量的振幅也随调频指数而变化。

虽然调频信号频谱中有无限多对边频分量,它们所占的频带也无限宽,但在实际传递调频信号时,可以将边频分量中振幅小于未调制载波振幅 10% 的边频分量略去。

已知调频指数时,调频信号的带宽 $W$ 可以由下式求出:

$$W = 2(m_f + 1)F$$

式中,$F$ 为低频调制信号的频率。

由于调频指数等于 $\dfrac{\Delta f_m}{F}$,所以在频偏 $\Delta f_m$ 已知的情况下,调频信号带宽的公式还可近似写成以下形式:

$$W = 2\left(\dfrac{\Delta f_m}{F} + 1\right)F = 2(\Delta f_m + F)$$

由上式可以看出,调频信号的带宽并不随低频信号的频率成正比变化。因为当低频信号的频率 $F$ 增高时,虽然频谱中各边频分量之间的频率间隔会增大,但与此同时,调频指数减小了,所需取的边频对数也将随之减少,所以带宽不与低频信号的频率成正比增加。如果调频指数很大,频偏远大于低频信号的频率,则带宽接近于频移的两倍,低频信号的频率对带宽的影响很小。图 4.5-26 分别画出了频偏相同而低频信号的频率不同时的频谱图,从图上可以看出低频信号的频率对带宽的影响。

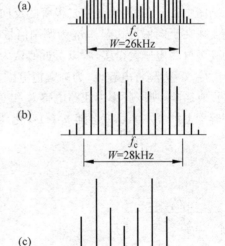

图 4.5-26　频偏 $\Delta f$ 不变时,低频信号频率对调频信号带宽的影响
(a) $F = 1\text{kHz}, \Delta f_m = 12\text{kHz}, m_f = 12$;
(b) $F = 2\text{kHz}, \Delta f_m = 12\text{kHz}, m_f = 6$;
(c) $F = 4\text{kHz}, \Delta f_m = 12\text{kHz}, m_f = 3$

实际的低频信号一般都不是单一的正弦波,因此以它们对载波进行调频后,所得到的调频信号频谱很复杂,难以画出它们的频谱图。但这些调频信号的带宽仍可以通过上述公式求出。

由以上分析可知,由于调频信号为等幅信号,一方面其幅度不携带信息,可采用限幅电路消除干扰所引起的寄生幅度变化;另一方面,不论调频指数 $m_f$ 为多大,发射机末级均可工作在最大功率状态,从而提高了发送设备的利用率。因此,抗干扰能力强和设备利用率高是调频信号的显著优点。但是调频信号占用的带宽比调幅信号大得多,而且带宽与调频指数 $m_f$ 有关,这是调频信号的主要缺点。所以频率调制不宜在信道拥挤且频率范围不宽的短波波段使用,而适合在频率范围很宽的超高频或微波波段使用。

**3. 调频电路**

调频的基本原理是利用调制信号直接线性地改变载波振荡的瞬时频率。如果受控振荡器是产生正弦波的 $LC$ 振荡器,则振荡频率主要取决于振荡回路的电感和电容。将受调制信号控制的可变电抗与谐振回路连接,就可以使振荡频率按调制信号的规律变化,实现直接调频。

可变电抗器件的种类很多,其中应用最广的是变容二极管,它作为电压控制的可变电容元件,它有工作频率高,损耗小和使用方便等优点。

在第 1 章我们曾学习过变容二极管的结电容随加在其两端的反向电压的变化而变化,将变容二极管接入 $LC$ 正弦波振荡器的谐振回路中,如图 4.5-27 所示。就可以实现调频。图 4.5-27(b)是图 4.5-27(a)振荡回路的简化高频电路。

图中 $U_Q$ 用来提供变容二极管的反向偏压,以保证变容二极管在调制电压的作用下,始终工作在反向偏置状态。$u_\Omega$ 为调制信号电压,设 $u_\Omega = U_{\Omega m}\cos\Omega t$,通常调制电压比振荡回路的高频振荡电压大得多,所以可近似认为变容二极管的反向电压只随调制电压而变化。

$C_1$、$C_2$ 为隔直电容,$L_1$ 为高频扼流圈,$C_3$ 为高频旁路电容,它们对回路的谐振频率都几乎没有影响,所以频率由回路电感 $L$ 和变容二极管结电容 $C_j$ 所决定。如图 4.5-28 所示,若变容管上加 $u_\Omega(t)$,$C_j$ 就会随 $u_\Omega(t)$ 变化,频率也就随 $u_\Omega(t)$ 变化,从而实现调频。

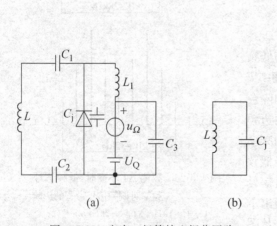

图 4.5-27 变容二极管接入振荡回路

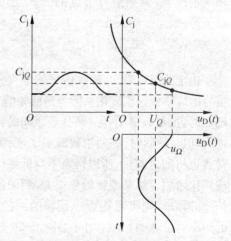

图 4.5-28 变容二极管结电容随时间变化曲线

## 4.6 无线电接收机

无线电发射机将需要传递的信息变成已调制信号,再通过天线向空间辐射;在接收端,通过无线电接收机的天线获取该已调制信号,并通过接收机解调出基带信号,最后还原出被传递的信息。无线电接收机的功能与发射机相反。它主要由接收天线、高频放大器、混频器、中频放大器、检波器、低频放大器和扬声器等组成。这种类型的接收机被称为超外差式接收机,由于它的优点很多,所以应用相当广泛。如图 4.6-1 所示。

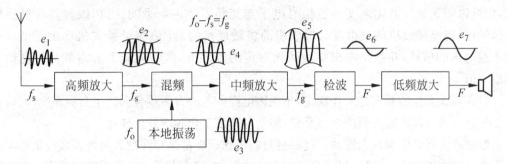

图 4.6-1 接收机组成框图

### 4.6.1 选频放大器

在无线电接收设备中,为了放大高频或中频信号,广泛采用高频或中频放大器,因为它们以 LC 谐振回路作负载,所以这类放大器又称为谐振放大器。

高频大信号谐振放大器通常用于高频功率放大,而高频小信号谐振放大器用于接收机中的高频放大和中频放大。

在宽带接收机中,高频放大器的谐振回路是可调的,它随外来信号频率而变化,是谐振频率可调的放大器,所以又称为**调谐放大器**;接收机的中频频率是固定的,故中频放大器的谐振频率也是固定的,这种放大器又可称为**窄带放大器**。

用晶体管组成的谐振放大器,是由晶体管作放大元件、LC 调谐回路作负载的放大器。晶体管谐振放大器的原理电路如图 4.6-2 所示。

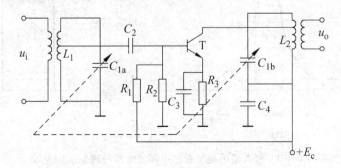

图 4.6-2 晶体管谐振放大器原理电路

谐振放大器在接收机中的基本作用是放大信号、选择信号和抑制干扰。

谐振放大器作高频放大器时，采用简单谐振回路，以保证在接收机工作频率范围内对接收到的信号频率进行调谐，所以它只能抑制远离工作频率的干扰，如镜像干扰、中频干扰、组合频率干扰和交调、互调等非线性干扰，但不能抑制邻道干扰。有关镜像干扰将在变频器中进一步描述。

高频放大器也有放大信号的作用，但接收机中设置高频放大器的主要目的不是为了提高整机的放大能力，而是有利于提高和改善接收机的**信号噪声比**。因为接收机变频器产生的噪声较大，在变频器前接入高频放大器后，虽然放大器对信号的放大作用不是很大，但可以明显地提高输入变频器信号电平与变频器噪声电平的比值，改善接收机整机的信噪比，提高接收机的灵敏度。接收机的**灵敏度**指的是：在保证接收机输出一个标准功率或电压的信号，并维持输出端信噪比一定的条件下，接收天线上所需的信号电动势的最小值。

对高频放大器的要求是工作稳定，不能因电路的各种寄生耦合而产生自激振荡，同时在其工作波段内应保证放大器的增益平稳，即增益不随工作频率发生变化。

谐振放大器做中频放大器时，其线路形式、工作原理都是相同的。超外差接收机的增益主要决定于中频放大器，可以采用多级放大。此外，中频放大器对变频器输出的固定中频信号进行放大，当接收机改变信号频率时，回路不需要重新调谐，所以可采用较复杂的谐振回路（如参差调谐回路等）或各种选择性良好的滤波器，以获得较好的选择性，提高对邻道干扰的抑制能力。

"选择性"指的是放大器从各种信号和干扰中选择有用信号的能力，可以用通频带和谐振曲线来表示，如图 4.6-3 所示。

"放大器的通频带"是当放大器的电压增益下降到最大值的 0.707 时，或功率增益下降到最大值的 1/2 时所对应的频带宽度（用 BW 或 $2\Delta f_{0.7}$ 表示），如图 4.6-3(a) 所示。

超外差接收机的中频放大器可具有足够宽的通频带和接近矩形的谐振特性，如图 4.6-3(b) 所示。因此，在保证信号不失真的情况下，具有良好的抑制邻道干扰的能力。

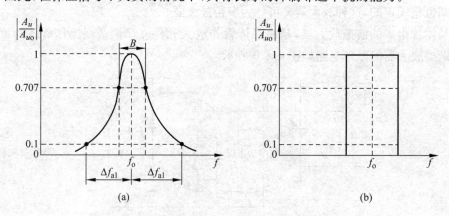

图 4.6-3 放大器的通频带和中频放大器的理想谐振曲线
(a) 放大器的通频带；(b) 中频放大器理想谐振曲线

### 4.6.2 变频器

**1. 变频器的组成和作用**

变频器由非线性元件(如晶体管)、本地振荡器和中频带通滤波器(选频电路)3个基本部分组成,如图 4.6-4 所示。

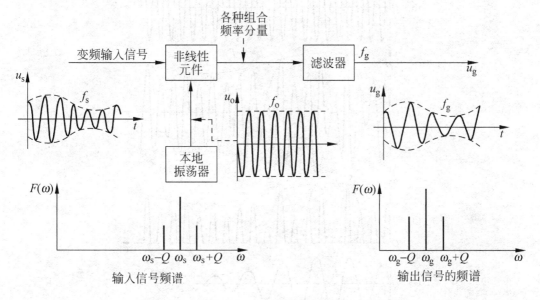

图 4.6-4 变频器组成方框图

通常把变频器中的非线性元件与中频带通滤波器组合在一起称为混频器。如果本地振荡器和混频使用同一个非线性元件,它既完成混频作用,又产生本振电压,这种电路称为变频器。

变频器的主要作用就是将接收到的已调制(如调幅)的高频信号的载波频率 $f_o$ 经变频后变为中频 $f_g$,而信号的调制类型(调幅)和调制参数保持不变。也就是使输入信号的频谱从高端搬移到低端,完成频率的搬移。

这种频率的搬移可以大大提高接收机的灵敏度,因为高频信号的稳定放大量受到限制,而频率降低后(中频)的稳定放大量可以做得较高,因此可采取多次变频的方法降低中频来提高接收机的增益,故可以大大提高接收机的灵敏度。

**2. 变频原理**

变频实际上是将两个不同频率的高频信号,如接收机的高频输入信号(频率为 $f_s$)和本振信号(频率为 $f_c$)相混频,输出其"差频"或"和频"信号(频率为 $f_g$),用数学表达式表示为

$$f_g = f_s - f_c \quad \text{或} \quad f_g = f_s + f_c$$

从图 4.6-5 可以看出,接收机接收的高频调幅信号[图 4.6-5(a)]与本地振荡信号[图 4.6-5(b)]经非线性元件混频后输出[图 4.6-5(c)],再经过选频滤波处理后,即得到调幅的中频信号[图 4.6-5(e)]。

从图 4.6-5 中可以看出,中频信号的调制频率和调制系数均不变。

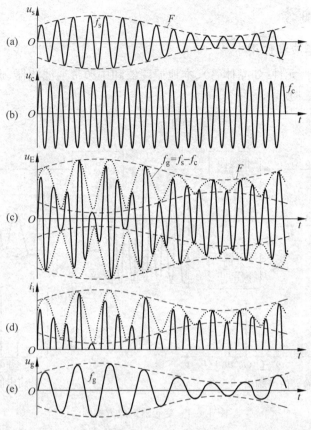

图 4.6-5 调幅信号变频波形图

### 3. 中频的选择

在接收机中,变频后的输出通常加到中频放大器。中频频率的高低对接收机的性能有较大影响。选择低中频可以提高中频放大器的稳定放大系数,通频带较窄有利于抑制邻道干扰,但对抑制镜像干扰不利。

镜像干扰的产生如图 4.6-6(a)所示。

图中 $f_s$ 是接收机想要接收的信号频率,$f_c$ 是本振频率,则中频为

$$f_{IF} = f_c - f_s$$

由于超外差式接收机的中频是固定的,所以 $f_p - f_c = f_{IF}$ 的信号也会输入到中频放大器。但是,$f_p$ 并不是接收机所要接收的信号,我们把 $f_p$ 称为镜像频率,由它引起的干扰称为**镜像干扰**。为了消除镜像干扰,在接收机框图中的第一框采用了选频放大器,如图 4.6-1 所示。然而,低中频对于选频不利,如图 4.6-6(b)所示。

选择高中频将有利于对镜像干扰的抑制,如图 4.6-7 所示。选频放大器可以很容易地将频率为 $f_s$ 的信号选取出来。但由于通频带增宽,减弱了对邻道干扰的抑制能力,同时,高中频放大器的稳定放大系数降低。中频选择在接收机工作波段之内时,还有可能会形成中频干扰。

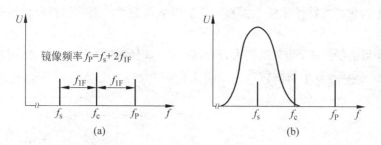

图 4.6-6 镜像干扰的产生与选频

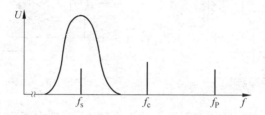

图 4.6-7 高中频对抑制镜像干扰的作用

为此,可以采用二次变频,即选择较高的第一中频,配合选频放大器消除镜像干扰,然后再利用第二本振产生较低的第二中频,以此来提高接收机对上述各种干扰的抑制能力和接收机的增益,如图 4.6-8 所示。目前使用的大多数机载无线电接收机都采用这种两次变频方案。

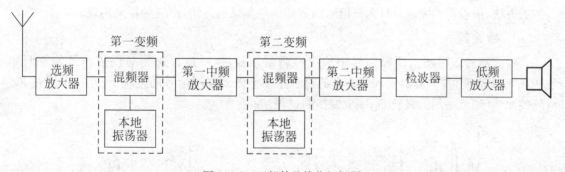

图 4.6-8 双超外差接收机框图

### 4. 混频器

将信号电压和本振电压相叠加,再作用于非线性器件的混频器称为叠加型混频器。两个不同频率的高频信号叠加(即代数相加)后,在其频域之中不产生新的频率分量,但它们经过非线性器件后,会产生各种谐波和组合频率,从中取出所需要的"和频"或"差频"就可以实现混频。

常用的混频器有晶体管混频器、二极管混频器和场效应管混频器等几种。晶体管混频器在变换信号频率的同时,可以提供一定的增益,其缺点是噪声较大,动态范围小。

以下是两种常用的二极管混频器,由两个对称的晶体二极管组成平衡混频器,其原理电路如图 4.6-9 所示。它由两个对称的二极管和带有中心抽头的变压器组成。这种混频器通常要求本振电压的幅度远大于信号电压的幅度,以控制二极管工作在开关状态,利用二极管的导通和截止的非线性特性来完成混频。最后再从负载端的谐振回路取出所需要的"和频"或"差频"信号。

平衡混频器的噪声小,动态范围大,组合频率少,但变频增益小。为此,可采用四个二极管组成的环形混频器(双平衡混频器),如图4.6-10所示。

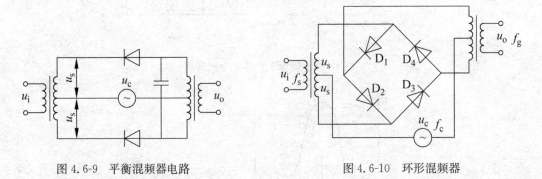

图4.6-9 平衡混频器电路　　　　图4.6-10 环形混频器

环形混频器比平衡混频器能抑制更多的组合频率,而且中频成分的幅度比平衡混频器增加一倍,即环形混频器的混频损耗比平衡混频器小。

### 4.6.3 调制信号的解调

接收机收到已调制的高频信号后,为了获得信息,需要将载波去掉,即将调制信号从载波上取下来,得到原有的调制信号。这种反调制过程称为**解调**。对调幅信号的解调采用检波的方法,由检波器完成;对调频信号的解调采用鉴频的方法,由鉴频器来实现。

**1. 检波器**

检波器的作用是从调幅信号中检出原调制信号,这一过程称为对调幅信号的解调。图 4.6-11 表明,检波器的输入到输出的过程是一个恢复调制信号的过程,也是一个通过非线性元件(通常采用二极管)来完成变换的过程。

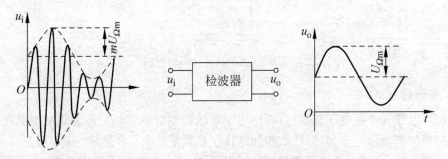

图 4.6-11 检波器输入与输出波形

检波可分为包络检波和同步检波两大类。包络检波是指解调器的输出电压与输入已调波的包络成正比的检波方法。由于 AM 信号的包络与调制信号呈线性关系,因此包络检波只适用于 AM 波。对于 DSB 和 SSB 波,由于它们的包络不直接反映调制信号的变化规律,因此不能使用包络检波,而只能使用同步检波。当然,同步检波也同样可用来解调 AM 信号,但由于电路比较复杂,因而很少采用。

1) 包络检波

包络检波属于大信号检波,所谓大信号检波是指:当高频信号电压幅值较大(大于 0.5V)时,可以利用二极管的单向导电性进行检波。由于实现这种检波的电路结构简单,性能较好,因此获得了广泛应用。

包络检波电路如图 4.6-12(a)所示。图中的输入信号 $u_s$ 为 AM 调幅波,$RC$ 并联网络两端的电压为输出电压 $u_o$。它对调幅信号的检波是通过二极管导通时对电容 $C$ 充电和截止时电容 $C$ 对电阻 $R$ 放电来实现的。在调幅信号电压的正半周,当 $u_s$ 的幅值高于电容器 $C$ 两端电压的瞬间,二极管 D 导通,对 $C$ 充电;当调幅信号电压低于 $C$ 两端的电压时,二极管截止,$C$ 经 $R$ 放电。由于二极管导通时,其内阻远小于负载电阻 $R$,因此电容器充电快,放电慢,这样就在负载 $R$ 的两端得到一个与调幅信号电压包络线相近的电压波形。如此充电、放电反复进行,在电容器两端就可以得到一个接近于输入信号峰值的低频电压信号,再经过滤波平滑,去掉叠加在上面的高频纹波,就可以得到调制信号。电容的充放电过程如图 4.6-12(b)所示。

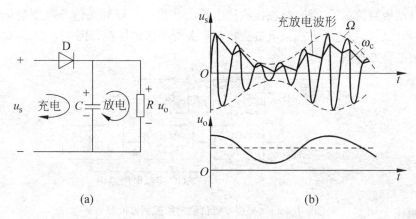

图 4.6-12 二极管检波电路和波形图

2) 同步检波

由前所述可知,检波器也是频谱搬移电路,因此可以用乘法器作为非线性元件,加上低通滤波器就可以构成乘积型检波器,其实现模型如图 4.6-13 所示。

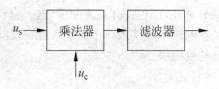

图 4.6-13 乘积型同步检波器

同步检波和包络检波的区别在于必须外加一个同步信号 $u_c$(也称作本地振荡信号),并要求这个信号与已调波信号的载波信号同频、同相。该同步信号与已调波信号相乘后,可以产生调制信号分量和其他谐波组合分量,经过低通滤波后,就可以得到调制信号。

设信号电压是一个双边带信号,其表达式为

$$u_s = U_{sm}\cos\Omega t\cos\omega_c t$$

本地振荡信号是一个与载波同频率、同相位的信号,表示为

$$u_c = U_{cm}\cos\omega_c t$$

则乘法器的输出电压为

$$u = Ku_s u_c = KU_{sm}U_{cm}\cos\Omega t \cos^2\omega_c t$$
$$= \frac{KU_{sm}U_{cm}}{2}\cos\Omega t + \frac{KU_{sm}U_{cm}}{2}\cos 2\omega_c t$$

乘法器输出的电压信号通过低通滤波器滤除其中的高频信号后,得到的低频信号就是调制信号。

**2. 自动增益控制**

由于信号传播条件的改变(例如电离层的昼夜变化)以及传播距离等因素的变化,或者由于信号源本身功率的不同,接收机所接收到的信号的强弱相差甚为悬殊,这就使得接收机的输出也随之大幅度起落,甚至出现过载饱和或不能正常接收等现象。为了使接收机输出尽量平稳,接收机中通常采用自动增益控制电路(简称 AGC)来控制接收机的增益。

自动增益电路的基本工作原理,是根据接收机中频放大器输出电平的高低来自动调节高、中频电路的增益,当接收机接收到的输入信号很强时,自动使增益减小,而在输入信号较弱时使增益较大,从而保持接收机输出电平的稳定。

实现自动增益控制的方法,是在接收机中设法获得一个随外来信号强度变化的直流电压(或电流),然后再用这个电压或电流去控制有关受控级的增益。图 4.6-14 为某接收机自动增益控制电路方框图。

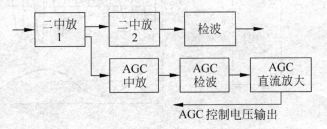

图 4.6-14 某接收机自动增益控制方框图

1) 简单自动增益控制电路

简单自动增益控制电路如图 4.6-15 所示。接收机检波输出的电压中除包含信号的低频分量外,还包含有直流分量,这一直流分量与检波器输入的中频信号的振幅成正比。在检波器的输出端接入一个 RC 低通滤波器,即可将所获得的 AGC 控制电压——检波直流分量输往受控级。

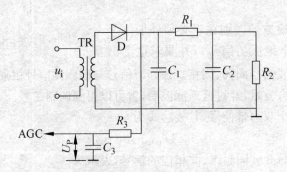

图 4.6-15 简单自动增益控制电路

在这种简单自动增益控制电路中,一有信号输入就会产生自动增益控制电压输出,使接收机的增益减小。简单自动增益控制电路的控制特性如图 4.6-16 中的曲线②所示。

简单自动增益控制电路在接收微弱信号时也输出 AGC 控制电压,使增益减小,因此降低了接收机的灵敏度。

2) 延迟自动增益控制电路

延迟自动增益控制电路如图 4.6-17 所示。这种电路只在信号大于一定电平后才输出 AGC 电压,以减小接收机的增益,而在输入信号较小时不起控制作用,因而克服了简单自动增益控制电路的缺点。其控制特性如图 4.6-16 中的曲线④所示,图中的 $E_{A0}$ 为延迟式 AGC 开始起作用时的天线输入信号电压。

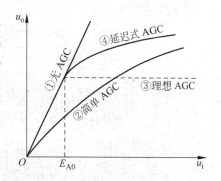

图 4.6-16 AGC 的控制特性

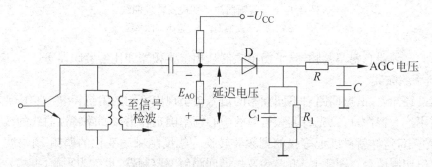

图 4.6-17 延迟式 AGC 电路

延迟自动增益控制电路中的检波二极管 D 用于实现延迟控制,在检波二极管 D 的两端加有一个负的直流电压——延迟电压。这样,在输入信号较弱时,中频放大器的输出不能使增益控制检波二极管 D 导通,因而接收机保持原有的高增益;当天线上的输入信号超过电压 $E_{A0}$ 后,中频放大器的输出即超过所加的延迟电压而使检波器二极管工作,从而产生自动增益控制电压而降低接收机的增益,达到稳定接收机输出的目的。

**3. 鉴频器**

鉴频器在接收机中的主要作用是从调频波中检出原调制信号。由于调频波的频率随调制信号振幅的大小而变化,鉴频器就是将调频波的频率变化转化为电压或电流的变化,即将等幅的调频波变成幅度随频率变化的调频波,使其幅度变化的规律和频率变化的规律与调制信号振幅大小的变化规律相同,然后再经过幅度检波而将原调制信号还原,如图 4.6-18(a)所示。其中,图①为原调制信号,图②为等幅调频信号,图③为经过变换后的调幅-调频波,图④为检出的原调制信号。

鉴频器输出电压幅度的大小与输入信号频率之间的关系称为鉴频特性,如图 4.6-18(b)所示。对鉴频器,要求它的鉴频特性要有良好的线性度,以减小失真,且线性范围要大于调频信号的最大频偏;此外,当鉴频特性曲线的斜率增大时,在相同的频偏下,可以使鉴频器的输出电压增大,即鉴频器的灵敏度高(在调频波中心频率附近,鉴频器输出电压的幅度与调频信号频偏的比值称为鉴频器的灵敏度)。

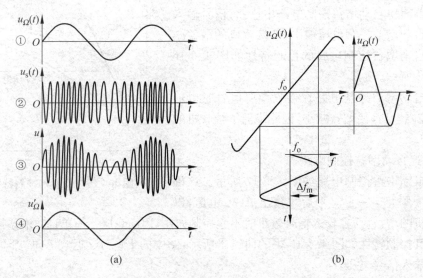

图 4.6-18　鉴频器波形变换及特性曲线
(a) 鉴频器波形变换图；(b) 鉴频特性曲线

常用的鉴频器有斜率鉴频器(平衡鉴频器)、相位鉴频器和比例鉴频器等。

1) 斜率鉴频器

我们已经知道,谐振回路对不同频率的信号会呈现出不同的阻抗,相应地有不同的输出电压。利用这一特性,可以先将调频信号的中心频率确定在谐振回路特性曲线的线性段,然后使回路失谐,这样就可以把等幅的调频波转换为幅度随频率变化的调频-调幅波,再经检波而还原出调制信号。图 4.6-19(a)为双失谐回路斜率鉴频器,也称为平衡(振幅)鉴频器。

等幅调频信号自左端输入,加至第一个调谐回路,该回路调谐于信号的中心频率 $\omega_0$。与该回路耦合的两个次级回路分别调谐于 $\omega_1$ 和 $\omega_2$；这两个失谐回路(相对于 $\omega_0$ 而言)的输出信号分别加至两个二极管检波器 $D_1$ 和 $D_2$。该电路的输出是两侧检波器的输出之差。由于两个回路的谐振频率是对称于调频波的中心频率 $\omega_0$ 的,正确选择失谐量 $\omega_1-\omega_0$ 和 $\omega_0-\omega_2$ 以及回路的品质因数 $Q$ 值,可以在一定范围内获得近似线性的输出特性,如图 4.6-19(b)所示。

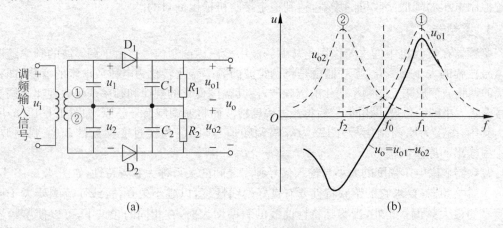

图 4.6-19　平衡鉴频器
(a) 平衡鉴频器电路；(b) 频率特性

2）相位鉴频器

相位鉴频器也是先把等幅调频波变换成调幅-调频波，然后再进行幅度检波，但它不是利用回路的振幅-频率特性，而是利用回路的相位-频率特性来实现这种波形变换。其原理电路如图 4.6-20 所示。

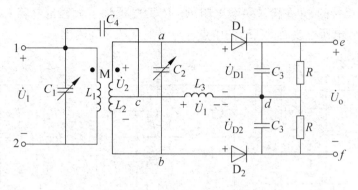

图 4.6-20 相位鉴频器

相位鉴频器的初次级回路都调谐于信号的中心频率 $f_0$，初次级回路通过电感耦合或电容耦合。上、下两个振幅检波器完全相同。

初级回路两端的电压 $U_1$ 通过耦合电容 $C_4$ 作用在次级高频扼流圈 $L_3$ 的两端。这样作用在检波二极管 $D_1$、$D_2$ 上的高频电压就分别等于扼流圈 $L_3$ 上的初级回路电压 $U_1$ 与次级回路上、下两部分高频电压的相量和。

当调频信号的瞬时频率不超出回路的通频带时，$U_1$、$U_2$ 的幅度是恒定的；而次级回路电压 $U_2$ 与初级回路电压 $U_1$ 之间的相位差却是随输入信号的频率而变化的，这是由回路的相位-频率特性所决定的。当瞬时频率 $f(t)$ 等于回路谐振频率 $f_0$ 时，$U_2$ 超前于 $U_1$ 90°，因而合成电压 $U_{D1}$ 和 $U_{D2}$ 的幅度相等，如图 4.6-21(a)所示，鉴频器此时的输出等于零。当信号瞬时频率高于 $f_0$ 时，$U_2$ 的超前角度小于 90°，参见图 4.6-21(b)，这样合成电压 $U_{D1}$ 大于 $U_{D2}$，因而鉴频器输出电压大于零；而当信号瞬时频率低于 $f_0$ 时，$U_2$ 的超前角度大于 90°，从而使 $U_{D2}$ 大于 $U_{D1}$，如图 4.6-21(c)所示，鉴频器的输出电压小于零。可见，瞬时频率相对于中心频率 $f_0$ 的偏移量改变时，$U_2$ 与 $U_1$ 的相位关系随之改变，从而使鉴频器的输出幅度随瞬时频率而变化。

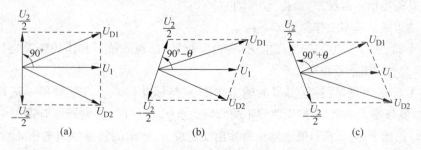

图 4.6-21 相位鉴频器相量图
(a) $f=f_0$；(b) $f>f_0$；(c) $f<f_0$

### 3) 比例鉴频器

比例鉴频器的特点是可以消除输入调频信号寄生调幅的影响,它是在相位鉴频器的基础上改进而成的,但输出只是相位鉴频器的 1/2。

比例鉴频器的原理电路见图 4.6-22,它与图 4.6-20 所示的相位鉴频器的不同之处是检波二极管 $D_2$ 是反接的,并在检波负载电阻 $R_1$、$R_2$ 两端增加了大容量电容 $C_0$ 和两个大电阻 $R_3$、$R_4$,同时鉴频电压也改由 $R_3$、$R_4$ 的中点 $o$ 与接地点 $d$ 之间输出。

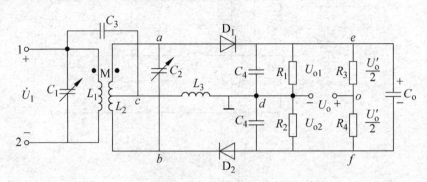

图 4.6-22 比例鉴频器

比例鉴频器鉴频的原理与相位鉴频器相同。其限幅作用的关键是接入了大电容 $C_0$。当调频信号由于寄生调幅而导致信号幅度增大时,流过二极管 $D_1$ 和 $D_2$ 的平均电流都增加,$U_{ad}$ 和 $U_{bd}$ 也同时增加,但由于大电容 $C_0$ 的作用使 $e \sim f$ 间的电压保持不变,因而鉴频输出幅度不受调频信号幅度变化的影响,反之亦然。可见比例鉴频器在实现鉴频的同时,具有限幅作用。

### 4. 自动频率控制

在超外差接收机中,都是利用混频器将高频信号变成一个固定中频的信号,然后再进行放大。而在实际中常常会出现高频信号频率或本振信号频率不稳定的情况,使得到的中频信号频率偏离了固定中频,造成中频放大器工作在失谐状态,使得中频放大器的增益下降,接收机灵敏度降低,严重时甚至丢失信号。

为了解决上述问题,可以在接收机中采用自动频率控制(简称 AFC)电路,使混频器输出的中频尽可能接近固定的中频值。AFC 电路也可以用在发射机或其他电子设备中,通过自动调整其输出信号的频率,而使其基本保持不变。

电路的组成和基本工作原理如下:

图 4.6-23 为 AFC 电路的原理框图,它由鉴频器、低通滤波器和压控振荡器组成,$f_r$ 为标准频率,$f_o$ 为输出信号频率。

由图 4.6-23 可见,压控振荡器的输出频率 $f_o$ 与标准频率 $f_r$ 在鉴频器中进行比较,当 $f_o = f_r$ 时,鉴频器无输出,压控振荡器不受影响;当 $f_o \neq f_r$ 时,鉴频器即有误差电压 $u_D(t)$ 输出,$u_D(t)$ 正比于 $(f_o - f_r)$,低通滤波器滤出交流成分,输出的直流控制电压 $u_c(t)$,迫使压控振荡器的振荡频率 $f_o$ 与 $f_r$ 接近,而后在新的压控振荡器振荡频率基础上,再经历上述同样的过程,使误差频率进一步减小,如此循环下去,最后当 $f_o$ 与 $f_r$ 的误差减小到某一最小值 $\Delta f$ 时,自动微调过程即停止,环路进入锁定状态。由于 AFC 电路是利用误差信号的反馈作用来控制压控振荡器的振荡频率的,而误差信号是由鉴频器产生的,因而当达到最后稳定状态即锁定状态时,两个频率不能完全相等,一定有稳态误差存在,这就是 AFC 电路的缺点。

图 4.6-23　AFC 电路方框图

图 4.6-24 是采用 AFC 电路的调幅接收机组成方框图。与普通调幅接收机相比,增加了限幅(即切去调幅包络)鉴频器、窄带低通滤波器和放大器,同时将本机振荡器改为压控振荡器,从而形成了一个附加的频率反馈环路。由图 4.6-24 可知,无论何种原因,当 $f_I$ 偏离规定值时,鉴频器输出的误差电压经低通滤波和放大后去控制 VCO 的频率 $f_L$,使 $f_I$ 达到或接近规定值。

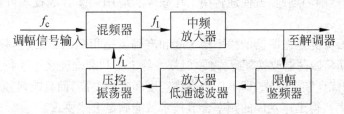

图 4.6-24　具有 AFC 的调幅接收机组成框图

### 4.6.4　锁相环路与频率合成

**1. 锁相环路的基本工作原理**

图 4.6-25 是锁相环路的基本方框图,它主要由压控振荡器(VCO)、鉴相器(PD)、低通滤波器(LPF)和参考频率源(晶体振荡器)组成。当压控振荡器的频率 $f_o$ 由于某种原因而发生变化时,必然相应地产生相位变化。相位变化在鉴相器中与参考晶体振荡器的稳定相位(频率为 $f_r$)相比较,使鉴相器输出一个与相位误差成比例的误差电压 $u_D(t)$,经过低通滤波器,取出其中缓慢变动的直流电压分量 $u_c(t)$。$u_c(t)$ 用来控制压控振荡器中的压控元件参数(通常是变容二极管的电容量),而该压控元件又是 VCO 振荡回路的组成部分,压控元件电容量的变化将 VCO 的输出频率 $f_o$ 又拉回到稳定值上来。这样 VCO 的输出频率稳定度就由参考晶体振荡器的频率 $f_r$ 决定。这时称环路处于锁定状态。

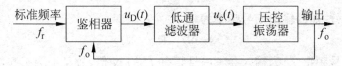

图 4.6-25　锁相环路基本组成

由于相位是频率的积分,因此当两个信号频率相等时,则它们之间的相位差保持不变;反之,若两个信号的相位差是个恒定值,则它们的频率必然相等。

根据上述概念可知,锁相环路在锁定后,两个信号的频率相等,但二者间存在恒定相位差(稳态相位差)。该稳态相位差通过鉴相器转变为直流误差,通过低通滤波器去控制 VCO,使得 $f_o$ 与 $f_r$ 同步。

由以上的介绍可见,锁相环路与自动频率微调的工作过程非常相似。二者都是利用误差信号的反馈作用来控制被稳定的振荡器频率。但二者之间有着根本的差别:在锁相环路中,鉴相器输出的误差电压与两个相互比较的信号之间的相位差成比例,在达到最后稳定(锁定)状态时,被稳定的频率等于标准频率,但有稳态相位差(剩余相差)存在;在自动频率微调系统中,采用鉴频器输出的误差电压与两个相比较的信号之间的频差成比例,在达到最后稳态时两个频率不能完全相等,必须有剩余频差存在。因此锁相环路可以实现频率跟踪。这就表明锁相环路是一种无误差的频率跟踪系统,即 $f_o$ 始终跟踪 $f_r$。

**2. 频率合成技术**

现代飞机无线电设备除了应具有足够高的频率稳定度和准确度外,不少设备还要求能在相当宽的频带范围内迅速、方便地转换工作频率。应用频率合成技术可以圆满地实现上述要求。

我们知道,石英晶体振荡器的频率稳定度和准确度是很高的,但改换频率不方便,只宜用于固定频率;LC 振荡器改换频率方便,但频率稳定度和准确度又不够高。能不能设法将这两种振荡器的优点结合起来,即不仅频率稳定度和准确度高,而且改换频率方便呢?回答是肯定的,近年来获得迅速发展的频率合成技术就能满足上述要求。

频率合成器是利用一个高稳定度的晶体振荡器产生出一系列频率信号(它们具有与晶体振荡器相同的频率稳定度和准确度)的设备,它是近代通信系统中的重要组成部分。实现频率合成的方法基本上可以归纳为直接合成法和间接合成法(锁相环路法)两大类。这里主要介绍间接合成法。

所谓间接合成法是利用锁相环的频率跟踪特性,由 VCO 产生一系列与晶体振荡器具有(作为环路的输入信号)相同频率稳定度的频率信号。

在基本锁相环路的反馈通道中插入分频器,就可构成锁相频率合成器,如图 4.6-26 所示。由石英晶体振荡器产生一个高稳定的标准频率源 $f_s$,经参考分频器进行 $R$ 分频后,得到参考频率 $f_r$,即

$$f_r = f_s/R$$

参考频率信号被送到锁相环路中鉴相器的一个输入端,而锁相环路压控振荡器输出频率为 $f_o$,经 $N$ 分频后,也送到鉴相器的另一个输入端。当环路锁定时,一定有

$$f_r = f_o/N$$

因此,压控振荡器的输出信号频率为

$$f_o = Nf_s/R = Nf_r$$

亦即输出信号频率 $f_o$ 为输入参考信号频率 $f_r$ 的 $N$ 倍,故又把图 4.6-26 称为锁相倍频电路。改变分频系数 $N$,就可以得到不同频率的信号输出。$f_r$ 为各输出信号频率之间的频率间隔,即为频率合成器的频率分辨率。

上述讨论的单环式频率合成器比较简单,构成比较方便,但在实际使用中存在下列一些问题。

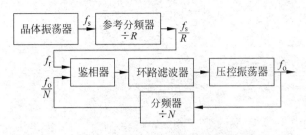

图 4.6-26　单环锁相频率合成器

第一，输出频率的间隔等于输入鉴相器的参考频率 $f_r$，要减小输出频率间隔，就必须减小参考频率 $f_r$。但是降低 $f_r$ 后，环路滤波器的带宽也要压缩（因为环路滤波器的带宽必须小于参考频率），以便滤除鉴相器输出中的参考频率及其谐波分量。这样，当由一个输出频率转换到另一个频率时，环路的捕捉时间或跟踪时间就要加长，即频率合成器的频率转换时间加大。

第二，锁相环路内接入分频器后，其环路增益将下降为原来的 $1/N$。对于输出频率高、频率覆盖范围宽的合成器，当要求频率间隔很小时，其分频比 $N$ 的变化范围大，当 $N$ 在大范围内变化时，环路增益也将大幅度变化，从而影响到环路的动态工作性能。

第三，可编程分频器是锁相频率合成器的重要部件，其分频比的数目决定了合成器输出信道的数目。由图 4.6-26 可见，程序分频器的输入频率就是合成器的输出频率。由于可编程分频器的工作频率比较低，因此无法满足大多数通信系统中工作频率高的要求。在实际应用中，通常采用多环式频率合成器和吞脉冲频率合成器解决这些问题。限于篇幅，此处不再讨论。

# 下篇

# 数字电子技术基础

# 第5章

# 逻辑电路基础

## 5.1 数制及编码

### 5.1.1 数制系统的分类

在日常生活中我们习惯于用十进制数,而在数字式电子设备中多采用二进制数,在计算机系统和微机系统中还常采用八进制数和十六进制数。

**1. 十进制数**

大家都熟悉,十进制数是用 10 个不同的数码 0、1、2、3、…、9 来表示数值的,任何一个数值都可以用上述 10 个数码按一定的规律排列起来表示,其计算规律是"逢十进一",即 $9+1=10$,右边的"0"为个位数,左边的"1"为十位数,也就是 $10=1\times10^1+0\times10^0$。所谓**十进制就是以 10 为基数的计数体制**,这样当每一个数码处于不同位置时(数位),它所代表的数值也不相同。**数制中每一固定位置所对应的单位值称为"权"。**

例如:648 可写为

$$648=600+40+8=6\times10^2+4\times10^1+8\times10^0$$

由上式可知,十进制数的个位数的"权"是 $10^0$,十位数的"权"是 $10^1$,百位数的"权"是 $10^2$。

上述十进制表示法也可以扩展到表示小数,不过小数点右边的各位数码要乘以基数的负幂次,例如,352.147 可以表示为

$$352.147=3\times10^2+5\times10^1+2\times10^0+1\times10^{-1}+4\times10^{-2}+7\times10^{-3}$$

**2. 二进制数**

从计数电路的角度看,采用十进制数是不方便的,因为构成计数电路的基本想法是把电路的状态与数码结合起来,而十进制数的 10 个数码必须由 10 个不同的、而且能严格区分的电路状态与之对应,这样将在技术上带来许多困难,而且也不经济。因此在计数电路中一般不直接采用十进制数,而是采用二进制数,因为二进制数只有两种状态。

二进制数与十进制数的区别在于数码的个数和进位的规律不同,十进制数用 10 个数码,并且"逢十进一";而二进制数则用两个数码 0 和 1,并且"**逢二进一**",即 $1+1=10$(读作"壹零")。必须注意这里的"10"与十进制数的"10"是完全不同的。例如:二进制数 10 转换为十进制数为

$$(10)_2 = 1 \times 2^1 + 0 \times 2^0 = 2$$

**所谓二进制就是以 2 为基数的计数体制**。我们可以将任意一个二进制数转换为十进制数。例如：二进制数 1001 转换为十进制数为

$$(1001)_2 = 1 \times 2^3 + 0 \times 2^2 + 0 \times 2^1 + 1 \times 2^0 = 8 + 0 + 0 + 1 = 9$$

可见，二进制数不同位数上的"权"为 $2^i$，这里的 $i = 0,1,2,3,\cdots$，依次代表从右到左的第一位、第二位、…、第 $(i-1)$ 位数。

二进制数的特点归纳如下：

（1）只有 0 和 1 两个数字符号和小数点；

（2）不同数位上的数具有不同的权值 $2^i$；

（3）基数为 2，逢二进一，即 $1+1=(10)_2$，运算规则简单，运算操作简便；

（4）任意一个二进制数，都可按其"权"位展成多项式形式，进而转换为十进制数；

（5）二进制的数字装置简单可靠，所用元件少。二进制数的两个数码 0 和 1 可以用任何只有两个不同稳定状态的元件来表示，如三极管的饱和与截止、继电器触点的闭合和断开、灯泡的亮和灭等，只要规定其中一种状态为 1，另一种状态为 0，就可以表示二进制数，极大地方便了数码的储存和传输。

（6）用二进制数表示一个数时，位数多，不易辨认。例如，十进制数 49 表示为二进制数是 110001，使用起来既不方便也不习惯。

### 3. 十六进制数和八进制数

由于二进制数位数多，不便于书写和记忆，因此在数字计算机中常采用十六进制数或八进制数来表示二进制数，上述十进制数和二进制数的表示方法可以推广到十六进制数和八进制数。

十六进制数采用 16 个数码，而且"**逢十六进一**"。这种数制中有 16 个不同的数字：0、1、2、3、…、9、A、B、C、D、E、F，后面的 6 个字母分别对应于十进制数中的 10、11、12、13、14、15。它是以 **16 为基数的计数体制**。例如：把十六进制数 4E6 转化为十进制数为

$$(4E6)_{16} = 4 \times 16^2 + 14 \times 16^1 + 6 \times 16^0$$
$$= 4 \times 256 + 14 \times 16 + 6 \times 1 = 1024 + 224 + 6 = 1254$$

同理，八进制数采用 8 个数码：0、1、2、3、4、5、6、7，而且"**逢八进一**"，它是**以 8 为基数的计数体制**。例如：将八进制数 374 转换为十进制数为

$$(374)_8 = 3 \times 8^2 + 7 \times 8^1 + 4 \times 8^0 = 3 \times 64 + 7 \times 8 + 4 \times 1$$
$$= 192 + 56 + 4 = 252$$

表 5.1-1 是常用的几种进位计数制。

**表 5.1-1 进位计数制的表示**

| 进位制 | 二进制 | 八进制 | 十进制 | 十六进制 |
|---|---|---|---|---|
| 规则 | 逢二进一 | 逢八进一 | 逢十进一 | 逢十六进一 |
| 基数 | 2 | 8 | 10 | 16 |
| 基本符号 | 0,1 | 0,1,…,7 | 0,1,…,9 | 0,1,…,9,A,B,…,F |
| 权 | $2^i$ | $8^i$ | $10^i$ | $16^i$ |
| 代号（下标） | B 或 2 | O 或 8 | D 或 10 | H 或 16 |

## 5.1.2 不同进制数之间的转换

**1. 非十进制数转换为十进制数**

非十进制数转换为十进制数采用"**按权展开求和**"的方法。

例如，将二进制数$(110001)_2$转换成十进制数为

$$(110001)_2 = 1\times 2^5 + 1\times 2^4 + 0\times 2^3 + 0\times 2^2 + 0\times 2^1 + 1\times 2^0$$
$$= 32 + 16 + 0 + 0 + 0 + 1 = 49$$

将$(61)_8$转换成十进制数为

$$(61)_8 = 6\times 8^1 + 1\times 8^0 = 6\times 8 + 1 = 49$$

将$(31)_{16}$转换成十进制数为

$$(31)_{16} = 3\times 16^1 + 1\times 16^0 = 48 + 1 = 49$$

**2. 十进制数转换为非十进制数**

转换方法为：整数部分采用"**除基取余法**"；

　　　　　　小数部分采用"**乘基取整法**"。

**例题 5.1-1**：将十进制数$(25.75)_{10}$转换成二进制数。

方法如下：

整数部分：

```
           余数
2 | 25  …… 1      整数部分的最低位
2 | 12  …… 0
2 | 6   …… 0
2 | 3   …… 1
2 | 1   …… 1      整数部分的最高位
    0
```

余数自下而上顺序排列构成二进制数的整数部分，其数值为$(11001)_2$。

小数部分：
```
    0.75
  ×    2
  ─────────
    1.50           取出整数1作为小数部分的最高位
    0.5
  ×    2
  ─────────
    1.00           取出整数1作为小数部分的最低位
```

整数自上而下顺序排列构成二进制数的小数部分，其数值为$(11)_2$。

所以，$(25.75)_{10} = (11001.11)_2$。

**例题 5.1-2**：将$(25.75)_{10}$转换成八进制数。

**解**：整数部分

```
           余数
8 | 25  …… 1
8 | 3   …… 3
    0
```

余数自下而上顺序排列构成二进制的整数部分，其数值为$(31)_8$。

小数部分

$$\begin{array}{r} 0.75 \\ \times\ \ \ 8 \\ \hline 6.00 \end{array}$$ 取出整数 6

所以 $(25.75)_{10}=(31.6)_8$

**例题 5.1-3**：将 $(25.75)_{10}$ 转换成十六进制数。

**解**：整数部分

$$\begin{array}{r} 16\underline{|25}\quad\cdots\cdots 9 \\ 16\underline{|\ 1}\quad\cdots\cdots 1 \\ 0 \end{array}$$ 余数

余数自下而上顺序排列构成二进制的整数部分，其数值为 $(19)_{16}$。

小数部分

$$\begin{array}{r} 0.75 \\ \times\ \ 16 \\ \hline 450 \\ 75\ \ \\ \hline 12.00 \end{array}$$ 取出整数 12,用 C 表示

所以 $(25.75)_{10}=(19.C)_{16}$

**3. 二进制数转换为八进制数或十六进制数**

如果要把二进制数转换成十六进制数,首先应把二进制数的**整数部分自右向左**、**小数部分自左向右**,每 **4** 位分为一组。如果整数部分的左端或小数部分的右端不够 4 位,可用 0 补足 4 位,按组分别转换为十六进制数即可。

例如：$(1100101011.01101)_2=(0011'0010'1011.0110'1000)_2=(32B.68)_{16}$

如果要把二进制数转换成八进制数,首先应把二进制数的**整数部分自右向左**、**小数部分自左向右每 3 位分为一组**。如果整数部分的左端或小数部分的右端不够 3 位,可用 0 补足 3 位,然后按组分别转换为八进制数即可。

例如：$(1100011101.1001)_2=(001'100'011'101.100'100)_2=(1435.44)_8$

### 5.1.3 常用的编码

用一组二进制码按一定的规则排列起来以表示数字、符号等特定的信息,称之为编码。常用的编码方式有自然二进制码、格雷码、二-十进制码、奇偶检验码、ASCII 码等。

**1. 自然二进制码**

自然二进制码是一种按照自然数顺序排列的编码,这种码利用二进制按权展开的原则表示十进制数。用 4 位自然二进制码可以表示出十进制数的 0～15,各位的权值依次为 $2^3$、$2^2$、$2^1$、$2^0$。例如,$(6)_{10}=(0110)_2$,$(17)_{10}=(10001)_2$。可见,自然二进制码可以表示十进制数,但当十进制数比较大时,转换成二进制数的运算比较复杂,因此在实际中较少使用这种码。

## 2. 二-十进制码(BCD 码)

人们通常习惯使用十进制数,而计算机内部多采用二进制表示和处理数值数据,因此在计算机输入和输出数据时,就要进行由十进制数到二进制数的转换处理。

把十进制数的每一位分别写成二进制形式的编码,称为**二进制编码的十进制数**,即二到十进制编码或 BCD(binary coded decimal)编码。

BCD 码编码方法很多,通常采用 8421 编码,这种编码方法最自然简单。其方法是**使用 4 位二进制数表示一位十进制数**,4 位二进制数 $b_3 b_2 b_1 b_0$ 从左到右每一位所对应的权分别是 $2^3$、$2^2$、$2^1$、$2^0$,即 8、4、2、1。所谓"权"或"位权",指的是每位二进制数码所代表的十进制数。

用 BCD 码表示十进制数时,每一位十进制数用 4 位二进制码表示,如十进制数 1975 的 8421 码可以这样得出

1975(D) = 0001 1001 0111 0101(BCD)

用 4 位二进制表示一位十进制数会多出 6 种状态,这些多余状态码称为 BCD 码中的非法码。需要注意的是:**BCD 码与二进制数之间的转换不是直接进行的**,当需要将 BCD 码转换成二进制码时,要先将 BCD 码转换成十进制码,然后再转换成二进制码;当需要将二进制转换成 BCD 码时,要先将二进制转换成十进制码,然后再转换成 BCD 码。

4 位二进制数共有 16 种组合,从中选取 10 种有效组合方式的不同可以得到其他二-十进制码。如 2421 码、5421 码等。上述几种码的每一位都有确定的权值,因此也称其为**有权码**。

BCD 编码表如表 5.1-2 所示。在表 5.1-2 的最右边一列中,用其每一个 4 位二进制数与对应的 8421 码 4 位二进制数做减法,可以发现,其差都是 0011,将其转换成十进制数是 3,所以称这种码为余 3 码。它是一种**无权码**,因为这种 4 位二进制码的每一位都不代表任何数值,它只是利用码的不同组合表示十进制数。十进制数 15 用余三码可以表示成 0100 1000。

BCD 编码属于**有权码**,因为 4 位二进制数中的每一位都对应有固定的权,分别是 8、4、2、1。表 5.1-2 中的 2421 码、5421 码等都属于有权码。

表 5.1-2 BCD 编码表

| $b_3\ b_2\ b_1\ b_0$ $2^3\ 2^2\ 2^1\ 2^0$ | 代码对应的十进制数 | | | | |
|---|---|---|---|---|---|
| | 自然二进制码 | 二-十进制数 | | | |
| | | 8421 码 | 2421 码 | 5421 码 | 余三码 |
| 0 0 0 0 | 0 | 0 | 0 | 0 | |
| 0 0 0 1 | 1 | 1 | 1 | 1 | |
| 0 0 1 0 | 2 | 2 | 2 | 2 | |
| 0 0 1 1 | 3 | 3 | 3 | 3 | 0 |
| 0 1 0 0 | 4 | 4 | 4 | 4 | 1 |
| 0 1 0 1 | 5 | 5 | | | 2 |
| 0 1 1 0 | 6 | 6 | | | 3 |
| 0 1 1 1 | 7 | 7 | | | 4 |

续表

| $b_3\ b_2\ b_1\ b_0$ $2^3\ 2^2\ 2^1\ 2^0$ | 代码对应的十进制数 | | | | |
|---|---|---|---|---|---|
| | 自然二进制码 | 二-十进制数 | | | |
| | | 8421 码 | 2421 码 | 5421 码 | 余三码 |
| 1 0 0 0 | 8 | 8 | | 5 | 5 |
| 1 0 0 1 | 9 | 9 | | 6 | 6 |
| 1 0 1 0 | 10 | | | 7 | 7 |
| 1 0 1 1 | 11 | | 5 | 8 | 8 |
| 1 1 0 0 | 12 | | 6 | 9 | 9 |
| 1 1 0 1 | 13 | | 7 | | |
| 1 1 1 0 | 14 | | 8 | | |
| 1 1 1 1 | 15 | | 9 | | |

### 3. ASCII 码

由于计算机是以二进制数的形式存储和处理数据的，因此字符也必须按特定的规则进行二进制编码才能输入到计算机。字符编码的方法很简单，首先要确定需要编码的字符总数，然后给每一个字符按顺序编号。字符形式的多少涉及编码的位数。

西文字符的编码最常用的是 ASCII 码，即 American standard code for information interchange（美国标准信息交换码）。ASCII 码用 7 位二进制编码，它可以表示 $2^7 = 128$ 个字符，其中 96 个为图形字符，32 个为控制字符，如表 5.1-3 所示。

表 5.1-3  7 位 ASCII 码

| LSD \ MSD | 0 | 1 | 2 | 3 | 4 | 5 | 6 | 7 |
|---|---|---|---|---|---|---|---|---|
| | 000 | 001 | 010 | 011 | 100 | 101 | 110 | 111 |
| 0    0 | NUL | DLE | SP | 0 | @ | P | 、 | p |
| 1    1 | SOH | DC1 | ! | 1 | A | Q | a | q |
| 2    10 | STX | DC2 | " | 2 | B | R | b | r |
| 3    11 | EXT | DC3 | # | 3 | C | S | c | s |
| 4    100 | EOT | DC4 | $ | 4 | D | T | d | t |
| 5    101 | ENQ | NAK | % | 5 | E | U | e | u |
| 6    110 | ACK | SYN | & | 6 | F | V | f | v |
| 7    111 | BEL | ETB | , | 7 | G | W | g | w |
| 8    1000 | BS | CAN | ( | 8 | H | X | h | x |
| 9    1001 | HT | EM | ) | 9 | I | Y | i | y |
| A    1010 | LF | SUB | * | : | J | Z | j | z |
| B    1011 | VT | ESC | + | ; | K | [ | k | { |
| C    1100 | FF | FS | • | < | L | \ | l | \| |
| D    1101 | CR | GS | - | = | M | ] | m | } |
| E    1110 | SO | RS | 。 | > | N | ↑ | n | ~ |
| F    1111 | SI | US | / | ? | O | ↓ | o | DEL |

各字符的含义如下：

| | | | | |
|---|---|---|---|---|
| NUL | 空 | VT | 垂直制表 | |
| SOH | 标题开始 | FF | 直纸控制 | |
| STX | 正文结束 | CR | 回车 | |
| EXT | 本文结束 | SO | 移位输出 | |
| EOT | 传输结果 | SI | 移位输入 | |
| ENQ | 询问 | SP | 空间（空格） | |
| ACK | 承认 | DLE | 数据链换码 | |
| BEL | 报警符 | DC1 | 设备控制1 | |
| BS | 退一格 | DC2 | 设备控制2 | |
| HT | 横向列表（穿孔卡片指令） | DC3 | 设备控制3 | |
| LF | 换行 | DC4 | 设备控制4 | |
| SYN | 空转同步 | NAK | 否定 | |
| ETB | 信息组传送结束 | FS | 文字分隔符 | |
| CAN | 作废 | GS | 组分隔符 | |
| EM | 纸尽 | RS | 记录分隔符 | |
| SUB | 减 | US | 单元分隔符 | |
| ESC | 换码 | DEL | 作废 | |

可见，二进制码是根据实际需要人为设定的。在上述编码中，8421码和ASCII码的应用最广泛。

## 5.2 门电路和基本逻辑运算

### 5.2.1 基本逻辑门

数字电路是一种开关电路，开关的两种状态"开通"与"关断"常用电子器件的"导通"与"截止"来实现，并用二元常量"0"和"1"来表示。数字电路的输入量和输出量一般用高、低电位（或电平）来表示。就其整体而言，数字电路的输出量与输入量之间的关系是一种因果关系，它可以用逻辑表达式来描述，因而数字电路又称**逻辑电路**。

在逻辑电路中，只有两个逻辑变量，即逻辑0和逻辑1。逻辑0和逻辑1不代表数值的大小，仅表示相互矛盾、相互对立的两种逻辑状态。

逻辑电路中的基本逻辑运算有"与"逻辑、"或"逻辑和"非"逻辑。这些逻辑运算可以通过逻辑门电路实现。

**1. 基本逻辑门**

在门电路中，与、或、非是3种基本的逻辑门，由这3种基本逻辑门可以构成与非门、或非门、异或门和异或非门等。描述逻辑关系的表格称为**真值表**，用规定的图形符号来表示的逻辑运算称为**逻辑符号**。

1) 与门(AND)

图 5.2-1 表示一个简单的与逻辑电路，电源通过两个串联的开关 $A$ 和 $B$ 向灯泡供电。

只有当 $A$ 与 $B$ 同时接通时,灯泡才亮;$A$ 和 $B$ 中只要有一个不接通或两者都不接通时,则灯泡不亮,这种逻辑关系称为"与"**逻辑**。其逻辑符号如图 5.2-2 所示,真值表如表 5.2-1 所列,脉冲图如图 5.2-3 所示。在真值表中,用 1 表示开关合上,用 0 表示开关断开。可见,在与门中,只有当两个输入端都为逻辑 1 时,输出才为 1。

与逻辑表达式为:$Y = A \cdot B$。

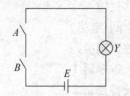

图 5.2-1 "与"逻辑电路图

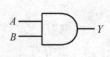

图 5.2-2 与门符号

表 5.2-1 与门真值表

| $A$ | $B$ | $Y$ |
| --- | --- | --- |
| 0 | 0 | 0 |
| 0 | 1 | 0 |
| 1 | 0 | 0 |
| 1 | 1 | 1 |

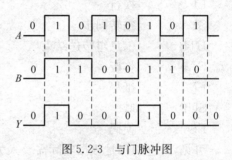

图 5.2-3 与门脉冲图

2) 或门(OR)

图 5.2-4 表示简单的或逻辑电路。电源通过两个并联的开关 $A$ 或 $B$ 向灯泡供电,只要有一个开关接通,灯就点亮;而当 $A$ 和 $B$ 都不接通时,灯就不亮,这种逻辑关系称为"**或**"逻辑。其逻辑符号如图 5.2-5 所示,真值表如表 5.2-2 所列,脉冲图如图 5.2-6 所示。可见,在或门中,只要两个输入量中有一个为逻辑 1,输出就为 1。

或逻辑表达式为:$Y = A + B$。

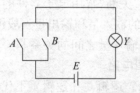

图 5.2-4 "或"逻辑电路

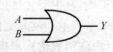

图 5.2-5 或门符号

表 5.2-2 或门真值表

| $A$ | $B$ | $Y$ |
| --- | --- | --- |
| 0 | 0 | 0 |
| 0 | 1 | 1 |
| 1 | 0 | 1 |
| 1 | 1 | 1 |

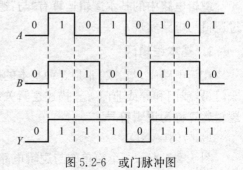

图 5.2-6 或门脉冲图

3) 非门(NOT)

电路如图 5.2-7 所示,电源 $E$ 通过一个继电器触点向灯泡供电,NC 为继电器 $A$ 的常闭触点。当线圈 $A$ 不通电时,灯亮;而当 $A$ 通电时,灯不亮,这种逻辑关系称为"**非**"**逻辑**。其逻辑符号如图 5.2-8 所示,真值表如表 5.2-3 所示,脉冲图如图 5.2-9 所示。

非逻辑的表达式为:$Y=\overline{A}$。

从真值表和脉冲图可以看出,非门的输出电平和输入电平相反。

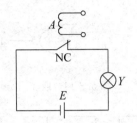

图 5.2-7 "非"逻辑电路

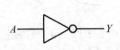

图 5.2-8 非门符号

表 5.2-3 非门真值表

| $A$ | $Y=\overline{A}$ |
|---|---|
| 0 | 1 |
| 1 | 0 |

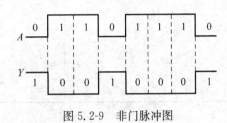

图 5.2-9 非门脉冲图

**2. 导出逻辑门**

1) 与非门(NAND)

与、或、非门是构成所有门电路的基础,与非门(NAND)是与门和非门的组合,它的组成如图 5.2-10 所示,逻辑符号如图 5.2-11 所示,其真值表如表 5.2-4 所示,脉冲图如图 5.2-12 所示。其逻辑关系的含义为:两个输入端中只要有一个为低电平"0",输出就为高电平"1";只有当两输入端都为高电平"1"时,输出端才为低电平"0"。

与非门的逻辑表达式为:$Y=\overline{A \cdot B}$。

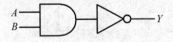

图 5.2-10 与非门的组成

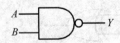

图 5.2-11 与非门符号

表 5.2-4 与非门真值表

| $A$ | $B$ | $Y$ |
|---|---|---|
| 0 | 0 | 1 |
| 0 | 1 | 1 |
| 1 | 0 | 1 |
| 1 | 1 | 0 |

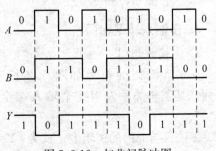

图 5.2-12 与非门脉冲图

### 2) 或非门(NOR)

或非门(NOR)是或门和非门的组合,其组成与符号如图 5.2-13 所示,逻辑符号如图 5.2-14 所示,其真值表如表 5.2-5 所列,脉冲图如图 5.2-15 所示。或非门逻辑关系的含义为:两个输入端中只要有一个为高电平"1",输出就为低电平"0";只有当两输入端都为低电平"0"时,输出端才为高电平"1"。

或非门的逻辑表达式为:$Y=\overline{A+B}$。

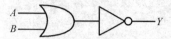

图 5.2-13　或非门的组成

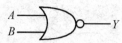

图 5.2-14　或非门符号

表 5.2-5　或非门真值表

| A | B | Y |
|---|---|---|
| 0 | 0 | 1 |
| 0 | 1 | 0 |
| 1 | 0 | 0 |
| 1 | 1 | 0 |

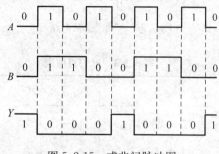

图 5.2-15　或非门脉冲图

### 3) 异或门(XOR)

异或门(XOR)的符号如图 5.2-16 所示,其真值表如表 5.2-6 所列。

异或门逻辑表达式为:$Y=A\oplus B$。

其逻辑关系为:当两个输入端信号相异时输出为高电平"1",当两个输入端信号相同时输出为低电平"0"。

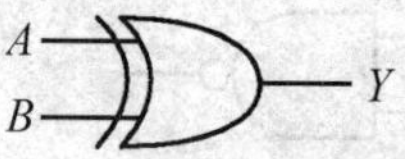

表 5.2-6　异或门真值表

| A | B | Y |
|---|---|---|
| 0 | 0 | 0 |
| 0 | 1 | 1 |
| 1 | 0 | 1 |
| 1 | 1 | 0 |

图 5.2-16　异或门符号

### 3. 多输入端逻辑门

#### 1) 三输入与门

三输入与门的符号如图 5.2-17 所示,真值表如表 5.2-7 所列。其逻辑关系为当 3 个输入端全为高电平"1"时,输出才为"1"。

多输入与非门的逻辑表达式为:$Y=A\cdot B\cdot C$。

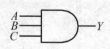

图 5.2-17　三端与门符号

表 5.2-7 三端与门真值表

| A | B | C | Y |
|---|---|---|---|
| 0 | 0 | 0 | 0 |
| 0 | 0 | 1 | 0 |
| 0 | 1 | 0 | 0 |
| 0 | 1 | 1 | 0 |
| 1 | 0 | 0 | 0 |
| 1 | 0 | 1 | 0 |
| 1 | 1 | 0 | 0 |
| 1 | 1 | 1 | 1 |

2) 多输入与门和两输入端与门之间的等效

在实际应用中，常常用多个两输入端与门来构成一个多输入端与门。图 5.2-18、图 5.2-19 给出了两个应用的例子。图 5.2-18 所示为一个三输入与门相当于两个连接在一起的两输入端与门。图 5.2-19 所示为一个四输入与门相当于 3 个连接在一起的两输入端与门。它们完成的逻辑功能是一样的。

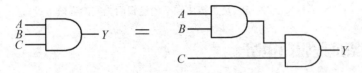

图 5.2-18 三端与门的组成

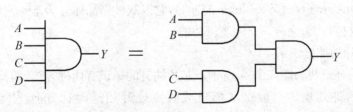

图 5.2-19 四端与非门的组成

上面介绍了基本逻辑门及其导出门。现在将其电路的符号、逻辑表达式和真值表总结如表 5.2-8 所示。

表 5.2-8 基本逻辑门

| 逻辑门 | | 与门 | 或门 | 非门 | 与非门 | 或非门 | 异或门 |
|---|---|---|---|---|---|---|---|
| 图形符号 | | | | | | | |
| 输入逻辑变量 | 逻辑式 | $Y=A \cdot B$ | $Y=A+B$ | $Y=\overline{A}$ | $Y=\overline{A \cdot B}$ | $Y=\overline{A+B}$ | $Y=A\oplus B$ |
| A | B | Y | Y | Y | Y | Y | Y |
| 0 | 0 | 0 | 0 | 1 | 1 | 1 | 0 |
| 0 | 1 | 0 | 1 | 1 | 1 | 0 | 1 |
| 1 | 0 | 0 | 1 | 0 | 1 | 0 | 1 |
| 1 | 1 | 1 | 1 | 0 | 0 | 0 | 0 |

## 5.2.2 正逻辑和负逻辑

在逻辑电路中,输入信号和输出信号一般用电平(电位)来表示。对通用的 TTL(其含义见下文)集成电路,其标准高电平 $U_{SH} \geqslant 2.4V$,标准低电平 $U_{SL} \leqslant 0.4V$。电平高于 $U_{SH}$ 的信号用符号 $H$ 表示,电平低于 $U_{SL}$ 的信号用 $L$ 表示。如果令 $H=1$、$L=0$,则称为**正逻辑体制**;与此相反,若令 $H=0$、$L=1$,则称为**负逻辑体制**。

从图 5.2-20 可以看出正逻辑体制的与门同负逻辑体制的或门等效,也就是说,在输入端和输出端均使用反相器就可以从与门到或门,也可以从或门到与门来回转换。

在本教材中,如果不做特殊说明,都使用正逻辑体制。

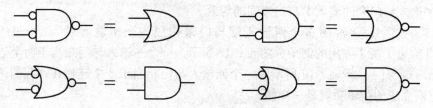

图 5.2-20 正、负逻辑体制下的逻辑门之间的等效

### 5.2.3 集成逻辑门电路

**1. TTL 集成逻辑门电路**

TTL 是 transistor transistor logic 的缩写,它以双极型晶体管为基本元件,将大量的晶体管集成在一块硅片上,完成一定的逻辑功能。

1) 集成芯片的插钉识别

集成芯片的外封装如图 5.2-21 所示。芯片插钉的标识有两种方法,即槽口标识和圆点标识。插钉号的排列规律一般是从槽口或圆点处开始逆时针方向,依次为引脚 1、引脚 2、……

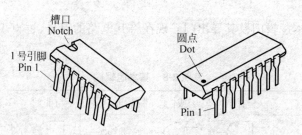

图 5.2-21 双列封装集成电路的引脚识别图

图 5.2-22 给出了集成芯片 7408(与门)、7432(或门)、7400(与非门)、7404(非门)的引脚排列图和内部电路示意图。

2) 74 系列集成电路元件牌号的识别

图 5.2-23 和图 5.2-24 均为 74 系列集成电路元件牌号的识别图。

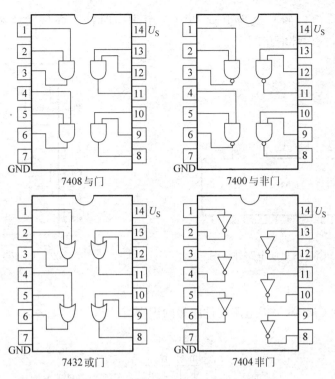

图 5.2-22　TTL 集成逻辑门电路举例

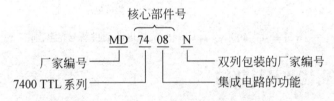

图 5.2-23　74 系列集成电路牌号的含义

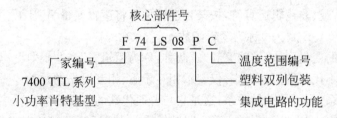

图 5.2-24　74 系列集成电路牌号的含义

## 2. CMOS 集成逻辑门及其应用

CMOS 是 complementary symmetry metal oxide semiconductor 的缩写，它以单极型 MOS 管为基本元件，将多个基本 CMOS 管集成在一块硅片上，完成一定的逻辑功能。CMOS 集成电路具有功耗低、带负载能力强、易于做成大规模集成电路等优点，但是其转换速度低于 TTL 集成电路。

1) CMOS 集成芯片的插钉识别

CMOS 集成芯片的外封装如图 5.2-25 所示。插钉号的排列规律与 TTL 集成芯片一样。从图中看出,槽口的左侧为引脚 1,其余引脚逆时针方向依次排列。图 5.2-26 是 CD4081 集成芯片的内部电路图。

图 5.2-25 CMOS 集成电路外型图

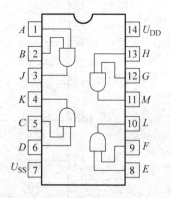

图 5.2-26 CD4081 集成电路的内部结构图

2) 4000 系列 CMOS 集成电路元件牌号的识别(见图 5.2-27)。

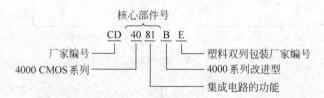

图 5.2-27 4000 系列 CMOS 集成电路元件牌号的识别

### 5.2.4 逻辑代数及其化简

**1. 逻辑代数及其运算规则**

用有限个与、或、非逻辑运算符,按某种逻辑关系将逻辑变量 $A$、$B$、$C$、…连接起来,所得的表达式 $F = f(A、B、C、…)$ 称为逻辑函数。

逻辑函数中的变量取值只有"0"和"1"两种,称为逻辑"0"和逻辑"1"。如前所述,这里的逻辑 0 和逻辑 1 不代表数值的大小,仅表示相互矛盾、相互对立的两种逻辑状态。逻辑函数表示的是逻辑关系,而不是数量关系,这是它与普通代数的本质区别。

在逻辑代数中,只有 3 种基本运算,即逻辑乘("与"运算)、逻辑加("或"运算)和求反("非"运算)。根据这 3 种基本运算,可以推导出逻辑运算的一些基本法则,如下所述。

1) 逻辑代数的基本运算规律

(1) 基本定律和恒等式

在逻辑常量之间有以下的基本运算法则:

$$0 \cdot 0 = 0 \quad 0 + 0 = 0$$
$$0 \cdot 1 = 0 \quad 0 + 1 = 1$$
$$1 \cdot 1 = 1 \quad 1 + 1 = 1$$
$$\overline{0} = 1 \quad \overline{1} = 0$$

在逻辑变量与常量之间存在以下关系：
$$A \cdot 1 = A \quad A + 0 = A$$
$$A \cdot 0 = 0 \quad A + 1 = 1$$
$$A \cdot \overline{A} = 0 \quad A + \overline{A} = 1$$

(2) 与普通代数相似的定理

交换率　$A \cdot B = B \cdot A$　　　　　　　　$A + B = B + A$

结合率　$(A \cdot B) \cdot C = A \cdot (B \cdot C)$　　　$(A + B) + C = A + (B + C)$

分配率　$A \cdot (B + C) = A \cdot B + A \cdot C$　　$A + B \cdot C = (A + B)(A + C)$

(3) 逻辑代数的一些特殊定理

同一律　　$A \cdot A = A$　　　　　$A + A = A$

还原律　　$\overline{\overline{A}} = A$

摩根定理　$\overline{A \cdot B} = \overline{A} + \overline{B}$　　$\overline{A + B} = \overline{A} \cdot \overline{B}$

吸收律　　$A + AB = A$　　$A + \overline{A}B = A + B$

2) 逻辑函数的表达方式

常用的逻辑函数有4种表示方法，分别是逻辑状态表(真值表)、逻辑函数式、逻辑图和波形图(时序图)，它们之间可以相互转换。下面举例说明一个逻辑关系的4种表达方式。

图 5.2-28 是一个逻辑电路图，从图上可以分析出来：当 $C$ 闭合，但 $A$、$B$ 均断开时，$F$ 灯灭；当 $C$ 断开时，无论 $A$、$B$ 状态如何，$F$ 灯灭。根据这种关系可以列出该电路的逻辑状态表，如表 5.2-9 所示。图 5.2-28 所示的逻辑电路图有3个逻辑变量 $A$、$B$、$C$，因此真值表共有 $2^3 = 8$ 种组合状态。

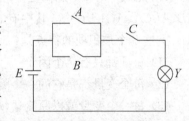

图 5.2-28　逻辑电路图

根据真值表，可以列写出其逻辑表达式。列写方法如下：

(1) 挑出函数值 $Y = 1$ 的项；

(2) 每个函数值为1的输入变量取值组合写成一个乘积项，输入变量取值为1时，用原变量表示，如 $A$；取值为零时用反变量表示，如 $\overline{A}$。上述真值表中，函数值 $Y$ 共有3个1，因此可以写出3个乘积 $\overline{A}BC$、$A\overline{B}C$、$ABC$。

(3) 将上述乘积项作逻辑加，有 $Y = \overline{A}BC + A\overline{B}C + ABC$。

表 5.2-9　图 5.2-28 电路真值表

| A | B | C | Y |
| --- | --- | --- | --- |
| 0 | 0 | 0 | 0 |
| 0 | 0 | 1 | 0 |
| 0 | 1 | 0 | 0 |
| 0 | 1 | 1 | 1 |
| 1 | 0 | 0 | 0 |
| 1 | 0 | 1 | 1 |
| 1 | 1 | 0 | 0 |
| 1 | 1 | 1 | 1 |

根据逻辑表达式,可以画出逻辑图,方法是乘积项用"与"门实现,和项用"或"门实现,如图 5.2-29 所示。从后续内容可知,逻辑表达式可以进行化简,因此,同一个逻辑电路图(图 5.2-28)的逻辑表达式不是唯一的,与其对应的逻辑图也不是唯一的,但真值表是唯一的。

根据真值表或逻辑表达式,还可以画出逻辑电路的波形图或时序图,如图 5.2-30 所示。该波形图表明了输出函数 $Y$ 与输入变量之间的关系。

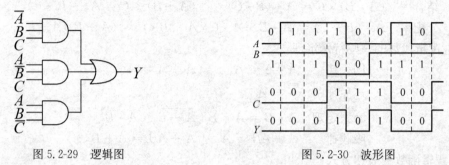

图 5.2-29　逻辑图　　　　　　图 5.2-30　波形图

3) 逻辑函数的最小项表达式

设 $A$、$B$、$C$ 是 3 个逻辑变量,由这 3 个逻辑变量可以构成许多乘积项,如:$\overline{A}B\overline{C}$、$A\overline{B}C$、$A\overline{B}$、$\overline{ABCA}$、$A(A+C)$ 等,其中有 8 个乘积项是 $\overline{ABC}$、$\overline{AB}C$、$\overline{A}B\overline{C}$、$\overline{A}BC$、$A\overline{BC}$、$A\overline{B}C$、$AB\overline{C}$、$ABC$。这 8 个乘积项的特点是:

(1) 每项都只有 3 个因子;

(2) 每个变量都是它的一个因子;

(3) 每一个变量或以原变量($A,B,C$)的形式出现,或以反(非)变量($\overline{A},\overline{B},\overline{C}$)的形式出现,各出现一次。

这 8 个变量的乘积项称为 3 个变量 $A$、$B$、$C$ 的最小项。除了这 8 个项外,还有其他乘积项如:$AB$、$\overline{A}B$、$ABBC$ 等,它们都不是最小项,因为不符合上述 3 个特点。

对于 $n$ 个变量来说,最小项共有 $2^n$ 个,如 $n=3$,则最小项有 $2^3=8$ 个。为了分析最小项的性质,我们列出 3 个变量的所有最小项的真值表如表 5.2-10 所示。

表 5.2-10　最小项真值表

| $ABC$ | $\overline{ABC}$ | $\overline{AB}C$ | $\overline{A}B\overline{C}$ | $\overline{A}BC$ | $A\overline{BC}$ | $A\overline{B}C$ | $AB\overline{C}$ | $ABC$ |
|---|---|---|---|---|---|---|---|---|
| 0 0 0 | 1 | 0 | 0 | 0 | 0 | 0 | 0 | 0 |
| 0 0 1 | 0 | 1 | 0 | 0 | 0 | 0 | 0 | 0 |
| 0 1 0 | 0 | 0 | 1 | 0 | 0 | 0 | 0 | 0 |
| 0 1 1 | 0 | 0 | 0 | 1 | 0 | 0 | 0 | 0 |
| 1 0 0 | 0 | 0 | 0 | 0 | 1 | 0 | 0 | 0 |
| 1 0 1 | 0 | 0 | 0 | 0 | 0 | 1 | 0 | 0 |
| 1 1 0 | 0 | 0 | 0 | 0 | 0 | 0 | 1 | 0 |
| 1 1 1 | 0 | 0 | 0 | 0 | 0 | 0 | 0 | 1 |

三变量最小项的编号如表 5.2-11 所示。

表 5.2-11　最小项编号

| $ABC$ | 对应的十进制数 | 对应的最小项代表符号 |
|---|---|---|
| 0 0 0 | 0 | $\bar{A}\bar{B}\bar{C}=m_0$ |
| 0 0 1 | 1 | $\bar{A}\bar{B}C=m_1$ |
| 0 1 0 | 2 | $\bar{A}B\bar{C}=m_2$ |
| 0 1 1 | 3 | $\bar{A}BC=m_3$ |
| 1 0 0 | 4 | $A\bar{B}\bar{C}=m_4$ |
| 1 0 1 | 5 | $A\bar{B}C=m_5$ |
| 1 1 0 | 6 | $AB\bar{C}=m_6$ |
| 1 1 1 | 7 | $ABC=m_7$ |

我们利用逻辑代数的基本公式,可以把任一个逻辑函数化简成一种典型的表达式,这种典型的表达式是一组最小项之和,称为**最小项表达式**。下面举例说明把逻辑表达式展开为最小项表达式的方法。

例如:将 $Y_{(ABC)}=AB+\bar{A}C$ 化为最小项表达式,可利用 $A+\bar{A}=1$ 的基本运算关系,将逻辑函数中的每一项都化成包含有变量 $A$、$B$、$C$ 的项。

$$Y_{(ABC)} = AB+\bar{A}C = AB(C+\bar{C})+\bar{A}C(B+\bar{B})$$
$$= ABC+AB\bar{C}+\bar{A}BC+\bar{A}\bar{B}C = m_7+m_6+m_3+m_1$$
$$= m_1+m_3+m_6+m_7 = \sum m(1,3,6,7)$$

又例如:将 $Y_{(ABC)} = \overline{(AB+\overline{\bar{A}\bar{B}+\bar{C}})\overline{AB}}$ 化成最小项表达式,可经过如下步骤:

(1) 多次利用摩根定律去掉非号,直至最后得到一个只在单个变量上有非号的表达式:

$$Y_{(ABC)} = \overline{(AB+\overline{\bar{A}\bar{B}+\bar{C}})\overline{AB}} = \overline{(AB+\overline{\bar{A}\bar{B}+\bar{C}})}+AB$$
$$= (\overline{AB} \cdot \overline{\overline{\bar{A}\bar{B}}\cdot C})+AB = (\bar{A}+\bar{B})(A+B)C+AB$$

(2) 利用分配率去掉括号,直至得到一个与-或表达式:

$$Y_{(ABC)} = (\bar{A}+\bar{B})(A+B)C+AB = (\bar{A}+\bar{B})(AC+BC)+AB$$
$$= \bar{A}AC+\bar{A}BC+A\bar{B}C+B\bar{B}C+AB = \bar{A}BC+A\bar{B}C+AB$$

(3) 在上式中,有一项 $AB$ 不是最小项,缺少 $C$,则利用 $(C+\bar{C})$ 乘以此项,可得

$$Y_{(ABC)} = \bar{A}BC+A\bar{B}C+AB = \bar{A}BC+A\bar{B}C+AB(C+\bar{C})$$
$$= \bar{A}BC+A\bar{B}C+AB\bar{C}+ABC = m_3+m_5+m_6+m_7 = \sum m(3,5,6,7)$$

由此可见,任一个逻辑函数都可以化成唯一的最小项表达式,逻辑状态表(真值表)是用最小项表示的,因此也是唯一的。

**2. 逻辑函数的化简方法**

根据逻辑表达式可以画出相应的逻辑图。但是直接根据某种逻辑要求而归纳出来的逻辑表达式及其对应的逻辑电路往往并不是最简的形式。一个逻辑函数可以有多种不同的逻辑表达式,如与-或表达式、或-与表达式、与非-与非表达式、或非-或非表达式以及与-或-非表达式等。

例如：$Y = AC + \bar{C}D$　　　　　与-或表达式

$\phantom{Y}= (A+\bar{C})(C+D)$　　或-与表达式

$\phantom{Y}= \overline{\overline{AC} \cdot \overline{\bar{C}D}}$　　　　与非-与非表达式

$\phantom{Y}= \overline{\overline{A}+\bar{C}+\overline{C+D}}$　　或非-或非表达式

$\phantom{Y}= \overline{\overline{AC}+\overline{\bar{C}D}}$　　　　与-或非表达式

由于与-或表达式是比较常见的,同时与-或表达式易于与其他形式的表达式相互转换,所以逻辑函数的化简一般是指要求化为最简的与-或表达式。证明化简的最有效方式是检验等式两边函数的真值表是否吻合。经过化简后的逻辑函数表达式可以用最少的逻辑门实现其功能,且每个门的输入端个数最少,从而有效提高逻辑电路的可靠性。

逻辑函数的化简方法主要有代数化简法和卡诺图化简法。

1) 逻辑函数的代数化简法

代数化简法是运用逻辑代数的基本定律和恒等式对逻辑表达式进行化简。

(1) 并项法：利用 $A + \bar{A} = 1$ 的公式,将两项合并为一项,并消去一个变量。

例如：$\bar{A}BC + \bar{A}B\bar{C} = \bar{A}B(C+\bar{C}) = \bar{A}B$

(2) 吸收法：利用 $A + AB = A$ 的公式,消去多余的项。

例如：$\bar{A}B + \bar{A}BCD(E+F) = \bar{A}B$

(3) 消去法：利用 $A + \bar{A}B = A + B$,消去多余的因子。

例如：$AB + \bar{A}C + \bar{B}C = AB + (\bar{A}+\bar{B})C = AB + \overline{AB}C = AB + C$

(4) 配项法：利用 $A = A(B+\bar{B})$,将它作配项用,然后消去更多的项。

例如：$Y = AB + \bar{A}C + B\bar{C} = AB + \bar{A}C + (A+\bar{A})B\bar{C} = AB + \bar{A}C + AB\bar{C} + \bar{A}B\bar{C} = AB + \bar{A}C$

2) 逻辑函数的卡诺图化简法

(1) 卡诺图的一般形式

一个逻辑函数的卡诺图就是将函数的最小项表达式中的各最小项相应地填入一个特定的方格内,此方格称为**卡诺图**,因此,卡诺图是逻辑函数的图形表示。

① 一个变量的逻辑函数

一个变量的逻辑函数有两个最小项 $Y_{(A)} = A + \bar{A} = m_0 + m_1 = \sum m(0,1)$,所以卡诺图就有两个方格。变量取值顺序为 $A$：0,1,如图 5.2-31(a)所示。

② 两个变量的逻辑函数

两个变量的逻辑函数有 4 个最小项 $Y_{(AB)} = \bar{A}\bar{B} + \bar{A}B + A\bar{B} + AB = m_0 + m_1 + m_2 + m_3 = \sum m(0,1,2,3)$,所以卡诺图就有 4 个方格。变量取值顺序为 $AB$：00,01,10,11,如图 5.2-31(b)所示。

③ 3 个变量的逻辑函数

3 个变量的逻辑函数有 8 个最小项

$Y_{(ABC)} = \bar{A}\bar{B}\bar{C} + \bar{A}\bar{B}C + \bar{A}B\bar{C} + \bar{A}BC + A\bar{B}\bar{C} + A\bar{B}C + AB\bar{C} + ABC = m_0 + m_1 + m_2 + m_3 + m_4 + m_5 + m_6 + m_7 = \sum m(0,1,2,3,4,5,6,7)$,所以 3 个变量的卡诺图有 8 个方格。变量取值顺序为：$ABC$：000,001,011,010,100,101,111,110,如图 5.2-31(c)所示。

④ 4 个变量的逻辑函数

4 个变量的逻辑函数有 16 个最小项，因此 4 个变量的卡诺图就有 16 个方格。变量取值顺序为 $ABCD$：0000，0001，0011，0010，0100，0101，0111，0110，1100，1101，1111，1110，1000，1001，1011，1010，如图 5.2-31(d)所示。

由此类推，$n$ 个变量的逻辑函数有 $2^n$ 个最小项，卡诺图就有 $2^n$ 个方格。

需要注意的是，**在多变量卡诺图中，小方格中的变量状态排列方式并不是按照二进制递增的次序排列的**，这样排列是为了**使任意两个相邻最小项之间只有一个变量改变**。

| $Y_{(A)}$ $A$ | 0 | 1 |
|---|---|---|
| | $m_0$ | $m_1$ |

(a)

| $Y_{(AB)}$ $A$ \ $B$ | 0 | 1 |
|---|---|---|
| 0 | $m_0$ | $m_1$ |
| 1 | $m_2$ | $m_3$ |

(b)

| $Y_{(ABC)}$ $A$ \ $BC$ | 00 | 01 | 11 | 10 |
|---|---|---|---|---|
| 0 | $m_0$ | $m_1$ | $m_3$ | $m_2$ |
| 1 | $m_4$ | $m_5$ | $m_7$ | $m_6$ |

(c)

| $Y_{(ABCD)}$ $AB$ \ $CD$ | 00 | 01 | 11 | 10 |
|---|---|---|---|---|
| 00 | $m_0$ | $m_1$ | $m_3$ | $m_2$ |
| 01 | $m_4$ | $m_5$ | $m_7$ | $m_6$ |
| 11 | $m_{12}$ | $m_{13}$ | $m_{15}$ | $m_{14}$ |
| 10 | $m_8$ | $m_9$ | $m_{11}$ | $m_{10}$ |

(d)

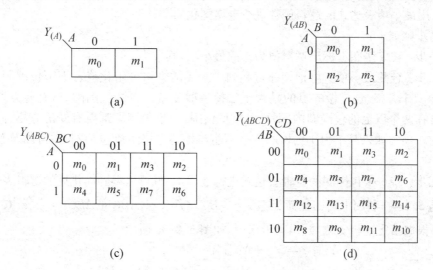

图 5.2-31 不同变量的卡诺图

(2) 已知逻辑函数画出卡诺图

上面讲了各种变量卡诺图的一般形式，根据逻辑函数的最小项表达式，就可以得到相应的卡诺图。

**例题 5.2-1** 画出 $Y_{(ABC)}=\sum m(3,5,6,7)$ 的卡诺图。

对上列逻辑函数最小项表达式中的各项，在卡诺图的相应方格内填入 1，其余填入 0，就可得到给定逻辑函数的卡诺图，如图 5.2-32 所示。

**例题 5.2-2** 画出 $Y_{(ABCD)}=\sum m(0,1,2,3,4,8,10,11,14,15)$ 的卡诺图。

方法同上，如图 5.2-33 所示。

| $Y_{(ABC)}$ $A$ \ $BC$ | 00 | 01 | 11 | 10 |
|---|---|---|---|---|
| 0 | 0 | 0 | 1 | 0 |
| 1 | 0 | 1 | 1 | 1 |

图 5.2-32 例题 5.2-1 图

| $Y_{(ABCD)}$ $AB$ \ $CD$ | 00 | 01 | 11 | 10 |
|---|---|---|---|---|
| 00 | 1 | 1 | 1 | 1 |
| 01 | 1 | 0 | 0 | 0 |
| 11 | 0 | 0 | 1 | 1 |
| 10 | 1 | 0 | 1 | 1 |

图 5.2-33 例题 5.2-2 图

(3) 已知卡诺图写出逻辑函数

如果给定逻辑函数的卡诺图,只要将图中对应小方格为1的最小项写出来,然后将它们逻辑相加,就可以得到相应的逻辑表达式,当然这是未经简化的逻辑表达式。

**例题 5.2-3** 给定逻辑函数的卡诺图如图 5.2-34 所示,写出其逻辑函数表达式。

按照上述方法,可以写出其逻辑表达式为

$$Y_{(ABCD)}=\bar{A}\bar{B}CD+\bar{A}B\bar{C}D+\bar{A}BCD+AB\bar{C}\bar{D}+ABC\bar{D}+A\bar{B}\bar{C}\bar{D}+A\bar{B}CD$$

3) 利用卡诺图化简逻辑函数

(1) 用最小项表达式的逻辑函数进行卡诺图化简

化简步骤如下:

第一步:在卡诺图上标出逻辑值为1的最小项,其余为0;

第二步:合并最小项。可把相邻行和列中为1的方格分组化成若干个包围圈,每个包围圈包含 $2^n$ 个方格,这样做的目的是为了去掉一些变量。在画包围圈时,有些方格可以同时被包含在两个以上的包围圈内,即可以重复包围,每个包围圈都要有新的方格,同时不能漏去任何一项。如果某个为1的值的方格不能与相邻方格组成包围圈时,可以单独画成包围圈。

第三步:将每个包围圈的逻辑表达式进行逻辑加,就可以得到简化后的逻辑表达式。

**例题 5.2-4** 利用卡诺图化简 $Y_{(ABC)}=\bar{A}BC+A\bar{B}C+ABC+AB\bar{C}=\sum m(3,5,6,7)$

**解**:根据给定逻辑函数,画出其卡诺图,如图 5.2-35 所示。

$$Y_{(ABC)}=Ya+Yb+Yc$$

$$Ya=\bar{A}BC+ABC=BC(\bar{A}+A)=BC$$

$$Yb=A\bar{B}C+ABC=AC(\bar{B}+B)=AC$$

$$Yc=ABC+AB\bar{C}=AB(C+\bar{C})=AB$$

所以 $Y_{(ABC)}=Ya+Yb+Yc=BC+AC+AB$ 就是化简后的逻辑表达式。

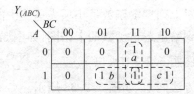

| $Y_{(ABCD)}$ AB \ CD | 00 | 01 | 11 | 10 |
|---|---|---|---|---|
| 00 | 0 | 0 | 1 | 0 |
| 01 | 0 | 1 | 1 | 0 |
| 11 | 1 | 0 | 0 | 1 |
| 10 | 1 | 0 | 1 | 0 |

图 5.2-34 例题 5.2-3 图

| $Y_{(ABC)}$ A \ BC | 00 | 01 | 11 | 10 |
|---|---|---|---|---|
| 0 | 0 | 0 | 1 a | 0 |
| 1 | 0 | 1 b | 1 | c 1 |

图 5.2-35 例题 5.2-4 图

(2) 不用最小项表达式的逻辑函数的卡诺图化简

上面的讨论说明,要把逻辑函数化成卡诺图,首先要把这个函数表示为最小项之和。实际上,如果逻辑函数已经是与-或表达式,即使逻辑函数不是最小项的形式,也不必用代数法先将函数展开为最小项。在将逻辑函数的各项填入卡诺图的过程中,就能把函数展开成最小项。

**例题 5.2-5** 将 $Y_{(ABCD)}=\bar{A}\bar{B}\bar{C}\bar{D}+B\bar{C}D+\bar{A}\bar{C}+A$ 用卡诺图表示,并化简。

**解**:式中只有第一项是最小项的形式,这个最小项是 $m_0$,可以直接填入到卡诺图;第二

项 $B\bar{C}D$ 与变量 $A$ 无关,并且在 $B\bar{C}D$ 的区域,所以该项在图中对应于 $m_5$ 和 $m_{13}$ 两个最小项(两个方格);同样第三项 $\bar{A}\bar{C}$ 和第四项 $A$ 以同样的方法填入到卡诺图中。然后画包围圈后,可以化简为 $Y_{(ABCD)} = A + \bar{C}$,如图 5.2-36 所示。

(3) 具有无关项的逻辑函数的化简

实际中经常会遇到这样的问题,在真值表内对应于变量的某些取值下,函数的值可以是任意的,或者这些变量的取值根本不会出现。这些变量取值所对应的最小项称为无关项或任意项。无关项的意义在于它的取值可以取 0 或取 1,具体取什么值可以根据使函数尽量得到简化而定。

**例题 5.2-6** 化简下列函数 $Y_{(ABCD)} = \sum m(1,2,5,6,9) + \sum d(10,11,12,13,14,15)$。

**解**：式中 $d$ 表示无关项,在卡诺图上,无关项填入 $x$。如果 $m_{11}$、$m_{15}$、$m_{12}$ 取 0,$m_{13}$、$m_{14}$、$m_{10}$ 取 1,则卡诺图如图 5.2-37 所示。

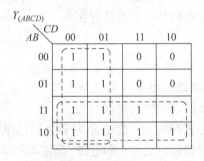

图 5.2-36 例题 5.2-5 图

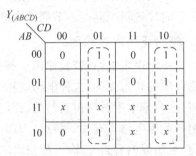

图 5.2-37 例题 5.2-6 图

根据卡诺图,逻辑函数可化简为：$Y_{(ABCD)} = \bar{C}D + C\bar{D}$

由此可见,在利用卡诺图化简逻辑函数的过程中,要充分利用无关项,无关项既可取作 1,亦可取作 0,应视对简化方便而定。

**3. 逻辑函数与逻辑图**

1) 已知逻辑图求逻辑函数

一个逻辑函数除了可以用上面讲述的真值表、逻辑表达式和卡诺图表示外,还可以用逻辑图来表示。逻辑图是由若干基本逻辑符号及它们之间的连线组成的图形。根据逻辑图可以由输入到输出逐级写出其逻辑表达式,并进行化简。

**例题 5.2-7** 给定图 5.2-38 所示的逻辑电路图,写出逻辑表达式并化简。

**解**：根据所给的逻辑图,写出每个基本逻辑门的输入-输出表达式,再化简,结果如下：

$$Y_{(AB)} = \overline{\overline{A\bar{B} \cdot \overline{\bar{A}B}}} = \overline{\overline{A\bar{B}} + \overline{\bar{A}B}} = A\bar{B} + \bar{A}B$$

2) 已知逻辑函数画出逻辑图

若已知逻辑函数,可以画出相应的逻辑图。

**例题 5.2-8** 已知逻辑函数 $Y_{(ABCD)} = \bar{A}B + BC + \bar{A}CD$,请画出逻辑图,要求用与非门实现。

**解**：先写出每个逻辑门的基本输入-输出关系式,然后再根据逻辑代数运算规则进行变换,得出所要求的"与非"表达式。最后再根据得出的逻辑表达式画出逻辑电路图,如图 5.2-39 所示。

$$Y_{(ABCD)} = \overline{A}B + BC + \overline{A}CD = \overline{\overline{AB + BC + \overline{A}CD}} = \overline{\overline{AB} \cdot \overline{BC} \cdot \overline{\overline{A}CD}}$$

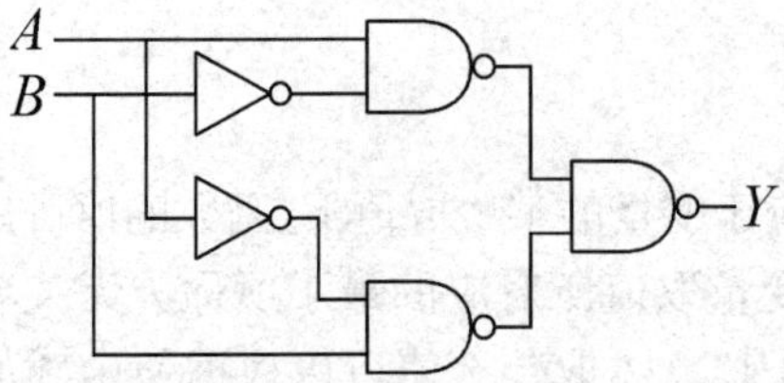

图 5.2-38　例题 5.2-7 图 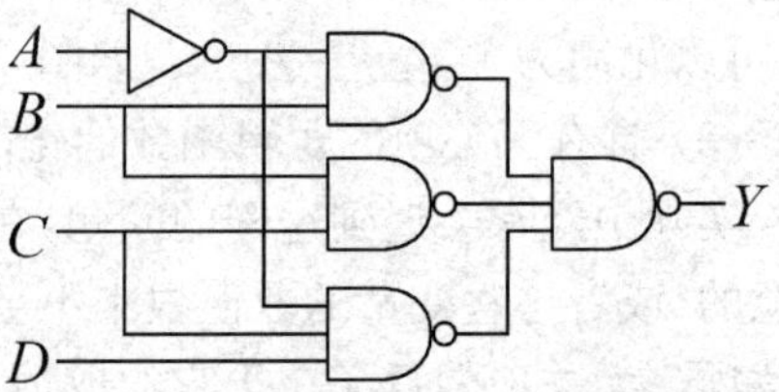　　　　　　　　图 5.2-39　例题 5.2-8 图

### 5.2.5　组合逻辑电路的分析与设计

在实际的数字系统中，常用的数字部件按照结构和工作原理可以分为两大类，即组合逻辑电路和时序逻辑电路。本节简要介绍组合逻辑电路的分析与设计方法。

**1. 组合逻辑电路的定义**

对于一个逻辑电路，若其输出状态在任何时刻只取决于同一时刻各输入状态的组合，而与电路以前的状态无关，这种电路就称为**组合逻辑电路**。组合逻辑电路由前述的基本逻辑门组成，这些基本逻辑门包括与门、或门、非门、与非门、或非门、异或门等。

组合逻辑电路具有如下特点：①电路由基本逻辑门构成；②电路中不含记忆单元（如触发器，见后续内容）；③输入和输出之间没有反馈和延时通路；④电路当前的输出状态与其原来的状态无关。

**2. 组合逻辑电路的分析方法**

分析组合逻辑电路的目的是为了确定已知电路的逻辑功能，其步骤大致如下：

（1）根据已知的逻辑电路，从输入到输出，写出各级电路的逻辑函数表达式，直到写出最后的输出信号与输入信号之间的逻辑函数表达式；

（2）化简和变换逻辑表达式，直到获得最简的表达式；

（3）根据化简后的逻辑表达式列出真值表；

（4）根据真值表和化简后的逻辑表达式对逻辑电路进行分析，最后确定其功能。

下面举例说明组合逻辑电路的分析方法。

**例题 5.2-9**　试分析图 5.2-40 所示逻辑电路的逻辑功能。

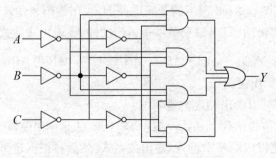

图 5.2-40　例题 5.2-10 逻辑电路图

**解**：(1) 写出输出端的逻辑表达式：
$$Y_{(ABC)} = A\overline{B}\,\overline{C} + \overline{A}B\overline{C} + \overline{A}\,\overline{B}C + ABC$$
对于复杂电路,也可以标出中间变量,然后再化简。

(2) 上述表达式已不能再简化,因此跳过"化简"这一步。

(3) 列出真值表。将 3 个输入变量的 8 种可能组合一一列出,分别将每一组变量取值代入逻辑函数表达式,然后计算出输出变量 $Y$ 的值,填入表 5.2-12 中。

表 5.2-12　图 5.2-40 的真值表

| 输 | 入 | | 输 出 |
|---|---|---|---|
| A | B | C | Y |
| 0 | 0 | 0 | 0 |
| 0 | 0 | 1 | 1 |
| 0 | 1 | 0 | 1 |
| 0 | 1 | 1 | 0 |
| 1 | 0 | 0 | 1 |
| 1 | 0 | 1 | 0 |
| 1 | 1 | 0 | 0 |
| 1 | 1 | 1 | 1 |

(4) 确定电路的逻辑功能。分析表 5.2-12 的输入输出关系可知,当三个输入变量 $A$、$B$、$C$ 中只有其中一个或 3 个同时为 1 时,输出为 1,否则输出为 0。即同时输入奇数个 1 时,输出为 1,因此该逻辑电路为 3 位奇数检验器。

**例题 5.2-10**　试分析图 5.2-41 所示逻辑电路的逻辑功能。

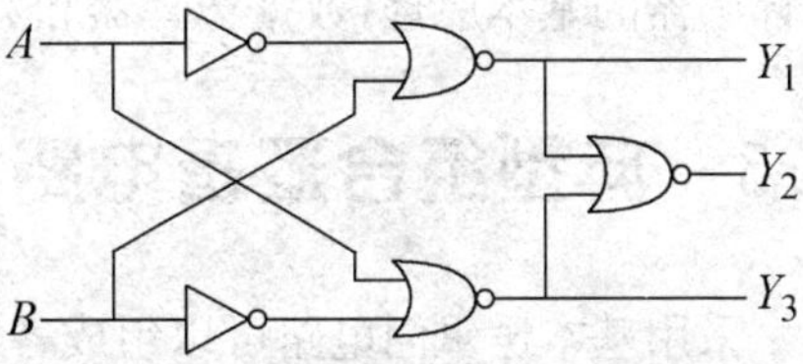

**解**：(1) 写出各输出端的逻辑表达式并化简：

$$Y_1 = \overline{\overline{A}+B} = \overline{\overline{A}} \cdot \overline{B} = A \cdot \overline{B}$$

$$Y_2 = \overline{(\overline{A}+B)+(\overline{B}+A)} = (\overline{A}+B) \cdot (\overline{A+B}) = \overline{A}A + \overline{A}\,\overline{B} + AB + B\overline{B} = \overline{A}\,\overline{B} + AB$$

$$Y_3 = \overline{\overline{B}+A} = \overline{A} \cdot B$$

图 5.2-41　例题 5.2-11 的逻辑电路图

(2) 列出真值表如表 5.2-13 所示。

表 5.2-13　图 5.2-41 的真值表

| A | B | $Y_1$ | $Y_2$ | $Y_3$ |
|---|---|---|---|---|
| 0 | 0 | 0 | 1 | 0 |
| 0 | 1 | 0 | 0 | 1 |
| 1 | 0 | 1 | 0 | 0 |
| 1 | 1 | 0 | 1 | 0 |
| | | A>B | A=B | A<B |

(3) 由真值表可以分析其功能,该逻辑电路是一位比较器。

即:当 $A=B$ 时　$Y_2=1$

当 $A>B$ 时　$Y_1=1$

当 $A<B$ 时　$Y_3=1$

**3. 组合逻辑电路的设计方法**

组合逻辑电路的设计与分析过程相反,需要首先提出实际的逻辑问题,然后设计出满足这一逻辑问题的电路。一般情况下,设计出的逻辑电路可能比较复杂,还需要通过一定的方法进行优化,以期获得低成本、速度快的逻辑电路。前述的用逻辑代数法和卡诺图法化简逻辑函数,其目的就是为了获得最简的逻辑表达式,并据此获得低成本电路。

组合逻辑电路的设计步骤大致如下:

(1) 明确实际问题的逻辑功能,确定出输入和输出变量数,设定其符号;

(2) 根据对电路逻辑功能的要求,列出真值表;

(3) 由真值表写出逻辑表达式;

(4) 用卡诺图化简和变换逻辑表达式;

(5) 根据化简后的逻辑表达式画出逻辑图。

由于组合逻辑电路的设计比较复杂,此处略去举例。但在 5.3 节的"典型组合逻辑电路"中,所讲述的编码器和译码器内容实际上就嵌合了组合逻辑电路的设计过程。

用基本逻辑门组成的组合逻辑电路应用很广,如加法器、数据比较器、编码器、译码器、数据选择器和数据分配器等,这些都是数字电路中经常用到的逻辑电路。本章介绍编码器和译码器的基本原理,数据选择器和数据分配器在 6.3 节的"多路技术"中介绍。

## 5.3　典型组合逻辑电路

采用基本逻辑门电路可以组成各种复杂的组合逻辑电路,以实现各种功能。本节简要介绍两种常用的组合逻辑电路。

在日常生活中,人们习惯于使用十进制码表示数,而在计算机和数字电路中则用二进制码表示数。另外,在数字电路中还使用许多专用码(8421 码、余 3 码、ASCII 码等)来表示数值、字母、标点符号和控制字符等。

为了使数字电子设备能够处理人们输入的十进制码或特定的文字、符号,就需要将"十进制码"或某种文字、符号转换成"二进制码",这一转换器在数字电路中称为**编码器**。在数字电路中,都是用不同规则排列的二进制码来表示某一对象或信号,一位二进制码有 0 和 1 两种状态,可以表示两个信号;两位二进制码有 00、01、10、11 四种组合状态,可以表示 4 个信号;$n$ 位二进制码有 $2^n$ 种组合状态,可以表示 $2^n$ 个信号。这种二进制编码很容易用逻辑门电路实现。

但在数字电子设备的输出端,为了使人们能够看懂数字设备的处理结果,又需要将"二进制码"转换成"十进制码"或其对应的信号,这一转换器在数字电路中称为**译码器**。编码和译码的转换过程可以用图 5.3-1 表示。图中的编码器将键盘上的十进制码转换为 8421 码,然后经过数字电路处理后加到译码器中,译码器再将二进制码的处理结果翻译成 7 段码,驱动数码管显示出十进制数。

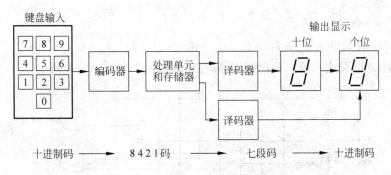

图 5.3-1 数字编码和译码系统

完成上述功能的译码器又称为**7段显示译码器**,专门用于驱动7段式数字显示器(数码管)。此外,在计算机系统中,还有一种**二进制译码器**或**地址译码器**,用于对存储器单元的选址。本节对两种译码器均有介绍。

### 5.3.1 编码器

把十进制码或某种文字、符号按一定的规律编排,使每组代码具有一个特定的含义,这一过程称为**编码**,例如8421码、ASCII码等。具有编码功能的逻辑电路称为**编码器**。常用的编码器有3种,分别是二进制编码器、二-十进制编码器和优先编码器。下面以8421码编码器为例,说明二-十进制码(BCD码)的转换过程。

计算机的键盘输入逻辑就是由编码器组成的。编码器的输入信号是0~9十个十进制数,输出信号是4位二进制数。由于4位二进制数一共有16种状态,所以要去掉6种状态。采用8421码组成编码器,则需要去掉1010~1111这6种状态。表5.3-1列出了8421码的编码表。

表 5.3-1  8421 编码表

| 十进制数 | A | B | C | D |
|---|---|---|---|---|
| $0(I_0)$ | 0 | 0 | 0 | 0 |
| $1(I_1)$ | 0 | 0 | 0 | 1 |
| $2(I_2)$ | 0 | 0 | 1 | 0 |
| $3(I_3)$ | 0 | 0 | 1 | 1 |
| $4(I_4)$ | 0 | 1 | 0 | 0 |
| $5(I_5)$ | 0 | 1 | 0 | 1 |
| $6(I_6)$ | 0 | 1 | 1 | 0 |
| $7(I_7)$ | 0 | 1 | 1 | 1 |
| $8(I_8)$ | 1 | 0 | 0 | 0 |
| $9(I_9)$ | 1 | 0 | 0 | 1 |

根据编码表,可以写出下列 $A、B、C、D$ 的逻辑表达式:

$$A = I_8 + I_9 = \overline{\overline{I_8} \cdot \overline{I_9}}$$

$$B = I_4 + I_5 + I_6 + I_7 = \overline{\overline{I_4} \cdot \overline{I_5} \cdot \overline{I_6} \cdot \overline{I_7}}$$

$$C = I_2 + I_3 + I_6 + I_7 = \overline{\overline{I_2} \cdot \overline{I_3} \cdot \overline{I_6} \cdot \overline{I_7}}$$

$$D = I_1 + I_3 + I_5 + I_7 + I_9 = \overline{\overline{I_1} \cdot \overline{I_3} \cdot \overline{I_5} \cdot \overline{I_7} \cdot \overline{I_9}}$$

根据上述逻辑表达式可以画出编码器的逻辑电路图,如图 5.3-2 所示。

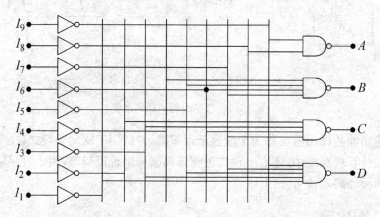

图 5.3-2  8421 码编码器

当 $I_1 \sim I_9$ 全为 0 时,电路输出代码就是 $I_0$ 的代码,即输出为 0000。根据逻辑电路可以看出 0~9 十个数字的编码情况。例如,若找出电路对数字 6 的编码,将 $I_6$ 置"1"(高电平有效),此时,其输出端 $A=0$、$B=1$、$C=1$、$D=0$,因此,数码 6 被编成了 8421 码的 0110。

上述 BCD 编码器的输入端有 10 个数码,输出端是 4 位二进制代码,因此这种编码器又称为 **10/4 线编码器**。

在实际应用中,编码器都制作成一个集成块。如 TTL74147 就是一个 10/4 线的**优先编码器**,如图 5.3-3(a)所示,图 5.3-3(b)是该集成块的编码表,表中的 $H$ 表示"1",$L$ 表示"0",$X$ 表示"任意值"。1~9 端为十进制数输入端,$A \sim D$ 为 4 位二进制数输出端。注意:其输入端和输出端都采用"低电平"激励。

优先编码器的特点是:当两个输入端同时被激励时,只有较大的数被编码。例如,如果 9 和 4 两个输入端同时接低电平,则其输出将为 0110,表示十进制数中的 9。由于其输出端也为低电平激励,所以将其输出端"取非"后,才能得出 1001。

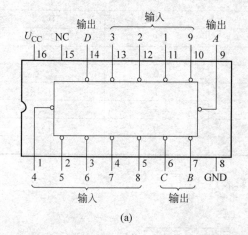

| 输入 | | | | | | | | | 输出 | | | |
|---|---|---|---|---|---|---|---|---|---|---|---|---|
| 1 | 2 | 3 | 4 | 5 | 6 | 7 | 8 | 9 | D | C | B | A |
| H | H | H | H | H | H | H | H | H | H | H | H | H |
| X | X | X | X | X | X | X | X | L | L | H | H | L |
| X | X | X | X | X | X | X | L | H | L | H | H | H |
| X | X | X | X | X | X | L | H | H | H | L | L | L |
| X | X | X | X | X | L | H | H | H | H | L | L | H |
| X | X | X | X | L | H | H | H | H | H | L | H | L |
| X | X | X | L | H | H | H | H | H | H | L | H | H |
| X | X | L | H | H | H | H | H | H | H | H | L | L |
| X | L | H | H | H | H | H | H | H | H | H | L | H |
| L | H | H | H | H | H | H | H | H | H | H | H | L |

$H$= 逻辑高电平,$L$= 逻辑低电平,$X$= 任意值

(a)    (b)

图 5.3-3  TTL 74147 编码器和编码表

## 5.3.2 译码器

译码器的功能与编码器相反,它是将具有特定含义的不同二进制码辨别出来,这一过程称为**译码**,具有译码功能的逻辑电路称为**译码器**。译码器也分为二进制译码器、二-十进制译码器、7段显示译码器等几种。下面简要介绍两种译码器的基本原理。

### 1. 二进制译码器

二进制译码器又称为**地址译码器**,常用于计算机中对存储器单元地址的译码,其功能是将每一个地址代码转换为一个有效信号,用于选中对应的存储单元。常用的地址译码器有 2/4 译码器、3/8 译码器等。图 5.3-4 是 3/8 译码器的逻辑电路图。该译码器有 3 位二进制输入信号 $A_2$、$A_1$、$A_0$,它们共有 8 种组合状态,即可以译出 8 个输出信号 $\overline{Y}_0 \sim \overline{Y}_7$,输出为低电平有效。$E$ 端为使能端,高电平有效。

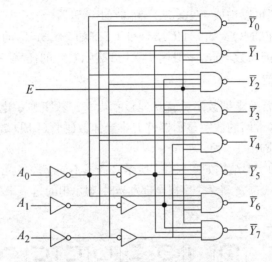

图 5.3-4  3/8 译码器的逻辑电路图

根据逻辑图,可以写出各输出端的逻辑函数表达式:

$$\overline{Y}_0 = \overline{\overline{A}_2 \overline{A}_1 \overline{A}_0 E}$$

$$\overline{Y}_1 = \overline{\overline{A}_2 \overline{A}_1 A_0 E}$$

$$\overline{Y}_2 = \overline{\overline{A}_2 A_1 \overline{A}_0 E}$$

$$\overline{Y}_3 = \overline{\overline{A}_2 A_1 A_0 E}$$

$$\overline{Y}_4 = \overline{A_2 \overline{A}_1 \overline{A}_0 E}$$

$$\overline{Y}_5 = \overline{A_2 \overline{A}_1 A_0 E}$$

$$\overline{Y}_6 = \overline{A_2 A_1 \overline{A}_0 E}$$

$$\overline{Y}_7 = \overline{A_2 A_1 A_0 E}$$

根据逻辑函数表达式可以列出 3/8 译码器的功能表,如表 5.3-2 所示。如当 3 个输入变量 $A_2 A_1 A_0$ 为 011 时,输出端只有 $\overline{Y}_3$ 为低电平,则接在该线上的存储器单元被选中。

表 5.3-2  3/8 译码器功能表

| 输入 | | | | 输出 | | | | | | | |
|---|---|---|---|---|---|---|---|---|---|---|---|
| 使能端 $E$ | 地址端 $A_2$ | $A_1$ | $A_0$ | $\overline{Y_0}$ | $\overline{Y_1}$ | $\overline{Y_2}$ | $\overline{Y_3}$ | $\overline{Y_4}$ | $\overline{Y_5}$ | $\overline{Y_6}$ | $\overline{Y_7}$ |
| 0 | X | X | X | 1 | 1 | 1 | 1 | 1 | 1 | 1 | 1 |
| 1 | 0 | 0 | 0 | 0 | 1 | 1 | 1 | 1 | 1 | 1 | 1 |
| 1 | 0 | 0 | 1 | 1 | 0 | 1 | 1 | 1 | 1 | 1 | 1 |
| 1 | 0 | 1 | 0 | 1 | 1 | 0 | 1 | 1 | 1 | 1 | 1 |
| 1 | 0 | 1 | 1 | 1 | 1 | 1 | 0 | 1 | 1 | 1 | 1 |
| 1 | 1 | 0 | 0 | 1 | 1 | 1 | 1 | 0 | 1 | 1 | 1 |
| 1 | 1 | 0 | 1 | 1 | 1 | 1 | 1 | 1 | 0 | 1 | 1 |
| 1 | 1 | 1 | 0 | 1 | 1 | 1 | 1 | 1 | 1 | 0 | 1 |
| 1 | 1 | 1 | 1 | 1 | 1 | 1 | 1 | 1 | 1 | 1 | 0 |

利用 3/8 译码器还可以构成 4/16、5/32 和 6/64 译码器。

集成 3/8 译码器有 CMOS(如 74HC138)和 TTL(如 74LS138)的产品,两者在逻辑功能上没有区别,只是电性能参数不同,一般用 74X138 表示其中的任意一种。

### 2. 7 段显示译码器

在数字系统中,经常要求把数字量直观地显示出来。数字显示电路主要由译码驱动器和显示器两部分组成。常用的数字显示器件有半导体数码管(LED 数码管)和液晶数码管。7 段 LED 数码管是最常用的一种。

7 段 LED 数码管的字形结构如图 5.3-5 所示。选择不同字段发光,就可以显示出不同的字形。例如,当 $a$、$b$、$c$、$d$、$e$、$f$、$g$ 等 7 个字段全部发光时,显示出的是"8";$b$、$c$ 段亮时,显示出"1"。

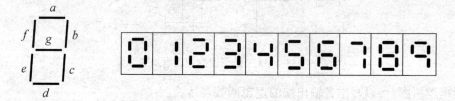

图 5.3-5  7 段数码显示管的字形结构

LED 数码管中的 7 个发光二极管有共阴极和共阳极两种接法,如图 5.3-6 所示。在图(a)所示的共阳极接法时,某一字段接低电平时发光;在图(b)所示的共阴极接法时,某一字段接高电平时发光。图中的电阻 $R$ 是限流电阻。

为了使数码管能显示出十进制数,必须将十进制数的代码(BCD 码)用译码器译出,然后经驱动器点亮对应的段。例如,对于 8421 码的 0011 状态,对应的十进制数为 3,则译码器应使 $a$、$b$、$c$、$d$、$g$ 各段点亮。可见,译码器的功能就是对应于某一组数码输入,相应的几个输出端有有效信号输出。

常用的 7 段显示译码器有两类,一类是输出高电平有效,用于驱动共阴极数码管,另一类是输出低电平有效,用于驱动共阳极数码管。

表 5.3-3 是 7 段数码管采用共阴极接法时的功能表(输出高电平有效)。如采用共阳极接法,则功能表中的输出状态与表 5.3-3 中所示的相反,即 1 和 0 对调。

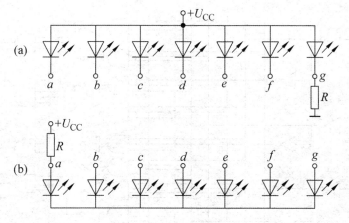

图 5.3-6 发光二极管的接法
(a) 共阳极接法；(b) 共阴极接法

表 5.3-3　7 段数码管共阴极接法时译码器的功能表

| 十进制数 | 输入 | | | | | 输出 | | | | | | |
|---|---|---|---|---|---|---|---|---|---|---|---|---|
| | $D_3$ | $D_2$ | $D_1$ | $D_0$ | $I$ | $a$ | $b$ | $c$ | $d$ | $e$ | $f$ | $g$ |
| 0 | 0 | 0 | 0 | 0 | 0 | 1 | 1 | 1 | 1 | 1 | 1 | 0 |
| 1 | 0 | 0 | 0 | 1 | 0 | 0 | 1 | 1 | 0 | 0 | 0 | 0 |
| 2 | 0 | 0 | 1 | 0 | 0 | 1 | 1 | 0 | 1 | 1 | 0 | 1 |
| 3 | 0 | 0 | 1 | 1 | 0 | 1 | 1 | 1 | 1 | 0 | 0 | 1 |
| 4 | 0 | 1 | 0 | 0 | 0 | 0 | 1 | 1 | 0 | 0 | 1 | 1 |
| 5 | 0 | 1 | 0 | 1 | 0 | 1 | 0 | 1 | 1 | 0 | 1 | 1 |
| 6 | 0 | 1 | 1 | 0 | 0 | 1 | 0 | 1 | 1 | 1 | 1 | 1 |
| 7 | 0 | 1 | 1 | 1 | 0 | 1 | 1 | 1 | 0 | 0 | 0 | 0 |
| 8 | 1 | 0 | 0 | 0 | 0 | 1 | 1 | 1 | 1 | 1 | 1 | 1 |
| 9 | 1 | 0 | 0 | 1 | 0 | 1 | 1 | 1 | 1 | 0 | 1 | 1 |

由于 10～15 的 6 种组合状态在这种译码器中并不需要,所以在功能表中没有列出。其中 $D_3D_2D_1D_0$ 代表 4 位二进制数的输入信号(即 8421BCD 码),$D_3$ 为最高位;$D_0$ 为最低位。$I$ 是控制端,$I$ 为逻辑"0"时,允许译码器输出;$I$ 为逻辑"1"时,不允许译码器输出。$a$、$b$、$c$、$d$、$e$、$f$、$g$ 代表数码管的 7 个字段,它们的不同组合表示 0～9 十个十进制数。

根据上述功能表,可以画出 $a$～$g$ 每个字段与 $D_3$、$D_2$、$D_1$、$D_0$ 的卡诺图,通过化简,求得每个字段的最简逻辑表达式。注意：在用卡诺图化简时,1010～1111 的 6 种状态按随意项处理,从而简化化简过程。根据化简得到的逻辑表达式可以画出译码器的逻辑电路图,如图 5.3-7 所示。

在该图中,将 $I$ 置于逻辑"0",允许译码器工作。然后,使 $D_3=1$,$D_2=0$,$D_1=0$,$D_0=0$,则 $a$、$b$、$c$、$d$、$e$、$f$、$g$ 全为逻辑"1",从而在 7 段数码管上显示出十进制数"8"。其余 9 种状态,学生可以自己验证。

在实际应用中,译码器通常也做成一个集成块。TTL7447 就是一个典型的 BCD-7 段译码器,如图 5.3-8(a)所示。4 位二进制数在 $D$、$C$、$B$、$A$ 输入。LT 是灯测试端,BI 是消隐输入端,RBI 是波纹消隐输入端,RBO 是波纹消隐输出端。$a$～$g$ 是输出端。其 7 段数码管的输出结果如图 5.3-8(b)所示。

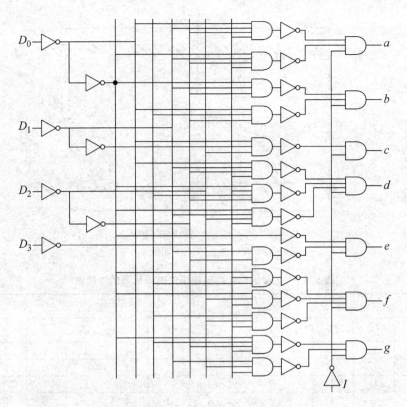

图 5.3-7 7段显示译码器逻辑电路图

TTL7447 和 CMOS4544 等集成块也是 BCD-7 段译码器,它们的外形及各端与 TTL7447 基本相同,但其 7 段数码管的输出结果稍有不同,如图 5.3-8(c)示。从图中可以看出,只有十进制数"6"字的显示不同,其余的工作原理完全相同。

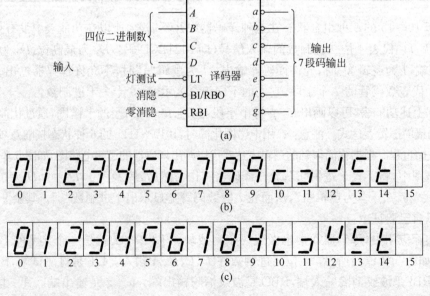

图 5.3-8 TTL7447 译码器集成块及显示结果

## 5.4 组合逻辑电路在飞机系统中的应用

数字逻辑电路在飞机系统图中被广泛应用,在大部分飞机系统的控制器中,都采用了逻辑门来表示控制对象需要满足的逻辑关系。在飞机《系统方框图手册》(System Schematic Manual,SSM)中,大量使用逻辑门来表示飞机系统的基本工作原理。但需要注意的是,飞机系统图中的逻辑门并不代表在实际电路中此处就联接了一个逻辑门,它仅仅表示逻辑门各输入信号之间的逻辑关系。具备了逻辑电路的基础知识就可以对图中的逻辑电路进行分析。下面举例说明组合逻辑电路在飞机系统中的应用,以加深对各种逻辑门功能的理解与掌握。

### 5.4.1 起落架控制系统-手柄锁电磁线圈工作原理

图5.4-1是某型飞机ATA32章中的起落架手柄电磁锁控制逻辑图。

起落架手柄锁电磁线圈的功能有两个:一是当飞机停在地面上时,防止错误地收起起落架,即当飞机在地面时,手柄锁电磁线圈不能通电;二是当飞机在空中时,检测地面扰流板联锁控制活门是否在关闭位,即此时,手柄锁电磁线圈应该通电,以便收上起落架。

在图5.4-1中,固态继电器的输入控制信号$Y$与3个输入信号(分别用$A$、$B$、$C$表示)的关系是"与"逻辑关系,即只有当3个条件$A$、$B$、$C$都满足时,输出$Y$才等于"1",这时固态继电器闭合,手柄锁电磁线圈才能接地通电,使手柄锁解锁,收上起落架。这3个条件分别为:

(1) 地面扰流板联锁活门关闭,这时$A=1$;

(2) 空/地系统1在空中模式,这时$B=1$

(3) 空/地系统1未人工超控到空中模式,这时$C=1$。

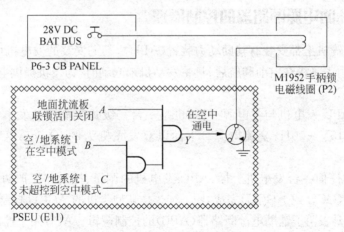

图5.4-1 起落架手柄锁电磁线圈控制逻辑

只要不满足上述3个条件中的任一项,如空/地系统1在地面模式时,则$B=0$,表示飞机仍在地面模式,这种情况下起落架手柄锁电磁线圈必须保持断电状态(锁定状态),以防止起落架收起,导致事故。

在实际电路中,上述逻辑关系也可以用软件实现,不一定真的有与门存在。但无论采用软件还是硬件电路,都必须满足上述逻辑关系,以确保系统正常工作。

### 5.4.2 音频选择电路

图 5.4-2 为某型飞机高频通信系统中的音频选择电路原理图。音频选择电路是用来从数据音频、语音音频和等幅报 3 个输入的音频信号中选择其中一个,再经过低通滤波器加到音频放大器。

话音音频信号来自于收发机前面板的话筒插孔或飞行内话插孔,当按下 PTT 时,接地信号加到反相器 U16D 上,反相器输出逻辑"1",该信号加到与非门 U15C 的一个输入端,另一个输入端在语音工作方式(VOICE MODE)时,也为逻辑高电平,这时的与非门 U15C 输出逻辑低电平,其中第一路经 U5F 反相后加到音频选择器 U8 上,这时 U8 的 3 个输入端分别为:$A=0$、$B=1$、$C=0$,因此选中语音输入信号,该信号经过音频放大器放大后加到平衡调制器。

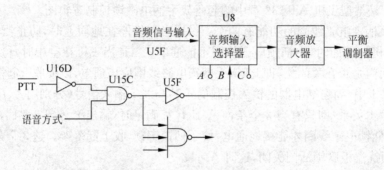

图 5.4-2　音频选择电路原理图

### 5.4.3 辅助电源断路器的控制原理

现代大型运输机上都安装有辅助动力装置(APU),其上安装的发电机可以为飞机提供辅助电源,主要用于飞机在航前和航后、且主发动机未起动时,为飞机提供电能,或在空中作为主电源的备份。

飞机上的 APU 发电机与主电源一样,也是一台三级式无刷交流发电机,可以为飞机电网提供三相 115V/400Hz 交流电源。下面以双发飞机为例,分析 APU 发电机的供电原理。

与飞机上的任何一台发电机一样,APU 发电机的调压、控制和保护功能都由 APU 的发电机控制组件(GCU 或 AGCU)完成,图 5.4-3 是某型飞机的 AGCU 控制逻辑图。

图 5.4-3 主要表明了辅助电源断路器(APB)的控制逻辑。APB 用于控制 APU.G 与飞机电网之间的连接。只有当满足一定的逻辑关系后,APB 才能闭合,将电能输送到飞机电网上。APB 的多个闭合条件之间都是"与"逻辑的关系,即只有当所有条件都满足时,APB 才能闭合;而 APB 的各个跳开条件之间是"或"逻辑关系,即只要有一个条件发生,APB 就会跳开,将 APU 发电机与电网断开。

APU 发电机的供电条件主要有以下几个:

(1) 任一个 APU 发电机控制电门在 ON 位置,这时或门 1 输出逻辑"1";

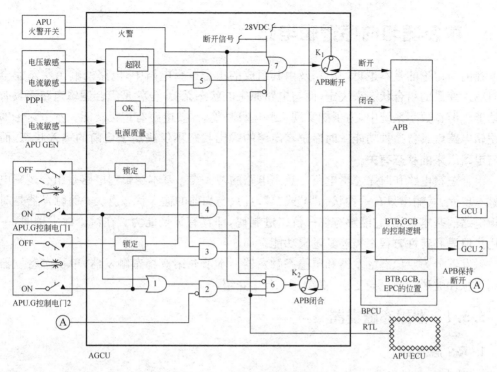

图 5.4-3 AGCU 控制逻辑图

(2) BPCU(汇流条功率控制组件)输出 BTB(汇流条联接断路器)、GCB(发电机电路断路器)和 EPC(外电源接触器)的位置,只有当Ⓐ端输出逻辑"0"时,APB 才能闭合,以防止两个电源同时给同一个交流汇流条供电,这时与门 2 输出逻辑"1";

(3) 检测 APU 发电机的输出电压、电流和频率,当质量合格时输出 APU 发电机质量良好的信号;

(4) APU 电子控制组件(ECU)输出一个准备加载(RTL)信号,表明 APU 的机械系统良好,可以为飞机提供压缩空气;

(5) APU 没有火警信号,即火警信号为逻辑"0"。

当上述条件全部满足时,与门 6 输出高电平,使固态开关 $K_2$ 转换,将 28VDC 提供给 APB 的闭合线圈,使 APB 闭合,向飞机电网提供辅助电源。

当出现下列一种或几种情况时,AGCU 输出 APB 断开信号:

(1) 电源面板上的两个 APU.G 控制电门都在 OFF 位置,这时与门 5 输出逻辑"1";

(2) BPCU 给 AGCU 发送一个 APB 断开信号,表明这时将由其他电源供电;

(3) APU ECU 输出的准备加载信号 RTL 消失,即 RTL=0;

(4) APU.G 的电源质量超出限制;

(5) APU 有火警信号。

当上述条件中的任何一个出现时,或门 7 输出逻辑"1",使固态开关 $K_1$ 发生转换,将 28VDC 输出到 APB 的跳开线圈,使 APB 跳开,APU.G 不再向电网供电。

需要注意的是,上述逻辑关系也可以用软件实现。

## 5.5 触发器和时序逻辑电路

在前面讨论的基本逻辑门电路及由其组成的组合逻辑电路中,电路的输出状态完全由当时输入变量的组合状态来决定,而与电路原来的状态无关,也就是**组合逻辑电路不具有记忆功能**。但在数字系统中,为了能实现某些运算功能,需要电路有记忆功能。本节讨论的**时序逻辑电路**就具备这种功能。**时序逻辑电路的输出状态不仅决定于当前的输入状态,而且还与电路原来的状态有关**。

组合逻辑电路和时序逻辑电路是数字电路的两大类。基本逻辑门电路是组合逻辑电路的基本单元,其输出只有一种状态"0"或"1",且只与当前的输入状态有关;而触发器是时序逻辑电路的基本单元,它能够存储一位二进制码,即**具有记忆能力**。在讨论触发器时,一般可用**真值表**和**特性方程**来描述其逻辑功能。

触发器分为双稳态触发器和单稳态触发器。本节介绍双稳态触发器,单稳态触发器主要用于脉冲波形的产生与变换,将在 5.6 节中介绍。

### 5.5.1 双稳态触发器

**1. $R$-$S$ 触发器**

1) 基本 $R$-$S$ 触发器

把两个与非门 $G_1$ 和 $G_2$ 的输入输出端交叉相连,就可以构成如图 5.5-1(a)所示的基本 $R$-$S$ 触发器,它有两个输入端和两个输出端。下面对两个输入端的有效电平和两个输出端的状态逐一说明。

$Q$ 与 $\bar{Q}$ 是触发器的两个输出端,两者的逻辑状态在正常情况下能保持相反。其输出有两种稳定的状态:一个状态是 $Q=1,\bar{Q}=0$,称为"置位"状态或"1"态;另一个状态为 $Q=0,\bar{Q}=1$,称为"复位"状态或"0"态。当输入信号不变时,触发器可以保持任何一种稳定状态不变,因此称为"双稳态"触发器。

在图 5.5-1(a)所示的触发器中,两个输入端 $\bar{S}_D$ 和 $\bar{R}_D$ 分别称为**直接置位端**或直接置"1"端($\bar{S}_D$)和**直接复位端**或直接置"0"端($\bar{R}_D$),符号上面的求"非"号是指**低电平有效**。图 5.5-1(b)是用与非门构成的基本 $R$-$S$ 触发器的逻辑符号,图中输入端用小圆圈表示低电平有效,即用负脉冲(低电平)来置位或复位。

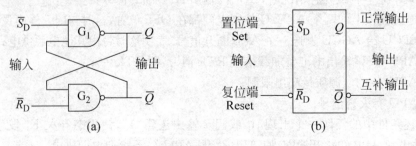

图 5.5-1 由与非门构成的基本 $R$-$S$ 触发器
(a) 逻辑电路;(b) 逻辑符号

根据与非门的逻辑关系，R-S 触发器的逻辑表达式为
$$Q = \overline{\overline{S}_D \overline{Q}}, \quad \overline{Q} = \overline{\overline{R}_D Q}$$

根据上述逻辑表达式，R-S 触发器的逻辑输出与输入之间的关系有 4 种情况，分析如下：

(1) $\overline{R}_D = 1, \overline{S}_D = 0$

当 $\overline{S}_D = 0$ 时，无论 $Q$ 为何种状态都有 $Q = 1, \overline{Q} = 0$，这种状态称为"置位"。因置位的决定性条件是 $\overline{S}_D = 0$，故称 $\overline{S}_D$ 为置"1"端，且为低电平触发，用符号上面的"非"号表示。

(2) $\overline{R}_D = 0, \overline{S}_D = 1$

当 $\overline{R}_D = 0$ 时，无论 $Q$ 为何种状态都有 $Q = 0, \overline{Q} = 1$，这种状态称为"复位"。同理，称 $\overline{R}_D$ 端为置"0"端，低电平触发。

如上所述，当 R-S 触发器的两个输入端加入不同的逻辑电平时，它的两个输出端 $Q$ 和 $\overline{Q}$ 有两种互补的稳定状态，一般规定触发器 $Q$ 端的状态作为触发器的状态，$Q = 1, \overline{Q} = 0$ 时，称触发器处于"1"态；反之触发器处于"0"态。

(3) $\overline{R}_D = 1, \overline{S}_D = 1$

根据与非门的逻辑功能不难推知，当 $\overline{R}_D$、$\overline{S}_D$ 全为 1 时，触发器保持原有状态不变，即原来的状态被触发器存储起来，这说明触发器具有记忆功能。

(4) $\overline{R}_D = 0, \overline{S}_D = 0$

显然，在这种条件下，两个与非门的输出端 $Q$ 和 $\overline{Q}$ 全为 1，这样就破坏了触发器的逻辑关系（$Q$ 与 $\overline{Q}$ 状态相反），因此，在使用中必须避免出现这种情况，以防止出现触发器输出状态不定的现象。**为了防止触发器处于不定状态，规定了约束条件 $\overline{R}_D + \overline{S}_D = 1$。**

由与非门组成的 R-S 触发器的真值表如表 5.5-1 所示。当触发器的两个输入端 $\overline{R}_D$ 和 $\overline{S}_D$ 都接高电平时，触发器保持原状态不变，从而实现了存储或记忆功能。根据 R-S 触发器的真值表可以画出其时序图，如图 5.5-2 所示。

表 5.5-1 基本 R-S 触发器真值表

| 工作方式 | 输入 | | 输出 | | Q 端输出 |
|---|---|---|---|---|---|
| | $\overline{S}_D$ | $\overline{R}_D$ | $Q$ | $\overline{Q}$ | |
| 置位 | 0 | 1 | 1 | 0 | Q 端置 1 |
| 保持 | 1 | 1 | $Q$ | $\overline{Q}$ | 保持原态 |
| 复位 | 1 | 0 | 0 | 1 | Q 端置 0 |
| 禁止 | 0 | 0 | 1 | 1 | 不用 |

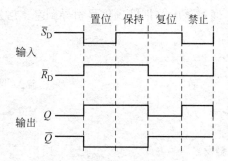

图 5.5-2 基本 R-S 触发器时序图

直接置位端 $\overline{S}_D$ 和直接复位端 $\overline{R}_D$ 也可以用 $\overline{S}$ 和 $\overline{R}$ 表示。

R-S 触发器也可以用两个**或非门**组成,逻辑电路和逻辑符号如图 5.5-3 所示。通过分析可知,这时的输入信号是高电平有效,即当 $S=1$、$R=0$ 时,$Q=1$,触发器处于"1"态;当 $S=0$、$R=1$ 时,$Q=0$,触发器处于"0"态;当 $S=0$、$R=0$ 时,触发器的输出状态保持不变。这时要避免出现两个输入端都为高电平,即输入信号应遵守 $S \cdot R = 0$ 的约束条件,也就是说不允许出现 $S=R=1$ 的情况。在图 5.5-3(b)所示的逻辑符号中,$R$ 和 $S$ 输入端没有小圆圈,表明是高电平有效。

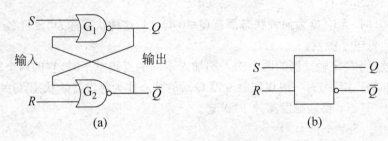

图 5.5-3 用或非门构成的基本 R-S 触发器
(a) 逻辑电路;(b) 逻辑符号

从上述分析可以得出用或非门组成的基本 R-S 触发器的真值表,如表 5.5-2 所示。

表 5.5-2 用或非门构成的基本 R-S 触发器的真值表

| 工作方式 | 输入 | | 输出 | | |
|---|---|---|---|---|---|
| | $S$ | $R$ | $Q$ | $\overline{Q}$ | $Q$ 端输出 |
| 置位 | 1 | 0 | 1 | 0 | $Q$ 端置 1 |
| 保持 | 0 | 0 | $Q$ | $\overline{Q}$ | 保持原态 |
| 复位 | 0 | 1 | 0 | 1 | $Q$ 端置 0 |
| 禁止 | 1 | 1 | 0 | 0 | 不用 |

2) 时钟脉冲控制的 R-S 触发器

前面介绍的基本 R-S 触发器的输出状态是由输入信号直接控制的,而在实际应用中,常常要求触发器在某一指定时刻按照输入信号所决定的状态触发翻转,这个时刻可由外加时钟脉冲 CP(clock pulse)来决定,这种触发器称为**同步触发器**或**门控触发器**。用时钟脉冲控制的触发器电路构成如图 5.5-4 所示,其电路符号如图 5.5-5 所示。前面的两个与非门称为引导电路或控制电路,通过该电路把输入信号引导到基本触发器中。

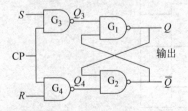

图 5.5-4 钟控 R-S 触发器

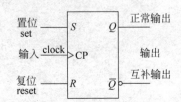

图 5.5-5 钟控 R-S 触发器逻辑符号

从图 5.5-4 可以看出，当 CP=1 时，门 $G_3$、$G_4$ 门的输出逻辑表达式为

$$Q_3 = \overline{S \cdot CP} = \overline{S} \quad Q_4 = \overline{R \cdot CP} = \overline{R}$$

当 CP=1 时，若 $R=1$，$S=0$，则 $Q_3 = \overline{S} = 1$，$Q_4 = \overline{R} = 0$，使 $Q=0$，$\overline{Q}=1$，即触发器置 0。可见，在由与非门组成的钟控 R-S 触发器中，由 R 端的高电平信号使触发器的输出端 Q 复位，即这时是**高电平触发**，因此，在图 5.5-4、图 5.5-5 所示的电路和符号中，触发端 R 上面没有"非"号。

当 CP=1 时，若 $R=0$，$S=1$，则使 $Q=1$，$\overline{Q}=0$，即触发器置 1。同理，S 端也是高电平置位，上面无须加"非"号。

当 CP=1 时，若 $R=0$，$S=0$，则触发器输出状态不变。

当 CP=1 时，若 $R=1$，$S=1$，则触发器输出状态不定，禁止使用。

当 CP=0 时，$Q_3 = Q_4 = 1$，$Q_3$、$Q_4$ 的输出状态与 R、S 的状态无关，触发器保持原状态不变。

根据以上分析，并结合基本 R-S 触发器的真值表，可以得出时钟脉冲控制的 R-S 触发器的真值表，如表 5.5-3 所示。

表 5.5-3　钟控 R-S 触发器真值表

| 工作方式 | 输入 | | | 输出 | | Q 端输出 |
|---|---|---|---|---|---|---|
| | CP | S | R | Q | $\overline{Q}$ | |
| 保持 | ⎍ | 0 | 0 | 不变 | | 保持原态 |
| 复位 | ⎍ | 0 | 1 | 0 | 1 | Q 端置 0 |
| 置位 | ⎍ | 1 | 0 | 1 | 0 | Q 端置 1 |
| 禁止 | ⎍ | 1 | 1 | 1 | 1 | 禁止使用 |

**为了防止触发器处于不定状态，因而规定了约束条件 $R \cdot S = 0$**，即两个输入端中，必须有一个为低电平。

若输入信号 R 和 S 的波形已知，则根据钟控 R-S 触发器的真值表可以画出输出端的时序图，如图 5.5-6 所示。从时序图中可以看出，在时钟脉冲 CP 的上升沿到来之后，才执行 R-S 触发器的功能。

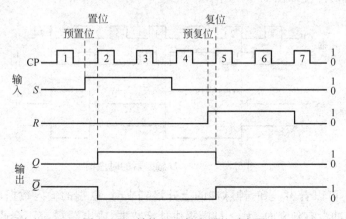

图 5.5-6　钟控 R-S 触发器的时序图

## 2. D 触发器

D 触发器是在时钟控制的 R-S 触发器的基础上增加一个非门 $G_5$ 构成的,电路图如图 5.5-7 所示,这样就杜绝了出现 R 端和 S 端同时为 1 的情况。图中将 R 端和 S 端连接在一起,引出一个端子称其为 D 端,这种触发器称为 D 触发器。

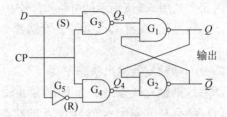

图 5.5-7 与非门组成的 D 触发器

D 触发器的逻辑符号如图 5.5-8 所示。左图是 R-S 触发器组成的 D 触发器,右图为 D 触发器的逻辑符号。

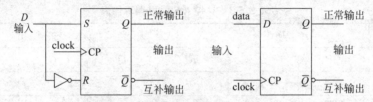

图 5.5-8 D 触发器及其逻辑符号

D 触发器的真值表如表 5.5-4 所示。

表 5.5-4 D 触发器的真值表

| 输 | 入 | 输 出 |
|---|---|---|
| CP | D | Q |
| 1 | 0 | 0 |
| 1 | 1 | 1 |

D 触发器的时序图如图 5.5-9 所示。

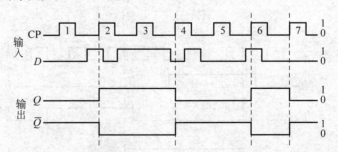

图 5.5-9 钟控 D 触发器的时序图

从时序图上可以看出,当时钟脉冲的**上升沿**到来时,D 端的输入数据可以传送到输出端 Q;而时钟脉冲没有到来时,无论 D 端提供什么数据,输出端 Q 都不会改变。可见,D 触发器可以在时钟脉冲的控制下传送数据,它是组成**寄存器**的基本单元。

## 3. T 触发器

将时钟控制的 R-S 触发器的 Q 端与 R 输入端相连接，$\bar{Q}$ 端与 S 输入端相连接，就构成了 T 触发器。电路连接如图 5.5-10 所示。

T 触发器的逻辑符号如图 5.5-11 所示，在 T 端加高电平信号，其输出端随时钟信号的变化而变化，即来一个时钟脉冲，其输出就翻转一次，翻转的次数等于脉冲的个数。

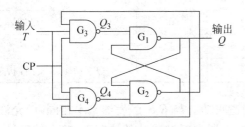
图 5.5-10 与非门组成的 T 触发器

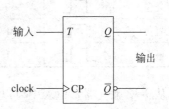
图 5.5-11 T 触发器的符号

T 触发器的真值表如表 5.5-5 所示。
T 触发器的时序图如图 5.5-12 所示。

从时序图中可以看出，输入端输入 6 个时钟脉冲，输出端则输出 3 个脉冲。可见，输出与输入之间是二分频的关系，这正好满足"逢二进一"的规律，因此它是组成**计数器**的基本单元。

表 5.5-5  T 触发器真值表

| 输入 | 输出 |
|---|---|
| CP | Q |
| 0 | 不变 |
| 1 | $\bar{Q}$ |

实际上，T 触发器输出状态的翻转是有条件的，要求在触发器翻转后，时钟脉冲的高电平能及时变为低电平，也就是说，要求时钟脉冲的脉宽恰好合适。若脉冲太宽，则输出状态将产生不应有的新翻转，这种现象称为"空翻"，会造成触发器动作混乱。为了防止触发器的"空翻"现象，可以采用主从型 J-K 触发器和维持阻塞型触发器。限于篇幅，此处不再介绍。

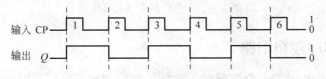
图 5.5-12 T 触发器的时序图

## 4. J-K 触发器

J-K 触发器是在时钟控制的 R-S 触发器的基础上增加两个三输入与门构成的，电路图如图 5.5-13 所示。J-K 触发器的逻辑符号如图 5.5-14 所示。

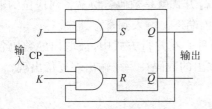
图 5.5-13 R-S 触发器组成的 J-K 触发器

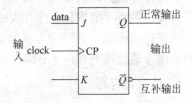
图 5.5-14 J-K 触发器逻辑符号

J-K 触发器的真值表如表 5.5-6 所示。

表 5.5-6  J-K 触发器的真值表

| 工作方式 | 输入 | | | 输出 | | Q端输出 |
| --- | --- | --- | --- | --- | --- | --- |
| | CP | J | K | Q | $\bar{Q}$ | |
| 保持 | ⎍ | 0 | 0 | 不变 | | 保持原态 |
| 复位 | ⎍ | 0 | 1 | 0 | 1 | Q端置0 |
| 置位 | ⎍ | 1 | 0 | 1 | 0 | Q端置1 |
| 触发 | ⎍ | 1 | 1 | $\bar{Q}$ | Q | 计数状态 |

从 J-K 触发器真值表中可以看出,它的逻辑功能与 R-S 触发器基本相同,但允许 J-K 触发器的两个输入端均为高电平"1",这时,触发器在时钟脉冲的控制下,输出端翻转,像 T 触发器一样处于计数状态。在实际计数器中,常常将 J-K 触发器接成 $J=K=1$ 的形式,从而组成计数器。

J-K 触发器的时序图如图 5.5-15 所示。

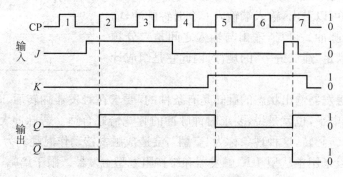

图 5.5-15  J-K 触发器的时序图

### 5.5.2  时序逻辑电路

由上述内容可知,双稳态触发器在一定的条件下,其输出状态可以根据输入信号的状态按照一定的时序和逻辑关系变化,也可以保持不变,即具有存储或记忆功能。采用触发器和组合逻辑电路就可以组成各种时序逻辑电路。最基本的时序逻辑电路是寄存器和计数器。

**寄存器**用来暂时存放参与运算的数据和运算结果。一个触发器只能寄存一位二进制数,要存放多位数时,就得用多个触发器。常用的寄存器有 4 位、8 位、16 位等。

寄存器存放数码的方式有**并行**和**串行**两种。并行方式就是数码各位从各对应位的输入端同时输入到寄存器中;串行方式使数码从一个输入端逐位输入到寄存器中。

从寄存器中取出数码的方式也有并行和串行两种。在并行方式中,被取出的数码各位同时出现在输出端的各位上;而在串行方式中,被取出的数码在一个输出端逐位出现。

**1. 移位寄存器**

在寄存器中,各位数据在时钟脉冲的作用下依次(低位向高位或高位向低位)移位,具有这种功能的寄存器称为**移位寄存器**。它可以保存来自编码器的数据信息,也可以作为译码器和处理器之间的暂存器。

按照数据在存储器中存入和读出的方法分类,移位寄存器可以分为 4 种类型,它们是:串入/串出、串入/并出、并入/串出和并入/并出,其示意图如图 5.5-16 所示。

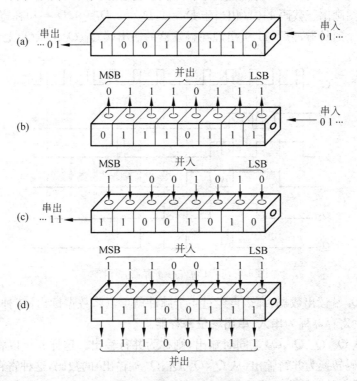

图 5.5-16　移位寄存器类型示意图

1) 4 位左移寄存器

(1) 电路组成

把若干个触发器串联起来,就可以构成一个移位寄存器。由 4 个 $D$ 边缘触发器组成的 4 位左移寄存器,如图 5.5-17 所示,数据由 $D$ 端输入。

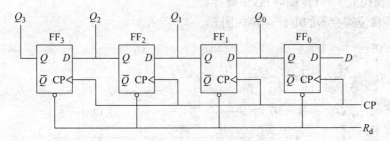

图 5.5-17　4 位左移寄存器

(2) 工作原理分析

数码 $D_3$、$D_2$、$D_1$、$D_0$(1101)从高位($D_3$)至低位依次送到 $D$ 端,经过第一个时钟脉冲后,触发器 $FF_0$ 的输出 $Q_0 = D_3 = 1$。由于跟随数码 $D_3$ 后边的数码是 $D_2$,则经过第二个时钟脉冲后,触发器 $FF_0$ 的状态移入到 $FF_1$,而 $FF_0$ 变为新的状态,即 $Q_1 = D_3 = 1$,$Q_0 = D_2 = 1$。以

此类推,可得 4 位左移寄存器的时序图,如图 5.5-18 所示。

由图 5.5-18 所示的时序图可知,输入数码依次由低位触发器移到高位触发器,作左向移动,经过 4 个时钟脉冲后,4 个触发器的输出状态 $Q_3$、$Q_2$、$Q_1$、$Q_0$ 与输入数码 $D_3$、$D_2$、$D_1$、$D_0$ 相对应。该图画出了数码 1101(相当于 $D_3=1,D_2=1,D_1=0,D_0=1$)在寄存器中移位的时序图,经过 4 个时钟脉冲后,1101 出现在触发器的输出端 $Q_3$、$Q_2$、$Q_1$、$Q_0$ 上。

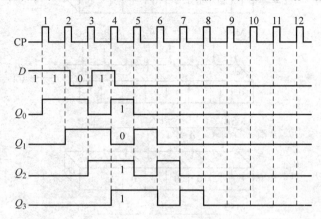

图 5.5-18  4 位左移寄存器时序图

如果仅从 $Q_3$ 端读出数据,那么再经过 4 个脉冲就可以将数据读出,这种读出方法称为**串行输出**。这种寄存器称为**串入/串出移位寄存器**。

如果数据从 $Q_3$、$Q_2$、$Q_1$、$Q_0$ 端同时输出,则称为**并行输出**。这样就可以将串行输入(从 $D$ 端输入)的数码转换为并行输出(从 $Q_3$、$Q_2$、$Q_1$、$Q_0$ 端输出)的数码,这种寄存器称为**串入/并出移位寄存器**。并行输出方式特别适用于将遥测串行输入信号转换为并行输出信号,以便于打印或由计算机处理。

2) 循环寄存器

在上述移位寄存器中,当数码从最后一个触发器移出后,寄存器中的数码便消失了。如果要求将数码始终保存在寄存器里,可以把寄存器的最后一位输出连接到第一个触发器的输入端,这样便构成了**环行(循环)移位寄存器**。

4 位循环移位寄存器的电路连接如图 5.5-19 所示。

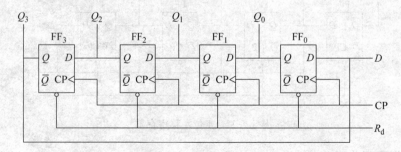

图 5.5-19  4 位循环左移寄存器

3) 典型寄存器集成电路

典型寄存器 74194 集成块的内部电路如图 5.5-20 所示。

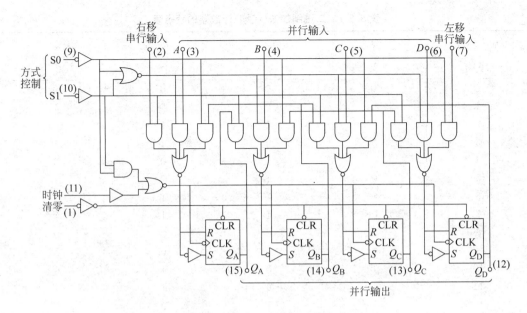

图 5.5-20 集成寄存器内部电路

由图可见,集成块中利用钟控 R-S 触发器,通过在 R 和 S 端接入非门构成 D 触发器,再由 D 触发器组成寄存器。

当清零端(1)端为"0"时,其他输入端无论是何种状态,输出端 $Q_A$、$Q_B$、$Q_C$ 和 $Q_D$ 均为"0",此时,集成块处于清零状态。

当清零端(1)端为"1"时,集成块如何工作取决于其他输入端的状态。方式控制端 $S0=1,S1=1$ 时,集成块工作于并行输入和并行输出;当 $S0=1,S1=0$ 时,集成块完成右移位寄存器的功能;当 $S0=0,S1=1$ 时,集成块完成左移位寄存器的功能;当 $S0=0,S1=0$ 时,时钟脉冲被禁止,集成块停止工作。

**2. 计数器**

在数字系统中,经常需要对脉冲的个数进行计数,以实现数字的测量、运算和控制。因此,计数器是数字系统中的一种基本运算部件,应用十分广泛。

计数器种类繁多,按照进位方式,可以分为**同步计数器**和**异步计数器**;按照逻辑功能,可以分为**加法计数器**、**减法计数器**和**可逆计数器**;按照进位制,可以分为**二进制计数器**、**十进制计数器**和**任意进制计数器**等。本节以同步和异步二进制加法计数器为例,说明计数器的基本工作原理。

1) 异步二进制加法(递增)计数器

大家知道,二进制的加法法则是:0+1 得 1,1+1 得 0 并向高位进 1(即逢二进一)。因此,二进制加法必须满足上述规则。

二进制加法(递增)计数器的状态表如表 5.5-7 所示。由状态表可以看出:

(1) 每输入一个脉冲,最低位的状态改变一次;

(2) 当低位的状态由 1 变为 0 时,其相邻高位的状态改变一次。

表 5.5-7 二进制加法(递增)计数器的状态表

| 输入脉冲序号 | $Q_3$ $2^3$ | $Q_2$ $2^2$ | $Q_1$ $2^1$ | $Q_0$ $2^0$ |
|---|---|---|---|---|
| 0 | 0 | 0 | 0 | 0 |
| 1 | 0 | 0 | 0 | 1 |
| 2 | 0 | 0 | 1 | 0 |
| 3 | 0 | 0 | 1 | 1 |
| 4 | 0 | 1 | 0 | 0 |
| 5 | 0 | 1 | 0 | 1 |
| 6 | 0 | 1 | 1 | 0 |
| 7 | 0 | 1 | 1 | 1 |
| 8 | 1 | 0 | 0 | 0 |
| 9 | 1 | 0 | 0 | 1 |
| 10 | 1 | 0 | 1 | 0 |
| 11 | 1 | 0 | 1 | 1 |
| 12 | 1 | 1 | 0 | 0 |
| 13 | 1 | 1 | 0 | 1 |
| 14 | 1 | 1 | 1 | 0 |
| 15 | 1 | 1 | 1 | 1 |
| 16 | 0 | 0 | 0 | 0 |
| 17 | 0 | 0 | 0 | 1 |

按照上述计数状态的变化规律,可选用下降沿触发的 J-K 触发器组成四位异步二进制递增计数器,如图 5.5-21 所示。

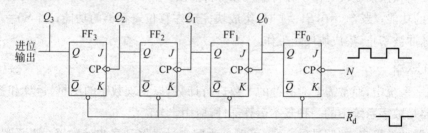

图 5.5-21 J-K 触发器组成的二进制递增计数器

由图 5.5-21 可知,4 个触发器均处于计数工作状态($J=K=1$),计数输入脉冲从最低位触发器 $FF_0$ 的 CP 输入,每输入一个脉冲,$FF_0$ 的状态改变一次。低位触发器的 $Q$ 端与相邻高位触发器的 CP 端相连,每当低位触发器的状态由 1 变 0 时,即向高位的 CP 输入一负跳变脉冲,使高位的触发器翻转一次。由此可见,该计数器的工作过程符合上述两条规律。

触发器 $FF_0$ 的时钟脉冲由外部给入,而触发器 $FF_1$、$FF_2$ 和 $FF_3$ 的时钟脉冲都是由前级触发器的输出端给入,因此,**4 个触发器不是同时获得时钟脉冲**,这就是**异步计数器**名称的由来。

通过上述分析可以画出加法计数器的时序图,如图 5.5-22 所示。由时序图可以看出,四位二进制计数器从 0000 计到 1111,然后如此循环下去,将其计数范围转换为十进制数,即从 0 计到 15，因此也称这种计数器为**十六进制计数器**。

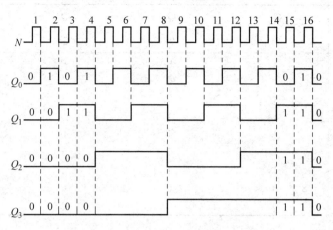

图 5.5-22　二进制递增计数器时序图

另外，每经过一级触发器，输出脉冲的频率就降低一倍，因此，一位二进制计数器就是一个二分频器，则四位二进制计数器就是一个十六分频器。

2) 同步二进制加法（递增）计数器

前面所讨论的异步二进制加法计数器由于进位信号是逐级传送的，所以其计数速度受到了限制。为了提高计数速度，可以利用时钟脉冲同时去触发计数器中的全部触发器，使各触发器的状态变换与时钟脉冲同步，按照这种方式组成的计数器称为**同步计数器**。

由于同步计数器中各触发器的 CP 端输入同一个时钟脉冲，因此，触发器的翻转状态就由它们的输入信号状态决定。例如，J-K 触发器的输出状态就由 J、K 端的状态决定。组成同步计数器的关键就是根据翻转条件，确定各触发器输入端的逻辑表达式。现以由 J-K 触发器组成的四位同步二进制递增计数器为例进行具体分析。

利用表 5.5-8 所示的二进制递增计数器的状态表，可以得到各触发器的翻转条件：

（1）最低位触发器 $FF_0$ 每输入一个脉冲就翻转一次；

（2）其他各触发器都是在所有低位触发器的输出端 Q 全为 1 时，在下一个时钟脉冲的触发沿到来时状态改变一次。

表 5.5-8　二进制递增计数器的状态表

| 输入脉冲序号 | $Q_3$ $2^3$ | $Q_2$ $2^2$ | $Q_1$ $2^1$ | $Q_0$ $2^0$ |
| --- | --- | --- | --- | --- |
| 0 | 0 | 0 | 0 | 0 |
| 1 | 0 | 0 | 0 | 1 |
| 2 | 0 | 0 | 1 | 0 |
| 3 | 0 | 0 | 1 | 1 |
| 4 | 0 | 1 | 0 | 0 |
| 5 | 0 | 1 | 0 | 1 |
| 6 | 0 | 1 | 1 | 0 |
| 7 | 0 | 1 | 1 | 1 |
| 8 | 1 | 0 | 0 | 0 |

续表

| 输入脉冲序号 | $Q_3$ $2^3$ | $Q_2$ $2^2$ | $Q_1$ $2^1$ | $Q_0$ $2^0$ |
|---|---|---|---|---|
| 9 | 1 | 0 | 0 | 1 |
| 10 | 1 | 0 | 1 | 0 |
| 11 | 1 | 0 | 1 | 1 |
| 12 | 1 | 1 | 0 | 0 |
| 13 | 1 | 1 | 0 | 1 |
| 14 | 1 | 1 | 1 | 0 |
| 15 | 1 | 1 | 1 | 1 |
| 16 | 0 | 0 | 0 | 0 |
| 17 | 0 | 0 | 0 | 1 |

根据 J-K 触发器的逻辑功能和上述两个条件,可以列出四位同步二进制递增计数器各触发器之间的逻辑关系,如表 5.5-9 所示。

表 5.5-9　四位同步二进制递增计数器各触发器之间的逻辑关系表

|  | 触发器翻转条件 | $J$、$K$ 端的逻辑表达式 |
|---|---|---|
| $FF_0$ | 每输入一个脉冲翻转一次 | $J_0 = K_0 = 1$ |
| $FF_1$ | $Q_0 = 1$ | $J_1 = K_1 = Q_0$ |
| $FF_2$ | $Q_0 = Q_1 = 1$ | $J_2 = K_2 = Q_0 Q_1$ |
| $FF_3$ | $Q_0 = Q_1 = Q_2 = 1$ | $J_3 = K_3 = Q_0 Q_1 Q_2$ |

根据上表所列的逻辑关系,可以画出四位同步二进制递增计数器的逻辑电路图,如图 5.5-23 所示。

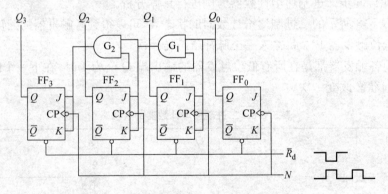

图 5.5-23　四位同步二进制递增计数器

## 5.6　脉冲波形的产生与变换

在数字电路中,经常要用到各种脉冲波形,如时序逻辑电路中的时钟脉冲、控制系统中的定时脉冲等,这些脉冲信号一般可以通过两种方式获得:一种是用脉冲产生电路直接产生,如采用模拟电路或运算放大器构成的振荡器等;另一种是将原有的波形经过变换而获得。单稳态触发器就是最常用的脉冲产生电路。

### 5.6.1 单稳态触发器及其应用

前述的各种双稳态触发器都有两个稳定状态:"0"态和"1"态,欲使电路从一个稳态转换到另一个稳态,必须靠外加脉冲信号触发;当外加触发信号消失后,电路的稳定状态能一直保持下去。而单稳态触发器的输出端只有一个稳定状态,当没有外加信号时,该稳定状态一直保持不变;当外加触发信号后,触发器的输出由原来的稳定状态转换为另一种状态,但**新的状态只能暂时保持(暂稳态)**,其保持时间由电路的参数决定,之后电路自动翻转到原来的稳定状态。可见电路只有一种稳定状态,故称其为"单稳态"触发器。

单稳态触发器在数字电路中可以实现定时、整形、延时等功能。

单稳态触发器可以用不同的电路构成,如采用基本逻辑门电路和 $RC$ 电路、集成触发器以及由 555 定时器等都可以构成单稳态触发器。本节介绍由逻辑门电路构成的单稳态触发器。

1) 电路的组成和工作原理

图 5.6-1 是由一个 CMOS 或非门 $G_1$ 和一个非门 $G_2$ 电路组成的单稳态触发器。由于图示电路中的 $RC$ 电路接成微分电路形式,故该电路又称为**微分型单稳态触发器**。$u_I$ 为外部触发脉冲,该电路是高电平触发,输出也为正脉冲。当采用与非门和非门组成微分型单稳态触发器时,触发信号和输出信号均为低电平有效。接于 $G_1$ 输入端的 $R_dC_d$ 电路用于将外加触发信号变为窄的正、负脉冲,以便使电路可以工作在输入脉冲宽度大于输出脉冲宽度的情况下(这时相当于把输入脉冲变窄)。

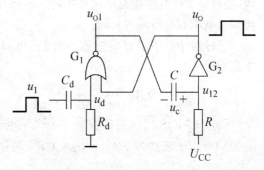

图 5.6-1 由逻辑门电路构成的单稳态触发器

其工作原理分析如下:

首先设 CMOS 门电路的阈值电压 $U_{TH}=U_{CC}/2$,输出高电平 $U_{OH}\approx U_{CC}$,输出低电平 $U_{OL}\approx 0\text{V}$。

(1) 没有触发信号时,电路处于一种稳定状态

没有触发信号,即输入信号 $u_I$ 为 0。由于非门 $G_2$ 的输入端经过电阻 $R$ 接到电源 $U_{CC}$,因此其输出 $u_O=U_{OL}=0$;或非门 $G_1$ 的两个输入均为 0,因此其输出 $u_{O1}=U_{OH}=U_{CC}$,为高电平;电容 $C$ 两端电压接近于 0V,电路处于一种稳定状态。

(2) 外加触发信号,电路由稳态翻转至暂稳态

当输入端加上正的触发脉冲 $u_I$ 时,经过 $R_dC_d$ 电路的微分作用,在 $G_1$ 门的输入端得到很窄的正、负脉冲 $u_d$,当 $u_d$ 上升到 $G_1$ 门的阈值电压 $U_{TH}$ 时,在电路中产生以下正反馈过程:

$$u_d\uparrow \longrightarrow u_{O1}\downarrow \longrightarrow u_{I2}\downarrow \longrightarrow u_O\uparrow$$

这一正反馈过程使 $G_1$ 门的输出迅速由高电平变为低电平。由于电容 $C$ 两端的电压不能突变,$G_2$ 门的输入端 $U_{I2}$ 也迅速变为低电平,并使其输出端 $u_O$ 变为高电平,但这一状态不

能长久保持,故称为**暂稳态**。这时,即使 $u_d$ 返回到低电平,$u_O$ 仍将维持高电平。由于电容 $C$ 的存在,这一状态不能长久保持,状态的持续时间取决于电容 $C$ 的充电时间。

(3) 暂稳态器件电容 $C$ 充电,电路由暂稳态自动返回至稳态

在暂稳态期间,电源 $U_{CC}$ 通过电阻 $R$ 对电容 $C$ 充电,使 $u_{I2}$ 上升。当 $u_{I2}$ 上升达到 $G_2$ 门的阈值电压 $U_{TH}$ 时,电路又会发生如下的正反馈过程:

$$C 充电 \rightarrow u_{I2}\uparrow \rightarrow u_O\downarrow \rightarrow u_{O1}\uparrow$$

若这时输入端的触发脉冲 $u_I$ 已经消失,即 $u_d$ 返回到低电平,则上述正反馈过程使 $u_{O1}$、$u_{I2}$ 迅速跳变到高电平,输出返回到 $u_O\approx 0$ 的状态。此后,电容 $C$ 通过电阻 $R$ 和 $G_2$ 门的输入保护电路放电,使电容 $C$ 上的电压最终恢复到稳态时的初始值,电路从暂稳态自动返回到稳态。

电路各点的波形图如图 5.6-2 所示。

2) 主要参数的计算

(1) 输出脉冲宽度 $t_w$

$u_O$ 端输出脉冲的宽度 $t_w$ 就是暂稳态的维持时间,也就是 $RC$ 电路在充电过程中,使 $u_{I2}$ 从 0V 上升到阈值电压 $U_{TH}$ 所需的时间。

通过对 $RC$ 电路过渡过程的分析,可以求出脉冲宽度为

$$t_w = RC\ln\frac{u_C(\infty) - u_C(0_+)}{u_C(\infty) - U_{TH}}$$

设定 CMOS 门电路的阈值电压 $U_{TH}\approx U_{CC}/2$,$u_C(0_+) = 0$;$u_C(\infty) = U_{CC}$,代入上式,则有

$$t_w = RC\ln\frac{U_{CC} - 0}{U_{CC} - U_{TH}} = RC\ln 2 \approx 0.7RC$$

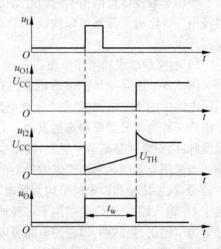

图 5.6-2 单稳态触发器各点波形图

可见,改变 $RC$ 的取值,就可以改变输出脉冲的宽度。

(2) 恢复时间 $t_{re}$

暂稳态结束后,电路需要一段恢复时间,让电容 $C$ 上的电荷释放完。恢复时间 $t_{re}$ 一般取放电时间常数的 3~5 倍。

(3) 最高工作频率 $f_{max}$(或最小工作周期 $T_{min}$)

设触发信号的时间间隔为 $T$,为了使单稳态触发器能够正常工作,应当满足 $T > t_w + t_{re}$ 的条件,即 $T_{min} = t_w + t_{re}$。因此,单稳态触发器的最高工作频率为

$$f_{max} = \frac{1}{T_{min}} < \frac{1}{t_w + t_{re}}$$

当取消或非门 $G_1$ 输入端的 $R_d C_d$ 微分电路时,这种微分型单稳态触发器只能工作在输入触发脉冲 $u_I$ 的宽度小于输出脉冲宽度 $t_w$ 的情况下,否则电路不能正常工作。

由单稳态触发器和逻辑门或阻容元件等可以构成各种定时电路、延时电路等,图 5.6-3(a) 是由单稳态触发器和与门组成的定时电路。加在与门输入端的脉冲信号 $A$ 只有在单稳态触发器输出高电平期间($t_w$ 时间内),才能通过与门出现在输出端。调整单稳态触发器中的 $RC$ 参数值,就可以调整与门的开启时间,则通过与门的脉冲数也随之改变,从而达到定时

的目的。图 5.6-3(b)是其工作波形图。

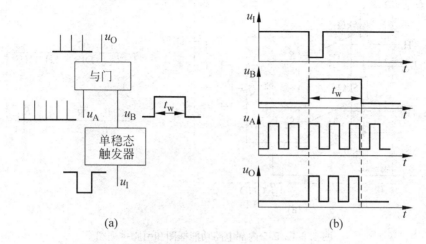

图 5.6-3 由单稳态触发器组成的定时电路及其波形

### 5.6.2 555 定时器及其应用

**1. 555 集成定时器**

在数字电路中,为了使各部分电路在时间上协调动作,需要有一个统一的时间基准,用来产生时间基准信号的电路称为**时基电路**,555 集成定时器就是其中的一种。它是一种由模拟电路和数字电路组合而成的中规模集成电路,其应用十分广泛,只需要外接少量的阻容元件就可以构成单稳态触发器、多谐振荡器等多种功能电路,广泛应用于脉冲信号的产生、变换、整形和定时电路中。

1) 555 集成定时器内部电路组成

图 5.6-4(a)是 555 定时器的内部电路功能框图和引脚排列图,因集成电路内部含有 3 个 5kΩ 的电阻,故取名为 555 电路。从图中可以看出,555 定时器主要由电阻分压器、电压比较器 $A_1$ 和 $A_2$、R-S 触发器、反相器和放电晶体管 T 组成。

555 集成定时器共有 8 个引脚,其功能如下:

1 端 GND——接地端;

2 端 $\overline{TR}$——低电平触发输入端;

3 端 $U_O$——输出端;

4 端 $\overline{R_D}$——直接清零端,当其为 0 时,555 输出低电平;平时该端开路或接 $U_{CC}$;

5 端 $U_C$——电压控制端,不用时经 0.01μF 的电容接地,以旁路高频干扰信号;

6 端 TH——高电平触发输入端;

7 端 DIS——三极管集电极,导通时为接于引脚 7 的电容器提供低阻放电通路;

8 端 $U_{CC}$——工作电源(4.5~18V)。

2) 555 定时器的工作原理

由 3 个 5kΩ 的电阻构成的分压电路为两个比较器提供基准电压,$A_1$ 的基准电压为 $\frac{2}{3}U_{CC}$,$A_2$ 的基准电压为 $\frac{1}{3}U_{CC}$。

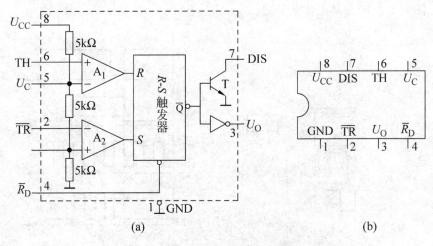

图 5.6-4　555 内部电路功能框图和引脚排列图
(a) 555 定时器内部电路框图；(b) 555 定时器引脚图

阈值端(TH)和触发端($\overline{\text{TR}}$)的外加输入信号和两个比较器的基准电压进行比较。当 TH $> \frac{2}{3}U_{CC}$ 时，$A_1$ 输出高电平；当 $\overline{\text{TR}} < \frac{1}{3}U_{CC}$ 时，$A_2$ 输出高电平。反之则输出低电平。

$A_1$、$A_2$ 的输出作为 $R$-$S$ 触发器的输入。当 $R = 1$ 时，$Q = 0$，$\overline{Q} = 1$；$S = 1$ 时，$Q = 1$，$\overline{Q} = 0$。

$R$-$S$ 触发器的反相输出端 $\overline{Q}$ 经过反相驱动后输出 $U_O$，即 $U_O = Q$。当 $Q = 0$ 时，三极管 T 导通；当 $Q = 1$ 时，T 截止。

555 定时器的上述工作原理可以用功能表表示出来，如表 5.6-1 所示。注意表中的 1 或 0 指的是电平的高低。

表 5.6-1　555 定时器功能表

| $\overline{R}_D$ | TH | $\overline{\text{TR}}$ | $U_O$ | T |
| --- | --- | --- | --- | --- |
| 0 | 0 或 1 | 0 或 1 | 0 | 导通 |
| 1 | $> \frac{2}{3}U_{CC}$ | $> \frac{1}{3}U_{CC}$ | 0 | 导通 |
| 1 | $< \frac{2}{3}U_{CC}$ | $< \frac{1}{3}U_{CC}$ | 1 | 截止 |
| 1 | $< \frac{2}{3}U_{CC}$ | $> \frac{1}{3}U_{CC}$ | 保持 | 保持 |

**2. 555 定时器的应用**

1) 由 555 定时器组成的单稳态触发器

图 5.6-5(a) 是由 555 定时器和外接定时元件 $R$、$C$ 构成的单稳态触发器，$D$ 为箝位二极管。稳态时 555 电路的输入端 $U_i$ 处于电源电平，其内部放电开关管 T 导通，输出端 $U_O$ 输出为低电平。

当在输入端加一个负脉冲触发信号 $U_i$，并使 2 端电位瞬时值低于 $\frac{1}{3}U_{CC}$ 时，555 定时器内部的低电平比较器(图 5.6-4 中的 $A_2$)动作。这一方面使输出信号 $U_O$ 变为高电平,另一方面使外接电容器 $C$ 开始充电,其上的电压 $U_C$ 按指数规律增长。当 $U_C$ 充电到 $\frac{2}{3}U_{CC}$ 时(注意:7 端与 6 端电位相同),555 内部的高电平比较器 $A_1$ 动作,使 555 的输出电压 $U_O$ 从高电平返回到低电平。同时内部放电开关管 T 重新导通,使外接电容器 $C$ 上的电荷经放电开关管迅速放电,暂稳态结束,555 定时器又恢复到稳定状态,为下一个触发脉冲的来到做好准备。电路的波形图如图 5.6-5(b)所示。

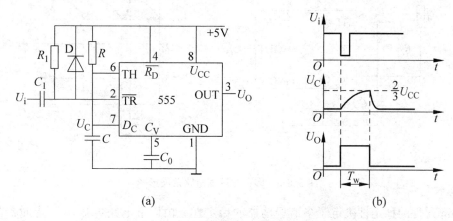

图 5.6-5　单稳态触发器电路及波形图

暂稳态的持续时间 $T_w$(即为延时时间)取决于外接元件 $R$、$C$ 的大小。可以推导出脉冲宽度 $T_w$ 的大小为

$$T_w = RC\ln\frac{U_{CC} - 0}{U_{CC} - \frac{2}{3}U_{CC}} = RC\ln 3 \approx 1.1RC$$

通过改变 $R$、$C$ 的大小,就可以使延时时间在几微秒到几十分钟之间变化。当这种单稳态电路作为计时器使用时,可以直接驱动小型继电器,并可以采用复位端 $\overline{R_D}$ 接地的方法来终止暂态,重新计时。

2) 由 555 定时器构成多谐振荡器

多谐振荡器就是矩形波发生器。由 555 构成的多谐振荡器如图 5.6-6(a)所示,外接元件为 $R_1$、$R_2$ 和 $C$,脚 2 与脚 6 直接相连。该电路没有稳态,只有两个暂稳态,电路也不需要外接触发信号,而是利用工作电源通过电阻 $R_1$、$R_2$ 向 $C$ 充电,以及 $C$ 通过 $R_2$ 向放电端 $D_C$ 放电,就可以使电路产生振荡。电容 $C$ 在 $\frac{2}{3}U_{CC}$ 和 $\frac{1}{3}U_{CC}$ 之间充电和放电,从而在输出端得到一系列的矩形波,对应的波形如图 5.6-6(b)所示。

输出矩形波的参数为

周期:

$$T = t_{w1} + t_{w2}$$

输出端正脉冲的宽度:

$$t_{w1} = 0.7(R_1 + R_2)C$$

输出端负脉冲的宽度:

$$t_{w2} = 0.7R_2C$$

其中，$t_{w1}$ 为电容电压 $U_C$ 由 $\frac{1}{3}U_{CC}$ 上升到 $\frac{2}{3}U_{CC}$ 所需的时间，$t_{w2}$ 为电容 $C$ 放电所需的时间。

555 电路要求 $R_1$ 与 $R_2$ 均应不小于 $1\text{k}\Omega$，但两者之和应不大于 $3.3\text{M}\Omega$。

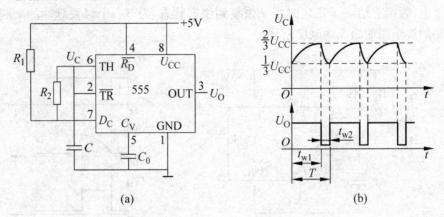

图 5.6-6　多谐振荡器电路及波形图

外部元件的稳定性决定了多谐振荡器的稳定性。由以上电路可知，555 定时器配以少量的元件即可获得高精度振荡频率的矩形波，且电路还有一定的功率输出能力。因此，这种形式的多谐振荡器得到了广泛应用。

利用 555 定时器组成的单稳态触发器、双稳态触发器及多谐振荡器，再加上简单的外围电路，还可以组成电加热温控器、电风扇调速器、功率放大器、充电器等实用电路，其应用非常广泛，限于篇幅，此处不再介绍。

# 第6章

# 数据转换和数据总线

在信息传输技术中,传输媒介既可以是金属导线,也可以是新型的光导纤维,还可以利用自由空间实现无线传输。无论采用哪种媒介传输信息,都需要由各种装置组成传输通路,各种传输线路的起始部分一般都是一个转换器,信息传输时所用的频率也必须与传输媒介相匹配。几种信息传输系统示意图如图 6-1 所示。

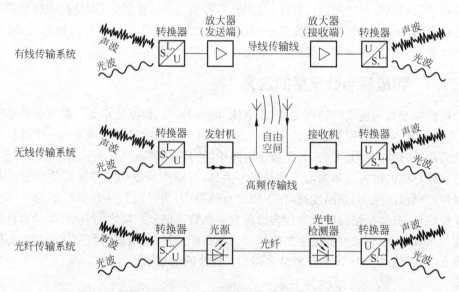

图 6-1 传输系统的种类

对传输系统的基本要求是将信息内容无失真地传输到接收端,信息可以采用模拟方式传输,也可以采用数字方式传输。信息传输的效率则是次要的,因为能量的损耗可以通过相应的放大得到补偿。

当信息采用导线传输时,传输线上的频率可以采用信号源的频率。这种信息传输系统称为**有线传输系统**,如有线电话和飞机上的内话系统等。

当信息采用无线电传输时,信号首先要在发射机中进行调制,将信号的频率转换到能用天线向空间发射的频段内;接收机从空间接收到传输来的信息,然后再还原到信号源的频率。这种信息传输系统称为**无线电传输系统**。但在无线传输系统中,从发射机到天线或从天线到接收机,仍需要用导线来传输信号,并且导线中传输的是高频信号。由于导线在传输高频信号和低频信号时会呈现出完全不同的特性,所以在本书的"无线电基础"内容中,对高频传输线进行了专门讨论。

当信息采用光纤传输时,首先必须通过一定的方式对光源进行调制,将信息转换到红外线光的频段后再进行传输。这种信息传输系统称为**光纤传输系统**。现代飞机上某些系统之间的数据信息传输已经采用了光缆。

无论采用哪一种传输方式,在信号到达接收器后,都要由接收器将其重新转换成所需要的信号才能使用。

## 6.1 数据转换

随着数字技术的发展,在信息传输、控制技术等电子领域中,已经大量采用数字信息系统取代过去的模拟系统,这是因为数字系统所处理的信息更准确,可靠性更高,容量更大,并且可以直接与计算机相连,完成复杂的信息传输和控制任务。然而,实际系统中的物理量或控制量大都属于模拟量,因此在利用数字信息系统时,就必须将系统的模拟输入量转换为数字量进行处理,然后再将数字系统输出的数字量转换为模拟量输出,这就是所谓的**数据转换**。在数字量和模拟量之间进行转换,就需要两种类型的转换器,分别是**数模转换器(D/A)和模数转换器(A/D)**。由于现代机载电子设备中大多采用数字技术对信号进行处理,所以数据转换器在飞机上的应用非常广泛,下面专门予以介绍。

### 6.1.1 模拟量与数字量的含义

所谓**模拟量**就是连续的物理变量,如电压、电流、转角、长度变量等。**数字量**则是指离散的、不连续的量,它可以用有限数位来表示一个连续变化的物理量。通常每一个数位可以用电位的高低或脉冲的有无来表示,即数字电路中的"1"或"0"。

数字计算机的输入量和输出量都是数字信息,其输出可以用来控制开关型器件或其他数字器件。模拟信息(例如温度)存在于整个自然界中,为了使数字计算机能处理如温度这样的模拟信息,就必须把温度变为代表温度变量的数字信息。反之,当用数字计算机控制飞机舵面的位置时,由于加到舵面上去的信号必须是模拟量,就需要将数字信号转变为模拟信号。图 6.1-1 所示是数字量和模拟量之间相互转换的示意图。

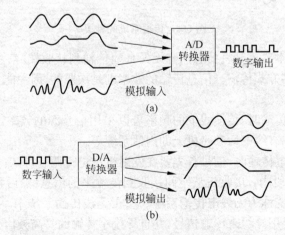

图 6.1-1 数字量与模拟量之间的相互转换

一个包含 A/D 和 D/A 转换器的计算机闭环自动控制系统如图 6.1-2 所示。图中的 A/D 转换器和 D/A 转换器是模拟量输入和模拟量输出通路中的核心部件。在实际的自动控制系统中,各种非电物理量需要由各种传感器将其转换成电信号后,才能加到 A/D 转换器的输入端,再由 A/D 转换器转换成数字量。

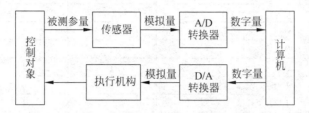

图 6.1-2 典型的计算机自动控制系统

一般来说,传感器的输出信号只有微伏或毫伏级,需要采用高输入阻抗的运算放大器将这些微弱的信号放大到一定的幅度,有时候还需要进行滤波,去掉各种干扰和噪声信号。当送入到 A/D 转换器的信号大小与 A/D 转换器的输入范围不一致时,还需要进行信号预处理。若模拟信号变化较快,为了保证模数转换的正确性,还需要使用采样保持器。

在输出通道,对那些需要用模拟信号驱动的执行机构,需要把计算机运算决策后的控制量(数字量)送入到 D/A 转换器,将其转换成模拟量后再去驱动执行机构的动作,从而完成控制任务。

### 6.1.2 D/A 转换器

D/A 转换器(digital analog converter,DAC)是将数字量转换为模拟量的器件。D/A 转换器的基本原理是将输出的模拟信号分解成一连串的小台阶(不连续量),台阶的级数由所转换数据的位数决定。

**1. D/A 转换器的基本原理**

如果想把 4 位二进制数变成 0~5V 的模拟信号输出,则首先应该建立一个真值表,把所有可能出现的情况写入真值表,如表 6.1-1 所示,表中有 4 位二进制数($D$、$C$、$B$、$A$)。当二进制数为 0000 时,对应的模拟输出电压为 0V;当二进制数为 0001 时,对应的模拟输出电压为 $\frac{5}{2^4}=\frac{5}{16}=0.3125$V;当二进制数为 0010 时,输出的模拟电压为 0.625V;当二进制数为 1111 时,输出的模拟电压为 4.6875V。从表中可以看出,将 4 位二进制数作为数字数据输入,其输出模拟变量的每一行递增 0.3125V。这样就把 4 位二进制数的 16(即 $2^4$)个数字量转换为了 0~4.6875V 的模拟量。这里须注意的是输出的最大电压不足 5V,其误差为 0.3125V。

表 6.1-1 4 位 D/A 转换器真值表

| 台阶数 | 数字量输入 | | | | 模拟量输出/V |
|---|---|---|---|---|---|
| | D | C | B | A | |
| 1 | 0 | 0 | 0 | 0 | 0 |
| 2 | 0 | 0 | 0 | 1 | 0.3125 |
| 3 | 0 | 0 | 1 | 0 | 0.625 |

续表

| 台阶数 | 数字量输入 | | | | 模拟量输出/V |
|---|---|---|---|---|---|
| | D | C | B | A | |
| 4 | 0 | 0 | 1 | 1 | 0.9375 |
| 5 | 0 | 1 | 0 | 0 | 1.25 |
| 6 | 0 | 1 | 0 | 1 | 1.5625 |
| 7 | 0 | 1 | 1 | 0 | 1.875 |
| 8 | 0 | 1 | 1 | 1 | 2.1875 |
| 9 | 1 | 0 | 0 | 0 | 2.5 |
| 10 | 1 | 0 | 0 | 1 | 2.8125 |
| 11 | 1 | 0 | 1 | 0 | 3.125 |
| 12 | 1 | 0 | 1 | 1 | 3.4375 |
| 13 | 1 | 1 | 0 | 0 | 3.75 |
| 14 | 1 | 1 | 0 | 1 | 4.0625 |
| 15 | 1 | 1 | 1 | 0 | 4.375 |
| 16 | 1 | 1 | 1 | 1 | 4.6875 |

转换误差的大小与所使用的二进制数的位数有关，如果采用 8 位二进制数来转换 0～5V 的电压，则可将 0～5V 的电压分成 256 个台阶，即 $2^8$ 级，每个台阶的电压只有 $\frac{5}{2^8}=\frac{5}{256}=0.0195V$，这时的转换误差即为 0.0195V。可见，**二进制数的位数越多，转换误差越小**。转换误差常用**转换精度**表示，其定义是对应于某一数值，转换后的模拟输出值与理想输出值之间存在的最大偏差，一般用满刻度数字量的实际输出和理论输出之间的误差表示，该精度称为**绝对精度**。

如果用一个简单的计数器来驱动一个 8 位 5V 的 D/A 转换器，则转换器的输出将是一连串增量为 0.0195V 的 256 个台阶。当计数器从 0 进位到 255 时，转换器的输出也随之由 0V 增大到 4.98V。当计数器翻转时，转换器输出降到零，如图 6.1-3 所示。

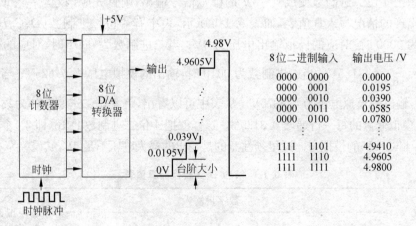

图 6.1-3 D/A 转换器示意图

表征 D/A 转换器性能的另一个重要参数是**分辨率**。分辨率有不同的表述方法，一种是用输入数字量的最低有效位(LSB)所对应的模拟输出值与全量程输出值的比值表示，如上述 8 位 D/A 转换器的分辨率可表示为 $\frac{1}{2^8-1}=\frac{1}{255}$。该值越小，表示 D/A 转换器对微小数字量变化的灵敏度越高。分辨率的另一种表示方法是用 D/A 转换器的位数表示，如8 位、12 位、16 位等。

D/A 转换器常用电阻解码网络和求和放大器组成，其电路框图如图 6.1-4 示。

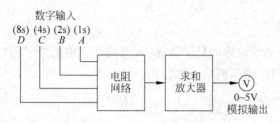

图 6.1-4　D/A 转换器电路框图

### 2. D/A 转换器的种类和工作原理

D/A 转换器的种类也很多，常用的有二进制权电阻 DAC、$R$-$2R$ 倒 T 型电阻网络 DAC 及集成 DAC 器件 DAC0832 等。本节介绍前两种常用的 DAC 的基本原理。

#### 1) 二进制权电阻 DAC

二进制加权阶梯电路是最简单的 D/A 转换器之一。一个多位二进制数中每一位所代表的数值大小称为这一位的**权**。实现 D/A 转换的基本方法是用电阻网络将数字量按照每位数码的权转换成相应的模拟量，然后用求和电路将这些模拟量相加完成 D/A 转换。

DAC 的输入量是数字信号，它可以是任何一种编码，常用的是二进制码。输入量可以是正数，也可以是负数，通常是无符号的二进制数。

图 6.1-5 所示是一个 8 位权电阻网络 D/A 转换器。它由权电阻网络、电子模拟开关和放大器组成。该电阻网络的电阻值是按 8 位二进制数的位权大小来取值的，低位阻值最高 ($2^7R$)，高位阻值最低 ($2^0R$)，从低位到高位依次减半。8 个电子模拟开关的状态分别受 8 个输入数字量 $D_0 \sim D_7$ 的控制。当输入数字位 $D_i$ 为 1 时，开关连接到参考电压 $U_R$ 上，此时有一支路电流 $I_i$ 流向放大器的 A 节点。$D_i$ 为 0 时开关连接到 0 端直接接地，节点 A 处无电流流入。运算放大器为负反馈求和放大器，此处将其近似看作是理想运放，其输出电压 $U_o$ 与 $\frac{R_F}{R}$ 成正比。$U_o$ 的计算公式推导如下：

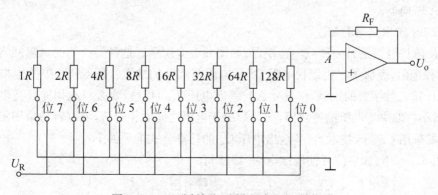

图 6.1-5　二进制加权阶梯电路 D/A 转换器

根据运算放大器的基础知识,在图 6.1-5 中,$A$ 点为"虚地",如果电子开关的位置使能端全为"1",则有

$$\frac{U_R}{R} + \frac{U_R}{2R} + \frac{U_R}{4R} + \frac{U_R}{8R} + \frac{U_R}{16R} + \frac{U_R}{32R} + \frac{U_R}{64R} + \frac{U_R}{128R} = -\frac{U_o}{R_F}$$

经过整理得到

$$U_o = -\left[1 + \frac{1}{2} + \frac{1}{4} + \frac{1}{8} + \frac{1}{16} + \frac{1}{32} + \frac{1}{64} + \frac{1}{128}\right]\frac{U_R R_F}{R}$$

考虑到 0~7 个使能端位置的具体情况,再忽略上式中的"−"号(因为"−"号可以通过反相器来处理),则可以得到下面的计算公式:

$$U_o = \left[1(位7) + \frac{1}{2}(位6) + \frac{1}{4}(位5) + \frac{1}{8}(位4) + \frac{1}{16}(位3) \right.$$
$$\left. + \frac{1}{32}(位2) + \frac{1}{64}(位1) + \frac{1}{128}(位0)\right]\frac{U_R R_F}{R}$$

通过上述公式,我们可以得到下面的一般公式:

$$U_o = \left[\frac{1}{2^0}(位n-1) + \frac{1}{2^1}(位n-2) + \cdots + \frac{1}{2^{n-1}}(位0)\right]\frac{U_R R_F}{R}$$

**注意**:式中 $n$ 表示数字信号的位数。

如果 $U_R = 10V$,$R_F = 5k\Omega$,$R = 10k\Omega$,那么,当输入的数字信号为 11011000 时,则 D/A 输出的模拟电压 $U_o$ 为

$$U_o = \left(1 \times 1 + \frac{1}{2} \times 1 + \frac{1}{4} \times 0 + \frac{1}{8} \times 1 + \frac{1}{16} \times 1 + \frac{1}{32} \times 0 + \frac{1}{64} \times 0 + \frac{1}{128} \times 0\right) \times \frac{10 \times 5}{10}$$
$$= 8.4375(V)$$

同理,如果输入的数字数据为 11011001 时,则 D/A 输出的模拟电压 $U_o$ 为

$$U_o = \left(1 + \frac{1}{2} + \frac{1}{8} + \frac{1}{16} + \frac{1}{128}\right) \times \frac{10 \times 5}{10} = 8.4766(V)$$

权电阻网络 D/A 转换器的优点是电路简单,电阻使用量少,转换原理容易掌握。缺点是所用电阻依次相差一半,当需要转换的位数较多时,电阻差别也越大。如一个 12 位的权电阻 DAC,其基准电压为 10V,最高位权电阻阻值为 1k$\Omega$,则最低位权电阻的阻值为 $2^{11} \times$ 1k$\Omega$ = 2048k$\Omega$ = 2.048M$\Omega$。由于对高位权电阻的精度和稳定性要求较高,使得制作含有阻值大、精度要求又高的集成电路很困难。为了克服这个缺点,通常采用 T 型或倒 T 型电阻网络 D/A 转换器。

2) $R$-$2R$ 阶梯网络 DAC

$R$-$2R$ 阶梯网络是另一种数模转换器,如图 6.1-6 所示。这种转换器的电阻网络只有 $R$ 和 $2R$ 两种电阻,克服了二进制权电阻 DAC 电阻范围宽的缺点。图 6.1-6 中的模拟电子开关受 DAC 输入数字量的控制,使其要么与基准电压($U_R$)相连,要么与地相连。且由于这种电阻网络不再取决于电阻的绝对值,而是取决于电阻之间的相对值,所以容易采用集成电路实现(例如采用 CMOS 技术)。其输出电压 $U_o$ 的计算公式推导如下:

在图 6.1-6 中,如果位置使能端全为"1",则有

$$\frac{I}{2} + \frac{I}{4} + \frac{I}{8} + \frac{I}{16} + \frac{I}{32} + \frac{I}{64} + \frac{I}{128} + \frac{I}{256} = -\frac{U_o}{R_F}$$

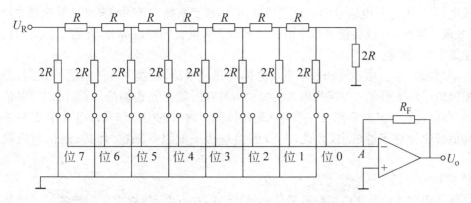

图 6.1-6　$R\text{-}2R$ 阶梯网络 D/A 转换器

而 $I=\dfrac{U_R}{R}$，又因为梯形电阻网络的总等效电阻为 $R$，所以：

$$U_o = -\left(\dfrac{1}{2}+\dfrac{1}{4}+\dfrac{1}{8}+\dfrac{1}{16}+\dfrac{1}{32}+\dfrac{1}{64}+\dfrac{1}{128}+\dfrac{1}{256}\right)\dfrac{U_R R_F}{R}$$

考虑到 0～7 个使能端位置的具体情况，再忽略上式中的"－"号，则可以得到下面的计算公式：

$$U_o = \left[\dfrac{1}{2}(位\,7)+\dfrac{1}{4}(位\,6)+\dfrac{1}{8}(位\,5)+\dfrac{1}{16}(位\,4)+\dfrac{1}{32}(位\,3)\right.$$
$$\left.+\dfrac{1}{64}(位\,2)+\dfrac{1}{128}(位\,1)+\dfrac{1}{256}(位\,0)\right]\dfrac{U_R R_F}{R}$$

通过上述公式，我们可以得到下面的一般公式：

$$U_o = \left[2^{-1}(位\,n-1)+2^{-2}(位\,n-2)+\cdots+2^{-n}(位\,0)\right]\dfrac{U_R R_F}{R}$$

**注意**：式中的 $n$ 表示数字信号的位数。

如果 $U_R=10\text{V}$，$R_F=5\text{k}\Omega$，$R=5\text{k}\Omega$，那么，当输入的数字信号为 11011000 时，则 D/A 输出的模拟电压 $U_o$ 为

$$U_o = \left(\dfrac{1}{2}\times 1+\dfrac{1}{4}\times 1+\dfrac{1}{8}\times 0+\dfrac{1}{16}\times 1+\dfrac{1}{32}\times 1+\dfrac{1}{64}\times 0+\dfrac{1}{128}\times 0+\dfrac{1}{256}\times 0\right)\times\dfrac{10\times 5}{5}$$
$$= 8.4375(\text{V})$$

T 型阶梯网络 DAC 除了具有电路简单、电阻种类少的特点外，还具有转换速度快的优点。这是由于在该电路中，各支路电流不变，所以不需要电流建立时间，因此 T 型网络 DAC 是目前使用最多的一种转换器。

### 6.1.3　A/D 转换器

**1. A/D 转换的基本概念**

将模拟信号转换为数字信号的过程称为模数转换，简称 A/D(analog to digital)转换。实现 A/D 转换的电路称为 A/D 转换器(analog digital converter，ADC)。

生产实际中遇到的物理量大都是连续变化的，如温度、流量、压力等信号，需要经过传感

器变成电信号,但这些电信号仍然是模拟量,而在数字系统中必须将其变成数字量才能进行加工、处理。因此,A/D 转换是数字电子技术中非常重要的组成部分,在自动控制和自动检测等系统中应用广泛。

A/D 转换器是模拟系统和数字系统之间的接口电路,转换器在进行转换期间,要求输入的模拟信号保持不变。但因为输入的模拟信号在时间上是连续的,而输出的数字信号是离散的,所以进行转换时只能在一系列选定的瞬间对输入的模拟信号进行采样,然后再把这些采样值转化为数字量输出,因此,A/D 转换过程一般包括**采样**、**保持**、**量化**和**编码** 4 个步骤。

1) 采样和保持

采样是周期性地获取模拟信号样值的过程,它将时间上连续变化的模拟信号转换为时间上离散、幅度上等于采样时间内模拟信号大小的**离散信号**,即转换为一系列等间隔的脉冲信号,其采样原理如图 6.1-7 所示。图中,$U_i$ 为模拟输入信号,$U_S$ 为采样脉冲,$U_O$ 为采样后的输出信号。

采样电路是一个受采样脉冲控制的电子开关,其工作波形如图 6.1-7(b)所示。在采样脉冲 $U_S$ 有效期(高电平期间)内,采样开关 S 闭合接通,使输出电压等于输入电压,即 $U_O = U_i$;在采样脉冲 $U_S$ 无效期(低电平期间)内,采样开关 S 断开,使输出电压等于 0,即 $U_O = 0$。因此,每经过一个采样周期,在输出端便得到输入信号的一个采样值。当采样脉冲 $U_S$ 按照一定的频率 $f_S$ 变化时,输入的模拟信号就被采样为一系列的样值脉冲 $U_O$。当然采样频率 $f_S$ 越高,单位时间内获得的样值脉冲也越多,因此输出脉冲的包络线就越接近于输入模拟信号。

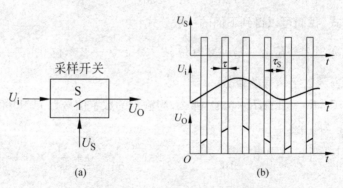

图 6.1-7 采样原理图及工作波形
(a) 采样原理图;(b) 工作波形

为了不失真地用采样后的输出信号 $U_O$ 来表示输入模拟信号 $U_i$,采样频率 $f_S$ 必须满足以下条件:采样频率应不小于输入模拟信号最高频率分量的两倍,即 $f_S \geq 2f_{max}$(此式就是广泛使用的**采样定理**)。其中,$f_{max}$ 为输入信号 $U_i$ 的上限频率(即最高次谐波分量的频率),在实际应用中一般取 $f_S = (3 \sim 4)f_{max}$。

A/D 转换器把采样信号转换成数字信号需要一定的时间,所以在每次采样结束后都需要将这个断续的脉冲信号**保持**一定时间以便进行转换,图 6.1-8(a)所示是一种基本的采样-保持电路,它由采样开关 T、保持电容 C 和缓冲放大器 A 组成。

在图 6.1-8(a)所示电路中,利用场效应管 T 作为模拟开关。在采样脉冲 CP 到来的时

间 $\tau$ 内,开关接通,输入模拟信号 $U_i$ 向电容器 $C$ 充电。当电容 $C$ 的充电时间常数很小时,电容 $C$ 上的电压在时间 $\tau$ 内跟随 $U_i$ 变化。当采样脉冲 CP 结束后,模拟开关断开,因电容器的漏电很小且运算放大器的输入阻抗又很高,所以电容器 $C$ 上的电压可保持到下一个采样脉冲到来为止。运算放大器构成电压跟随器具有缓冲作用,以减小负载对保持电容的影响。在输入一连串采样脉冲后,输出电压 $U_o$ 的波形如图 6.1-8(b)所示。

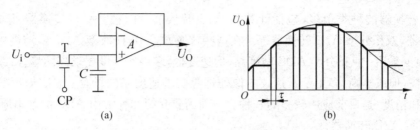

图 6.1-8 基本采样-保持电路及波形图
(a) 电路原理图;(b) 输入输出波形

2) 量化和编码

采样保持得到的信号在时间上是离散的,但其幅值仍是连续的。而数字信号在时间和幅值上都是离散的。任何一个数字量的大小只能是规定的最小数量的整数倍。例如,如果最小数量是 1,则数字量的大小只能为 1 的整数倍,为 2、3、4、…,而不能是小数。因此在 A/D 转换过程中,必须将采样-保持电路的输出信号按照某种近似方式归并到与之相对应的离散电平上,这一转化过程称为数字量化,简称为**量化**。

量化过程中所取的最小数量单位称为**量化单位**,用 $q$ 表示,它是数字信号最低位为 1 时所对应的模拟量,即 1LSB。采样保持后的信号不一定是量化单位的整数倍,所以量化后的信号必然会引入误差,这种误差叫**量化误差**,量化误差可以用增加数字量的位数来减小。

量化有两种方法,也就是对于小于 $q$ 的信号的处理方法:一种方法是**四舍五入法**,即将小于 $q/2$ 的值舍去,小于 $q$ 而大于 $q/2$ 的值视为数字量 $q$;第二种是**只舍不入法**,即将不够量化单位的值舍掉。四舍五入法的量化误差为 $q/2$,而只舍不入法的量化误差为 $q$。大多数 A/D 转换器都采用四舍五入法进行量化。

量化后的电平值是量化单位 $q$ 的整数倍,将这个整数用二进制数表示出来,称为**编码**。把每个采样的值(脉冲)都转换成与其幅度成正比的数字量后,才完成了模拟量到数字量的转换。

**2. A/D 转换器的主要技术指标**

(1) 分辨率:表明 A/D 转换器对模拟信号的分辨能力,由它确定能被 A/D 转换器辨别的最小模拟量变化。ADC 的分辨率也有两种表示方法:一种是满量程电压与 $2^n$ 之比,其中 $n$ 为 ADC 的位数,则一个 $n$ 位的 ADC 的分辨率为 $\dfrac{1}{2^n}$,它表示能分辨的最小量化信号;另一种表示方法是用输出二进制数的位数表示,如 8 位、10 位和 12 位等。位数越多,量化单位就越小,则分辨率越高。

(2) 转换精度:转换精度一般用转换误差来描述,是指某一数字量的理论输出值与实际输出值之间的误差。ADC 的精度一般用数字量的最低有效位所代表的模拟输入值表示。例如,对于一个 8 位 0~+5V 的 A/D 转换器,其量化误差为 1LSB,则其绝对误差为

19.5mV,相对误差为 0.39%。A/D 转换器的位数越多,量化误差越小,转换精度就越高。

(3) 转换时间:转换时间是指 A/D 完成一次转换所需要的时间。根据转换速度,A/D 转换器可以分为高速(转换时间< 1μs)、中速(转换时间< 1ms)和低速(转换时间< 1s)等几种。

### 3. A/D 转换器的分类

A/D 转换器的种类很多,包括计数型 A/D 转换器、并行式 A/D 转换器、逐次逼近型 A/D 转换器、双积分型 A/D 转换器等。在这些转换方式中,计数型 ADC 线路简单,但速度慢,已经很少采用;双积分型 ADC 精度高,但速度低,多用在精度要求高的场合;并行 ADC 转换速度快,但成本高,多用于雷达及图像处理等要求速度高的场合;逐次逼近型 ADC 兼顾了速度和精度,是目前应用较多的一种。下面简要介绍几种常用 ADC 的基本原理。

1) 并行 A/D 转换器

三位并行 A/D 转换器的电路组成如图 6.1-9 所示。其中运算放大器组成开环电压比较器,D 触发器组成存储器,组合逻辑电路组成优先编码器。参考电压 $U_R$ 通过精密电阻网络为各运算放大器的反相端提供参考电压,即 $U_{R1} \sim U_{R7}$,模拟输入电压 $U_i$ 加到各运算放大器的同相端。通过 $U_i$ 与 $U_{R1} \sim U_{R7}$ 比较,使比较器输出高电位或低电位,即数字电路中的"1"或"0"。在时钟脉冲的作用下,比较器的输出暂存在存储器中,并输出到编码器中。这样,随着模拟电压 $U_i$ 的变化,在每一次时钟脉冲作用下,编码器都会有一组对应的数字码输出。可见,这一电路可以将模拟量转换为数字量。表 6.1-2 列出了将某个范围内的模拟电压转换为三位二进制数字信号的转换对照数据。

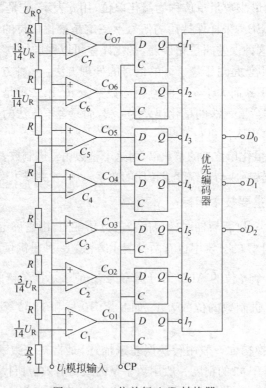

图 6.1-9 三位并行 A/D 转换器

在上述 A/D 转换器中,输入模拟电压同时加到所有比较器的输入端,从加入 $U_i$ 到三位数字量稳定输出所经历的时间为比较器、触发器和编码器延迟时间之和。在不考虑各器件延迟误差的条件下,可以认为三位数字量为同时获得,因此称之为**并行 A/D 转换器**。

从并行 A/D 转换器的电路图中可以看出,8 级分压网络中,最上面与最下面两个电阻两端的电压设置为 $\frac{U_R}{14}$,其他六段为 $\frac{2U_R}{14}$。这样设置的理由是:如果把数字输出量 $D_2D_1D_0=$ 000 再转换成模拟量,其值应为 0V。而从表 6.1-2 中可见,实际上存在一个误差,其最大值为 $\frac{U_R}{14}$,称为量化误差。又如数字量 $D_2D_1D_0=001$ 转换成模拟量时,其值应为 $\frac{2U_R}{14}$,其量化误差也为 $\frac{U_R}{14}$。因此,按上述参数设置偏压,就可以保证有一致的量化误差。

表 6.1-2 三位并行 A/D 转换器输入与输出关系对照表

| 模拟输入 | 比较器输出状态 | | | | | | | 数字输出 | | |
|---|---|---|---|---|---|---|---|---|---|---|
| | $C_7$ | $C_6$ | $C_5$ | $C_4$ | $C_3$ | $C_2$ | $C_1$ | $D_2$ | $D_1$ | $D_0$ |
| $0 \leqslant U_i < \frac{1}{14}U_R$ | 0 | 0 | 0 | 0 | 0 | 0 | 0 | 0 | 0 | 0 |
| $\frac{1}{14}U_R \leqslant U_i < \frac{3}{14}U_R$ | 0 | 0 | 0 | 0 | 0 | 0 | 1 | 0 | 0 | 1 |
| $\frac{3}{14}U_R \leqslant U_i < \frac{5}{14}U_R$ | 0 | 0 | 0 | 0 | 0 | 1 | 1 | 0 | 1 | 0 |
| $\frac{5}{14}U_R \leqslant U_i < \frac{7}{14}U_R$ | 0 | 0 | 0 | 0 | 1 | 1 | 1 | 0 | 1 | 1 |
| $\frac{7}{14}U_R \leqslant U_i < \frac{9}{14}U_R$ | 0 | 0 | 0 | 1 | 1 | 1 | 1 | 1 | 0 | 0 |
| $\frac{9}{14}U_R \leqslant U_i < \frac{11}{14}U_R$ | 0 | 0 | 1 | 1 | 1 | 1 | 1 | 1 | 0 | 1 |
| $\frac{11}{14}U_R \leqslant U_i < \frac{13}{14}U_R$ | 0 | 1 | 1 | 1 | 1 | 1 | 1 | 1 | 1 | 0 |
| $\frac{13}{14}U_R \leqslant U_i < U_R$ | 1 | 1 | 1 | 1 | 1 | 1 | 1 | 1 | 1 | 1 |

并行 A/D 转换器具有如下特点:

(1) 由于转换是并行的,其转换速度只受比较器、触发器和编码电路延迟时间的限制,因此这种转换方法速度最快。

(2) 随着分辨率的提高,元件数目按几何级数增加。一个 $n$ 位的转换器,所用比较器的个数为 $2^n-1$,对于 8 位并行转换器就需要 $2^8-1=255$ 个比较器。因此,制成分辨率较高的集成并行转换器是比较困难的。

2) 逐次逼近型 A/D 转换器

逐次逼近型 A/D 转换器又称为逐次渐近型 A/D 转换器,其转换过程类似于用天平称物体重量的过程。天平的一端放着被称的物体,另一端加砝码,各砝码的重量按二进制关系设置,一个比一个重量减半。称重时,把砝码**从大到小**依次放在天平上,与被称物体进行比较,如砝码比物体轻,则该砝码予以保留,反之则去掉该砝码。如此多次试探,经天平比较后加以取舍,直到天平基本平衡为止。这些二进制码的重量之和就是被称物体的重量。例如:设物体重 11g,砝码的重量分别为 1g、2g、4g 和 8g。称重时,物体放在天平的一端,另一端先将 8g 的砝码放上,它比物体轻,因此该砝码予以保留,将被保留的砝码记为 1,不被保留的砝码记为 0。然后再将 4g 的砝码放上,现在砝码总和比物体重了,因此该砝码不予保留(记为 0)。以此类推,就可以得到用二进制数表示的物体总重量为 1011。表 6.1-3 表示了物体的整个称重过程。

表 6.1-3　逐次逼近法称重物体过程表

| 顺序 | 砝码/g | 比较 | 砝码取舍 | 二进制数 |
|---|---|---|---|---|
| 1 | 8 | 8<11 | 取(1) | 最高位 1 |
| 2 | 8+4 | 12>11 | 舍(0) | 次高位 0 |
| 3 | 8+2 | 10<11 | 取(1) | 第三位 1 |
| 4 | 8+2+1 | 11=11 | 取(1) | 最低位 1 |

逐次逼近型 A/D 转换器的工作过程与上述称重过程非常相似。这种转换器主要由电压比较器、D/A 转换器、逐次逼近寄存器、输出缓冲寄存器和相应的控制逻辑等组成,其结构框图如图 6.1-10 所示。

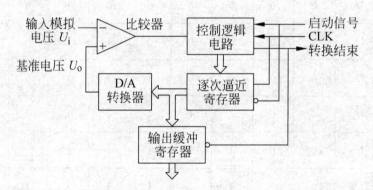

图 6.1-10　逐次逼近型 A/D 转换器组成框图

逐次逼近型 A/D 转换器的基本工作原理为:将大小不同的参考电压 $U_o$ 与输入模拟电压 $U_i$ 逐步进行比较,并将比较结果以相应的二进制代码表示。转换开始前先将逐次逼近寄存器清零,即送给 D/A 转换器的数字量为 0。转换开始后,先将逐次逼近寄存器的**最高位置"1"**,使其输出为 100……00,该数字量被送入到 D/A 转换器,经 D/A 转换后生成的模拟量 $U_o$ 送入到比较器,该电压相当于满量程的 1/2。该电压与待转换的模拟量 $U_i$ 进行比较后,若 $U_o<U_i$,则该位 1 被保留,否则被清除。

若最高位被保留下来,则逐次逼近寄存器的内容为 100……00,这时再置逐次逼近寄存器的**次高位**为"1",使其输出为 110……00,并将寄存器中新的数字量送入到 D/A 转换器,其输出的模拟量 $U_o$ 再与 $U_i$ 作比较,若 $U_o<U_i$,则该位 1 被保留,否则被清除。重复此过程,直至逐次逼近寄存器的最低位置为"1"为止。这时逐次逼近寄存器中的数字量就是转换后的二进制数。转换结束后,由逻辑电路控制,将逐次逼近寄存器中的数字量送入到输出缓冲寄存器,并进行输出。

逐次逼近型 A/D 转换器具有以下特点：①转换器输出数字量的位数越多,转换精度越高；②转换器完成一次转换所需的时间与其位数 $n$ 和时钟脉冲的频率有关,位数越少,时钟频率越高,转换所需的时间就越短；③转换器的精度主要取决于内置 D/A 转换器和电压比较器的精度。

逐次逼近型 A/D 转换器具有转换速度快、分辨率高、成本低等优点,在计算机控制系统中得到广泛应用。

## 6.2 数据总线

在数字和电子计算机系统中,将多个功能部件联接起来,并传送数字信息的公共通道称为**总线**。总线上能同时传送二进制信息的位数称为**总线宽度**。

图 6.2-1 是总线示意图。在图 6.2-1 中,当 $A$、$A'$ 的门打开时,信息由 $A$ 传向 $A'$,$A$、$C'$ 的门打开时,信息从 $A$ 传向 $C'$。显然,在某一时刻,只允许在发送端发出一条信息,也就是说在任一时刻,总线上只允许传送一路信息。由此可见,总线实现了将属于不同来源的信息在一组统一的传输线上进行**分时传送**的目的,所以在计算机中采用总线的最大优点在于减少了机器中信息传输线的数目。

图 6.2-1 总线示意图

总线按信息传送的方向可以分为**单向总线**和**双向总线**。单向总线只能向一个方向传送信息,双向总线既可以用来发送数据,也可以用来接收数据。

在现代飞机上,系统与系统之间、系统与组件之间传输的信息越来越多,为了减少飞机上连接导线的数量,减轻整个机体的重量,现代飞机上大量使用了数据总线。机载数据总线技术是现代先进飞机电传操纵系统和航空电子综合化的关键技术之一,航空电子系统的发展对机载数据总线不断提出新的要求,促进了机载数据总线的发展。民用飞机从 20 世纪 70 年代投入研发并使用 ARINC429 数据总线,其后波音公司在 B777 飞机上采用了 ARINC629 总线,空客公司在 A380 飞机上采用了航空电子全双工交换式以太网 AFDX(avionics full duplex switched ethernet)作为机载数据总线,该总线网络协议符合 ARINC664 标准的要求。

随着电子技术、计算机技术、通信技术、计算机网络技术的发展,机载数据总线从 ARINC429 到 ARINC664,其传输速率得到极大提高,总线结构也发生了深刻的变化。从最初 ARINC429 总线的传输速率只有 100kb/s,而发展到了 ARINC629 总线的传输速率达到 2Mb/s,目前 ARINC664 总线的传输速率达到了 100Mb/s,总线传输速率提高了 1000 倍。总线结构也从 ARINC429 的网状形式,发展到了 ARINC629 的总线型,再到 ARINC664 的星型结构,总线结构更趋合理,可靠性进一步提高,设备互连也更加方便。

本节简要介绍几种总线的基本原理。

### 6.2.1　ARINC429 数据总线

为了使航空电子设备的技术指标、电气性能、外形和插接件等规范统一,由美国各航空电子设备制造商、定期航班的航空公司、飞机制造商以及其他一些国家的航空公司联合成立了一个航空无线电公司(Aeronautical Radio Inc.),简称 **ARINC**。

在民用航空领域有许多 ARINC 规范,例如:ARINC573 用于飞行数据记录系统,ARINC600 用于电子设备接口等。ARINC429 是数字信息传输规范(digital information transfer system,DITS),该协议规定了航空电子设备及其有关系统间的数字信息传输要求。ARINC429 总线是目前使用最广泛的数据总线,在 A340、B767、MD11 等大型民航飞机上广泛应用。

**1. 数据传输特性**

ARINC429 规范规定了通过一对双绞屏蔽线(一股红色,一股蓝色,屏蔽层接地)从一个端口向其他系统或设备以**串行方式**传输数字数据信息的方法。规范规定,在一对传输线上,不允许双向传输数据信息,且一个 ARINC429 发送器可以连接多达 20 个数据接收器。

图 6.2-2 是以数字大气数据计算机(digital air data computer,DADC)做数据源的例子,给出典型的 ARINC429 总线系统。图 6.2-2 中的发送端(发送装置)记作 TX,接收端(接收装置)记作 RX。3 个接收系统是:飞行管理计算机(FMC)、高度表(ALT)和马赫/空速指示器(M/ASI)。

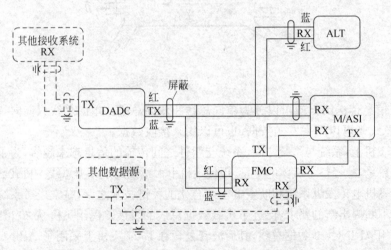

图 6.2-2　数字大气数据计算机做数据源

图 6.2-2 中的实线部分表示 DADC 可以在一条总线上向 3 个不同的接收系统提供数字信息。DADC 的另一个发送端也可以同时向其他接收系统输出其他信息,如左上角的虚线所示。另外,如果一个系统(譬如 FMC)需要来自更多的数据源的输入数据,这个系统必须有第二个接收端连接到其他数据源的发送部分,如下方虚线所示。每一条总线传输数字数据都是单向性的,两个系统之间若有双向数据传输,则必须由两条总线完成。如图中 FMC 与 M/ASI 之间的总线,由 FMC 传向 M/ASI 需要一条专用线;由 M/ASI 传向 FMC,需要另设一条专用线。这里的"一条"指的是双绞屏蔽线。

ARINC429 数据总线所传输的数据采用二-十进制（**BCD**）编码或二进制（**BNR**）编码；字母和数字数据（**AIM**）是根据 ISO-5 字母编码发送的。

ARINC429 总线的发送速度有两种：一种是高速发送：100kb/s；一种是低速发送：12～14.5kb/s。在同一总线上不得有两种速度混用。

1 个数据字包含 32 位，以双极回零脉冲调制脉冲形式发送。所谓双极回零脉冲调制就是指发送出去的脉冲串有 3 个电平，其参数为：

(1) 高电平 Hi，其典型值为+10V，范围值为+6～+13V，表示数据的逻辑"1"。

(2) 中电平 NULL，典型值为 0V，范围值为-0.5～+0.5V，表示自身时钟，维持自身的同步。

(3) 低电平 Lo，典型值为-10V，范围值为-6.5～-13V，表示数据的逻辑"0"。

双极归零脉冲如图 6.2-3 所示。字与字之间以一定间隔(占 4 位中电平 0V)分开，这个间隔还作为字同步。

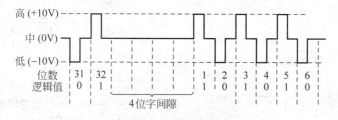

图 6.2-3 双极回零脉冲

串行多路数字数据的传输特性主要有 3 个：数据、时钟及字同步。

(1) 数据：数据是传输的实际信息，每一位前一半为高电平(+10V)时，表示该位逻辑值为 1；为低电平(-10 伏)时，表示该位逻辑值为 0。

(2) 时钟：时钟的功能是建立一个接收器工作的时间基准。定时是由每一位开始的脉冲和每一位中间的脉冲的跃变来完成的。每一位的前一半包含数据，后一半是同步脉冲，此时电位回到 0V(即中间值)，它用来维持自身的同步。

(3) 字同步：字同步就是按时建立一个固定点，以便识别传输过程的开始和结束。字与字之间有 4 位间隔时间，这 4 位都为中间值，数据字就是以这个间隔来同步的。跟在这一间隔时间后面所发送的第 1 位，就表示另一个新的数据字的开始。

ARINC429 发送框图如图 6.2-4 所示。在数据传输系统中，输入信号由编码器编成 BCD、BNR 或 AIM(确认字符)字格式。编码器将这些数字数据送到多路转换器，使其组合成串行发送序列脉冲，然后再将这些脉冲送到多路转换器至输出装置。输出装置将 32 位数字数据以双极回零脉冲的形式发送出去。数据源经单根双绞屏蔽线连接到数据使用系统，屏蔽线的两端就近接地，以减小干扰。

图 6.2-5 是一个数据接收方框图。接收器输入端接收到发送来的信息后，将标志码译出，为信号选择合适的移位寄存器，接收器的输入端同时还监视着第 32 位奇偶校验位，以证实传输的有效性。

连接到每一数字数据总线上的接收器不可超过 20 台，每台接收器都装有隔离装置，以确保各种故障不会串到其他数据上去。

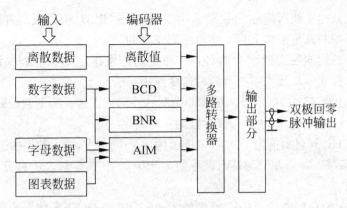

图 6.2-4 ARINC429 数据发送框图

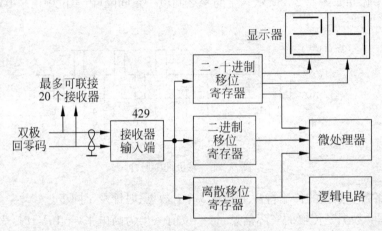

图 6.2-5 ARINC429 数据接收框图

## 2. BCD 字格式

从系统来的模拟信号被编成 BCD 数据字发送出去，接收器再将一些数字字符和离散信号送到使用系统。利用 BCD 格式进行传输的数据有：偏流角、真空速、全温和测距机测出的距离等。

1 个 BCD 格式的数据字包含 32 位，分为 5 段，各位的含义如表 6.2-1 所示。

表 6.2-1　BCD 字格式

| PAR | SSM | | 第1字符 | | | 第2字符 | | | | 第3字符 | | | | 第4字符 | | | | 第5字符 | | | | SDI | | LABEL | | | | | | | |
|---|---|---|---|---|---|---|---|---|---|---|---|---|---|---|---|---|---|---|---|---|---|---|---|---|---|---|---|---|---|---|---|
| | | | 4 | 2 | 1 | 8 | 4 | 2 | 1 | 8 | 4 | 2 | 1 | 8 | 4 | 2 | 1 | 8 | 4 | 2 | 1 | | | 1 | 2 | 4 | 1 | 2 | 4 | 1 | 2 |
| 1 | 0 | 0 | 0 | 0 | 0 | 0 | 0 | 1 | 0 | 0 | 0 | 1 | 0 | 0 | 0 | 1 | 1 | 0 | 1 | 0 | 1 | 0 | 0 | 1 | 0 | 0 | 0 | 0 | 0 | 0 | 1 |
| 32 | 31 | 30 | 29 | 28 | 27 | 26 | 25 | 24 | 23 | 22 | 21 | 20 | 19 | 18 | 17 | 16 | 15 | 14 | 13 | 12 | 11 | 10 | 9 | 8 | 7 | 6 | 5 | 4 | 3 | 2 | 1 |

(1) 标志码(Label)，第 1~8 位；

(2) 源/目的地识别码(SDI)，第 9~10 位；

(3) 数据区(Data)，第 11~29 位；

(4) 符号状态码(SSM)，第 30~31 位；

(5) 奇偶校验位(Parity)，第 32 位。

1) 标志码(Label)

ARINC429 数字信息传输规范给传输的每个参数都规定了特定的标志码。标志码有 8 位,分成 3 段,如图 2.2-6(a)所示。它是八进制数,通过这 8 位便能识别一个 BCD 码中所包含的信息内容,并能判明这个字是作为离散数据,维护数据,还是作为 AIM 数据。标志码是唯一的,且**其位的顺序与字符顺序相反**,如图 6.2-6(b)所示。其标志码是 201。

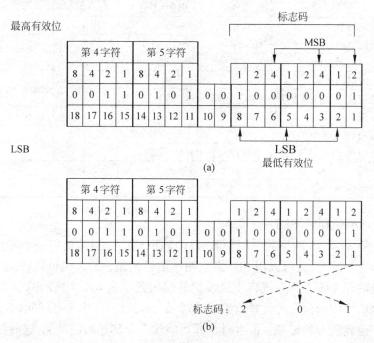

图 6.2-6  BCD 字格式标志码

下面给出标志码的实例。

由 ARINC429 规定的八进制标志码最多为 256 个,而且每个参数都是用二进制码传输的。表 6.2-2 中的标志码 201 用于识别按 BCD 字格式编码的 DME(测距机距离)的参数数据。由表 6.2-2 还可以看出,2 位二进制数的取值是:0~3,3 位二进制数的取值是:0~7。所以标志码不会大于 377。

表 6.2-2  标志码举例

| 标志码(八进制) | | | 按发送顺序排列的二进制位 | | | | | | | | 参数 | 数据格式 | |
|---|---|---|---|---|---|---|---|---|---|---|---|---|---|
| | | | 1 | 2 | 3 | 4 | 5 | 6 | 7 | 8 | | BNR | BCD |
| 0 | 0 | 0 | 0 | 0 | 0 | 0 | 0 | 0 | 0 | 0 | 不用 | | |
| 0 | 0 | 1 | 0 | 0 | 0 | 0 | 0 | 0 | 0 | 1 | 待飞距离 | | × |
| 1 | 7 | 7 | 0 | 1 | 1 | 1 | 1 | 1 | 1 | 1 | 经济飞行高度 | × | |
| 2 | 0 | 0 | 1 | 0 | 0 | 0 | 0 | 0 | 0 | 0 | 偏流角 | | × |
| 2 | 0 | 1 | 1 | 0 | 0 | 0 | 0 | 0 | 0 | 1 | DME 距离 | | × |
| : | : | : | : | : | : | : | : | : | : | : | : | : | : |
| 3 | 7 | 5 | 1 | 1 | 1 | 1 | 1 | 1 | 0 | 1 | 沿航向加速 | × | |
| 3 | 7 | 6 | 1 | 1 | 1 | 1 | 1 | 1 | 1 | 0 | 交叉航向加速 | × | |
| 3 | 7 | 7 | 1 | 1 | 1 | 1 | 1 | 1 | 1 | 1 | 设备识别 | | × |

表 6.2-3 示出了 ARINC429 数字信息传输系统传输的各项信息的单位、范围、有效位数和填充位数目、分辨率等。例如，从表中可以看出，标志码 201 是 DME 距离，测量单位为海里，范围从 $-1 \sim +399.99$，有 5 个有效数位，分辨率为 0.001 等。

表 6.2-3　BCD 字格式的数据值表

| 标志码 | 参数名称 | 单位 | 范围(刻度) | 有效数位 | 正向感觉 | 分辨率 |
| --- | --- | --- | --- | --- | --- | --- |
| 066 | 纵向重心 | %MAC | 0～100.00 | 5 | | 0.01 |
| 067 | 横向重心 | %MAC | 0～100.00 | 5 | | 0.01 |
| 125 | 格林尼治时间 | 小时：分 | 0～23.59.9 | 5 | | 0.1 |
| 165 | 无线电高度表 | 英尺 | ±799.9 | 5 | | 0.1 |
| 170 | 选定决断高度(EFI) | 英尺 | 0～2500 | 4 | | 1.0 |
| 200 | 偏流 | 度 | ±180 | 4 | | 0.1 |
| 201 | 测距机距离 | 海里 | $-1 \sim 399.99$ | 5 | | 0.01 |
| 230 | 真空速 | 海里/小时 | 100～599 | 3 | | 1.0 |
| 231 | 全温 | ℃ | $-060 \sim +099$ | 3 | | 1.0 |
| 232 | 升降速率 | 英尺/分 | ±20.000 | 4 | 向上 | 10.0 |

2) 源/目的地识别码(SDI)

数据字的第 9、第 10 两位数字用于源/目的地识别码。当需要将一些专用字输送到一个多系统的特定系统时，就可以用 SDI 来判明字的目的地。SDI 也可以根据字的内容来判明一个多系统的源系统。源系统将飞机装置的编码置于表 6.2-4 所示的第 9、10 位中。数据接收器将判明字内所包含的装置的编码(1,2 或 3)，编码 00 为全部呼叫码(ALL CALL)，它表示将该字送到所有的装置。但有时 SDI 可能没有全部呼叫的功能，这时编码 00 也可当作一个 4 号装置识别码。

表 6.2-4　源/目的地识别码(SDI)

| 位数 | | 装置号 |
| --- | --- | --- |
| 10 | 9 | |
| 0 | 0 | 全部呼叫 |
| 0 | 1 | 1 |
| 1 | 0 | 2 |
| 1 | 1 | 3 |

3) 数据区(Data)

数据区的作用是将数据进行编码，以便于传输。数据区由 BCD 字格式第 11 位到第 29 位(离散功能)组成。数据区被划分为 5 个组，每个组代表 1 个字符。在这些字符中，最低有效字符(LSC)是第 5 个字符，而最高有效字符(MSC)是第 1 个字符。每个字符有 4 位。数据字的最低有效位和最高有效位分别是第 11 位和第 29 位等。如果 1 个字内需要传输的数据少于整个数据区，则要用二进制零或有效数据填充位(pad bits)来填充未用的位。这些未用的位可用作离散功能，每个功能 1 位。第 11 位规定为第 1 个离散功能位，如表 6.2-5 所示。

在表 6.2-5 中，其数据区表示的数据是 02235，由标志码可知，这个参数是 DME 距离。

小数点的位置由各参数要求的分辨率决定。在表 6.2-5 中可以查出 DME 的分辨率为 0.01，所以该数据表示的是 22.35 海里。

表 6.2-5　BCD 字格式的数据区和数值计算

| PAR | SSM | | DATA | | | | | | | | | | | | | | | SDI | | LABEL | | | | | | | |
|---|---|---|---|---|---|---|---|---|---|---|---|---|---|---|---|---|---|---|---|---|---|---|---|---|---|---|---|
| | | | 第1字符 | | | 第2字符 | | | | 第3字符 | | | | 第4字符 | | | | 第5字符 | | | | | | | | | |
| | | | 4 | 2 | 1 | 8 | 4 | 2 | 1 | 8 | 4 | 2 | 1 | 8 | 4 | 2 | 1 | 8 | 4 | 2 | 1 | | | 1 | 2 | 4 | 1 | 2 | 4 | 1 | 2 |
| 1 | 0 | 0 | 0 | 0 | 0 | 0 | 0 | 1 | 0 | 0 | 0 | 1 | 0 | 0 | 0 | 1 | 1 | 0 | 1 | 0 | 1 | 0 | 0 | 1 | 0 | 0 | 0 | 0 | 0 | 0 | 1 |
| 32 | 31 | 30 | 29 | 28 | 27 | 26 | 25 | 24 | 23 | 22 | 21 | 20 | 19 | 18 | 17 | 16 | 15 | 14 | 13 | 12 | 11 | 10 | 9 | 8 | 7 | 6 | 5 | 4 | 3 | 2 | 1 |

DME 距离是：2235×0.01 = 22.35(海里)

4) 符号状态码(SSM)

BCD 字的特性，如方向、符号、数值等均由 SSM 来识别。SSM 也可表明数据发生器硬件的状态，是无效数据还是试验数据等。BCD 码的第 30 位和第 31 位是 SSM 的状态码。如表 6.2-6 所示，当第 30、31 位为 00 时，则表示正号。但在不需要符号时，第 30、31 位也都是零。

表 6.2-6　BCD 字给格式的符号状态码

| 位数 | | BCD 数据字特性 |
|---|---|---|
| 30 | 31 | |
| 0 | 0 | 正、北、东、右、向台、上 |
| 0 | 1 | 无计算数据 |
| 1 | 0 | 功能试验 |
| 1 | 1 | 负、南、西、左、背台、下 |

如果源系统不能向一个功能正常的系统提供可靠信息，则认为发送的是无效数据。无效数据有两种，一种是无计算数据(NCD)，另一种是失效警告。

因其他系统故障而使源系统不能计算可靠数据的，称为无计算数据。这时，SSM 为 01，源系统通知输出无效。在这种情况下，系统的指示器上是否出现故障旗，则视需要而定。

当系统的监视器检测到一个或几个故障时，称为"故障警告"。这时，源系统便中止向数据总线提供有效数据，并通知其输出无效。

当 SSM 为 10 时，则表示源系统在进行功能试验，数据或者由功能试验产生，或者由指令给出。

5) 奇偶校验位

ARINC429 数字信息传输系统奇偶校验位逻辑值提供的是奇数奇偶校验。数据发送器根据当前 1~31 位的逻辑"1"来决定第 32 位的逻辑值；使整个 32 位的逻辑"1"的个数始终是奇数。经过传输后，接收系统再求一次每个字的逻辑"1"的个数，如果仍是奇数，则可认为传输有效，否则便认为无效。在表 6.2-7 中，第 1、8、11、13、15、16、20、24 位的逻辑值为"1"，共有 8 个是偶数，所以第 32 位必须是"1"。这样，总的逻辑"1"的个数为 9(奇数)，这就表明传输是有效的。

表 6.2-7 奇偶校验位

| PAR | SSM | | DATA | | | | | | | | | | | | | | | SDI | | LABEL | | | | | |
|---|---|---|---|---|---|---|---|---|---|---|---|---|---|---|---|---|---|---|---|---|---|---|---|---|---|---|
| | | | 第1字符 | | | 第2字符 | | | 第3字符 | | | 第4字符 | | | 第5字符 | | | | | | | | | | | |
| | | | 4 | 2 | 1 | 8 | 4 | 2 | 1 | 8 | 4 | 2 | 1 | 8 | 4 | 2 | 1 | 8 | 4 | 2 | 1 | | | 1 | 2 | 4 | 1 | 2 | 4 | 1 | 2 |
| 1 | 0 | 0 | 0 | 0 | 0 | 0 | 0 | 1 | 0 | 0 | 0 | 1 | 0 | 0 | 0 | 1 | 1 | 0 | 1 | 0 | 1 | 0 | 0 | 1 | 0 | 0 | 0 | 0 | 0 | 0 | 1 |
| 32 | 31 | 30 | 29 | 28 | 27 | 26 | 25 | 24 | 23 | 22 | 21 | 20 | 19 | 18 | 17 | 16 | 15 | 14 | 13 | 12 | 11 | 10 | 9 | 8 | 7 | 6 | 5 | 4 | 3 | 2 | 1 |
| | | | 1 | | | | | | | | + | | | | | | | | 8 | | | | | = | | | | 9(奇数) | | | |

### 3. BNR 字格式

在 ARINC429 数字信息传输系统中传输的数据,除了用 BCD 字格式进行编码外,也用二进制 BNR 字格式进行编码。所谓 BNR 字格式,就是二进制补码数。BNR 字格式提供了一个比较宽的数值和角度表示范围。利用 BNR 字格式进行传输的数据有:重量、选定航道、航向、高度和燃油量等。与 BCD 字格式一样,BNR 字格式也有 32 位,其结构按功能亦分为:标志码、源/目的地识别码、数据区、符号状态码和奇偶校验位。BNR 字格式的主要特点是,数据区的最高有效位表示最大值的一半,这个最大值就是 ARINC429 对每个具体参数规定的范围。

最高有效位后面的位表示一个二进制分数串的增量。负数也像正数一样在数据区内编码,其负号则在 SSM 状态码中显示出来。所以,BNR 制称作定值二分制,其结构见表 6.2-8。

表 6.2-8 BNR 字格式

| PAR | SSM | | | DATA | | | | | | | | | | | | | | | | SDI | | LABEL | | | | | |
|---|---|---|---|---|---|---|---|---|---|---|---|---|---|---|---|---|---|---|---|---|---|---|---|---|---|---|---|
| | | | | | | | | | | | | | | | | | | | | | | 1 | 2 | 4 | 1 | 2 | 4 | 1 | 2 |
| 1 | 1 | 1 | 0 | 0 | 0 | 1 | 0 | 0 | 0 | 1 | 0 | 0 | 0 | 0 | 0 | 0 | 0 | 0 | 0 | 0 | 0 | 0 | 0 | 1 | 1 | 0 | 1 | 1 | 1 |
| | | | | 数据区各位的逻辑值 | | | | | | | | | | | | | | | | | 填充位 | | | | | | | |
| | | | | $\frac{1}{2}$ | $\frac{1}{4}$ | $\frac{1}{8}$ | $\frac{1}{16}$ | $\frac{1}{32}$ | $\frac{1}{64}$ | $\frac{1}{128}$ | ... | | | | | | | | | | | | | | | | |
| 32 | 31 | 30 | 29 | 28 | 27 | 26 | 25 | 24 | 23 | 22 | 21 | 20 | 19 | 18 | 17 | 16 | 15 | 14 | 13 | 12 | 11 | 10 | 9 | 8 | 7 | 6 | 5 | 4 | 3 | 2 | 1 |

BNR 字格式的标志码、源/目的地识别码和奇偶校验位与 BCD 字格式完全相同,只是其标志码的范围是 070～376。所以,这里只介绍 BNR 字格式的数据区和符号状态码。

1) BNR 字的数据区

BNR 字的数据区由第 11 到第 28 位组成。最低有效位(LSB)和最高有效位(MSB)分别为第 11 位和第 28 位。如果传输的信息少于整个数据区,则用二进制零或有效数据填入填充位。在表 6.2-8 的例子中,从第 28 位开始,数据区使用了 15 个有效位,第 14 位为最低有效位,第 11,12,13 位称为填充位。数据区的位数只影响数据的分辨率,而不影响其范围。填充位的多少根据传输数据的长短而定。

BNR 字格式数据区的应用实例见表 6.2-8。表中,标志码 366 代表南北速度参数。ARINC429 规定的南北速度的最大值为 4096 海里/小时,所以,该 BNR 字的最高有效位(即第 28 位)就表示 4096 的一半,即 2048;第 27 位为 4096 的 1/4,其余位以此类推。

在这个例子中,第 26 位和第 22 位的逻辑值为 1,所以该南北速度为

$$\frac{1}{8} \times 4096 + \frac{1}{128} \times 4096 = 544(海里/小时)$$

## 2) 符号状态码(SSM)

BNR字格式的符号状态码由两部分组成。第一部分是第29位,它表明字的性质,如方向、正负等。如表6.2-9(a)所示,另外,在不需要符号时,第29位也是0。符号状态码的第二部分是第30位和第31位,它表明数据发送器硬件的状态,如表6.2-9(b)所示。当编码为11时,表示该硬件工作正常。

表6.2-9 BNR字的符号状态码

| 位数 | BNR 数据特性 |
|---|---|
| 29 | |
| 0 | 正、北、东、右、向台、上 |
| 1 | 负、南、西、左、背台、下 |
| (a) | |

| 位数 | | BNR 数据特性 |
|---|---|---|
| 31 | 30 | |
| 0 | 0 | 故障警告 |
| 0 | 1 | 无计算数据(NCD) |
| 1 | 0 | 功能测试 |
| 1 | 1 | 正常工作 |
| | | (b) |

当第30位为0,第31位为1时,表示源系统在进行功能校验,这时所发送的数据也是由功能校验提供的。如果在功能校验期间探测到系统有故障,那么SSM编码就变为00(故障警告)。如果计算数据不可靠不是由系统故障造成的,则SSM编码变为01,表示无计算数据(NCD)。当系统监视器探测到一个或几个故障时,SSM编码也为00(故障警告),从而表明输出的BNR字无效。这时,系统指示器上出现故障旗。

ARINC429总线传输系统具有结构简单、完善和易于认证等特点,广泛应用于数据带宽要求不太严苛的场合,如在目前的主流民航运输机中,主要使用这种总线。

### 6.2.2 ARINC629 数据总线

ARINC629总线是在ARINC429的基础上发展而来的,主要用在传输大量数据或者在单根总线上连接有许多数据源和接收设备的场合。ARINC429和ARINC629并不直接兼容,但依然可以根据设备配置情况和经济状况用在同一架飞机上。

**1. ARINC629 数字总线结构**

ARINC629数字总线结构如图6.2-7所示。ARINC629数字传输系统由ARINC629终端(LRU)、总线电缆、连接电缆、电流模式耦合器(CMC)、终端阻抗等组成。每个LRU都包括终端控制器(TC)、串行接口模块(SIM)和有关硬件。

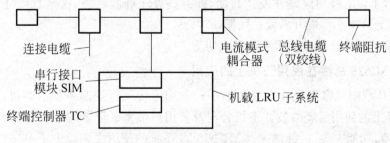

图6.2-7 ARINC629系统结构

传输介质采用双绞线或光缆,其上最多可以联接 120 个终端。B777 上使用的 11 条 ARINC629 总线中,有 9 条是不屏蔽的,有 2 条最长的总线是屏蔽的,以便减少电磁波的辐射。1 条总线的长度可达 300ft(100m),最长的总线大约为 180ft,终端阻抗为 130Ω,以防止反射。

连接电缆由 4 根导线组成。它们将模拟电压信息从串行接口模块 SIM 传送到电流模式耦合器(CMC),或从 CMC 反馈到 SIM。

终端控制器(TC)从一个标有地址的 LRU 内存空间中提取并行数据,并通过终端控制器(TC)传送出去。TC 决定什么时候发送数据,并将数据附上标记,把数据转换成串行数据后发送到串行接口模块(SIM)。终端控制器(TC)包括可决定终端何时发送数据的总线协议存取逻辑。采用 3 个内部协调定时器来确保总线存取有序地进行。

串行接口模块(SIM)与电流型耦合器(CMC)一起作为总线电缆与 LRU 终端控制器之间的接口。在发送方式中,SIM 将终端控制器发送的信号变为模拟电压信号,并通过连接电缆中的发送线将信号送到电流型耦合器,电流型耦合器将此电压转为电流并耦合到总线上。在接收方式中,电流型耦合器感应总线上的电流信号,并将电流信号变为电压送给 SIM,SIM 将收到的电压信号转为跃变信号,然后送到终端控制器。SIM 负责监视自己发送信号的质量、检查电流型耦合器发送到总线上的信号、还监视所接收的来自其他 LRU 的信号质量,将结果送终端控制器。

**2. ARINC629 数据传输特征**

ARINC629 系统是双向传输,联接于总线上的所有终端都可以向总线发送或接收数据。为了解决总线传输争用的问题,要求在同一时刻只能有一个终端在传输数据。因此就需要对总线传输进行管理。

ARINC629 系统采用的是自主式总线控制,即总线的占用控制由联接在总线上的各个终端来完成。各个终端将独立地决定传输的顺序。在同一时刻只有一个终端允许发送数据。发送数据后,该终端必须等待所有其他的终端都给定了传送的机会之后才能再次发送数据。

自主式总线控制具有如下的功能:

(1) 任一终端可向总线发送或从总线接收数据;
(2) 每一终端将获得一个指定的时间段,在该时间段内它可向总线发送数据;
(3) 某个终端发送数据的出现将抑制其他终端数据的发送;
(4) 总线上没有任何终端在发送数据,即总线处于静寂状态,这是总线处于空闲的信号,这时可以允许某个终端开始发送数据;
(5) 具有冲突避让载波侦听多路存取功能。

**3. ARINC629 总线在民用飞机上的应用**

B777 宽体双喷气客机是波音公司第一种采用电传飞行控制系统的客机,ARINC629 系统在 B777 上的使用已经给波音飞机公司及其用户带来了显著的经济效益。ARINC629 系统结构紧凑,功能完善,拆卸便捷。ARINC629 系统的使用大大减少了 B777 飞机上导线的连接数量,由原来 B767 飞机上的 4860 个接点减少至 1580 个;导线束由原来 B767 飞机上的 600 札减少至 400 札;所需导线的总长度由原来 B767 上的 115km 减少至 48km;导线重量由 B767 上的 1180kg 减少至 658kg。从而有效减轻了整个机体的重量。

图 6.2-8 为 B777 飞机电传飞行控制系统示意图。驾驶舱操纵机构的运动激励舵机控制电子装置(ACE),ACE 将信号数字化,并通过 ARINC629 总线传到主飞行控制计算机系统(PFCS);PFCS 不仅接受驾驶员的指令,还接收来自大气数据和惯性传感器的飞机运动信号,计算舵面的偏转;其输出信号再经过数据总线送回到 ACE,由它把控制指令送到各操纵舵面,并为驾驶杆馈送"返回驱动"指令。

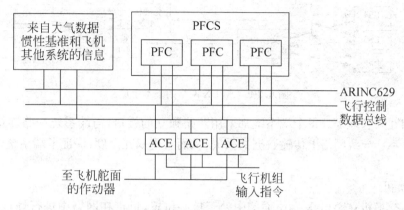

图 6.2-8 B777 飞机电传飞行控制系统示意图

## 6.2.3 AFDX 网络

随着飞行关键项目和乘客娱乐等复杂航空电子系统的不断增加,飞机上需要采用带宽更宽的数据总线。传统的航空数据总线如 ARINC429 等的传输带宽只有 100kHz,远远不能满足要求,而 ARINC629 数据总线因价格昂贵,使飞机制造商难以接受。因此迫切需要以最小的代价和成本进行快速开发。为此,波音和空客公司通过已经实现商业用途的以太网技术来建立下一代航空数据总线,这项研究促使航空电子全双工通信以太网(AFDX)交换机诞生。AFDX 是基于 IEEE802.3 以太网通信技术实现的,同时增加了特殊的功能来保证带宽和服务质量。它以交换式网络取代了传统的分立式电缆连接或共享介质的总线,克服了后者的布线复杂、维护改型困难等缺点,率先在大中型飞机领域使用。该技术的使用使互连的规模、信息带宽、综合化程度、可扩展性以及冗余配置的灵活性等方面上升到航空电子综合化的层次。航空无线电通信公司 ARINC 开发了基于以太网技术的 ARINC664 规范,该规范的第 7 部分为"航空电子全双工交换式以太网 AFDX"。目前,AFDX 已经应用于大型客机 A380、B787 以及 A400M 军用运输机等先进飞机上。

**1. AFDX 网络的组成**

AFDX 网络的 3 个主要组成部件是端系统(end-system,ES)、交换机(switch)以及虚拟链接(virtual link,VL),如图 6.2-9 所示。

1) 端系统

端系统是航空电子子系统用于接入网络的接口设备,是构成 AFDX 网络的重要网络元件,它嵌入在每个航空电子子系统中,将子系统与 AFDX 网络连接起来,负责信息的发送和接收。AFDX 的"确定性网络"的特性主要由端系统实现,这些特性主要包括流量整形、完

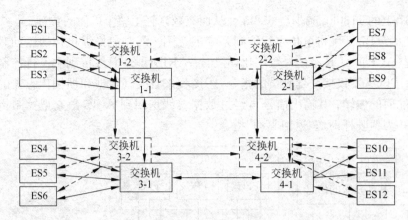

图 6.2-9　AFDX 网络的基本组成

整性检测和冗余管理等。每个端系统都采用两路独立的接口,与端系统一路连接的链路或交换机故障不会导致网络上传输数据的丢失,从而实现双冗余度,保证了端系统之间可靠的数据通信。

2) 交换机

AFDX 交换机在 AFDX 网络通信中处于核心位置,负责在网络中进行帧过滤、流量管理以及根据目的地址进行数据转发。与典型的商用以太网比较,AFDX 交换机采用确定性配置信息加载模式,更注重于保障网络的可靠性和确定性。交换机的基本功能是数据帧的接收和转发。

3) 虚拟链接

AFDX 网络的核心是虚拟链接,终端系统的 100Mb/s 带宽连接可以支持多个虚拟链接。这些虚拟链接分享这 100Mb/s 的物理连接,对于每个虚拟链接建立了一个从源终端系统到多个目标终端系统的无方向的逻辑部分。每个虚拟链接允许有专用的带宽。带宽的大小是由完整系统来定义的,虚拟链接的带宽一旦分配,带宽就保留给该链接。

**2. AFDX 的基本工作原理**

AFDX 网络从系统上电开始运行,初始化完成后,会给网络中的交换机和端系统加载通信使用的确定的配置信息。当应用程序发送消息到通信端口时,由于每一个通信端口对应唯一的一条虚拟链路,而虚拟链路所对应的源端系统、目的端系统是事先通过配置信息预设好的,所以该消息可以通过端口对应的虚拟链路传递到正确的端系统的接收端口。

如图 6.2-10 所示,航空电子系统需要发送消息 Message,首先将消息发送到端系统 1 的端口 1 上,端系统 1 处理该消息,并将消息打包成以太网帧,该帧通过 VLID 为 100 的虚拟链路发送到 AFDX 网络交换机中。交换机端口接收到帧后查询初始化时加载的配置信息,查得端口和虚拟链路的转发对应关系,按照配置信息中制定的虚拟链路对应的转发端口将该帧转发至输出端口,VLID 为 100 的虚拟链路将帧转发到端系统 2 和端系统 3。端系统链路上接收到帧后,解析帧的头部信息,查找加载的配置信息中的接收端口信息,查找到接收端口后将数据提交给上层的应用程序。

**3. AFDX 网络的特点**

AFDX 网络的主要特点包括以下几个方面:

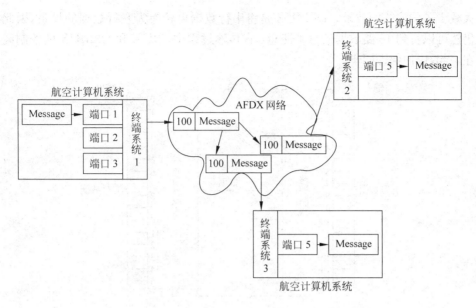

图 6.2-10　航空电子系统消息传输流程

（1）基于普通以太网：全双工，物理连接介质为双绞线，发送和接收独立；

（2）全交换式网络：交换机提供无阻数据交换，保证点到点传输带宽；

（3）可配置网络：不同终端节点的通信参数是预先配置的；

（4）确定性的传输：网络通过建立虚拟链路和带宽分配保证点到点的数据通信延时可确定性；

（5）高可靠性：采用双交换机提供可靠的数据链路；

（6）传输速率：网络支持 10Mb/s 和 100Mb/s 两种传输速率，通常使用的传输速率为 100Mb/s。

AFDX 以太网的高速性能能满足复杂航空电子系统的各种需求，并因其商业化的元件而具有很强的竞争力。因此，以太网由于其价格方面的优势，必将在军用飞机和民用运输机上获得广泛应用。

## 6.3　多路技术

### 6.3.1　多路调制器与多路分配器的基本概念

在数字系统中，大多数数据直接通过电缆传送。在很多情况下，需要将数据从一处传输到较远距离的另一处。如果要求所有的数据都以并行的方式同时传输，则需要多根电缆，这样既增加了重量，又浪费了材料。因此，在传输多路数据时，常采用单线以串行方式发送，在接收端再将其转换成并行数据。我们把发送串行数据的设备称为**多路调制器（MUX）**，把接收串行数据的设备称为**多路分配器（DEMUX）**。

MUX 和 DEMUX 的基本思想如图 6.3-1 所示。实际上，MUX 是将并行数据转换为串行数据的设备，而串行数据可以通过单线传输。由图可见，16 路数据可以采用单线传输，因而大大减少了传输线的数量。DEMUX 是将串行数据再转换为并行数据的设备,因此在输出端仍然可以得到 16 路数据信号。注意:在传输过程中,MUX 和 DEMUX 的控制线必须联接在一起,以便保证同步。

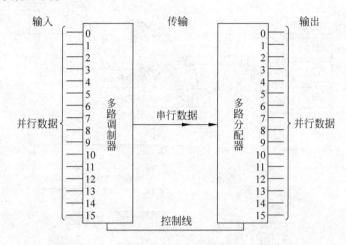

图 6.3-1  利用 MUX 和 DEMUX 传输并行数据

图 6.3-1 所示的系统按下列方式工作。MUX 首先将 0 号输入端的数据联接到串行传输线上,并将该数据传输到 DEMUX,在 DEMUX 的 0 号输出端输出。接下来,在 1 号输入端和 1 号输出端之间完成数据传输,依此类推。以这种方式就可以将 16 路数据通过一条串行传输线完成传输。需要特别注意的是:在某一时刻,只能传输一路数据。

MUX 和 DEMUX 的工作很像一个单极多位旋转开关,如图 6.3-2 所示。开关 1 代表 MUX,开关 2 代表 DEMUX。在上述机械开关图中,开关 1 有 6 个数据输入端,开关 2 有 6 个数据输出端。如果两个开关的单极触点**高速同步旋转**,那么就可以将 6 路数据通过单线传输到输出端,并以并行方式输出。当然,机械开关的工作只能形象地比喻 MUX 和 DEMUX 的工作,它与数字 MUX 和 DEMUX 的工作存在着本质的区别。机械开关允许数据双向传输,而由逻辑门组成的数字 MUX 和 DEMUX 只允许数据从输入端到输出端进行单向传输。

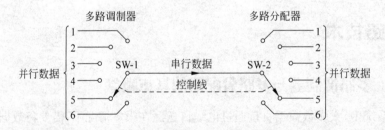

图 6.3-2  用单极多位旋转开关表示 MUX 和 DEMUX

在数字电路中,单极多位旋转开关的功能由逻辑电路实现。另外,多路调制器 MUX 也称为**数据选择器**,多路分配器 DEMUX 又称为**数据分配器**,可以用带有使能端的二进制译码器实现。数据选择器和数据分配器都属于组合逻辑电路,目前已经集成化,使用起来非常方便。

### 6.3.2 多路调制器

如上所述,多路调制器又称为数据选择器,其功能是把多路数据中的一路数据传送到公共数据线上,从而实现数据的选择。

图 6.3-3 所示是用基本逻辑门电路构成的 2 选 1 数据选择器电路和逻辑符号,该符号常用在大规模集成电路中。2 选 1 数据选择器的选择端 $S$ 决定输出 $Y$ 等于 $D_0$ 还是 $D_1$。数据选择器的逻辑功能表如表 6.3-1 所示,其输出的逻辑表达式为

$$Y = \overline{S}D_0 + SD_1$$

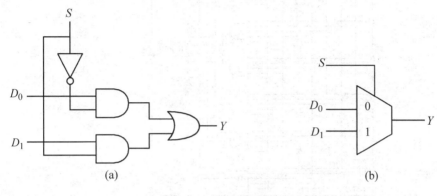

图 6.3-3　2 选 1 数据选择器
(a) 逻辑电路；(b) 逻辑符号

表 6.3-1　2 选 1 数据选择器功能表

| 选择端 | 输出 |
| --- | --- |
| S | Y |
| 0 | $D_0$ |
| 1 | $D_1$ |

图 6.3-4 示出了一个有 8 个输入端($D_0 \sim D_7$)的多路调制器。由图可知,电路由基本逻辑门电路组成,属于组合逻辑电路。图中的 3 根地址线($A_0 \sim A_2$)用于选择 8 根输入线中的任何一根。例如,当地址线 $A_2$、$A_1$、$A_0$ 分别为 011 时,只有"与门"3 打开,此时输入信号 $D_3$ 能通过"或门"8 输出。同理,当 $A_2$、$A_1$、$A_0$ 分别为 101 时,只有"与门"5 打开,从而输出 $D_5$ 的信号。3 根地址线的状态由处理器控制。可见,由处理器控制的地址线完成的就是单极多位旋转开关的功能。当通过地址线依次选通各数据对应的"与门"时,在输出端就可以得到串行数据。具有这种功能的电路称为 **8 选 1 多路调制器**或**数据选择器**。

常用的数据选择器集成芯片有很多种,74HC153 是一种典型的 8 选 1 集成数据选择器。它有 3 个地址输入端 $S_2$、$S_1$、$S_0$,可以选择 $D_0 \sim D_7$ 共 8 个数据源,有两个互补输出端,同相输出端 $Y$ 和反相输出端 $\overline{Y}$,还有一个使能控制端 $\overline{E}$,其逻辑功能表如表 6.3-2 所示。当 $\overline{E}=0$ 时,数据选择器工作;当 $\overline{E}=1$ 时,数据选择器禁止工作,输出被封锁。

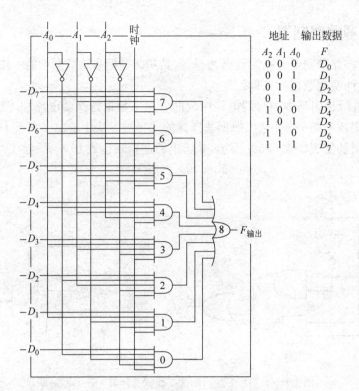

图 6.3-4　8 选 1 数据选择器结构图

表 6.3-2　74HC153 集成芯片的逻辑功能表

| 输入 | | | | 输出 | |
|---|---|---|---|---|---|
| 使能端 | 选择端 | | | Y | $\overline{Y}$ |
| $\overline{E}$ | $S_2$ | $S_1$ | $S_0$ | | |
| 1 | X | X | X | 0 | 1 |
| 0 | 0 | 0 | 0 | $D_0$ | $\overline{D}_0$ |
| 0 | 0 | 0 | 1 | $D_1$ | $\overline{D}_1$ |
| 0 | 0 | 1 | 0 | $D_2$ | $\overline{D}_2$ |
| 0 | 0 | 1 | 1 | $D_3$ | $\overline{D}_3$ |
| 0 | 1 | 0 | 0 | $D_4$ | $\overline{D}_4$ |
| 0 | 1 | 0 | 1 | $D_5$ | $\overline{D}_5$ |
| 0 | 1 | 1 | 0 | $D_6$ | $\overline{D}_6$ |
| 0 | 1 | 1 | 1 | $D_7$ | $\overline{D}_7$ |

表中的 X 代表任意值。

在飞机上,除了模拟信号和数字信号之外,还有离散信号,如开路/接地信号或开路/28VDC 信号等。这些离散信息用于将开关位置信号提供给计算机,由微处理器将其转换成二进制数字数据,然后同数字信号一起进行多路传送。多路调制器或数据选择器就是处理上述信号的设备,在飞机系统中应用广泛。

### 6.3.3 多路分配器

多路分配器是将公共数据线上的数据根据需要送到不同的通道上去,从而实现数据的分配功能。其作用相当于有多个输出的单刀多掷开关,其功能示意图如图 6.3-2 所示。

多路分配器可以用带有使能端的二进制译码器实现。如用 3-8 译码器可以把 1 个数据信号分配到 8 个不同的通道上去。

图 6.3-5 是一个典型的 8 位多路分配器,图中的地址线作为输入的串行数据选择门,它决定串行数据从哪个输出端输出。实际上,它完成的就是单极多位旋转开关的功能。如 $A_2$、$A_1$、$A_0$ 分别为 100 时,只有"与门"4 能打开。同时,地址线的定时应由该输入串行数据来同步,以保证将串行数据位送到正确的输出端上。

使用这个电路的另一个方法是一直将串行数据输入线 $S$ 端置于高电平,这样,输出实际上就表示了地址线的二进制译码数值。在这种情况下,串行数据输入线起一个起动的作用。实际上这就是译码器,这种有 3 根地址线和 8 根输出线组成的电路称为 **3 线到 8 线译码器**。

常用的 CMOS 多路分配集成芯片有 74HC138(1 分 8)、74HC154(1 分 16)等。

数据分配器的用途很多,在计算机系统中,可以用数据分配器把一台计算机与多台外部设备相连接,将计算机的数据分送到不同的外部设备中。它还可以与计数器结合组成脉冲分配器,用它与数据选择器连接组成分时数据传送系统。

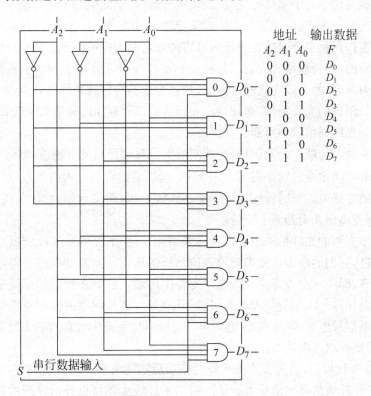

图 6.3-5  3/8 位多路分配器

## 6.4 光纤技术

### 6.4.1 光纤传输的基本概念

**1. 概述**

光通信就是利用光波载送信息而达到传输信号的目的。从广义的概念上说,凡是使用光作为通信手段的都可以称为光通信,如古代的烽火台、现在用以指挥交通的红绿灯等。但大量的实践证明,大气传输光通信有许多严重的缺点,如气候对通信的影响非常严重,大气的密度或折射率也因气温不均匀而变化,这样容易使光线发生漂移和抖动,使得光线的传输很不稳定。此外,在大气传输通信系统中,必须将收发设备设置在高处,使收发两端直线可见。这种传输条件使得大气传输光通信的应用受到很大限制。

现代的光通信是指容量大、传输距离远的光通信。为了避免大气气候对光通信的影响,可以将光传输局限在管道内进行。为了防止光线发散,还可以在一定距离的管道内放置聚焦透镜,因此这种光传输也叫做透镜光波导。但这种传输方法太复杂,要求极高的安装精度,轻微的振动和温度变化都会影响光线的传输,因此很不实用。

20世纪60年代,专家发现利用玻璃可以制成衰减率为 20dB/km 的**光导纤维**(简称**光纤**),它可以像铜线传导电子那样导光,从而实现光通信,至此出现了光纤技术。光纤的材质以玻璃或有机玻璃为主,是以光脉冲的形式来传输信号的网络传输介质。

**光纤的主要作用是引导光线在光纤内沿直线或弯曲的途径传播**。光纤是由两种折射率不同的材料构成的,即折射率较大的芯材料在中心,折射率较小的包层材料在外表。利用光的全反射和折射原理,使光线在光纤中传播,并且光线不会射到光纤以外。

为了实现长距离的光纤通信,必须减小光纤的衰减。近年已研制出了低衰减的光纤,使得进行长距离的光纤通信成为可能。

光纤采用光波作为载波传输信号,光波实质上是频率极高的电磁波($3×10^{14}$ Hz 以上),目前使用的光波频率比微波频率高 $10^3 \sim 10^4$ 倍,所以通信容量可增加 $10^3 \sim 10^4$ 倍。一根仅有头发丝粗细的光纤可以同时传输几十万个话路或电视、网络数据,它比传统的双绞线、同轴电缆、微波等要高出几十乃至上千倍。

要组成一个完整的光纤传输系统需要许多器件,其中**光源**和**光检测器**是光纤通信系统中的核心部件,它们的性能直接影响着通信系统的质量。光源的作用是将电信号电流变换为光信号功率,即实现电-光转换,以便在光纤中传输。目前光纤通信系统中常用的光源主要有半导体激光器 LD、半导体发光二极管 LED 等。光检测器的作用是将接收到的光信号功率变换为电信号电流,即实现光-电转换。光纤通信系统中最常用的光检测器有半导体光电二极管、雪崩光电二极管等。

20世纪70年代以后,各种实用的光纤通信系统陆续出现。90年代初期,光纤放大器的问世,又引起了光纤通信领域的重大变革。利用光纤放大器可以补偿光纤的损耗。在放大器间距为 80km 的条件下,传输距离达到了 2223km。可见,光纤通信系统具有容量大、传输距离远的优点,是电缆通信系统无法比拟的。

**2. 光纤数据传输的优点**

目前,光纤通信技术已被广泛应用于公用通信、有线电视图像传输、计算机网络、电力及铁道通信等领域,近年也开始应用于航空航天领域。与电缆或微波等电通信方式相比,光纤通信具有以下优点:

(1) 光纤的质量比电缆的质量轻。现代飞机上的信息传输容量不断增加,因此需要大量的电缆连接来满足信息传输的需求,从而增加了飞机的质量。电缆的质量为 10g/m,而光缆的质量为 4g/m,因此,采用光纤将有效减轻飞机的质量。

(2) 光纤不受电磁场的干扰。现代大型飞机上电子设备数量日益增多,电子设备之间信息的长距离传输,以及众多新电子系统的出现,使得电磁兼容问题越发突出。为了降低电子系统所受到的电磁干扰(EMI)和高能量辐射场(HIRF)的影响,需要投入大量的资金。而光缆中传输的是光信号,它的周围既不产生磁场,也不受其他电磁场的干扰。因此,采用光纤有助于解决电磁干扰问题。

(3) 光纤的频带极宽,信息容量大,因此光纤的传输速度很快。现代飞机要求数据流的传输速度达 10MB/s,而电缆传输则达不到这一速度。目前 B777 飞机的光缆传输速度达到了 100MB/s。

(4) 安全保密。光纤在传输信号过程中,光波局限在光纤中传输,基本没有泄漏,因此无法从光纤外面窃听到光纤中传输的信息,同时也消除了电通信系统中常见的串音现象,提高了信号传输质量。

(5) 光纤不怕潮湿,耐高压,抗腐蚀。光纤是由玻璃纤维制成的,不怕潮湿,不会锈蚀,石英玻璃的熔点在 2000℃ 以上,而一般明火的温度在 1000℃ 左右。因此,光纤耐高温,化学稳定性好,抗腐蚀能力强,可以在恶劣环境中工作。

## 6.4.2 光纤及其传输原理

**1. 光纤的结构和分类**

1) 光纤的结构

光纤是传导光的纤维波导或光导纤维的简称,其典型结构是多层同轴圆柱体,如图 6.4-1 所示,自内向外为纤芯、包层和涂覆层,图中的 $n_1$ 和 $n_2$ 分别为纤芯、包层的折射率。

光纤的核心部分是纤芯和包层,其中纤芯由高度透明的材料制成,是光波的主要传输通道;包层的折射率略小于纤芯,即 $n_1 > n_2$,它使得光信号封闭在纤芯中传输。纤芯的粗细、纤芯材料和包层材料的折射率对光纤的特性起着决定性作用。

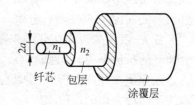

图 6.4-1 光纤的典型结构

光纤的最外层为涂覆层,包括一次涂覆、缓冲层和二次涂覆。涂覆的作用是保护光纤不受水汽的侵蚀和机械摩擦,同时又增加了光纤的柔韧性,起到延长光纤寿命的作用。

2) 光纤的分类

光纤的种类很多,分类方法也是各种各样的。根据不同的分类方法和标准,同一根光纤将会有不同的名称。常用的分类方法有以下几种:

按照折射率在横截面上的分布形状划分,光纤可以分为**阶跃型光纤**和**渐变型（梯度型）光纤**两种。阶跃型光纤在纤芯和包层交界处的折射率呈阶梯形突变,纤芯的折射率 $n_1$ 和包层的折射率 $n_2$ 是均匀常数。渐变型光纤纤芯的折射率 $n_1$ 随着半径的增加而按一定规律（如平方律、双正割曲线等）逐渐减少,到纤芯与包层交界处,变为包层折射率 $n_2$,纤芯的折射率不是均匀常数。

按照光在光纤中的传输模式分类,光纤可分为**单模式光纤**和**多模式光纤**。光纤的传输模式指的是电磁场的分布形式。按折射率分布状况分类,多模光纤可分为阶跃型光纤和梯度型光纤,单模光纤则只有一种阶跃型光纤。它们的结构及光传输情况如图 6.4-2(a)、(b)、(c)所示。

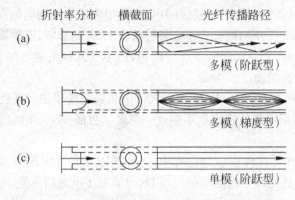

图 6.4-2　光纤的结构、尺寸、折射率及光传输示意图
(a) 多模阶跃光纤；(b) 多模渐进光纤；(c) 单模阶跃光纤

此外,光纤还可以按照制造材料、工作波长、套塑结构等来分类,实际应用中应根据使用场合、数据传输要求等指标进行选择。

**2. 光纤的传输原理**

光的波长很短,但相对于光纤的几何尺寸要大得多,因此从光学理论的观点出发研究光纤中的光射线,可以直观地认识光在光纤中的传播机理和一些必要的概念。本节利用光学理论对阶跃型和渐变型多模光纤的传输特性进行分析。射线光学的基本关系式是有关反射和折射的菲涅耳(Fresnel)定律。

首先,我们来看光在分层介质中的传播,如图 6.4-3 所示。图中介质 1 的折射率为 $n_1$,介质 2 的折射率为 $n_2$,且 $n_1 > n_2$。当光线以较小的入射角 $A_i$ 角入射到介质界面时,大部分光进入介质 2 并产生折射,少部分光线发生反射,如图 6.4-3(a)所示。它们之间的相对强度取决于两种介质的折射率。

当增加入射角 $A_i$ 时,折射角 $A_r$ 也随之增大。当 $A_i$ 增大到一定角度时,折射线将沿着两个媒质的交界面进行传播,此时的入射角 $A_i$ 称为临界角,而此时的折射角 $A_r = 90°$,如图 6.4-3(b)所示。

根据菲涅耳定律可知：

$$\frac{\sin A_i}{\sin A_r} = \frac{n_2}{n_1}$$

当 $A_r = 90°$ 时,则有：

$$\sin A_i = \frac{n_2}{n_1}$$

$$A_\mathrm{i} = \arcsin\frac{n_2}{n_1}$$

当入射角大于临界角时,我们会发现入射光线全部返回到了媒质1,这种现象称为**全反射**,如图6.4-3(c)所示。光传输的基本原理实际上就是上述讨论的折射和全反射原理,光纤的种类不同其应用的原理也不同。

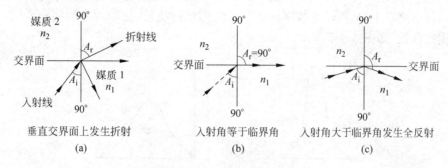

图 6.4-3 光线的折射与反射现象

### 1) 多模式阶跃型光纤

其纤芯和包层的折射率特点如图6.4-4所示,图中的纵坐标$r$为光纤的半径。从图中可以看出,纤芯折射率大于包层的折射率,且两者呈阶跃型变化。对于多模式阶跃型光纤来说,光线能沿所有方向传播,但只有平行于横轴和入射角大于临界角的光线,才能在光纤中以直射和全反射的原理进行传播。

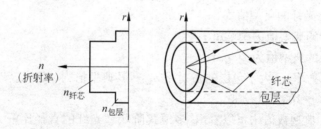

图 6.4-4 多模式阶跃型光纤的折射率分布及光线的传播路径

假设只有一根光线的入射角大于临界角,那么这根光线将在纤芯中传播,在纤芯和包层处发生全反射。因此它的传播路径是一个"Z"字形。对于给定的一个光源-光纤接口来说,可能有很多条入射光线在纤芯和包层的交界面上发生全反射(只要$A_\mathrm{i}$大于临界角),这些光线在光纤中都可以进行传播,而且每根光线在光纤中都有自己的"Z"字形传播路径,如图6.4-5所示。

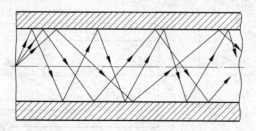

图 6.4-5 多模式阶跃型光纤中多个"Z"字形传播路径

如果把一根光线的传播路径称为**单模式**,那么在这种光纤中,光的传输由很多条光线来完成,并且其路径又不同,所以称之为**多模式**传输,这就是"多模式阶跃型光纤"名称的由来。

在多模式阶跃型光纤中,从输入端到光纤传输线上的任意一点,其每个"Z"字型的个数是不同的,这将造成沿光纤传输的光信号的相位不同。因此,在多模式传输时,信号的能量被分散到许多路径上,从而使得数字脉冲信号的形状被拉长,脉冲边缘的棱角变圆,这种现象称为**模式色散**,如图 6.4-6 所示。

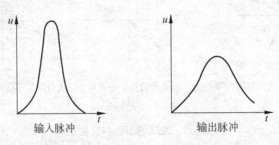

图 6.4-6　多模式阶跃型光纤输出波形的变形

多模式阶跃型光纤中,由于存在模式色散,使得输入的"尖窄"脉冲经过传输后,出现了输出脉冲"宽矮"的现象。这一输出脉冲的变形就像带宽不足一样(因为陡峭的信号边缘由高次谐波决定,而带宽窄就会造成高次谐波被去除,这样就必然使信号边缘变化平缓)。因此,多模式阶跃型光纤传输将使带宽减小,这在一定程度上削弱了光纤传输的优点。

多模式阶跃型光纤的典型值为:
(1) 纤芯直径的典型值为 $100\mu m$;
(2) 包层外径的典型值为 $200\mu m$;
(3) 纤芯的折射率 $n_{芯}$ 大于包层的折射率 $n_{包层}$,其典型值为 $n_{芯}=1.527$,$n_{包层}=1.517$;
(4) 带宽为 $30\sim100MHz\cdot km$。

从上述光纤的典型数值中可以看出,多模式阶跃型光纤的直径比较大,容易实现耦合。这样也使光纤之间、光纤与光源之间以及与光检测器之间的耦合比较紧密,从而使能量更有效地传输。它一般用于窄带传输系统和近距离通信中,例如用在飞机和轮船上。

2) 多模式渐变型光纤

为了改变多模式阶跃型光纤模式色散比较大的缺点,可以对纤芯的折射率进行重新设置。其纤芯折射率的特点为:纤芯折射率大于包层折射率,且纤芯的折射率按照"抛物线"的规律变化,如图 6.4-7 所示。

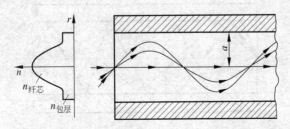

图 6.4-7　多模式渐变形光纤的折射率分布及光线传播路径

由于纤芯折射率是按抛物线的规律变化的,即:$n_{芯1} > n_{芯2} > n_{芯3} > \cdots$。所以,在光线射入到不同折射率的纤芯时,光线逐层发生折射,如图 6.4-8 所示。如果纤芯的分层足够薄,就形成了图 6.4-7 所示的传播路径。可见,入射角不同的光线经过不同的折射层形成了像"波"一样的传输路径,各路径在纤芯的中心轴上产生交点。如果从交点处取出信号,那么模式色散将大大减小,从而使输出信号的失真得到改善,如图 6.4-9 所示。

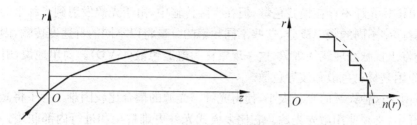

图 6.4-8 多模式渐变型光纤的逐层折射过程

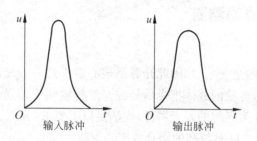

图 6.4-9 多模式渐变型光纤的输入与输出脉冲

多模式渐变型光纤的典型值为
(1) 纤芯直径的典型值为 $50\mu m$;
(2) 包层外径的典型值为 $125\mu m$;
(3) $n_{芯} > n_{包层}$,其典型值为 $n_{芯max} = 1.562, n_{包层} = 1.54$;
(4) 带宽为 $500 \sim 1000 MHz \cdot km$。
这种光纤常用在宽带传输系统中,如闭路电视、海底光缆等长距离的通信系统中。

3) 单模式阶跃型光纤

这种光纤的唯一特点是:其纤芯的直径略大于 3 倍的光波波长。此时只有一种传输模式沿光纤的轴向传输,从而消除了模式色散引起的信号变形,如图 6.4-10 所示。

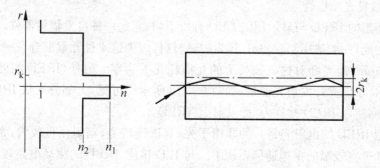

图 6.4-10 单模式阶跃型光纤的折射率分布及光线传播路径

单模式阶跃型光纤的典型值为

(1) 纤芯直径的典型值为 $5\mu m(2\sim10\mu m)$；

(2) 包层外径的典型值为 $10\mu m$；

(3) $n_{芯}>n_{包层}$，其典型值为 $n_{芯max}=1.471, n_{包层}=1.457$；

(4) 带宽为 $10\sim50GHz\cdot km$。

虽然单模式光纤不存在模式色散，但在实际传输中，由于光源发射到光纤里的光脉冲能量中包含有许多不同的频率成分，这些不同频率的分量将以不同的群速度传输，因此在传输过程中，必将出现脉冲展宽的现象，这一现象称为**群速色散**(GVD)。简单地说，引起群速色散的主要原因是材料色散和波导色散。

另外，由于这种光纤的直径太小，使得光纤与光源的耦合比较困难。为了将光线满意地入射到光纤中，必须使用激光光源。它比多模式光纤更难拼接和进行内部联接。但单模式光纤仍然是最受欢迎的新型光纤传输系统。

### 6.4.3 光源和光检测器

**1. 光源**

光纤通信系统传输的是光信号，因此光源是核心器件之一。光源的作用是产生作为光载波的光信号，作为信号传输的载体携带信号在光纤传输线中传送。由于光纤通信系统的传输媒介是光纤，因此作为光源的发光器件，应满足以下要求：

(1) 体积小，与光纤之间有较高的耦合效率；

(2) 可以进行光强度调制；

(3) 发射的光功率足够高，以便能传输较远的距离；

(4) 可靠性高，工作寿命长，具有较高的功率稳定性、波长稳定性和光谱稳定性；

(5) 温度稳定性好，即温度变化时，输出的光功率以及波长变化应在允许范围内。

能够满足以上要求的光源一般为半导体二极管。最常用的半导体发光器件是红外线发光二极管(IRED)和激光二极管(ILD)。前者可用于短距离、低容量或模拟通信系统，具有体积小、成本低、可靠性高的特点；后者适用于长距离、高速率的数字通信系统。

IRED 和 ILD 的特性曲线如图 6.4-11 所示。从曲线中可以看出以下特性：①光源的辐射功率取决于注入电流强度的大小；②ILD 具有阈值电流，而 IRED 没有，但辐射功率小于 ILD；③ILD 辐射成束的射线，因此它的耦合损耗比 IRED 小。

1) 红外线发光二极管

光纤中使用的 IRED 与显示用的 LED 有所不同，它是一种自发辐射器件。为了使其发出一定波长的光，一般选用 GaAsInP 作为制造材料，因为这 4 种元素混合在一起，其辐射光的波长为 $1.3\mu m$，而光纤对这一波长上的光损耗几乎为零。另外，IRED 的外形也比较特别，它必须适合于向光纤发射光能量，如图 6.4-12 所示。可见，大部分光从 IRED 的上表面辐射到光纤中，所以 IRED 被称为"面发射型"IRED。

面发射型 IRED 的出射光是一种**非相干光**，其谱线较宽，辐射角也较大，常用在低速率的数字通信和带宽较窄的模拟通信系统中。与 ILD 相比，IRED 的驱动电路较为简单，并且产量高、成本低，因此得到广泛应用。

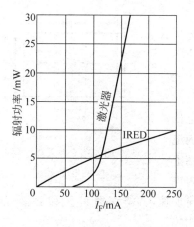

图 6.4-11 光源的特性曲线

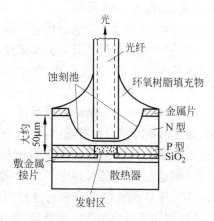

图 6.4-12 面发射型光源的结构

2) 注入型激光二极管

激光二极管也称为半导体激光器,与 IRED 不同的是,它通过受激辐射发光,且是一种阈值器件。由于受激辐射与自发辐射在本质上不同,使得半导体激光器不仅能产生高功率($\geqslant$10mW)辐射,而且能输出发散角较窄的光,且与单模式光纤的耦合效率高,辐射谱线窄。ILD 适用于高速($>$20GHz)、长距离光纤通信系统的光源。

激光二极管是一种具有**光学谐振腔**的发光二极管。光学谐振腔可以理解为一个空间,其中一个侧面是全反射镜面,另一个侧面是部分反射镜面。在一定的条件下,光在谐振腔中的两个反射镜面之间往复反射,发生光波振荡。光的振荡使原始光源的光能量显著增强,从而产生了**相干光**。所谓"相干光"的含义就是同相位、同频率的光波进行叠加,其结果是使半导体激光器产生了极窄且又很强的光束,这就是激光。

在光纤通信系统中,使用激光二极管 ILD 作为光源要比 IRED 贵得多。因为 ILD 的结构比较复杂,复杂的结构必然有更难的制作过程。激光二极管可以作为许多光纤通信系统主干线上的光源,它产生的光辐射量高于 IRED,光输出功率达到毫瓦级,而 IRED 的光输出功率只有几百微瓦。另外,ILD 的固有尺寸使其可以与光纤进行紧密配合,这样就减小了材料的色散。激光二极管适合用作单模式光纤传输线的光源。在构建实际光纤通信系统时,应根据需要综合考虑来选用光源。

**2. 光检测器**

光检测器的作用是通过光电效应,将接收到的光信号转换为电信号。目前的光接收机绝大多数都是采用光电二极管直接进行光电转换,其性能的好坏直接影响着接收机的性能指标。光电二极管的种类很多,在光纤通信系统中,主要采用半导体 PIN 光电二极管和雪崩光电二极管(APD)。

1) 光检测器的物理基础

光电检测过程的基本机理是光吸收。当入射光子能量超过带隙能量时,每当一个光子被半导体吸收后就产生了一个电子-空穴对。在外加电压建立的电场作用下,电子和空穴在半导体中漂移,并加强了反向漏电流。在耗尽层中,反向漏电流正比于光的能量,这一电流称为**光电流**,如图 6.4-13 所示。

光检测器有两种基本类型：光电导检测器和光电压检测器。由于光电压检测器具有高灵敏度和快速响应等优点,因此其应用非常广泛。这里仅介绍这种类型的光检测器。

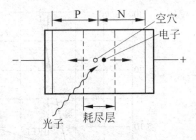

图 6.4-13　光子进入耗尽层产生的电子-空穴

一个反向偏置的 PN 结称为**耗尽区**。由于反向电压的作用,耗尽区内没有自由载流子,但有一个很强的内电场,它阻止电子从 N 区流到 P 区。当光照射在 PN 结上时,P 区一侧通过吸收光而产生了电子-空穴对,在内电场的作用下,耗尽区的电子-空穴对分别向相反的方向加速,并漂移到 N 区和 P 区,从而产生了与光照射功率成比例的电流流动,该电流就是光电流。

2) PIN 二极管

PIN 二极管就是在 PN 结中间插入本征半导体(用字母 I 表示),使中间层材料具有高阻抗的性质,其结构和符号如图 6.4-14 所示。这种结构可以使大部分外加电压降落在高阻区,形成一个高电场区,从而使电子-空穴对加速运动。增加耗尽层的宽度 W 还可以减小扩散电流分量,从而增加光照射后所产生的光电流强度和响应速度。从图 6.4-15 的电场分布图中可以看出,I 区的电场强度最强。

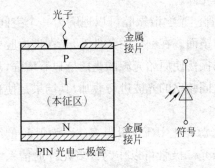

图 6.4-14　PIN 光电二极管结构和符号

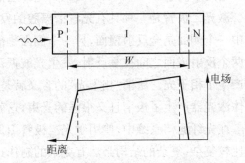

图 6.4-15　PIN 二极管反偏时的电场分布

3) 雪崩二极管

雪崩二极管结构与 PIN 二极管不同的地方在于增加了一个附加层 P 区,以实现碰撞电离产生二次电子-空穴对。当二极管反偏时,夹在 I 层和 N 层间的 P 层中存在高电场,该层称为**倍增区**或**增益区(雪崩区)**,耗尽层仍为 I 层,起产生一次电子-空穴对的作用。其结构如图 6.4-16 所示,这种管子的设计结构能承受很高的反向偏压,在 PN 结内部形成一个极高的电场区。

由入射光产生的电子-空穴对在经过高电场区时,不断被加速而获得很高的能量,这些高能量的电子和空穴在运动过程中与价带中受束缚的电子相碰撞,从而使晶格中的原子发生碰撞电离,产生二次电子-空穴对。如此重复下去,就可以使载流子和反向电流迅速增大,这个物理过程称为**雪崩倍增效应**,它使一次光电流增加。APD 反偏时的内部电场分布图如图 6.4-17 所示。

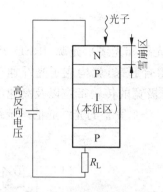 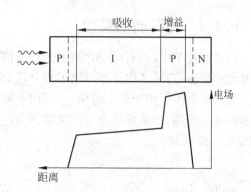

图 6.4-16　APD 二极管的结构　　　　图 6.4-17　APD 二极管反偏时的电场分布

### 4) 光检测器电路

无论是什么类型的光电二极管,当它加上反向电压之后,在光子的撞击下都会产生光电流,并且光电流强度与光子的强度成正比。在一个简单的电路中,用一个合适的串联电阻可以将光电流转换成电压。这一电路框图如图 6.4-18(a)所示,最简单的电流-电压转换器可以通过图 6.4-18(b)中的场效应管完成。

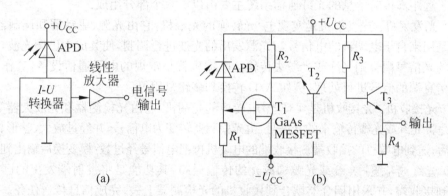

图 6.4-18　光纤通信系统的接收原理
(a) 光纤接收机框图；(b) 具有场效应管的光纤接收机

光纤传输系统的应用之一就是完成长距离通信,同时由于光纤系统带宽容量大,因而可以传送更多的信息。由于光载波的频率很高,所以用于接收与发射的电子元件也需要工作在极高的频率下,一般可达 GHz 范围。例如,联接于光检测器输出端的线性放大器其工作频率要求在 GHz。要达到这样高的工作频率,就需要用 GaAs 代替硅。GaAs 元件不像硅元件,它可以在微波工作频率下获得低噪声和高增益。因此,在图中采用了 GaAs MESFET 管(MESFET 的含义为：微波增强型肖特基场效应管)。

当数字调制光照射到图 6.4-18(b)中的光电二极管 APD 上时,如传送"1"信号时,APD 受到光的照射,光电流在 APD 中流动,从而使 $T_1$ 迅速饱和,$T_2$ 导通,$T_3$ 截止,输出为逻辑"0"。传送"0"信号时,APD 不受光的照射,在 APD 中没有光电流流动,$T_1$ 截止,$T_2$ 截止,$T_3$ 在电源电压的作用下迅速饱和,输出为逻辑"1"。

### 6.4.4 光纤通信系统

在前面几节中,我们已经介绍了光纤通信的传输媒介(光纤和光缆)、光源(IRED、ILD)以及光检测器(PIN、APD)等。把传媒介质和光通信器件组合起来,就构成了光纤通信系统。光纤通信既可用于数字通信,也可用于模拟通信。光纤极宽的传输带宽以及高速的激光器和光检测器,都非常适合于高速率、大容量的数字通信。一个完整的光纤通信系统组成如图 6.4-19 所示。

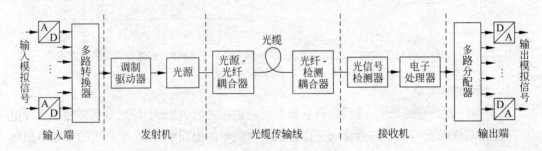

图 6.4-19 光纤通信系统组成

用于远距离传输信息的光纤通信系统主要由以下 5 个部分组成:

(1) 光发射机:光发射机是实现电/光转换的光端机,它由光源、驱动器和调制器组成。其功能是用来自于电端机的电信号对光源发出的光波进行调制,使其成为已调光波,然后再将已调的光信号耦合到光纤或光缆去传输。电端机就是常规的电子通信设备,其作用是对来自于信息源的信号进行处理,例如 A/D 转换和多路复用等。

(2) 光接收机:光接收机是实现光/电转换的光端机,它由光检测器和光放大器等组成。其功能是将光纤或光缆传输来的光信号,由光检测器转变为电信号,并经过放大、整形、再生恢复原形后,送到电端机的接收端。接收端的电端机再把电信号经过数/模变换后输出到用户。

(3) 光纤或光缆:光纤或光缆构成光的传输通路,其功能是将发射端发出的已调光信号传输到接收端,并采用耦合器耦合到接收机的光检测器上去,完成信息传送任务。

(4) 中继器(图中未画出):主要用在远距离光纤传输系统中,由光检测器、判决再生电路和光源组成。目前中继器多采用光-电-光形式,即将接收到的光信号用光电检测器变换为电信号,经过放大、整形、再生后再由调制光源将电信号变换成光信号重新发送出去,而不是直接放大光信号。中继器的作用之一是补偿光信号在光纤传输中的衰减,同时对波形失真进行修正。

(5) 光纤连接器、耦合器等无源器件:由于光纤或光缆的长度受光纤拉制工艺和光缆施工条件的限制,且光纤的拉制长度也是有限的(如 1km),因此一条光纤线路可能存在多根光纤相连接的问题。光纤间的连接、光纤与光端机的连接及耦合等,都需要使用光纤连接器、耦合器等无源器件。

由上分析可知,光纤通信过程和一般的无线电通信过程十分相似。当然光纤通信的空间传输手段是光导纤维,这与一般无线电通信在空间传输电波的情况是不同的。

### 6.4.5 光纤通信在飞机系统中的应用

现代飞机的发展严重依赖于航空电子系统的性能,因此,航空电子系统的发展已成为现代飞机性能不断提高的重要因素。随着电子系统在飞机上应用的增加,航电系统对通信速度和带宽的要求越来越高。由于光纤在数据传输方面所具有的突出优点,使得光纤在大型民航运输机上也获得了应用。下面以 B777 飞机为例,简单介绍光纤通信在飞机上的应用。

B777 飞机上的机上局域网采用光纤通信系统传输信息,用于在航线可更换件(LRU)之间传输数字数据,如图 6.4-20 所示。光纤局域网具有成本低、频带宽、抗电磁干扰能力强、体积小、质量轻等优点,可以充分满足传输信息量和传输速度的要求。

航空电子局域网(AVLAN)是飞机信息管理系统(AIMS)中的一部分。B777 飞机上的飞机信息管理系统(AIMS)主要由两个 AIMS 卡柜组成,即左 AIMS 卡柜和右 AIMS 卡柜,图 6.4-21 所示为 AIMS 卡柜示意图。每个卡柜都有 4 个核心处理器模块和 4 个输入输出模块。核心处理器模块配备了处理器硬件,并安装了相应的程序软件,多个飞机系统的控制指令都通过总线送到相应的处理器进行运算。这些飞机系统包括显示系统、维护系统、飞行记录系统、状态监控系统、数据通信系统、飞行管理系统、推力管理系统等。输入输出模块通过 ARINC 总线获取来自飞机系统的大量数据,而核心处理器模块处理运算对应系统的数据,并计算指令。飞机信息管理系统(AIMS)是这些系统数据汇总处理的中心。

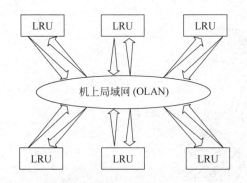

图 6.4-20 机上局域网示意图

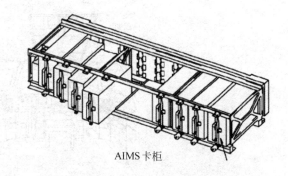

图 6.4-21 AIMS 卡柜

航空电子局域网通过光纤将左右飞机信息管理系统卡柜和维护接口终端(MAT)、路由器、便携式维护终端(PMAT)、便携式维护接头连接起来。通过该局域网,建立起这些维护终端和左右飞机信息管理系统卡柜(AIMS)之间的高速通信,即建立了这些维护终端和飞机系统间的通信。图 6.4-22 所示为航空电子局域网各组件的连接示意图。通过电子局域网,可以方便地在维护终端上选择访问计算机,显示计算机信息,完成飞机系统的数据装载、测试、故障隔离和维护等功能,大大降低了飞机系统维护测试的复杂程度。图 6.4-23 所示为驾驶舱的维护终端。

B777 飞机上使用的光纤如图 6.4-24 所示。机上局域网使用的光缆包括 5 根光纤、2 根填充纤维、隔离带、聚芳基胺加强皮和光缆外皮。

一根光缆的直径为 0.2in,每根光纤的直径为 $900\mu m$,纤芯直径为 $140\mu m$。由于光纤容易折断,因此在安装光缆时,转弯半径不能小于 1.5in。

在实际使用中,光纤的施工和维护需要许多专门知识,必须采用专用工具按照操作规程进行测试和维护。这部分内容可参考相关手册。

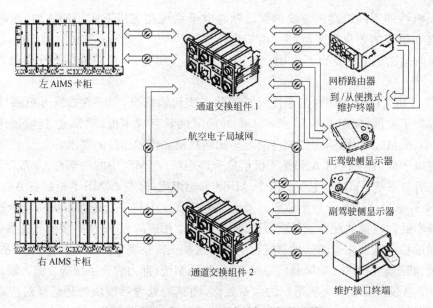

图 6.4-22 航空电子局域网各组件的连接

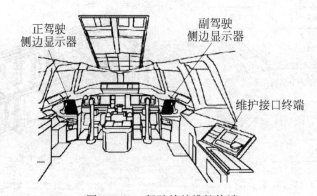

图 6.4-23 驾驶舱的维护终端

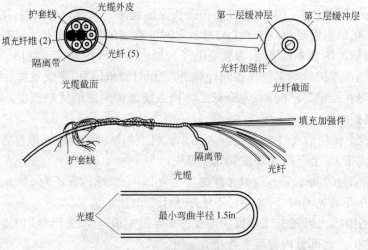

图 6.4-24 机上局域网使用的光纤示意图

# 第7章

# 基本计算机结构

## 7.1 计算机概述

### 7.1.1 计算机系统的硬件组成

一个完整的计算机系统是由硬件系统和软件系统两大部分组成的。硬件系统是组成计算机系统的各种物理设备的总称,是计算机系统的物质基础,如中央处理器单元(CPU)、存储器、输入设备和输出设备等。没有软件而只有硬件的计算机称为裸机,一台裸机是无法使用的。软件系统是为运行、管理和维护计算机而编制的各种程序、数据和文档的总称。实际上,用户面对的是经过若干层软件"包装"的计算机。计算机的功能不仅仅取决于硬件系统,更是由所安装的软件系统所决定。图 7.1-1 是微型计算机系统的基本组成示意图。

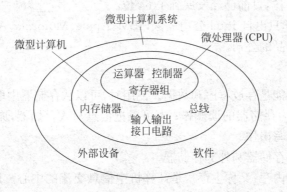

图 7.1-1 微型计算机系统基本组成示意图

可见,微型计算机系统从局部到全局分为 3 个层次:①微处理器;②微型计算机;③微型计算机系统。它们分别由不同的硬件组成,完成不同的功能。

**1. 微处理器**

微处理器(microprocessor)简称 $\mu P$ 或 MP,或 MPU(microprocessing unit)。MPU 是将运算器、控制器和寄存器组 3 个基本部分以及内部总线集成在一块半导体芯片上构成的超大规模集成电路,又称为中央处理单元(central processor unit,CPU)。微处理器是微型计算机的核心,其性能决定了整个微型计算机系统的各项性能指标。

CPU 中的运算器的主要功能是进行算术运算和逻辑运算。计算机中最主要的工作是运算,大量的数据运算任务在运算器中进行。运算器又称为**算术逻辑单元**(arithmetic and logic unit,ALU)。

在计算机中,算术运算是指加、减、乘、除等基本运算,逻辑运算是指逻辑判断、逻辑比较以及其他的基本逻辑运算。但不管是算术运算还是逻辑运算,都只是基本运算,复杂的运算只能通过这些基本运算一步步实现。由于运算器的运算速度相当快,因而计算机才有高速的信息处理功能。

运算器中的数据取自内部寄存器(简称**内存**),运算的结果又送回内存。运算器对内存的读写操作是在控制器的控制之下进行的。

CPU 中的控制器是计算机的神经中枢,只有在它的控制下,整个计算机才能有条不紊地工作,自动执行程序。

控制器的工作过程是:首先从内存中取出指令,并对指令进行分析,然后根据指令的功能向有关部件发出控制命令,控制它们执行这条指令规定的功能。当各部件执行完控制器发来的命令后,都会向控制器反馈执行的情况。这样逐条执行一系列指令,就能使计算机按照由指令组成的程序自动完成各项任务。

经过几十年的发展,CPU 的制造技术和性能等都有了质的飞跃。最具代表性的 CPU 是美国 Intel 公司的微处理器系列,如 8080、8085、8088、8086、80286、80386、80486、Pentium 系列等产品,其特点是内部结构越来越复杂,功能越来越强大,工作速度越来越快,从每秒完成几十万次基本运算发展到上亿次,每个微处理器包含的半导体电路元件数也从 2000 多个发展到数百万个。

CPU 运算器和数据线的位数反映了 CPU 的档次,80386 以下的 CPU 为 16 位,80386 及以上的 CPU 为 32 位,目前已经发展到了 64 位。

CPU 的产品并非只出自 Intel 公司一家,IBM、Apple、Motorola、AMD、Cyrix 等也是著名的生产微处理器产品的公司。

### 2. 存储器

存储器的主要功能是存放程序和数据。使用时,可以从存储器中取出信息,不破坏原有的内容,这种操作称为存储器的**读操作**;也可以把信息写入存储器,原来的内容被覆盖,这种操作称为存储器的**写操作**。

存储器分为内部存储器和外部存储器。

内部存储器简称内存(又称主存),是计算机中信息交流的中心。用户通过输入设备输入的程序和数据先送入内存,控制器执行的指令和运算器处理的数据取自内存,运算的中间结果和最终结果保存在内存中,输出设备输出的信息来自内存。可见,内存要与计算机的各个部件打交道,进行数据传送。因此,内存的存取速度直接影响着计算机的运算速度。但由于内存储器断电后,其信息将丢失,因此内存中的信息如要长期保存,就需要送到外部存储器中。

内存储器按读写方式可分为两种,一种是随机存取存储器(random access memory,RAM),RAM 又分为静态存储器 SRAM 和动态存储器 DRAM。在微型计算机中,前者用作高速缓存,后者用作内存条,可以随时将信息写入 RAM,也可随时从 RAM 中读出信息。但是,一旦关机断电,RAM 中的信息将全部消失。

另一种存储器是只读存储器(read only memory,ROM),CPU 只能从 ROM 中读出预先写入的信息,不能写入。它里面存放的信息一般由计算机制造厂家写入并经过固化处理,用户是无法修改的。即使断电,ROM 中的信息也不会丢失。因此,ROM 中一般存放计算机的系统管理程序。

近年来,在微机上常采用电可擦写 ROM($E^2$PROM)等,可以通过专门的程序,利用其微机内专设的电子电路进行"写操作",以更改计算机中的管理程序。

**外存储器**设置在主机外部,主要用来存放"暂时不用"的程序和数据。通常外存储器不和计算机的其他部件直接交换数据,只能成批地将数据转运到内存储器,再进行处理。只有配置了大容量、高速度的外存储器,才能处理大型项目。常用的外存储器有硬盘、光盘等。

外存与内存有许多不同之处。一是外存不怕停电,如硬盘上的信息可以保存几年甚至几十年,光盘可以永久保存;二是外存的容量不像内存那样受多种限制,可以做得很大,如 500GB 的硬盘等;三是外存的速度慢,内存速度快。

存储器的有关术语简介如下:

(1) **位(Bit)**:存放一位二进制码,即 0 或 1(Bit 简写为 b)。

(2) **字节(Byte)**:8 个二进制位为一个字节。为了便于衡量存储器容量的大小,统一以字节(Byte 简写为 B)为单位。存储器容量一般用 KB、MB、GB 来表示,它们之间的关系为 1KB=$2^{10}$B=1024B,1MB=$2^{10}$KB=1024KB,1GB=$2^{10}$MB=1024MB。存储器容量越大,计算机储存的信息就越多。

(3) **地址**:整个内存被分成若干个存储单元,一个存储单元中至少能存放一个字节(8 位二进制码),这是存储器的最小计量单位。为了有效地存取该单元内的内容,每个单元必须有一个唯一的编号来标识,这一编号就称为存储器的地址。地址线的宽度决定了可寻址的存储器容量,如地址线有 16 位,则可寻址的存储器容量为 $2^{16}$=64KB。

(4) **字长**:计算机中传送的数据可以是一个字节,也可以是两个字节等。通常一个存储器单元所包含的二进制位数称为字长。计算机的字长可以是 8 位,也可以是 16 位或 32 位甚至 64 位。字长越长,计算机的精度越高。

**3. 输入输出(I/O)设备及其接口**

输入设备用来接收用户输入的原始数据和程序,并将它们转变为计算机可以识别的二进制码存放在内存储器中。常用的输入设备有键盘、鼠标、扫描仪、话筒等。

输出设备将计算机处理后的结果转换成人们能够识别的数字、字符、图像、声音等形式显示、打印或播放出来。常用的输出设备有显示器、打印机、绘图仪、音响等。

输入设备和输出设备统称为外部设备,简称外设。

I/O 设备种类繁多,结构、原理各异,其工作速度、数据格式和逻辑电平都与 CPU 有很大差异。接口电路是联系二者的桥梁。接口技术是进一步学习计算机硬件电路及微机应用领域的必备知识。

图 7.1-2 所示是一个实际的微型计算机系统组成示意图。从图中可以看出,各类外部设备都是通过各自的接口电路连接到微机系统的总线上去的。用户可以根据自己的要求,选用不同类型的外设,设置相应的接口电路,把它们挂到系统总线上,构成不同用途、不同规模的应用系统。

所谓接口就是 CPU 与外部设备之间的连接部件(电路),用于实现 CPU 与外部设备的信息交换,提供相应的数据调度和适当的时序与控制信号。对于 CPU 来说,通过接口电路

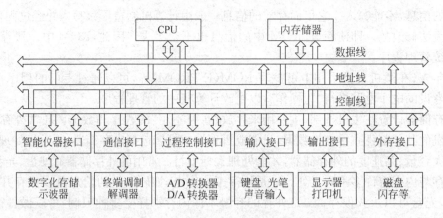

图 7.1-2 微机系统组成框图

提供了外部设备的工作状态和数据暂存；对于外部设备来说，接口电路记忆并传送从 CPU 发出的命令和数据，从而在某些时间内代替 CPU 指挥外部设备的工作，使外部设备既受 CPU 控制，在时间上又可与 CPU 并行工作。

**4. 总线**

计算机硬件各组成部件之间采用总线相连。计算机内的总线实际上是一束导线，它是计算机各部件之间传送信息的公共通道，允许各部件共同使用它传送数据、指令、地址及控制信号等信息。微机中的总线有外部总线和内部总线之分。

按照功能区分，总线分为 3 种：

1) 地址总线（address bus）

地址总线是单向传输线，用来把地址信息从 CPU 传递到存储器或 I/O 接口，指出相应的存储单元或 I/O 设备。地址总线的宽度决定了可寻址的存储器的容量。

2) 数据总线（data bus）

数据总线是双向传输线，用来供 CPU、存储器、I/O 设备相互之间传送数据信息。CPU 既可以通过 DB 从内存或输入设备读入数据，又可以通过 DB 将内部数据送至内存或输出设备。数据总线的宽度决定了可传输数据的字长，会影响计算机的精度。

3) 控制总线（control bus）

控制总线用来传送 CPU 向存储器或 I/O 设备发出的控制信号、时序信号和状态信息等。其中有的是 CPU 向内存和外设发出的信息，有的则是内存或外设向 CPU 发出的信息。CB 的数目由控制信号的数量决定。

总线与各部件的连接示意图如图 7.1-2 所示。

计算机中的总线结构具有如下特点：

(1) 在某一时刻，只能由一个总线主控设备（如 CPU）来控制总线；

(2) 在连接系统总线的各个设备中，某时刻只能有一个发送者向总线发送信号；但可以有多个设备从总线上同时获取信号；

(3) 微机系统采用总线结构时，具有组态灵活、扩展方便等优势。

总线的技术规格主要有总线宽度、时钟频率、最高传输率等，市场上常见的总线类型非常多，此处不再一一列出。

由微处理器、内部存储器、I/O 接口和总线就构成了微型计算机,该层次就是安装了 CPU 和内存条的主板,而一个微型计算机系统还包括外部设备、系统软件和应用软件等必备配置,能完成具体的功能。微型计算机的 3 个层次结构如图 7.1-1 所示。

### 7.1.2 计算机的软件

计算机的软件是指程序、数据、文档等的集合。软件和硬件是计算机系统不可分离的两个重要组成部分。没有软件,计算机就无法工作。

软件一般分为**系统软件**和**应用软件**两大类。但实际上,两者的界限并不十分明显,有些软件既可以认为是系统软件,又可以认为是应用软件,如数据库管理系统等。

**1. 系统软件**

系统软件是这样一类软件:它们控制计算机的运行,管理计算机的各种资源,并为应用软件提供支持和服务。在系统软件的支持下,用户才能运行各种应用软件。系统软件通常包括操作系统、语言处理程序和各种实用程序。

1) 操作系统

操作系统(operating system,OS)是最基本的系统软件,是计算机必备的软件。其主要功能是管理和控制计算机的所有资源(包括硬件和软件),使应用程序得以自动执行。计算机没有操作系统,就如同人没有大脑一样,而且操作系统的性能很大程度上直接决定了整个计算机系统的性能。

常用的操作系统有:Windows、UNIX、Linux 等。

2) 计算机语言

计算机语言是程序设计的重要工具。从计算机诞生至今,计算机语言已经发展到了第三代。

机器语言是第一代计算机语言,它是一种用二进制代码表示的、能够被计算机硬件直接识别和执行的语言。机器语言与计算机的硬件有关,因此执行速度快。但机器语言不易编写和记忆,现在已经没有人直接用机器语言编程了。

第二代计算机语言是汇编语言,它采用一定的助记符代替机器语言中的二进制码,克服了机器语言难读难改的缺点。但用汇编语言编写的程序不能被计算机的硬件直接识别,需要由计算机的系统软件(汇编软件)将其编译成二进制代码的机器语言,然后再在计算机上运行。汇编语言仍然和计算机的硬件有关。

第三代计算机语言就是高级语言,它与计算机的硬件无关。因此,高级语言可以在不同的计算机上使用。最早使用的高级语言有 Fortran、Basic、C 语言等。目前的高级语言正朝着可视化、面向对象的方向发展,朝着更接近于人类语言的方向发展,如 Visual Basic、Visual C++、Java 等。

用高级语言编写的源程序必须借助于语言处理程序加工成目标程序后,才能够被机器执行。

3) 实用程序

实用程序完成一些与管理计算机系统资源有关的任务,如诊断程序、杀毒程序、压缩软件等。

## 2. 应用软件

利用计算机的软硬件资源为某一专门的应用目的而编写的软件称为应用软件。应用软件也可以分为三大类：

（1）通用应用软件，支持最基本的应用，可用于各个领域，如办公软件包、浏览器、数据库管理系统等；

（2）专用软件，专门应用于某一专业领域，如法律事务所、医院等的管理软件；

（3）定制软件，由软件开发公司为某些有特殊要求的用户开发的软件。

### 7.1.3 计算机的基本工作原理

图 7.1-3 所示为微型计算机的简化结构示意图，由微处理器（CPU）、存储器、接口电路以及外部设备组成，通过**地址总线**（AB）、**控制总线**（CB）和双向**数据总线**（DB）连接。为了简化问题，先不考虑外部设备以及接口电路，认为要执行的程序和数据已经预先存入到存储器内。

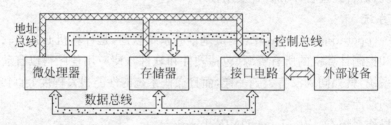

图 7.1-3 微型计算机简化结构图

下面从计算机中的 CPU 模型、存储器的读写操作、简单的指令执行过程等几个方面介绍计算机的基本工作原理。

**1. CPU 模型结构**

模型化的 CPU 结构如图 7.1-4 所示。其中，算术逻辑单元（ALU）是执行算术和逻辑运算的场所，由各种形式的时序逻辑电路组成。它以累加器（accumulator，AC）中的内容作为第一个操作数，另一个操作数由内部数据总线供给，可以是寄存器（register，BL）中的内容，也可以是由数据寄存器（data register，DR）供给，或者由内存读出的内容等，计算所得的结果通常放在累加器 AC 中。

F(flag)为标志寄存器，由一些标志位组成，主要反映 CPU 的运行状态。待执行指令的地址由程序计数器 PC 提供，AR（address register）为地址寄存器，由它把要寻址单元的地址通过地址总线送至存储器。从存储器中取出的指令，由数据寄存器送至指令寄存器（instruction register，IR）中，经过指令译码器（instruction decoder，ID）译码后，通过控制逻辑电路 PLA，发出执行一条指令所需要的各种控制信号。

在该模型化的计算机中，**字长**（通常是以一个存储器单元所包含的二进制位数表示）为 8 位，即一个字节，累加器 AC、寄存器 BL、数据寄存器 DR 均为 8 位，双向数据总线也是 8 位。同时，假定上述内存共有 256 个存储单元，为了能寻址这些单元，地址线需要 8 位（$2^8=256$）。因此，这里的程序计数器 PC 及地址寄存器 AR 也都是 8 位的。

CPU 内部各寄存器之间以及 ALU 之间的数据传送采用**内部总线结构**，这样既扩大了

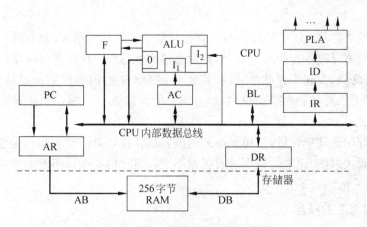

图 7.1-4　一个模型机的 CPU 结构

数据传送的灵活性,减少了内部连线,又减少了这些连线所占用的芯片面积。但是,采用总线结构时,在某一时刻总线上只能传送一种信息,因而降低了传输速度。

**2. 存储器的读写操作**

存储器结构示意图如图 7.1-5 所示。假设该存储器由 256 个单元组成,为了能区分不同的单元,对这些单元的编号(即地址)分别用 2 位十六进制数表示:00、01、02⋯FF 等,而每一个单元所存放的内容为 8 位二进制信息(通常也用 2 位十六进制数表示)。每一个存储单元的地址与该单元中存放的内容是两种完全不同的概念,千万不能混淆。

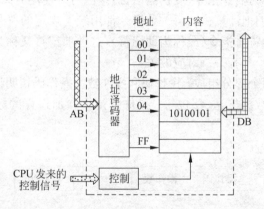

图 7.1-5　存储器结构示意图

对于存储器中的不同存储单元,是由地址总线送来的地址编码(8 位二进制数)经过存储器中的地址译码器译码后进行寻址的,即对于给定的一个地址编码,可以从 256 个单元中找出对应于这个地址码的某一单元,然后就可以对这个单元的内容进行读或写的操作。

1) 读操作

如图 7.1-5 所示,设在 04 号存储单元中已存放的内容为 10100101(即 A5H),现在要将其读出至数据总线上。首先,CPU 的地址寄存器先给出地址编码 04,然后,通过地址总线送至存储器,存储器中的地址译码器对其进行译码,找到 04 单元。再要求 CPU 发出读控制命令,于是,04 号单元的内容 A5H 就出现在数据总线上,再将其送至图 7.1-4 中的数据寄存器 DR。数据信息 A5H 从存储单元读出后,存储器中的内容并不改变。

2) 写操作

若要把数据寄存器 DR 中的内容写入到存储器中的某存储单元,则要求 CPU 的 AR 地址寄存器先给出该存储单元的地址编号,然后通过地址总线 AB 送至存储器,由存储器内部的地址译码器译码后找到该存储单元,再将寄存器 DR 中的内容经数据总线 DB 送至存储器。此时 CPU 发出写控制命令,这样数据总线上的信息就可以写入到所寻址到的单元内,如图 7.1-5 所示。

数据写入存储器某单元后,该单元原来的内容被替代,因此,写入操作是破坏性的,但在没有新的数据写入以前,原来的数据一直保留不变。对存储器的读出是非破坏性的,即信息读出后,存储单元的内容不变。

**3. 指令和程序的概念**

指令就是规定计算机完成特定操作的命令,即计算机完成某个操作的依据。计算机所有指令的集合称为该计算机的**指令系统**。指令系统准确定义了计算机的处理能力。不同型号的计算机有不同的指令系统。

为了解决某一具体问题,使用者选用一条条指令和数据编写成一个相互联系的序列。计算机执行了这一指令序列,就可以完成预定的任务。这一指令序列就称为**程序**。显然,程序中的每一条指令必须是所用计算机指令系统中的指令。因此,计算机的指令系统是提供给使用者编制程序的基本依据。

在计算机中,指令通常以二进制编码的形式存储在存储器中。计算机能直接识别、理解和执行的二进制代码称为**机器指令**(或**机器语言**)。但对于使用者来说,这种指令形式记忆起来比较困难,为此人们把计算机的每一条指令都用统一规定的符号和格式来表示。这种用符号表示的指令称为**符号指令**(或称为**助记符**),这种助记符又称为**汇编语言**。在计算机中,符号指令与机器指令具有一一对应的关系。

一条指令通常由两个部分组成:**操作码**和**操作数**。操作码指明该指令要完成的操作的性质,如加、减、乘、除、数据传送、移位等;操作数是指参加运算的数或数所在的存储单元地址。

符号指令的格式为:

| 操作码 | 操作数 | … | 操作数 |
| --- | --- | --- | --- |

不同的指令用不同的编码表示操作码,如操作码 001 可以规定为加法操作;操作码 010 可以规定为减法操作等。CPU 中有专门电路用来解释每个操作码,从而使机器能执行操作码所表示的操作。

指令功能不同,相应的指令代码有着明显的差异,有些指令无须指明操作数,有些指令可能有一个或两个操作数。在指令中有一个操作数的指令称为**单字节寻址指令**,有两个以上操作数的指令称为**多字节寻址指令**。指令的格式是根据指令的功能而定的,其中不可缺少的是指令操作码。

**4. 计算机的指令执行过程**

计算机工作的过程本质上就是执行程序的过程,而程序是由若干条指令组成的。计算机逐条执行程序中的每条指令,就可以完成一个程序的执行,从而完成一项特定的工作。

计算机执行指令一般分为3个阶段：取指令(Fetch)、分析指令(Decode)和执行指令(Execute)。

取指令阶段的任务就是根据程序计数器PC中的值，从内存储器中读出现行指令并送入到CPU，然后PC自动加1指向下一条指令地址。分析指令阶段的任务是将CPU中的指令操作码译码，判断该条指令的功能。如指令要求操作数，则寻找操作数所在内存的地址。

执行指令阶段的任务是取出操作数，再向各部件发出完成该操作的控制信号，最终完成该指令的功能。一条指令执行完后就开始处理下一条指令。一般将第一和第二阶段合称为**取指周期**，第三阶段称为**执行周期**。

计算机在运行时，CPU从内存中读出一条指令到CPU内执行，执行完后再从内存中读出下一条指令到CPU内执行。计算机执行程序的过程就是周而复始地完成上述过程，直到遇到停机指令为止。

总之，计算机的工作就是执行程序，也就是自动连续地执行一条条指令，而程序开发人员的工作就是编制程序。一条指令的功能虽然有限，但一系列指令组成的程序可完成的任务却是无限多的。

## 7.2 典型存储器

### 7.2.1 存储器的分类

存储器是计算机系统中的记忆设备，用来存放程序和数据。

半导体器件和磁性材料是目前主要采用的存储器介质。一个双稳态半导体电路或一个CMOS场效应管或磁性材料的存储元，均可以存储一位二进制代码。这个二进制代码是存储器中的最小存储单元，称为一个**存储位**或**存储元**。由若干个存储元组成一个**存储单元**，然后再由许多存储单元组成一个**存储器**。

**1. 存储器的分类**

根据存储单元的性质及使用方法的不同，存储器有各种不同的分类方法。

1) 按存储介质分

作为存储介质的基本要求，必须有两个明显区别的物理状态，分别用来表示二进制的代码0和1。另一方面，存储器的存取速度又取决于这种物理状态的改变速度。用半导体器件组成的存储器称为半导体存储器。用磁性材料制成的存储器称为磁表面存储器，如磁盘存储器和磁带存储器。

2) 按存储器的读写功能分

有些半导体存储器存储的内容是固定不变的，即只能读出不能写入，这种存储器称为只读存储器。既能读出又能写入的存储器称为随机存储器。

3) 按信息的可保存性分

断电后信息即消失的存储器称为非永久记忆存储器。断电后信息仍能保存的存储器称为永久记忆存储器。磁性材料做成的存储器是永久性存储器，半导体读写存储器RAM是非永久性存储器。

## 2. 计算机中存储器的分级结构

对存储器的要求是容量大、速度快、成本低,但在一个存储器中同时兼顾这三方面是困难的。为了解决这一矛盾,在计算机系统中,通常采用多级存储器体系结构,即使用高速缓冲存储器(Cache)、主存储器和外存储器,如图 7.2-1 所示。CPU 能直接访问的存储器称为内存储器,它包括高速存储器和主存储器。CPU 不能直接访问外存储器,外存储器的信息必须调入内存储器后才能由 CPU 进行处理。

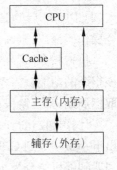

图 7.2-1　存储器的分级结构

1) 高速缓冲存储器

高速缓冲存储器简称 Cache,它是计算机系统中的一个高速小容量半导体存储器。在计算机中,为了提高计算机的处理速度,利用 Cache 来高速存取指令和数据。和主存储器相比,它的存取速度快,但存储容量小。

2) 主存储器

主存储器简称内存,是计算机系统的主要存储器,用来存放计算机运行期间的大量程序和数据。它能和 Cache 交换数据和指令。主存储器一般由 MOS 半导体存储器组成。

3) 外存储器

外存储器简称外存,它是大容量辅助存储器。目前主要使用硬磁盘、光盘及闪存等。外存的特点是存储容量大、成本低,通常用来存放系统程序和大型数据文件及数据库。

上述三种存储器形成计算机的多级存储系统,各级存储器承担的职能各不相同。其中 Cache 主要强调快速存取,以便使存取速度与 CPU 的运算速度相匹配;外存储器主要强调大的存储容量,以满足计算机的大容量存储要求;主存储器介于 Cache 与外存储器之间,要求选取适当的存储容量和存取周期,使它能容纳系统的核心软件和较多的用户程序。

### 7.2.2 只读存储器

#### 1. ROM 的分类

数据一旦写入只读存储器,即使断电,信息也不会丢失。在使用过程中,信息只能读出,不能用一般的方法随时写入。只读存储器存入数据的过程,称为对 ROM 进行编程。根据编程方法的不同,只读存储器可以分为以下几类。

1) 掩膜 ROM

工厂利用掩膜制造工艺,根据固定要求的线路制成 ROM,一旦制成,其中的内容就不能更改,因此它用来存放不需要改变的固定程序和数据,如监控程序、数据表、字符发生器等。它的优点是可靠性高、集成度高、价格便宜,缺点是不能重写。

2) 可编程 ROM

可编程 ROM(programmable ROM,PROM)在工厂生产时,没有写入信息,用户根据需要可用特殊的方法写入程序或数据,但是只能写一次,写入后不能更改。

3) 光可擦除的 PROM

可擦除的 PROM(erasable PROM,EPROM),用户可按规定的方法用专用编程工具多次编程。一旦写入,即使断电,信息也不会丢失。如要更改信息,必须通过紫外线灯照射

5~15min 才能擦除信息，程序擦除后可以用专用编程工具再次写入。

4) 电擦除的 PROM

电擦除 PROM(electrically erasable PROM,$E^2$PROM)，只要在所规定的引脚加上不同的电压，即可实现按字节擦除程序或全部擦除程序，从而克服了 EPROM 只要有一位写错则必须全片擦除然后再重新写入的缺点。擦除过程不用专用设备，可以在机内实现，因此可作为非易失 RAM 使用。其缺点是集成度和存取速度不及 EPROM，并且价格较贵。

### 2. ROM 的工作原理

1) 掩膜 ROM

掩膜 ROM 制成后，用户不能修改，图 7.2-2 给出了一个简单的 $4 \times 4$ 位 MOS 型 ROM。采用单向（横向）译码结构，两位地址线 $A_1$、$A_0$ 译码后可译出 4 种状态，输出 4 条选择线，可分别选中 4 个单元，各单元对应着输出 $D_3 \sim D_0$。

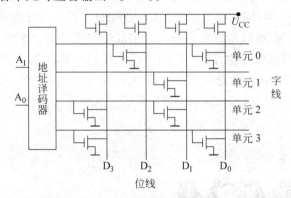

图 7.2-2 掩膜 ROM 示意图

在图 7.2-2 所示的矩阵中，在行、列交叉处，有的连有管子，有的没有，是否连接管子由厂家根据用户提供的程序决定。实现时，根据对芯片图形（掩膜）是否进行二次光刻而定，所以称为掩膜 ROM。

若地址线 $A_1A_0=00$，则选中 0 号单元，即字线 0 为高电平。若有管子与其相连（$D_2$ 和 $D_0$），其相应的 MOS 管将导通，位线输出为 0，而位线 1 和 3 没有管子与字线相连，则输出为 1。可见，存储器的内容取决于制造工艺。

2) 可编程 ROM

PROM 是一个"与"、"或"逻辑阵列结构，当 ROM 制造完毕后，其存储的内容就已完全确定，用户不能改变。而 PROM 产品则不同，厂家为了用户设计和使用的方便，制造这种器件时，使存储矩阵（"或"阵列）的所有存储单元的内容全为"1"（或"0"），用户根据自己的需要可自行确定存储单元的内容，将某些单元按一定方式改写为"0"（或"1"）。

图 7.2-3 是由二极管和熔断丝构成的 PROM 存储单元。出厂时，存储矩阵中的所有熔丝都是通的，即存储单元存"1"。使用时，当需要将某些单元改写为"0"时，则只要给这些单元通以足够大的电流，把熔丝烧断即可。显然，PROM 的熔丝被烧断后不能恢复，因而只能编程一

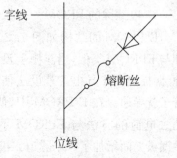

图 7.2-3 由二极管和熔断丝构成的存储单元

次,一旦编好就不能再行修改,所以又称为一次编程型只读存储器。

3) 光可擦除的 PROM 存储单元

通常,EPROM 存储电路是利用浮栅型 MOS 管构成的,又称为 FAMOS 管(floating gate avalanche injection metal-oxide-semiconductor,即浮栅雪崩注入 MOS 管),其构造如图 7.2-4(a)所示。

该电路和普通 P 沟道增强型 MOS 管相似,只是栅极没有引出端,而被 $SiO_2$ 绝缘层所包围,称为"浮栅"。在原始状态,栅极上没有电荷,该管没有导通沟道,D 和 S 不导通。如果将源极和衬底接地,在衬底和漏极形成的 PN 结加上一个约 24V 的反向电压,可导致雪崩击穿,产生许多高能量的电子,这样的电子比较容易越过绝缘层进入浮栅。注入浮栅的电子数量由所加电压脉冲的幅度和宽度来控制。如果注入的电子足够多,则这些负电子在硅表面上感应出一个连接源、漏极的反型层,使源漏极呈低阻态。当外加电压取消后,积累在浮栅上的电子没有放电回路,因而在室温和无光照的条件下可长期保存在浮栅中。

将一个浮栅管和 MOS 管串接起来就可以组成如图 7.2-4(b)所示的存储电路。于是,浮栅中注入了电子的 MOS 管源、漏极导通,当行选线选中该存储单元时,相应的位线为低电平,即读取值为"0",而未注入电子的浮栅管的源、漏极是不导通的,故读取值为"1"。在原始状态,即厂家出厂时,没有经过编程,浮栅中没有注入电子,因此位线上总是"1"。

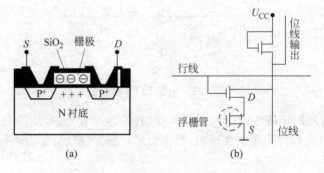

图 7.2-4 浮栅 MOS EPROM 存储电路

消除浮栅电荷的办法是利用紫外线光照射,由于紫外线光子能量较高,从而可使浮栅中的电子获得能量,形成光电流从浮栅流入基片,使浮栅恢复初态。EPROM 芯片上方有一个石英玻璃窗口,只要将此芯片放入一个靠近紫外线灯管的小盒中,一般照射 20min 后,若读出每个单元的内容均为 FFH,则说明该 EPROM 已被擦除。

4) 电擦除的 PROM

$E^2$PROM 的结构如图 7.2-5 所示,其工作原理与 EPROM 类似,当浮栅上没有电荷时,管子的源、漏极之间不导电。若设法使浮栅带上电荷,则管子就导通。在 $E^2$PROM 中,使浮栅带上电荷和消去电荷的方法与 EPROM 不同。在 $E^2$PROM 中漏极上面增加了一个隧道二极管,它在第二栅极与漏极之间电压 $U_G$ 的作用下(实际为电场作用),可以使电荷通过它流向浮栅,起编程作用;若电压

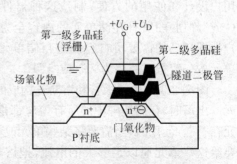

图 7.2-5 $E^2$PROM 结构示意图

的极性相反,也可以使电荷从浮栅流向漏极,起擦除作用。编程与擦除所用的电流是极小的,可用普通的电源供给 $U_G$。

$E^2$PROM 的另一个优点是可以按字节分别擦除(不像 EPROM 擦除时把整个片子的内容全变为"1"),字节的编程和擦除都只需要 10ns 的时间。

### 7.2.3 随机存储器

**1. 随机存储器 RAM 的分类**

随机读写存储器简称随机存储器。随机存储器在使用过程中可以随时写入和读出,但计算机掉电后信息就会丢失。根据生产工艺的不同,可以将随机存储器分为双极型半导体存储器和 MOS 型半导体存储器。

双极型半导体存储器的读写速度快,是 MOS 型的 10~30 倍,但是存储一位信息的管子较多,功耗大,集成度低,价格昂贵。因此常用作计算机中的小容量高速缓存器,以及用于一些速度要求高或容量要求小的设备中。

MOS 型半导体存储器的存取速度不及双极型半导体存储器,但制造工艺简单,功耗小,集成度高,成本低,因此大量用于计算机中。根据存储信息的原理不同,可将 MOS 型 RAM 分为以下几种。

1) 动态 RAM

动态 RAM(dynamic RAM,DRAM),利用电容器存储信息,具有电路简单、集成度高的优点。由于电容器有漏电现象,会导致信息丢失,因此要不断对其进行刷新,以保证信息不丢失。

2) 静态 RAM

静态 RAM(static RAM,SRAM),以双稳态电路为基础,状态稳定,只要计算机系统不断电,信息就不会丢失,不需要刷新,因此速度快,但电路复杂,集成度较 DRAM 低,价格较 DRAM 高。常用于容量要求较低的计算机系统中。

3) NVRAM

NVRAM 为非易失随机读写存储器。静态和动态 RAM 都有信息易失的缺点,而 NVRAM 克服了这一不足。它实际上是由 SRAM 和 $E^2$PRAM 共同构成的存储器。正常运行情况下,它和一般的 SRAM 一样,而在计算机系统掉电或电源故障瞬间,它把 SRAM 中的信息存在 $E^2$PROM 中,从而使信息不会丢失。NVRAM 多用来存储系统中的重要信息和用于掉电保护。

**2. RAM 的工作原理**

1) 静态存储器 SRAM

由于该类型存储器具有极高的存取速度,单位面积内具有较低的存储密度,所以它一般用于对存取速度要求高、存储容量不太大的应用场合,如充当高速缓存器 Cache、总线缓冲器 FIFO 等。

图 7.2-6 所示是由 6 个 MOS 管组成的 SRAM 存储元电路。在此电路中,$T_1$~$T_4$ 管组成双稳态触发器,

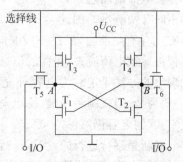

图 7.2-6 六管静态 RAM 存储电路

$T_1$、$T_2$ 为放大管，$T_3$、$T_4$ 为负载管。若 $T_1$ 截止，则 $A$ 点为高电平，它使 $T_2$ 导通，于是 $B$ 点为低电平，这又保证了 $T_1$ 的截止。同样 $T_1$ 导通而 $T_2$ 截止，这是另一种稳定状态。因此，可以用 $T_1$ 管的两种稳定状态来分别表示二进制数的"1"或"0"。由此可知，SRAM 保存信息的特点是和这个双稳态触发器的稳定状态密切相关的。显然，仅仅能保持这两种状态中的一种还是不够的，还要对状态进行控制转换，于是，就加上了控制管 $T_5$ 和 $T_6$。

当地址译码器的某一个输出选择线送出高电平到 $T_5$ 和 $T_6$ 控制管的栅极时，$T_5$ 和 $T_6$ 导通，于是，$A$ 与 I/O 线相连，$B$ 点与 $\overline{I/O}$ 线相连。这时，如要写入"1"，则 I/O 线为"1"，$\overline{I/O}$ 线为"0"。它们通过 $T_5$ 和 $T_6$ 管与 $A$、$B$ 两点相连，即 $A=1, B=0$，从而使 $T_1$ 截止，$T_2$ 导通。而当写入信号和地址译码信号消失后，$T_5$ 和 $T_6$ 管截止，该状态仍能保持。如要写入"0"，则 $\overline{I/O}$ 线为"1"，I/O 线为"0"，这使得 $T_1$ 导通，$T_2$ 截止。只要不掉电，这个状态就会一直保持，除非重新写入一个新的数据。

对所存内容读出时，仍需地址译码器的某一输出选择线送出高电平到 $T_5$ 和 $T_6$ 管的栅极，该存储单元被选中，这时 $T_5$ 和 $T_6$ 管导通，于是，$T_1$ 和 $T_2$ 管状态被分别送至 I/O 线与 $\overline{I/O}$ 线，这样就读取了所保存的信息。所存储的信息被读出后，原存储的内容并不改变，除非重新写入一个数据。

在 SRAM 存储电路中，每个单元存储电路需要 6 个 MOS 管，因此集成度较低，且 $T_1$ 和 $T_2$ 管组成的双稳态触发器必有一个是导通的，因此其功耗较大，这是 SRAM 的两大缺点。其优点是无须刷新电路，简化了应用，且电路状态的转换是一个加速的过程，因此存取速度较快。

2) 动态存储器 DRAM

相对于 SRAM 而言，DRAM 存储器单位面积内具有更高的存储密度，但存取速度相对较慢，因此它一般用于需要较大存储容量的场合，主要用于充当计算机系统中的主要存储器（即通常的"主存"）。

动态存储器的基本单元存储电路如图 7.2-7 所示，大都采用单管动态存储电路。

在 DRAM 存储单元电路中，通过电容器 $C$ 存储电荷来保存信息。电容 $C$ 上有电荷时，为逻辑"1"，没有电荷时，为逻辑"0"。从电容器的物理特性上看，任何电容都存在电荷泄漏现象，即"放电"现象，只是根据电容值的不同有快有慢。因此，当 DRAM 单元存储电路中电容 $C$ 上存有电荷时，经过一段时间后，由于电容的放电过程将导致电荷流失，保存的信息也就随之丢失。防止

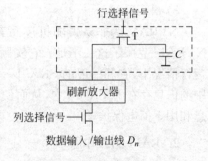

图 7.2-7 单管动态存储元

此现象的办法是定时为电容补充电荷，也就是对 DRAM 进行动态刷新，即每隔一定时间（一般为 2ms）就刷新一次，使原来处于逻辑电平"1"的电容上的电荷得到补充，而原来处于电平"0"的电容仍然保持"0"。

刷新是逐行进行的，当某一行选择信号为"1"时，就选中了该行，该行上所连接的各存储单元中的电容信息送到各自对应的刷新放大器上，刷新放大器将信息放大后又立即重新写

到电容 C 上。显然，某一时间段只能刷新某一行，也就是上述的刷新只能逐行进行。由于刷新时列选择信号总为"0"，因此，电容上的信息不可能被送到数据总线上。

### 7.2.4 闪速存储器简介

理想的存储器应该具备存取速度快、不易失、存储密度高（单位体积存储容量大）、价格低等特点，但一般的存储器只具有这些特点中的一个或几个。近几年来，Flash 存储器（简称闪存）技术趋于成熟，它结合了 PROM 存储器的成本优势和 $E^2$PROM 的可再编程性能，是目前比较理想的存储器。Flash 存储器具有电可擦除、无须后备电源来保护数据、可在线编程、存储密度高、低功耗、成本低等优点。这些优点使得 Flash 存储器在嵌入式系统中获得广泛应用。从软件角度来看，Flash 和 $E^2$PROM 的技术性能十分相似，两者的主要差别是 Flash 存储器一次能擦除一个扇区，而不是像 $E^2$PROM 需要 1 个字节 1 个字节地擦除。典型的扇区大小是 128B～16kB，这样闪存就比 $E^2$PROM 的更新速度更快。

由于闪存断电时仍能保存数据，闪存通常被用来保存设置信息，如在计算机的 BIOS、PDA、数码相机中保存资料等。另一方面，闪存不像 RAM 一样以字节为单位改写数据，因此不能取代 RAM。

闪存的存储元电路是在 CMOS 单晶体管 EPROM 存储元的基础上制造的，因此它具有非易失性。与 EPROM 不同的是，EPROM 通过紫外光照射进行擦除，而闪存则是在 EPROM 的制造工艺中特别实施了电擦除和编程能力的设计，因此实现了优于传统 EPROM 的性能。它的读取速度比静态和动态 RAM、掩膜 ROM、EPROM 和 $E^2$PROM 的速度都快。

Flash 存储器是一种高密度、真正不挥发的高性能读写存储器，还可以直接与 CPU 连接，省去了从磁盘到 RAM 的加载步骤，其工作速度仅取决于闪存的存取时间。例如 120ns 的读出时间使 CPU 实现了无等待时间，用户可以充分享受程序和文件的高速存取。

总之，闪存具有高性能、低功耗、高可靠性和瞬时启动能力，因而有可能使现有的存储器体系结构发生重大变化。

## 7.3 微型计算机在飞机上的应用举例

### 7.3.1 概述

微型计算机具有体积小、质量轻、耗电小、价格低、方便可靠等优点，已被广泛应用于许多领域，对科学研究和经济建设起到了极大的促进作用。微机在其他领域的应用取得成功后，在 20 世纪 70 年代末 80 年代初被应用到民航运输机上，使飞机的操纵、控制、导航、通信、仪表显示、发动机管理、客舱环境控制等各个系统在技术上得到飞跃，改善了机组人员对机电式控制系统、液压式控制系统和气动式控制系统的操纵方式，极大地减轻了飞机的重量，提高了飞机各系统的安全性和可靠性。

多机系统是指在一个系统中采用了多台微机或多个 CPU，各个 CPU 有机地组合起来，并相互配合协调工作，以提高系统的综合能力。多机系统主要用来提高系统的运算速度、灵活性、可靠性、可维护性及系统的性能价格比。

微机的分类方法有多种。按照字长来分类,目前在飞机上应用的有4位机、8位机、16位机、32位机和64位机;按结构来分,可分为单片机、多片机、单板机及多板机。如果按微机的应用范围来划分,可分为专用4位机、通用8~64位机、分布式8~64位机、集中式16~64位机等。例如在B767飞机上有51个系统使用了CPU,为了安全可靠,许多重要系统都配置了2~3套系统,整个飞机使用的CPU共有170多个,其中4位机有2个,8位机有138个,12位机2个,16位机3个。所用CPU的型别有:MC6800、Z80、8085A、8086、Z8001、Z8002、SDP-175、MDP-6301、LS-54Ⅲ B、TI-SB9989等。

飞机上所用的微处理机按用途可以划分为几大类,如数据处理微机、实时控制微机、图书资料库检索微机、飞行数据姿态显示微机、信息存储/监控式微机、人机联系管理微机等,下面简单介绍几种应用。

### 7.3.2 数据处理微机

数据处理微机接收从传感器输来的基本参数数据,经过微机运算处理后形成一系列信号输出,供其他系统使用。在民用客机上装配的惯性基准系统(IRS)和大气数据计算机(ADC)就是数据处理微机的典型应用实例。

**1. 惯性基准系统原理**

惯性基准系统(IRS)习惯上也叫陀螺惯性导航系统,其基本原理框图如图7.3-1所示。

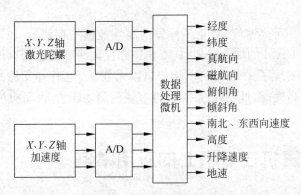

图 7.3-1　IRS 原理框图

惯性基准系统用来感受飞机的位置及动态原始数据,经微机处理后向飞机其他系统输出导航参数。IRS中利用3个激光陀螺感受飞机绕$X$轴(倾斜)、$Y$轴(俯仰)和$Z$轴(方向)转动的角速度;利用3个加速度计感受飞机沿着$X$、$Y$、$Z$三轴的线加速度。这6个传感器所获得的是模拟信号,分别经过各自的A/D转换电路,将模拟信号变换为数字信号送至微机,微机按预定好的处理程序对这6个原始数据进行运算处理,得出准确的飞机当时位置的经纬度、直航向、俯仰角、倾斜角、南北和东西方向的速度、高度、升降速度、地速等导航参数,然后提供给飞机上的飞行管理计算机(FMC)、飞行控制计算机(FCC)、空中交通管制计算机(ATC)、水平状态显示器(EHSI)等设备使用。

## 2. 大气数据计算机原理

数字式大气数据计算机(ADC)是典型的数据处理微机在飞机上的应用实例,其基本原理框图如图 7.3-2 所示。ADC 依靠大气静压传感器 $P_S$、全压传感器 $P_t$、大气总温传感器 $T_t$、迎角传感器 $\alpha_L$ 和气压修正电位器等 5 个传感器产生 5 个输入信号,经过微机控制的多路输入转换器和模数转换器 A/D 之后,变换为相应的数据信号输给微机,由微机按预定程序对 5 个原始数据进行处理运算,形成多达十几个甚至上百个数据信号输出。一般飞机上常用的大气数据信号有标准气压高度($H$)、高度变化率($dH/dt$)、相对可给定的高度差($\Delta H$)、指示空速($V_i$)、真空速($V_t$)、马赫数($Ma$)、马赫数变化率($dM/dt$)、大气静温($T_S$)、真迎角($\alpha$)、静压值($P_S$)、动压值($Q_c$)、气流密度 $\rho_S$ 与标准海平面大气密度 $\rho_0$ 之比($\rho_S/\rho_0$)等。这些数据由微机输出到接口电路,由接口的 D/A 转换器变为等值的模拟电压信号输送给有关系统,也可以由接口中的输出格式形成电路由数据总线输出到 FMC 使用。

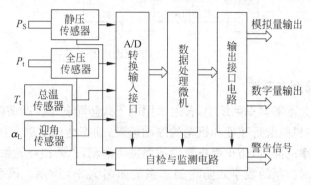

图 7.3-2　ADC 原理框图

### 7.3.3　实时控制微机

实时控制就是利用电子计算机作为自动控制系统中的一个信息处理环节,通过对预定数学模型的计算,实现对系统的控制,使操作过程自动化。在民用客机上用于实时控制的微机系统较多,简要介绍以下几种。

**1. 电子推力控制系统(EPCS)**

在波音 737、747、757、767 和 777 飞机上的发动机装配的 EPCS 是一个全功能微机控制系统。除了机械的超转调节器以外,它不采用任何液压机械的计算单元。EPCS 可以完成下列主要任务:

(1) 从发动机起动到停车期间,控制发动机的各种变量;
(2) 控制推力的大小和方向(正、反推力);
(3) 对于温度、马赫数、高度和使用引气的自动推力补偿;
(4) 计算并输出发动机工作特性和数据;
(5) 自动进行故障检测、隔离和调节;
(6) 输出发动机的性能和故障数据用于显示和记录;
(7) 燃油和润滑油温度管理。

## 2. 自动飞行控制系统(AFCS)

自动飞行控制系统是飞行管理系统(FMS)的一个执行系统，如图 7.3-3 所示。飞行管理计算机(FMC)向飞行控制计算机(FCC)输出各种操纵指令信号，有目标高度、目标计算空速、目标马赫数、目标升降速度、倾斜指令等。FCC 根据这些输入数据进行综合运算，产生爬高、下降、倾斜、转弯等操纵指令，并输送给自动驾驶仪的各个舵机，自动驾驶飞机按要求的航向和高度层飞行。

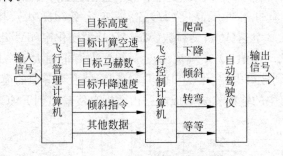

图 7.3-3 AFCS 原理框图

## 3. 数字式防滞刹车系统

在现代飞机的起落架刹车系统中，普遍采用电子式防滞刹车。所谓防滞刹车，指的是在刹车过程中，根据飞机的滑行速度和机轮的滚动速度，动态地调节刹车压力(液压或气压)，在获得最大刹车效率的同时，防止因机轮锁死而发生滑动，以防损坏轮胎或因过热而爆胎。

用微机进行实时控制的数字式防滞刹车系统如图 7.3-4 所示。该系统采用 6 个 CPU 为核心的多微机系统，4 个相同的微机分别作为 4 对主机轮的防滑控制器，一个微机作为自动刹车控制器，另一个微机用于自检测故障隔离和显示控制。这种系统将自动刹车、防滑控制、着陆接地保护、锁死机轮保护、滑水保护和系统监测等功能综合在一起，大大提高了飞机在各种跑道条件下的刹车效率和安全性。该系统与旧式飞机的机电刹车系统相比，具有体

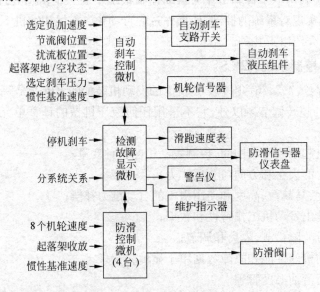

图 7.3-4 数字式防滞滑刹车系统

积小、重量轻、效率高、工作可靠等优点,只要改变微机 ROM 中存放的程序即可适用于不同机种。由于微机运算速度快,精度高,可以达到最佳控制和实现非线性控制。

自动刹车控制微机根据输入的负加速度选择仪的选定值、节流阀门位置、扰流板位置、起落架地/空状态、飞行员选定的刹车压力和惯性基准速度等 6 种信号进行逻辑判断处理,其输出信号去控制自动刹车液压组件,确定刹车和松开刹车的条件,决定正常刹车系统的转换以及提供接地保护。

防滑控制器微机根据输入的 8 个刹车主轮的速度信号、惯性基准速度信号和起落架收放状态信号进行逻辑判断和数据处理,其输出信号去控制防滑阀门,以实现正常刹车防滑控制以及提供机轮锁死保护和滑水保护。

飞机在积水或融雪的跑道上着陆滑行时,其机轮往往会锁死(机轮刹死不转动),这时只靠轮胎接地点在跑道上摩擦滑行,这种滑行称为滑水,此时极易磨损轮胎使其爆破。而用微机控制刹车时,可从惯性基准系统中得到飞机的真实速度信号,据此调节刹车压力,从而防止滑水,提高刹车效率和安全性。

自检测故障隔离和显示微机连续地对各分系统采集信号,隔离故障,并把故障记录在维护计算机内,将主要故障显示在 EICAS 上。

# 第8章

# 电子显示器

在飞机上,必须把飞机、发动机以及其他飞机系统的参数显示出来,以便飞行员能及时了解系统的工作状态,确保飞行员准确、安全地驾驶飞机,完成飞行任务。

早期的显示器都是机械指针式指示器,后来又出现了电气式和机电伺服式指示器。20 世纪 70 年代后期,随着电子技术、数字技术以及计算机技术等的飞速发展,上述指示器逐渐退出了市场。现代民用飞机上普遍使用了功能更全面的电子显示器。

现代飞机驾驶舱大多采用彩色阴极射线管(CRT)、液晶显示屏(LCD)和发光二极管(LED)显示飞机系统的参数和状态。由于 LED 和 LCD 显示器具有很多优点,所以现代先进民用客机上大都采用了这两种类型的显示器,如我国现有的 B737NG 飞机、B777 飞机上都采用了液晶显示器,而 CRT 由于其固有的缺点,在现代飞机上已不多见。

## 8.1 发光二极管显示器

### 8.1.1 LED 的基本特性

在本书上篇的第 1 章中,已经介绍过发光二极管 LED 的基本结构,它是一种将电能转换为光能的半导体器件。当在 LED 两端加上正向电压时,半导体中的自由电子与空穴发生复合,电子将多余的能量以光子的形式释放出来,产生电致发光现象。发光颜色与构成其基底的材质元素有关。例如,磷砷化镓(GaAsP)发红光,磷化镓(GaP)发绿光,氮化镓(GaN)发蓝光,而砷化镓(GaAs)发出不可见的红外线光等。图 8.1-1 所示曲线是不同材料的光谱特性。

**1. LED 的工作特性**

图 8.1-2 是 LED 的伏安特性,可见,LED 的伏安特性与普通半导体整流二极管相似,其伏安特性曲线也可以划分为正向特性区、反向特性区和反向击穿区。图中的 $U_A$ 为开启电压,如红色(或黄色)LED 的开启电压一般为 $0.2 \sim 0.25\text{V}$。AB 段为 LED 的工作区,一般随着正向电压的增加,LED 的电流也跟着增大,发光亮度也随之增强。但在该区段内要特别注意,如果不加任何保护,当正向电压增加到一定值后,LED 的正向电阻会减小,使正向电流进一步增大。如果没有保护电路,会因电流太大而烧坏发光二极管。

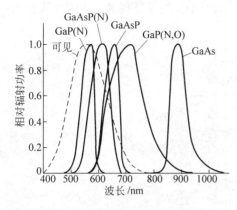

图 8.1-1 辐射光与材料的关系

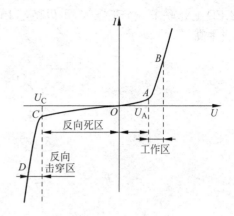

图 8.1-2 LED 的伏安特性

需要注意的是,LED 的伏安特性并不是固定的,当温度变化时,其伏安特性也随之变化,如图 8.1-3 所示。当采用恒压供电时,通过 LED 的电流随着温度的升高而增大,即 LED 的伏安特性具有负的温度系数。因此,LED 一般都采用恒流驱动。驱动器是否恒流将直接影响 LED 的稳定与否。市场上常见的 LED 的驱动电流如下:1W 的 LED 约为 350mA,3W 约为 700mA。

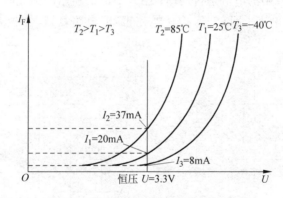

图 8.1-3 温度对 LED 伏安特性的影响

LED 的发光量随电流的增大而增加,并且随着半导体结温的上升而下降,但两者不成正比。由于 LED 对温度非常敏感,当其结温升高时,正向压降降低,电流增大,因此在设计驱动电路时,必须对 LED 的电流加以限制,以防止其损坏。

**2. LED 的排列方式及特点**

LED 的排列方式取决于多方面的因素,如应用要求、LED 的参数与数量、输入电压、散热管理、尺寸与布局限制等。在实际应用中,往往需要将多个 LED 按照需求排列组合起来。常见的 LED 排列方式有以下几种。

1) LED 的串联接法

图 8.1-4 是 LED 的串联接法。图 8.1-4(a)所示的简单串联电路结构简单,且无论 LED 的压降如何变化,所有串联的 LED 中的电流都始终一致。但这种接法可靠性较低,若一个 LED 损坏,会导致整个 LED 均不能正常工作;图 8.1-4(b)所示的电路在每个

LED 上并联了一个稳压管,可以稳定 LED 两端的工作电压,但元器件数量增加,体积大,成本高。

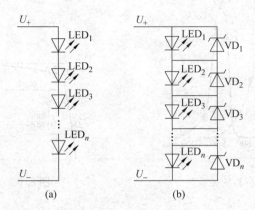

图 8.1-4　LED 的串联接法
(a) 简单串联；(b) 带并联稳压管的串联

2) LED 的并联接法

图 8.1-5 是 LED 的并联接法。图 8.1-5(a)所示的简单并联电路结构简单,驱动电压低,但需要考虑各 LED 中的电流是否均衡；图 8.1-5(b)所示的独立匹配并联电路解决了均流问题,可靠性较高,单个 LED 的保护功能完善,但电路复杂,体积大,成本高,不适用于 LED 多的场合。

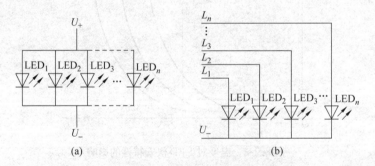

图 8.1-5　LED 的并联接法
(a) 简单并联；(b) 独立匹配并联

3) 混联接法

图 8.1-6 是 LED 的混联接法。在图 8.1-6(a)所示的接法中,当一个 LED 损坏时,会导致一条支路上的 LED 都不能正常工作,因此不建议使用；在图 8.1-6(b)所示的接法中,若其中某个 LED 因故障而开路,则电路中只有与其并联的 LED 的驱动电流会增加,而其余 LED 不受影响,因此具有可靠性高、总体效果好等优点,使用范围较广。但这两种接法的电路都比较复杂,单个的 LED 并联或多个 LED 串联后再并联,都需要解决均流问题。

**3. LED 显示器**

发光二极管可以用作光源发生器、显示器,或信号灯和刻度显示。这里只对 LED 作为显示器的应用作简单介绍。

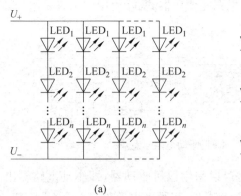
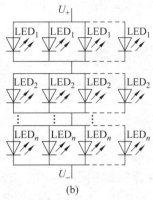

图 8.1-6 LED 的混联接法
(a) 先串联后并联；(b) 先并联后串联

将多个 LED 相互组合起来，可以组成一个显示区域，按不同的控制，各 LED 可分别发光以显示出不同的符号（字母、数字、特殊符号等）。如图 8.1-7(a) 是一块 5×7 的 LED 显示器，图中显示的是字母"A"。

如果只需要显示数字，则可以采用分段显示器，常用的分段显示器为 7 段数码显示器，如图 8.1-7(b) 所示。

LED 显示器具有使用寿命长、读出角度大（约为 150°）和视差小等优点，在飞机上可以用 LED 显示器代替机械指针式仪表进行数字显示。

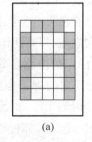
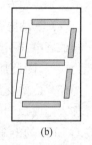

图 8.1-7 LED 显示器
(a) 5×7 LED 显示器；(b) 7 段 LED 数码管

## 8.1.2 LED 的驱动电源

### 1. LED 驱动电源的通用要求

近年来，随着发光性能的进一步提升及成本的优化，LED 除了在中小尺寸屏幕的便携式电子产品的背光照明等方面获得大量应用外，已迈入通用照明领域，如建筑物照明、街道照明、景观照明、标识牌、信号灯以及住宅内的照明等，其应用范围越来越广泛。

无论 LED 以何种方式应用（显示器或照明），都需要驱动电源为其提供工作电压和电流。驱动电源是 LED 工作所必不可少的条件，好的驱动电路还能为 LED 提供保护功能。但 LED 的驱动电路比较复杂，如 LED 的正向电压会随着温度、电流的变化而变化，而且不同个体、不同批次、不同供应商的 LED，其正向电压也会有差异；另外，LED 的"色点"也会随着电流及温度的变化而漂移。

此外，由于 LED 的正向伏安特性非常陡（正向动态电阻非常小），不适合直接用电压源供电，否则电压稍有波动，电流就会增大到将 LED 烧毁的程度。为了稳定 LED 的工作电流，保证 LED 能正常可靠地工作，目前已经设计出了各种各样的 LED 驱动电路。

LED 的排列方式及 LED 光源的规范决定着基本的驱动要求。基本的 LED 驱动电路示意图如图 8.1-8 所示，图中的"隔离"电路表示交流输入电压与 LED（即输入与输出）之间没有物理上的电气连接,最常用的隔离电路是变压器,实际使用中也有采用"非隔离"驱动器的情况。

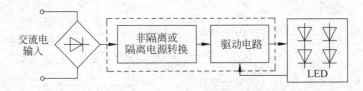

图 8.1-8　LED 驱动电路示意图

LED 驱动器根据不同的应用要求,可以采用恒压驱动器,即驱动电路输出的是一定电流范围下箝位的电压;也可以采用恒流驱动器,其驱动电路能严格限定电流;也可以采用恒流恒压驱动器,即提供恒定的输出功率,其电流由 LED 的正向电压确定。

总的来看,LED 的驱动电源除了要满足可靠性高、效率高、功率因数高等指标外,还要满足以下几个要求:

(1) 驱动方式要合理。LED 的驱动方式主要有恒流、恒压限流等几种方式。

(2) 驱动电路要设置浪涌电流保护功能。浪涌电流是指电网中出现的短时间像"波浪"一样的高电压引起的大电流。LED 作为半导体器件,其抗浪涌能力较差,特别是反向抗压能力较差,因此加入浪涌保护电路是非常必要的。

(3) 必须设置功能齐全的保护电路。除了常规的欠压保护、过压保护、过流保护外,还要加入温度反馈电路。因为 LED 的温升会影响其寿命和发光效率,因此防止 LED 温度过高对 LED 的寿命及延长光衰减都有利。

此外,LED 的驱动电源还要符合安全规范和电磁兼容的要求。安全规范是指对使用和维护 LED 的人员的保护。在电子产品给人们带来方便的同时,必须避免其对人体造成危害,因此在设计电路时,必须加设功能齐全的保护措施。

电磁兼容(electromagnetic compatibility,EMC)是指在相同的环境下,涉及电磁现象的不同设备都能够正常运转,而且不对该环境中的任何设备产生有害的电磁干扰。

**2. LED 驱动电源的类型**

LED 的驱动电源可以分为两大类,一类是直接用交流电供电,这又可以分为"非隔离"型的和"隔离"型的两种;另一类是采用直流电供电,包括采用限流电阻、限流电容、线性稳压器和开关稳压器等几种。下面介绍几种简单的 LED 驱动电路。

1) 交流电供电的恒压限流驱动电路

目前 LED 在应用中大多采用交流电源供电,由于 LED 要求在直流低电压下工作,因此需要通过适当的电路拓扑将其转换为符合 LED 工作要求的直流电源。

"非隔离"是指在负载端和输入端有电的联系,触摸负载时有触电的危险,主要有电容降压和高压集成芯片恒流两种电路结构。"隔离"指的是在输出端和输入端有隔离变压器,其安全性大大好于非隔离电路,并采用 PWM 电路进行恒流控制。

图 8.1-9 所示是非隔离电容降压限流电路,该电路具有体积小、成本低的优点,但其带负载能力有限,效率较低,且输出电压随电网波动而变化,电流稳定度不高,易导致 LED 亮度不稳定,因此只能应用在对 LED 亮度及精度要求不高的场合。

图中的电阻 $R_1$、$R_2$ 是电容 $C_1$、$C_2$ 的放电电阻,当断开电源后,电容器上存储的电荷能通过并联的电阻迅速泄放掉,防止电击。串联在 LED 中的电阻 $R_3$ 称为镇流电阻,用于限制流过 LED 中的电流。

图 8.1-10 所示是变压器隔离驱动电路,该电路的优点是简单,成本低,但由于限流电阻上消耗的功率较大,导致用电效率低,且 LED 中的电流稳定度较低,仅适用于小功率 LED 的驱动。

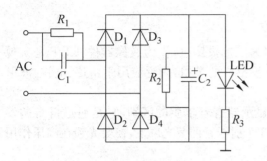 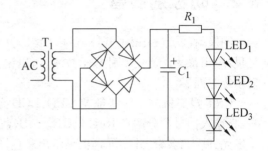

图 8.1-9 非隔离电容限流电路　　　　　　图 8.1-10 变压器隔离驱动电路

2) 恒流驱动电路

上面提到的电阻、电容镇流电路的缺点是电流稳定度低($\Delta I/I$ 达 $\pm 20\% \sim 50\%$),电源转换效率较低($50\% \sim 70\%$),仅适用于小功率 LED 的驱动。

为了满足中、大功率 LED 灯和显示器的供电需要,利用电子技术中常见的电流负反馈原理,可以构成恒流驱动电路。与直流稳压电源一样,根据调整管是工作在线性区还是开关状态,恒流驱动电路也分成两类,即线性恒流驱动电路和开关恒流驱动电路。

图 8.1-11 是最简单的两端线性恒流驱动电路,电路采用三端集成稳压器 LM337 组成恒流电路,外围仅用两个元件:电流采样电阻 $R$ 和抗干扰消振电容 $C$。

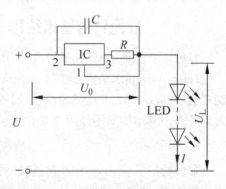

图 8.1-11 两端线性恒流驱动电路

电路中的三端稳压器 LM337 工作在线性状态,其功率损耗 $P=U_0 I$,在恒流值 $I$ 已确定的情况下,只有降低工作压差 $U_0$(指输入电压 $U$ 与 LED 上的电压 $U_L$ 之差)才能降低功耗。工作压差 $U_0$ 一般选择在 $4\sim 8$V 范围内。

上述线性恒流驱动电路虽然具有电路简单、元件少、成本低、恒流精度高、工作可靠等优点,但存在以下一些不足之处:

(1) 集成电路中的调整管工作在线性状态,工作时功耗高,发热大(特别是工作压差过大时),不仅要求较大尺寸的散热器,而且降低了用电效率;

(2) 对电路的输入电压要求严格,且与串联的 LED 数量有关,即对电源电压及 LED 负载变化的适应性较差;

(3) 电源电压必须高于 LED 的工作电压,即该电路只能工作在降压状态,不能工作在升压状态;

(4) 输入端的直流电压一般须有开关稳压电源提供,不能直接使用交流电供电。

采用开关恒流驱动电路可以解决上述问题。由于这种电路都比较复杂,限于篇幅,此处不再介绍。

由于 LED 具有节能环保、寿命长、结构牢固、发光响应速度快、便于设计等优点,LED 已经广泛应用于背光源、照明、电子设备、大屏幕显示屏、汽车、飞机等领域中。

## 8.2 阴极射线管

阴极射线管(cathode-ray tube,CRT)又称为三枪投影机,作为成像器件,CRT 是实现最早、应用最为广泛的一种显示技术,可以说是投影机的鼻祖,广泛应用于雷达、电视、波形显示等方面。

CRT 投影机的工作特征与 LED、LCD 等显示器有着本质的区别,它是通过自身的发光,将输入信号源分解在 R(红)、G(绿)、B(蓝)3 个射线管的荧光屏上,使荧光粉在高压作用下发光、放大、会聚,并在屏幕上显示出彩色图像。

显像管是 CRT 重现图像的核心部件,是实现电光转换、形成光学图像的一种电真空器件,它靠管内电子枪所形成的聚焦电子束轰击荧光屏而形成明亮可见的图像。

显像管与实验室中用于显示信号波形的示波管一样,都是由阴极发射电子流,并由电子枪将阴极所发射的电子流聚焦成射线状的电子束,因此常称为**阴极射线管**,由于其管内电子是聚焦成束的,所以又称为**电子束管**。

### 8.2.1 显像管的基本结构

显像管有多种类型,其外形尺寸、内部结构各不相同,但显像管主要由五部分组成:电子枪(electron gun)、偏转线圈(defection coils)、荫罩板(shadow mask)、荧光粉层(phosphor)及玻璃外壳。其结构简图如图 8.2-1 所示。

**1. 管壳**

显像管的管壳用玻璃制成,包括管底(荧光屏)、锥体、管颈和芯柱四部分。整个管壳是密封的,管内可保持所必须的真空度。玻壳具有足够的强度和抗爆性。

玻壳各部分,尤其是荧光屏面的形状和曲率经过特殊的设计。屏面玻璃具有良好的透明度。

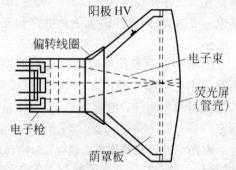

图 8.2-1　CRT 的结构简图

早期的显像管屏面为圆形,后来又发展出平面直角、纯平、柱面等结构。

荧光屏内侧涂覆有一层薄的发光物质,称为荧光质。其作用是将电子的轰击变成光信号输出。发光的亮度与电子的能量和电子束的电流密度等因素有关。而发光的颜色与荧光质的特性和成分等有关。

管锥内侧涂覆着石墨层。石墨层是导电的,它与管锥外侧壁上的阳极柱相连接,以引入阳极电压。管锥外表面也涂有石墨层,外表面的石墨层通过卡箍和拉伸弹簧接地(与显示器的机壳连通),以防止静电荷的积累。

## 2. 电子枪

电子枪的主要作用是发射电子、加速电子并使其聚焦成束。电子枪由阴极、控制栅极和阳极组成。电子束的强度由控制信号(视频信号)控制,并可以调节。经过加速后的高速电子束具有足够的动能,在轰击荧光屏上的荧光物质时可以使荧光质发出辉光,即将电子束的动能转化为荧光质所发出的光能。

在不同类型的显像管中,组成电子枪的电极数量及电极的结构均有所不同。图 8.2-2 所示的电子枪中共有 4 对电极 $G_1$、$G_2$、$G_3$、$G_4$,以及灯丝和阴极。下面介绍各自的作用。

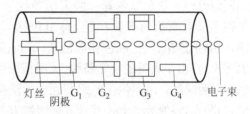

图 8.2-2 电子枪结构示意图

图中的灯丝又称为加热器,当加上电压后,产生的热量用于加热阴极。

电子枪的阴极为圆筒形,其筒底端面上敷涂着具有高度放射能力的金属氧化物,能产生高密度的脉冲放射电流。当其内的加热灯丝将阴极加热到约 800℃时,其表面的金属活性物质受热向外发射电子。电视机的视频信号就加在该阴极上。

$G_1$ 称为**控制栅极**,是一个金属圆筒,它罩在阴极外面。在圆筒底部的膜片上开有 3 个小圆孔,可分别使 3 个阴极所发射的电子流通过。栅极离阴极最近,因而对阴极表面处电场的影响最为直接。改变控制极与阴极之间的电压,可以明显地改变阴极表面处的电场强度,决定阴极是否发射电子流以及电子流的密度,从而控制显示亮度。

$G_2$ 称为**第一阳极**,装在控制极 $G_1$ 和聚焦极 $G_3$ 之间,其结构与控制极相仿。第一阳极上加有 100 伏至数百伏的直流电压,用以吸引由阴极发射出来的电子流,形成向荧光屏前进的电子束。

$G_3$ 称为**聚焦极**,为圆筒形,其入口端做成椭圆筒形。它的出口端和入口端处均装有膜片,膜片与控制栅极和第一阳极的膜片一样,都为单片三孔结构,3 个圆孔的位置与 3 个阴极的发射端面精确对应。聚焦极上加有数千伏的直流电压,除了与第一阳极一样具有对阴极电子流的吸引作用外,主要用以实现对电子束的聚焦。

$G_4$ 称为**第二阳极或高压阳极**,它位于电子枪的最末端,加有十几千伏或更高的电压,以实现对电子束的加速。第二阳极的形状与聚焦极相似,为两端装有三孔单片膜片的圆筒,其出口端为大直径的屏蔽圆筒。第二阳极与管内锥体上敷涂的石墨层相连接。

## 3. 偏转系统

显像管的偏转系统附在管颈部位,用以控制管内电子束的偏转,使电子束轰击荧光屏上不同的位置。为了使电子束向任意指定的方向偏转,需要分别对电子束在垂直方向和水平方向的偏转进行控制,因此,偏转系统包括垂直偏转和水平偏转两部分,分别由水平偏转电路和垂直偏转电路供给偏转信号,以控制管内电子束的水平偏转和垂直偏转。

实现电子束的偏转方式有**磁偏式**和**电偏式**两类。磁偏式显像管利用套在管颈上的偏转线圈所产生的偏转磁场来实现对电子束的偏转控制;电偏式显像管由装设在管内的水平和垂直两对偏转板形成的偏转电场实现对电子束的偏转控制。飞机上的 CRT 显示器与电视接收机相同,都采用磁偏式显像管。

在生产显像管时,已将自会聚管偏转线圈的位置调整好,并与显像管的管颈粘接固定在一起成为一个整体,在使用中不需要进行调整。

### 4. 荧光屏

荧光屏上所敷涂的荧光质(粉)能将电子束的动能转换为光能。荧光质是一种发光物质,在受到电子束的轰击时,便放出一定的光量子能,发出不同的颜色。彩色显像管一般采用条状荧光屏,其上布满了很多垂直条状的荧光质组,每组包括 3 条不同的荧光质,以分别产生红色、绿色和蓝色光。当它们被电子束激发而发光时,由于人眼的视觉特性,人眼所看到的就是由三基色混合而成的彩色图像。各组荧光质的横向行是交错排列的,如图 8.2-3 所示。每一组荧光质组称为一个像素。

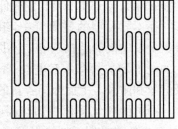

图 8.2-3 条状荧光屏

荧光质组为条状结构的荧光屏,也可以采用黑底管技术,即在荧光粉质的其余部分屏面上涂上石墨,使其不再反射杂散光,从而提高图像的对比度,这就是所谓的黑底管。

### 5. 荫罩板

荫罩是彩色显像管的关键部件,主要起**选色**作用,即确保 3 支电子枪发出的电子束只能各自轰击自己所对应的荧光条。荫罩板分为孔状荫罩和条栅状荫罩两种类型。荫罩板由很薄的钢板制成,安装在与荧光屏内壁距离很近的地方,并与阳极相连。荫罩板上开有 40 多万个小孔或垂直条状槽孔,每个槽孔都与荧光屏上的一组红、绿、蓝荧光条相对应。这些槽孔称为定色孔。荫罩板的作用是保证 3 个电子束共同穿过同一个定色孔,以准确地打在相应的荧光质组上,使之同时发出红、绿、蓝三色光。

电子枪、荫罩板及荧光屏示意图如图 8.2-4 所示。电子枪发射出来的 3 条电子束在偏转到任意角度时,都通过荫罩板上的同一个槽孔打到一组荧光基色粉条上;每条电子束只可能打到本身所对应的那一条荧光质条,而不会打到另两条荧光质条上。由于荫罩板、电子束和荧光屏的恰当配合,能够保证在扫描中的高度精确性,以达到选色的目的。

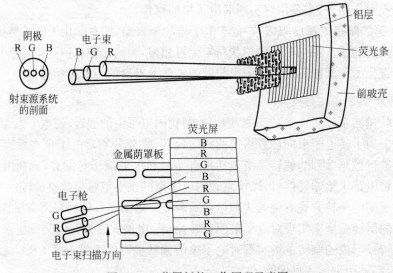

图 8.2-4 荫罩板的工作原理示意图

## 8.2.2 三基色原理

人眼对颜色的分辨能力比对明暗的分辨能力强。用彩色显示器显示雷达信息,不仅可以简洁明了地表示出气象目标的强弱与分布特性,使飞行员一目了然地获得对气象状况的深刻印象,而且可以用不同的颜色同时显示出各种状态通告或警告信息,增大显示的信息量和对图像的识别能力。因此,目前气象雷达普遍应用彩色显像管,这与电视机普遍应用彩色显像管的原因是相似的。

大家知道,光有两个重要的特性:一是光的强弱,即光的明暗差异;二是光的波长范围,它决定了人眼所感知到的光的颜色或人眼的色调感觉。在光学中,可用**光通量**这一参数来衡量光的强弱,用光的频谱-光谱来表示光的波长范围。人眼所能感受到的可见光的频谱范围,其波长是 780～380nm,人眼所感觉的颜色依次为红、橙、黄、绿、青、蓝、紫,即通常所说的七色光。

研究光色的色度学表明,适当选择 3 种互相独立的基色,将它们按不同的比例合成,就可以引起各种不同的彩色感觉;合成彩色的亮度由两个基色的亮度之和决定,而色度则取决于 3 个基色的比例,这就是色度学中的三基色原理。所谓相互独立的三基色,是指任一基色都不能由其他两种基色混合产生。

根据三基色原理,可以采用不同的三基色组,目前在彩色电视机、雷达显示器中所采用的三基色为红色、绿色和蓝色。利用红、绿、蓝三基色,几乎可以合成自然界中所能观察到的绝大多数彩色光。

雷达显示器形成彩色图像的方法与彩色电视机相同,称为**相加混色法**,即用 3 种基色叠加得到新的颜色,如图 8.2-5 所示。红色光与绿色光相加作用于人眼所引起的彩色感觉,与黄光作用于人眼所引起的彩色感觉相

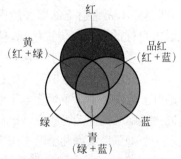

图 8.2-5 相加混色法

同,所以通常说红色光与绿色光相加可得到黄色光;同理,红色光与蓝色光相加得紫色光(或品红色光);绿色光与蓝色光相加得青色光;红、绿、蓝三色光相加则为白光,即:

红色光＋蓝色光＝品红色光(紫色光)

红色光＋绿色光＋蓝色光＝白色光

红色光＋绿色光＝黄色光

绿色光＋蓝色光＝青色光

由图 8.2-5 还可以看出,红色与青色相混可以得到白色;绿色与品红色相混同样可以得到白色;蓝色与黄色相混也可以得到白色。由于青色、品红色、黄色分别与红、绿、蓝相加可以得到白色,所以称青、品红、黄色分别为红、绿、蓝色的补色。

由于人眼对距离的分辨力有限,所以当在一个平面上相互邻近的三点处产生三基色光时,只要这三个光点靠近得使人眼无法分辨,就可以使人眼产生 3 种基色光相混合的彩色感觉。彩色显像管正是利用这种空间混色的效果来形成彩色图像的。

顺便指出,在彩色印刷、绘画等方面所采用的混色方法称为**相减混色法**,它与电视、雷达

显像管中所采用的相加混色法不同。相减混色是利用颜料的吸色性来实现的。例如，黄色颜料能吸收它的补色光——紫色光，于是在白光照射下，反射光中就因为缺少紫色光而呈现为黄色；蓝色颜料能吸收其补色光——红光，白光照射时呈现为蓝色；若将黄色颜料与蓝色颜料相混合，则在白光照射时因紫色与红色光被吸收，就会呈现为绿色，如此等等，如图 8.2-6 所示。相减混色所采用的三基色为品红、黄、蓝三色。

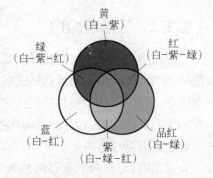

图 8.2-6 相减混色法

### 8.2.3 彩色显像管的显像原理

就形成的图像色彩而言，可以把显像管分为彩色显像管和单色（黑白）显像管两大类。早期的机载气象雷达，例如 B707 飞机上的 RDR-IF、三叉戟飞机上的 E290 等，所采用的都是单色（黑白）显像管。单色显像管只能形成明暗程度不同的黑白图像，其图像亮度不高，目标强弱程度的分辨比较模糊，且存在亮度消退现象，在较明亮的环境中使用时往往还需要装设遮光罩，给使用带来不便。彩色显像管则不同，它能够形成色彩分明、高亮度、不闪烁的图像，即使在阳光直射下的驾驶舱内，也可以提供清晰明亮的显示画面，使飞行员能一目了然地看出目标的强弱与位置信息，使用十分方便，因而现代飞机的显示器都使用彩色显像管。

形成彩色图像的基本方法，是利用电子束去轰击能发出不同颜色辉光的荧光质。显然，为了在屏上各处都能产生所需要颜色的图像，屏上各处均应布满荧光质点组。设法在彩色显像管的电子枪中产生 3 条聚焦电子束，并使这些电子束只能轰击各自所对应的荧光质，而不会轰击同一组中的其他荧光质点，就可以确定所产生的图像颜色。这样只要利用信号电路来控制由哪一个电子束或哪几个电子束来轰击其对应的荧光质，就能达到控制图像颜色的目的。

机载显示器所应用的彩色显像管称为荫罩管，它的电子枪可以形成 3 条聚焦的电子束，分别轰击所对应的红、绿、蓝 3 种荧光质。在这种荫罩管的电子枪与荧光屏之间，装设着一块布满小孔或窄缝的金属荫罩薄板，荫罩管即因此而得名。荫罩管有三枪三束管、单枪三束管和自会聚管 3 种，目前广泛应用的是自会聚管。

在彩色荫罩式显像管中，必须使红、绿、蓝三个电子束都会聚在荫罩上的同一个小孔或同一条缝隙内，并进而分别轰击荧光屏上一组荧光质中的各自对应的荧光质点。显像管的这一性能称为**会聚**。在无偏转情况下实现这一性能，称为**静会聚**；在控制电子束进行扫描的过程中实现这一性能，则称为**动会聚**。自会聚管采用了精密直列式电子枪，并配置了精密环形偏转线圈，因而在使用中不需要进行会聚调整，使彩色显像管的安装、调整工作变得与黑白显像管一样简便。

自会聚管的电子枪由红、绿、蓝 3 个阴极及各自的灯丝、控制栅极 G、第一阳极 $A_1$、聚焦极 F 与第二阳极 $A_2$ 组成，其结构示意图如图 8.2-7 所示。

自会聚管的 3 个电子枪在水平方向上按一字形

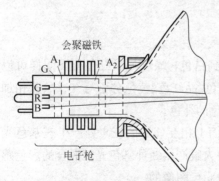

图 8.2-7 自会聚管电子枪结构

排列,彼此间距离很小。3个电子枪采用一体化结构,除3个独立的阴极外,控制极、第一阳极、聚焦极、第二阳极均为三孔膜片式的一体化结构。电极本身及相互间的位置精度很高,能够实现对三束的精确定位,因此称为精密直线排列一体化电子枪。电子枪中各电极的作用如前所述。

要想使显像管正确工作,就必须对电子束进行精确控制。显像管的控制电路主要包括场扫描电路、行扫描电路、视频放大电路、高压电路以及电源电路等。由于该部分内容比较复杂,限于篇幅,此处略去。

早期的机载电子显示器都采用CRT,但由于CRT体积质量大,工作电压高,无法集成化,因此目前已经逐步被各种平板显示器所取代。

## 8.3 液晶显示器

液晶显示器(liquid crystal display,LCD)是一种利用液晶材料控制透光度来形成图像的显示器。和CRT显示器相比,LCD的优点突出,主要具有低电压、低功耗、体积小、质量轻等特点,从根本上解决了CRT驱动电压高、体积质量大的问题,因此得到了广泛应用。

### 8.3.1 液晶材料

自然界中的物质一般有3种形态,即固态、液态和气态。但有些化合物在一定的温度下,既不是完全的液态,也不同于分子规则排列的固态晶体,而是介于两者之间的中间状态。这种状态的外观是流动的混浊液体,具有液体的流动性和连续性,在分子排列上又具有晶体的有序性。这种中间状态在光学方面具有双折射性。把这种兼具有液体和晶体特性的物质称为液晶材料。

液晶材料根据其分子排列的方式,可以分为向列相("相"是指某种状态)、层列相(又称为近晶相)和胆甾相3种。其中,向列相和胆甾相是具有光学特性的液晶,在电子显示器中应用最多。图8.3-1(a)、(b)所示是向列相和胆甾相液晶材料的分子排列。

向列相液晶又称为线型液晶,其分子呈棒状,排列像一把筷子,分子长轴互相平行,但并不分层,如图8.3-1(a)所示。这种液晶材料富于流动性,粘度较小,其规整性近似于晶体。

胆甾相液晶中的许多分子是分层排列的,逐层叠合,每层中分子长轴互相平行,且与层面平行,如图8.3-1(b)所示。相邻两层之间的分子长轴逐层依次沿一定方向有一个微小的扭角(约15°),因此各层分子长轴的排列方向就逐渐扭转成螺纹形。

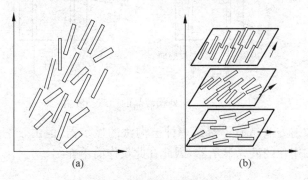

图8.3-1 向列相和胆甾相液晶的分子排列

实用中,可以用胆甾相液晶材料制作成感温变色的测温元件。胆甾相液晶由于其本身所具有的螺旋排布结构,在液晶显示技术中应用广泛。在向列相液晶材料中添加胆甾相液晶材料后,可以引导液晶在液晶盒内形成沿面180°、270°等的扭曲排布,制成超扭曲显示器等。

向列相液晶在电流或电场的作用下其光学性质将随之发生改变。因此目前一般都采用向列相液晶以及在其基础上的改型向列相液晶,如采用扭曲(TN)型向列相液晶和超扭曲(STN)型向列相液晶材料制作成显示器。当给液晶材料通入电流后,可以使其发生动态光散射,外加电场可以使液晶发生介质极化。下面详细分析其工作原理。

### 8.3.2 液晶材料的电光效应

液晶同固态晶体一样具有特异的光学各向异性,而且这种光学各向异性伴随着分子排列结构的不同而呈现出不同的光学形态。所谓**"光学各向异性"**,指的是当光线在液晶材料中传播时,光线在各个方向的折射率、吸收率等特性都不相同。如光线在液晶材料中传播时,会发生双折射现象,即一束光分成两束甚至更多束。

此外,由于液晶是液体,其分子排列结构不像固态晶体那样牢固,且液晶材料具有自发偶极子(材料中的原子正负电荷分离,从而产生了偶极子,即材料中存在电场),若给液晶层加上电压,则在介电各向异性和自发偶极子及电场的相互作用下,分子排列状态就会发生改变。因此利用外加电场即可改变液晶分子的取向,产生电光效应(electro-optic effect),这是液晶显示器的工作基础。

**1. 动态光散射**

向列相液晶在不加电压时,其液晶分子与在固体情况时一样,是有规则地排列的,这时液晶体是透明的。在加上交变电流后,液晶化合物中所含的少量水分离解出来的带电离子($H^+$与$OH^-$)不断冲击液晶分子,从而破坏了原来液晶分子的有规则排列,产生了局部涡流区,这将引起入射光线发生散射,使液体变得不透明,这种现象称为**动态光散射**,如图8.3-2所示。在交变电场断开后,液晶分子又恢复到有规则的排列,液体又重新变得透明了。这种方法可以使光亮度的对比度达到约1:50,需要的工作电压约为15V。

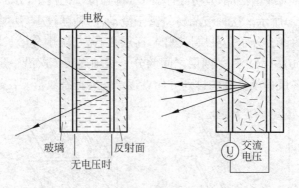

图8.3-2 向列相液晶的动态光散射

实际上,动态散射型液晶显示器是一种被淘汰的显示器,但由于它是唯一的电流型器件,而且是第一个实用化的液晶显示器,因此在此仅作简单介绍。

## 2. 介质极化

扭曲向列(twisted nematic, TN)相液晶是最常见的一种液晶显示器。它的基本结构是：在透明电极基板间充入 $10\mu m$ 左右的一层具有正介电各向异性的向列相液晶材料,并将四周密封,形成一个厚度仅为数微米的扁平液晶盒。由于在玻璃内表面涂有一层定向层膜,并进行了定向处理,因此盒内的液晶分子长轴沿着玻璃表面平行排列。但由于两片玻璃内表面定向层定向处理的方向互相垂直,因此液晶分子在两片玻璃之间呈 90°扭曲,这就是扭曲向列相液晶显示器名称的由来。图 8.3-3 为其原理示意图。

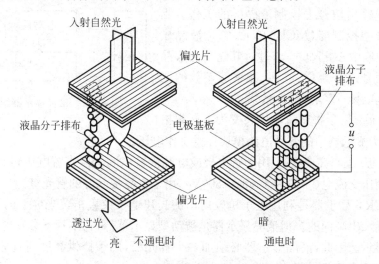

图 8.3-3 扭曲型液晶分子排布与透光示意图

在扭曲向列相液晶盒的两个电极基板的外侧,放置两个相互垂直的线状偏光片,将光源置于液晶显示器电极的背后。当光源发出的随机偏振光进入显示器时,只有与偏振片同向的光线能穿过前偏振片,当这部分光线穿过液晶进入后面的偏振片时,由于光线被旋转了 90°,因此能顺利通过,整个电极呈现光亮。

若在透明电极上加上电压,就可以在液晶层中形成一个电场。由于液晶分子有一定的移动自由度,且存在电偶极子,从某一阈值电压起,液晶分子的长轴开始向电场方向倾斜。当施加电压达到 2 倍的阈值电压后,大部分液晶分子的长轴沿电场方向重新排列,90°的旋光性消失,这种现象称为**介质极化**。这时,如果两个偏振片的吸光轴方向相互垂直,那么光线穿过第一个偏振片进入液晶层后,光线不再被扭转任何角度,因此不能通过第二个偏振片,电极面呈黑暗状态。

TN 型向列相液晶的旋光性与外加电压的大小有关,改变外加电压的大小就可以控制液晶呈现明亮或黑暗的程度,用这种方法可以达到较大的对比度。另外,工作电压用 1.5~5V 就足够了。为了避免液体被电解,在介质极化时,需要使用 30~100Hz 的交变电场。

TN 型向列相液晶显示器采用电压驱动,具有电流小、功耗低、寿命长等优点。但显示器的分辨率较低,且对异常温度非常敏感,响应时间较慢,难以实现多路驱动。为了解决这些问题,又发展出了超扭曲向列(super twisted nematic, STN)相液晶,极大地改善了液晶显示器的驱动特性。

### 8.3.3 液晶显示器的结构及基本原理

**1. 液晶显示器的基本组成**

液晶显示器的组成框图如图 8.3-4 所示,主要由以下几部分组成:

(1) 驱动板(也叫主板):用于接收、处理从外部送进来的模拟(VGA)或者数字(DVI)视频信号,并通过视频线输出信号去控制液晶屏的工作。驱动板上含有微型控制器(MCU)单元,它是液晶显示器的检测控制中心。MCU 通过对其输出到液晶屏上的电压信号进行相位、峰值、频率等参数的调制来建立交流电场,以实现显示效果。

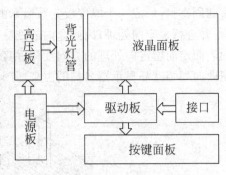

图 8.3-4 液晶显示器组成框图

(2) 电源板:用于将交流电压转变为不同规格的直流电压,为显示器中的各种电路模块提供工作电压。

(3) 背光板(也叫高压板):用于将主板或电源板输出的低压直流电压转变为液晶屏所需要的高频高压交流电(一般为 1500~1800V),用于点亮液晶屏的背光灯。

前述的 CRT 显示器是利用电子枪发射出的高速电子束轰击荧光屏上的荧光粉,从而产生亮光来显示出画面的。但液晶显示器是被动型显示器件,它本身不会发光,要靠调制外界光源实现显示。因此,液晶显示器必须加一个背光板,用于提供亮度高且分布均匀的光源。目前使用较多的是外置背光源。

冷阴极荧光灯(CCFL)是目前液晶显示器应用较多的背光源,其工作原理与日光灯类似。当高电压加在灯管两端后,灯管内的少数电子高速撞击电极后产生二次电子发射,管内的水银或惰性气体受电子撞击后,激发辐射出紫外光,紫外光又激发涂在管内壁上的荧光粉而产生可见光。CCFL 背光源的特点是成本低廉,但是色彩表现不及 LED 背光源。

LED 背光源是未来最有希望替代传统冷阴极荧光管的技术。通过采用不同的半导体材料,可以获得不同的发光特性。目前已经投入商业应用的 LED 光源可以提供红、绿、蓝、青、橙、琥珀、白等颜色。如手机上使用的主要是白色 LED 背光,而在液晶电视上使用的 LED 背光源可以是白色,也可以是红、绿、蓝三基色,在高端产品中也可以应用多色 LED 背光源来进一步提高色彩表现力。采用 LED 背光源的优势在于厚度更薄,色域也非常宽广,可以有效提高液晶显示器的对比度。但 LED 背光源成本高,价格贵,只用在高端液晶产品中。

在液晶显示器中,电源板和背光板经常组合在一起,组成电源背光二合一板。

(4) 液晶屏:是液晶显示器的核心部件,包含液晶板和驱动电路。液晶屏是液晶显示器内部最为关键的部件,它对液晶显示器的性能和价格起着决定性的作用。

**2. 液晶屏的结构和工作原理**

图 8.3-5 所示是目前用得较多的液晶盒结构,盒内有两块相距 10~15$\mu$m 的玻璃基板,基板内表面涂覆有氧化铟锡(InSnO)和氧化铟($In_2O_3$)形成的透明电极,用于连接交流电源。基板间充满了液晶材料,基板外表面有上、下两块偏振片。

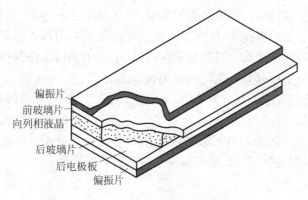

图 8.3-5 液晶盒结构示意图

从物理学中我们已经了解了光的传输特性,光波的行进方向与电场及磁场互相垂直,同时光波本身的电场与磁场分量彼此也是互相垂直的。也就是说,光波的行进方向与电场及磁场分量彼此两两互相平行。而偏光板的作用就像是栅栏一样,会阻隔掉与栅栏垂直的分量,只准许与栅栏平行的分量通过。所以如果拿起一片偏光板对着光源看,会感觉像是戴了太阳眼镜一般,光线变得较暗。但是如果把两片偏光板叠放在一起,那就不一样了。当旋转两片偏光板的相对角度时,会发现随着相对角度的不同,光线的亮度会越来越暗。当两片偏光板的栅栏角度互相垂直时,光线就完全无法通过了。而液晶显示器就是利用这个特性来完成光线的传输的。利用上下两片互相垂直的偏光板,以及外加电场来控制液晶转动,从而改变光线的行进方向。不同的电场大小,就会形成不同的灰阶亮度。偏光板的工作原理如图 8.3-6 所示。

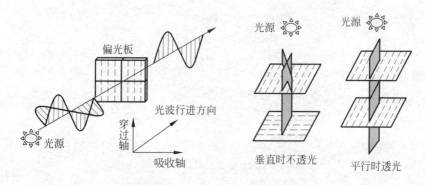

图 8.3-6 偏光板的工作原理示意图

彩色液晶盒的结构如图 8.3-7 所示,它通过染料沉积、电着色、真空蒸镀、彩色油墨印刷或感光等工艺,将红(R)、绿(G)、蓝(B)3 种色素沉积在下玻璃基板的内表面,形成彩色滤色片。彩色液晶屏的像素是单色屏的 3 倍,在普通电视机中有 50 多万个像素点。三基色只需要一套信号电极驱动。

液晶显示器的驱动方式有直接驱动、有源矩阵驱动、彩色液晶驱动等方式。目前已经研制出模块化的液晶显示驱动器,通过对输入到 LCD 电极上

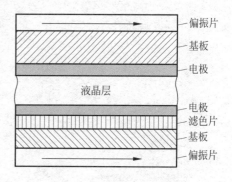

图 8.3-7 彩色液晶盒结构

的电位信号进行相位、峰值、频率等参数的调制,建立交流电场,从而实现图形图像的显示。

液晶显示器除了驱动电路外,还需要由控制电路提供驱动系统所需要的扫描时序信号和显示数据。这种控制电路称为液晶显示控制器,主要由接口电路和控制电路组成。接口电路包括与计算机的 I/O 接口和与驱动器的接口部分。

近年来,由于液晶显示器具有节能、成本低廉、视觉效果好、无辐射及轻便耐用等特点,以及适合于采用全数字控制模式,因此获得了广泛应用。在民航众多机型上都采用了 LCD 显示器,如 B777 飞机上的综合显示系统就采用了彩色液晶显示屏。这使得整个显示系统的体积缩小,质量减轻,能耗降低,显著提高了显示器件的寿命和可靠性。

# 第9章

# 电磁干扰与防护技术

## 9.1 静电防护技术

### 9.1.1 机载电子设备的静电防护

在人们还未认识到静电的危害之前,飞机维护人员在更换航线可更换组件 LRU 上的印刷电路板时,经常是用手直接拿着电路板或集成芯片插入到组件中或 PCB 板上。但在插好之后进行通电检查时,可能发现该组件仍然不能正常工作,于是就认为刚换上的新板(或芯片)也可能有故障,因此将其送回到厂家测试,结果却发现电路板上有微型集成芯片已经损坏。维修人员在 200 倍的电子显微镜下可以看到芯片的内部结构,若再采用更高倍数的显微镜查看,就会发现集成芯片被烧出了小洞,这就是电路板不能正常工作的原因。芯片上的小洞是由静电放电造成的。从此,人们开始认识到一些新型的微型集成芯片极易被静电放电损坏。因此,在使用带有静电敏感元件的设备时,必须采取静电防护措施。

现代航空电子设备大量应用了集成电路和微处理器,这些电路都是由半导体器件构成的。半导体器件有很多优点,但也很脆弱,稍有不慎就有可能遭到静电袭击而使机件或设备损坏。这种储存于物体上的静电电位有时是很高的,其数量级可从数十伏到数千伏,有的甚至能危及人的生命。因此,在维护这些器件时应特别小心,要严格按照操作规程工作。

**1. 静电的产生和存储**

将两种不同的材料进行摩擦时会产生静电,静电荷存储于非导体材料中。例如当我们穿着塑料底或皮底鞋在铺有绝缘胶的地毯上行走时,就会因摩擦而产生静电。我们穿的各种化纤服装、鞋、袜等彼此之间摩擦时也会产生静电,这些静电传给人体后,就使人体上产生了静电电压(当人体对大地绝缘时)。有人做过试验,在室温 200℃,相对湿度 40% 时,测得的人体电压如表 9.1-1 所示。

表 9.1-1 人体的带电电压  kV

| 上身衣料 \ 下身衣料 | 木棉 | 毛 | 丙烯 | 聚酯 | 尼龙 | 维尼龙/棉 |
|---|---|---|---|---|---|---|
| 棉衣 100% | 1.2 | 0.9 | 11.7 | 14.7 | 1.5 | 1.8 |
| 维尼龙/棉 55%/45% | 0.6 | 4.5 | 12.3 | 12.3 | 4.8 | 0.3 |
| 聚酯/人造丝 65%/35% | 4.2 | 8.4 | 19.2 | 17.1 | 4.8 | 1.2 |
| 聚酯/棉 65%/35% | 14.1 | 15.3 | 13.3 | 7.5 | 14.7 | 3.8 |

表 9.1-1 中所列的数据表明,人体带电电压的高低与所穿衣料有关。不同的衣料所带电压也不同。当然这是在人体与大地绝缘的情况下测得的。如果人体与大地相连接,则人体中的静电荷都会泄漏到地面,就不会累积静电荷,也就不会有静电电压产生。

用人造革、泡沫塑料、橡胶、塑料贴面板等容易产生静电的材料制造的工作台、家具、工作室墙壁及各种塑料包装盒等,在使用过程中不可避免要发生摩擦,从而产生静电。静电的产生与湿度有很大关系。湿度高时,空气中所含有的水分子就多,物体表面吸附的水分子也多,表面的电阻率就低,使静电荷容易由高电位传到低电位而积聚不起来,产生的静电电压必然较低。相反,当空气的湿度较低时,同样的活动就会产生较高的静电压。表 9.1-2 所列的是不同湿度时进行各种活动的人体上所带的静电电压值。

表 9.1-2　各种活动在不同湿度时人体所带的静电电压

| 日常生活中产生静电的路径 | 静电电压/V | |
|---|---|---|
| | 相对湿度 10%～20% | 相对湿度 65%～90% |
| 走过地毯 | 35000 | 1500 |
| 走过聚氯乙烯地板 | 12000 | 250 |
| 在工作台上工作 | 6000 | 100 |
| 从聚氯乙烯封装袋中取出或放进纸张 | 7000 | 600 |
| 从工作台上取走一般聚氯乙烯袋 | 20000 | 1200 |
| 在聚氨酯泡沫垫子的工作椅上移动 | 18000 | 1500 |

静电的产生有以下两个显著的特性:

(1) 静电荷会在与大地绝缘的各种材料、物体以及人体等处不断地聚集起来,使其周围空间形成静电场,其强度足以击穿目前各类集成电路的绝缘层,使其失效。

(2) 聚集起来的静电荷与大地之间形成了电位差,并伺机与大地之间形成放电通道。因此,只要带电体(包括人体的各部分)触及微型集成电路时就会产生放电电流。这种放电电流有可能使微型集成电路击穿而损坏。

**2. 静电放电**

静电放电是两类不同的带静电体之间平衡它们所带静电电荷的过程,通常发生在直接接触和受静电场感应的物体上。在尼龙织物、头发、奥纶或钢材之间发生的放电,受损的将是没有静电敏感保护的物体。能使静电敏感器件造成损坏的静电电压一般只需数十伏或上百伏。表 9.1-3 是各种半导体器件所能承受的静电放电电压的数值。

表 9.1-3　半导体器件的耐静电电压值

| 元 件 类 型 | 发生损坏的敏感电压范围/V |
|---|---|
| 金属氧化物半导体场效应管(MOSFET) | 100～200 |
| 互补对称型金属氧化物半导体(CMOS) | 250～3000 |
| 双极型晶体管(BT) | 380～7000 |
| 可控硅整流器(SCR) | 680～1000 |
| 电可编程只读存储器(EPROM) | 100 |
| 硅蓝宝石片(SOS) | 30～100 |

### 3. 静电放电敏感器件标记

为了确保机载设备的安全,不使其内部的静电放电敏感器件因遭受静电放电而失效,造成设备故障,飞机上凡是含有静电放电敏感器件的设备和安装这种设备的地方,都标有统一的静电放电敏感器件标志(ESDS)。这些黄底黑字的标牌一般贴在装有 ESDS 器件的设备的如下部位:

(1) 设备架或安装架上;
(2) 金属航线可更换件(LRU)箱(盒)上;
(3) 印刷电路插件板柜上;
(4) 印刷电路板上。

ESDS 黄色标牌也贴在 LRU 金属箱(盒)背面靠插头处,以提醒维护人员不要用手去触摸这些插头的插钉。通常 ESDS 机件应该用导电防尘罩盖好,拆下不用的机件也须装上导电防尘罩。静电防护标记粘贴部位如图 9.1-1 所示。

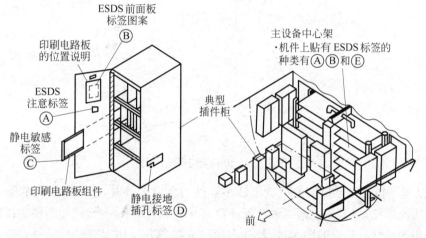

图 9.1-1 机载设备静电防护标记粘贴位置示意图

在印刷电路插件柜内,ESDS 标牌有 A、B、C 三种印花型别,以用来辨别机件、器件和印刷电路板,如图 9.1-2 所示。

| 标签 | 符号 | 用于 | 标签 | 符号 | 用于 |
|---|---|---|---|---|---|
| A | CAUTION THIS ASSEMBLY CONTAINS ELECTROSTATIC SENSITIVE DEVICES | 金属盒组件 | C |  (符号) | 印刷电路板抽取器 |
| B | ATTENTION THIS UNIT CONTAINS STATIC SENSITIVE DEVICES CONNECT GROUNDING WRISE STRAP TO ELECTROSTATIC GROUND JACK LOCATED AT THE LOWER RIGHT HAND SIDE OF THE UNIT. | LRU的前面板 | D | ATTENTION ELECTROSTATIC GROUND JACK | 接地插孔 |
|   |   |   | E |  (符号) | 容不下上述标签的位置 |

字符:黑色    背景:黄色

图 9.1-2 各种 ESDS 设备的标签

#### 4. 静电故障的防护

机务人员在内外场维护和修理含有静电放电敏感器件的机载设备时，必须严格执行静电防护的安全操作规程，其中最基本的规则有以下几条。

（1）可靠的接地是防止静电故障最主要的措施，接地可以使人体与大地之间保持等电位，这样就能有效地防止因静电放电而引起的损坏。因此，机务人员在飞机上拆装贴有 ESDS 黄色标志的设备或部件时，或者在贴有黄色标志的设备部位进行检查或测试时，必须佩带腕带。佩戴的腕带既要与手腕裸露的皮肤紧密接触，还要用一条柔软的导线把腕带与大地（机身）连接起来，使其良好地接地，如图 9.1-3 所示。

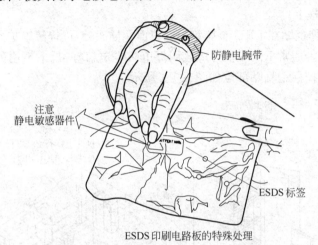

图 9.1-3　防静电腕带的用法

（2）从电子设备架上拆卸静电放电敏感器件的金属组件时，必须用导电的防尘罩将设备的插头插座罩住，以避免手指等触及到插钉。导电防尘罩有两类，使用时要加以区分。其中一类是用导电材料制成的防尘罩，其外表面涂成黑色并压印上"导电"字样；另一类是非导电材料制成的防尘罩，常常用抗静电溶剂处理过，增大了表面的导电率。这种经过处理的防尘罩是白色的，并附有处理日期的标记，因为抗静电溶剂的有效期限只有 1 年。几种典型的防尘罩如图 9.1-4 所示。

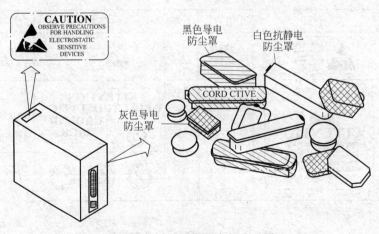

图 9.1-4　电子电气设备的防尘罩

(3) 从插件柜中拆下的印刷电路板应使用防静电膜包装好,然后再用 ESDS 标牌将其封上。注意:不要用订书钉或胶粘带封口,不要破坏包装物。

(4) 内场维护和修理含有静电放电敏感器件的设备时,应做到以下几点:

① 所有的操作要严格地限制在静电安全工作区域内进行;

② 静电安全工作区域要有良好的接地系统,工作区域内的地垫和桌垫均用导电性的塑胶片,并分别接地,如图 9.1-5 所示。

③ 工作人员进行各种操作时必须佩戴腕带,腕带与桌垫用柔软导线连接好。当需要在工作区域内存放未使用防静电包装袋包装的静电敏感器件,则在其周围 2 英尺范围内的所有人员必须佩戴有良好接地的腕带或脚带。

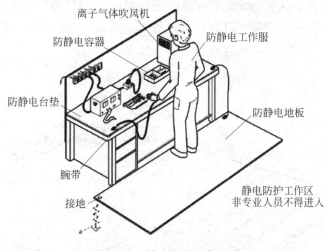

图 9.1-5 静电安全工作区域

## 9.1.2 飞机结构的静电防护

### 1. 飞机结构中静电荷的产生及危害

飞机在飞行期间,在其结构中会累积静电荷。这些静电荷的产生有两方面的原因:

(1) 沉积起电:飞机在飞行过程中,机身与空气中的雨滴、雪花、冰晶、沙尘、烟雾及其他大气污染物等粒子流发生撞击和摩擦,这时会引起沉积起电,粒子流中的静电荷会积累在飞机的外表面。

(2) 静电感应:当飞机飞入某些类型的云层所形成的静电场时,就会在飞机中产生感应电荷。静电感应可以产生 1 千万伏的电压,使数千安培的电流流过飞机。

不管飞机是以何种方式获得静电荷,它与大气间造成的电位差会产生放电。飞机各分离零件之间和飞机各系统之间电位差的存在,使飞机结构各部分之间有潜在的放电危险。这种现象一旦发生就会对无线电通信和导航信号造成干扰,甚至引发火灾。同时,当机上人员接触飞机上的设备和零件时有触电的危险。

### 2. 飞机结构的静电防护

为了防止飞机结构中静电荷积聚所带来的严重危害,通常采取搭接和安装静电放电器的措施来消除静电的积累。

1) 搭接

搭接可以在飞机各金属部件之间提供一个低电阻通路，平衡各金属部件之间的电位差，从而消除静电放电所引起的电磁干扰，同时也使电荷流通路径上保持恒定的低阻值。常用的搭接装置有搭接带、搭接夹等。

搭接带可以是固定于金属零件（例如非金属连接件每一侧的管子）间的金属条导体，也可以是连接活动部件（如操纵连杆、飞机操纵面）以及安装在柔性安装件（如仪表板、电子设备安装架上的组件）之间的短长度柔性编织导体。

对电源系统来说，搭接为电源提供了低电阻回路。无线电设备与飞机结构之间的搭接提供了设备到公共端之间的低电阻通路，这样也就减少了静电干扰。

搭接带越短越好，安装后的电阻不应超过 $0.003\Omega$。若搭接带仅用于减少无线电干扰，而不承受较大的电流，则搭接带电阻为 $0.01\Omega$ 即可。图 9.1-6 所示为飞机副翼与大翼之间的搭接。

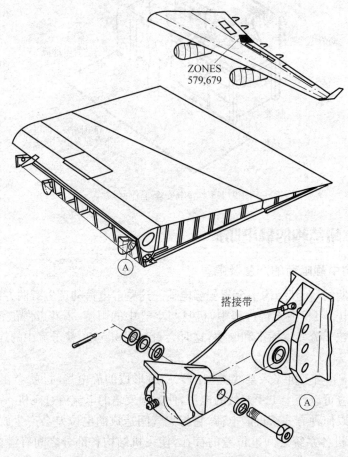

图 9.1-6　副翼与大翼之间的搭接

飞机着陆时总存在一定的剩余静电电荷，这时应采用接地钢索、接地刷、导电轮胎等装置泄放机体上残留的静电荷，以便与大地保持同电位，以防人员遭受电击。

2) 安装静电放电器

飞机在空中飞行期间，为了均衡大气与飞机结构中的静电电位，需要不断地进行静电放电。但放电的速率要比飞机累积电荷的速率低,因此仍然会使飞机的电位升高到产生电晕放电的数值。在能见度很低时或在夜间就可看到飞机电晕放电时产生的辉光。电晕放电往往发生在飞机结构的弯曲部位处和最小半径处,比如翼梢、尾缘、水平和垂直安定面等处。电晕放电会对无线电信号造成严重干扰,致使飞机的通信、导航系统无法正常工作。

为了使电晕放电发生在干扰最小的地方,可以在飞机的某些部位安装静电放电器(或称为放电刷)。静电放电器利用尖端放电效应泄放飞机飞行过程中机体上积累的静电荷,一般安装在控制面的后缘、翼尖和垂直安定面上,如图 9.1-7 所示。

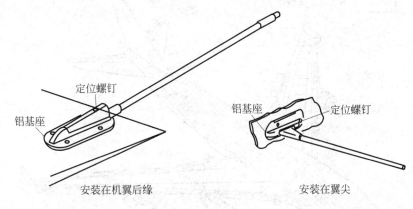

图 9.1-7　静电放电器

静电的泄放点距翼尖或尾翼后缘的距离要严格遵守规定的尺寸,这样才能减小它与无线电天线设备的静电耦合。

必须指出,静电放电器没有雷击防护作用,它仅用于泄放机身上的静电荷。静电放电器经常会遭受雷击而损坏,因为它的泄放电流容量只有几 $\mu A$,而雷击时产生的电流高达 200kA。

## 9.1.3　雷击防护

雷电是大气中的放电现象,多形成在积雨云中。积雨云随着温度和气流的变化会不停地运动,并在运动中摩擦生电,就形成了带电荷的云层,某些云层带有正电荷,另一些云层带有负电荷。另外,由于静电感应,积雨云常使云层下面的建筑物如树木等带有异性电荷。随着电荷的积累,雷云的电压逐渐升高。当带有不同电荷的雷云与大地凸出物相互接近到一定程度时,其间的电场将超过 $25\sim30kV/cm$,这时会发生激烈的放电,同时出现强烈的闪光,这就是闪电。由于放电时温度很高,空气受热急剧膨胀,随之发生爆炸的轰鸣声,这就是雷鸣。在闪电放电过程中,传导闪电电能的物体将遭到毁坏,我们也说该物体遭到雷击。雷击有极大的破坏力,其破坏作用是综合性的,包括电性质、热性质和机械性质的破坏。

可见,飞机在雷雨区中飞行是很危险的。为此,在飞机上设置了气象雷达,飞行员可以通过气象雷达的显示避开强雷雨区,以保证飞行安全。一旦飞机在空中遭到雷击,必须在返回地面后进行全面的检查。

为了防止飞机在飞行中遭受雷击,飞机制造商在设计飞机的外形时,要注重贯彻所有已知的雷击防护思想。传统飞机的外部结构、蒙皮几乎都是金属材料,而且它们具有足够的厚度来抵抗雷击。因此,飞机的外部结构和形状已经构成了对雷击的基本防护。飞机机体的金属表面就是一个防护罩，可以防止雷击损害飞机的内舱，还阻断了电磁能量进入飞机的电缆。一旦飞机被闪电击中，就必须对其进行全面检查。飞机上易发生雷击的区域如图 9.1-8 所示。

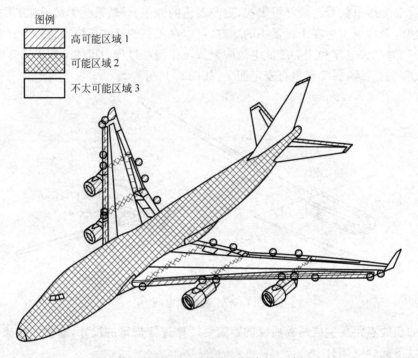

图 9.1-8　飞机上易发生雷击的区域

容易发生雷击的区域主要分布在机头、发动机、机翼和尾翼后缘、翼尖等，在这些区域可以发现雷击的痕迹。但在其他区域也可能发现，如机身、机翼和天线等。

在飞机内部，一些易受雷击影响的部位还安装有避雷器，如在飞机交流发电机、天线调谐器等部位。下面以交流发电机部位为例，简单说明避雷器的作用及安装位置。由于雷击会在负载汇流条与发电机之间的馈线上产生瞬间感应，所以该部位应该安装避雷器。它的作用是将瞬间感应的电压衰减到电气设备能够承受的水平。每个主交流汇流条的一相都接有一个避雷器。这些避雷器将整体驱动发电机（IDG）馈线上的感应电压限制在 $\pm(252\sim275)$ V 之间。

## 9.2　电磁辐射及其防护

在我们生活的地球空间中，电磁波无处不在。各种电子设备如无线电台、广播电视台、通信发射机和其他一些雷达、导航设备等，在它们工作期间都要向空间辐射电磁能量。而这些电磁能量向空间的辐射是人们有意识制造的，因为人们要利用电磁辐射能量传递各种各样的信息。因此，它们属于有意辐射。

但在许多电子设备中，如开关电路、自动点火系统、自动控制设备等，在它们工作期间也向空间辐射电磁能量。而这些电磁能量的辐射不是人们有意制造出来的，而是在电路工作过程中自动出现的，它可能影响其他电子设备的工作，这是人们所不希望的。这些辐射称为无意辐射。

可见，电磁环境是在"有意"与"无意"之中产生的，它是无法消除的。当这些电磁辐射源强度达到一定程度时，就会影响其他电子设备和电子系统的正常工作。飞机上的所有电子设备实际上都处在电磁环境中，因此，要想保证各机载电子设备的正常工作，就必须采取相应的措施对电磁辐射的强度加以限制。

### 9.2.1 电磁环境相关术语

（1）电磁干扰（EMI）：能引起电子仪器、设备和系统的工作质量（品质）下降的任何一种电磁现象称为电磁干扰。

（2）电磁兼容（EMC）：在一个特定的电磁环境中，电子电气设备能够正常工作，同时，该电子电气设备所产生的电磁能量对其他任何仪器、设备和系统又没有过度的电磁干扰，这种情况称为电磁兼容。

在飞机上，每个机载电子设备都是一个电磁干扰源，但是在采用了相应的措施后，它们都能在电磁兼容的条件下正常工作。

### 9.2.2 机载电子设备电磁干扰控制方法

机载电子设备在电磁干扰的控制方法上，除了前面提到的搭接和安装静电放电器消除静电干扰外，还采取了滤波、屏蔽、接地、布线、空间和时间分离等技术来消除电磁干扰。

**1. 滤波技术**

滤波主要用来消除通过传导途径如电源线、信号线等传播的电磁能量所造成的干扰。电源线是重要的传导干扰源，也是引起设备工作不稳定的主要因素。通常在电源线的输入端安装专用电源滤波器，以降低电源线的传导发射，抑制尖峰信号对电路的干扰。也可以用电源变换装置对电源先进行交直流变换，然后再用直流电驱动设备工作，以减小外来传导的干扰。另外，由于电路的工作频率和周围环境中的电磁干扰频率越来越高，将滤波器安装在线路板上所暴露出的高频滤波不足的问题日益突出。解决高频滤波的根本方法是使用馈通滤波器。馈通滤波器安装在金属面板上，具有很低的接地阻抗，并且利用金属面板隔离滤波器的输入输出，具有非常好的高频滤波效果。

**2. 屏蔽技术**

屏蔽是消除无线电噪声的最有效方法。屏蔽的基本目的是：在电子设备上，把射频噪声能量包围起来，使向外辐射的电磁能量减小。

例如，天线的馈线采用屏蔽线，它既可以减少向外辐射的电磁能量，也可以防止外界电磁能量进入到馈线内。飞机上的数据总线也需要进行屏蔽处理，如图9.2-1所示。从该图中可以看出，将数据线屏蔽后，还需要接地。

在无线电设备中，通常将向外辐射高频电磁能量的电路或电子设备用屏蔽罩罩起来，以防止其对其他电路造成影响。电磁辐射能量由屏蔽罩

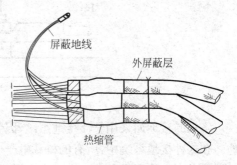

图9.2-1 数据总线的屏蔽和接地

的内表面入地。在无法使用滤波器的场合,屏蔽尤为有效。例如,当电磁辐射源向外辐射能量时,接收机的输入电路和与其相连接的各种电路都将接收这一噪声。在这种情况下,要在受影响的各条线路上都安装滤波器实际上是不可能的。所以,最好是将辐射源有效地屏蔽起来,这样就会把辐射源封闭在屏蔽罩内,从而减小向外辐射的电磁能量。

例如在飞机上,为了消除干扰,点火器和火花塞通常也被屏蔽起来。如图9.2-2所示。从该图中可以看出,点火咀是金属的,点火线用屏蔽网罩住,点火器也用金属盒罩起来。

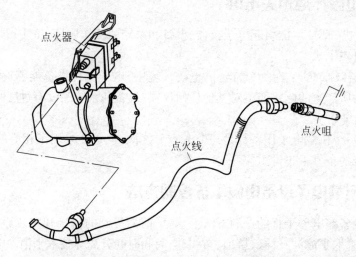

图 9.2-2　点火咀、点火线和点火器的屏蔽

再如,电机与电磁开关之间会产生电磁干扰,需要用屏蔽罩屏蔽起来。

### 3. 接地技术

对机载电子设备来说,飞机的机身结构就是它的"地",即公共端。因此,为了使电子设备能正常完成其功能,飞机结构与天线之间就应当保持一种适当的平衡状态。这就是说飞机的表面电位应当稳定。但飞机的操纵面有时与飞机的其他部分是分离的,这样就会造成机体面电位与操纵面电位存在差别。如果不通过搭接来缓和这种状况,就会影响电子设备的工作。所以,在飞机上各操纵面之间是连接在一起并接地的,图9.2-3画出了接地桩的连接方法。

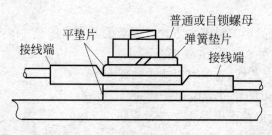

图 9.2-3　接地桩的连接方法

飞机的接地面采用悬浮接地系统,因为飞机飞行时与大地做相对运动,不可能真的接大地。在这种接地系统中,所有的机载电子电气设备或系统只有相对的零电位,通常以机壳作为地参考点。为了避免电流在机壳中循环流动,理想的情况是所有系统共用一个公共接地

点,但这会造成接地线太长,并且会带来辐射问题。因此在飞机上一般是提供几个系统接地点,将小信号电路地、大信号电路地以及干扰源噪声地等分别设置,然后再连接到同一个接地体上,以避免相互干扰。

设置接地点时,要注意以下几点:①灵敏电路和高电平电路的"地"不能接在同一个接地螺栓上;②灵敏电路和高电平电路不能共用一根接地线;③对电源线低频干扰敏感的设备,其直流"地"和交流"地"应分开。

**4. 布线技术**

导线、电缆合理分类及导线扭绞也是抑制电磁干扰的重要手段。一般应该按照导线连接的终端设备的发射功率大小和电平将导线进行分类布线,并将发射设备和接收设备的信号线分开连接在不同的线束中,以防止高电平电路的能量耦合至低电平电路,使电磁干扰降到最低程度。

飞机上的主要馈线可以分为一次电源线、二次电源线、控制线、低电平敏感线、隔离线和系统布线等。

一次电源线是与交流电动机、灯光照明系统等低频大功率电气负载连接的交流电源线和直流负载线。这类电线一般不需要屏蔽,可采用扭绞形式,以降低磁场耦合,且与其他电线要保持15cm的间隔。

二次电源线指电子设备、仪表与电源之间的布线,一般可采用扭绞非屏蔽线,以使辐射或感应磁场的耦合降到最低。但对射频敏感的放大器供电线则需屏蔽。除与一次电源线有间隔外,此类线的敷设应与其他线之间保持7.5cm的间隔。

连接到短时间工作的设备和部件的电线为控制线,它与电源线之间要有15cm的间距,与其他电线应有7.5cm的间隔。敏感设备所使用的电线电缆为低电平敏感线,需要进行屏蔽处理,以避免外部电磁场的干扰和内部电磁场的辐射。

隔离线指天线同轴电缆和飞行功能部件的电线,用来传输设备与天线之间的功能信号,或者作为连接飞行所需的特殊电气部件的电线。此类电线只有在屏蔽效能可以提供兼容的情况下,才可以与天线同轴电缆组合。一般来说,接收机电缆可以组合,发射机电缆也可以组合,作为接收和发射两用电缆则不能组合。这类电线应采取扭绞形式的屏蔽线,与一次电源线、控制线的间隔应为15cm,与其他类线的间隔应不小于7.5cm。主电源输出馈线不屏蔽、不扭绞,与其他线的间隔为30cm。

单独系统的电缆安装称为系统布线,它由二次电源线和低电平敏感线组成,主电源控制与调节电线也属于此类。不同系统之间的布线不应组合。除与一次电源线有间隔外,此类线与其他各类电线的间隔应不小于7.5cm,而主电源控制和调节电线与其他线的间隔应为15cm。

**5. 分离技术**

空间分离的典型应用是在系统布局时,把相互容易造成干扰的设备之间的距离尽量安排得远一些,并限制平行线间的最小距离。

为了保证自动着陆系统的高度安全可靠,飞机上通常安装2套或3套无线电高度表。一部高度表可能接收到另一部高度表的泄漏信号或地面的反射信号,为了减小相互之间干扰,要求天线间有足够的间隔,或相邻天线对大地的电场方向互成90°安装,使两部高度表的天线间达到最小耦合。

当电子系统之间的干扰非常强并且不容易抑制时,通常采用时间分隔的方法,即在干扰信号停止发射的时间内传输有用信号;或者当强干扰信号发射时,使易受干扰的敏感设备短时关闭。这种抗干扰方法称为时间分隔控制,它已成为简单、经济而行之有效的控制干扰的方法。

飞机上的两部应答机、两部测距机和机载防撞系统均工作于L波段,为了避免相互之间的干扰,同一时刻应只有一部设备处于发射状态。在五部L波段设备中的一部开始发射电磁信号之前,该设备产生一个宽度为$28\mu s$的外抑制波加到其他L波段设备上,以避免其他L波段设备进入发射状态,并保护其接收设备。

### 9.2.3 高强度辐射防护

电磁辐射是指能量以电磁波的形式由源发射到空间的现象,或解释为能量以电磁波的形式在空间传播。电磁辐射由电磁发射引起。电磁波所携带的电磁能量称为辐射能,每单位时间内,通过垂直于传播方向的单位面积上的辐射能称为辐射强度。因此,高强度辐射可以理解为:单位面积上的辐射能比较高的电磁辐射,它由电磁波的电场强度和磁场强度决定。

飞机上的各种机载无线电设备工作时,其天线周围都属于高强度辐射区域。因为天线就是一个辐射器,它的任务就是把以电压、电流形式存在于发射机内部的能量转化成电磁波向自由空间传播,从而完成飞机的通信和导航任务。但高强度电磁波辐射对人体是有害的,因此,维护人员必须严格遵守操作程序,以防造成人身伤害。

前面已经提到,在机载无线电设备工作时,其天线周围都属于高强度辐射区域。无线电设备都工作于射频频段和微波频段。

射频电磁场对人的神经系统、心血管系统、内分泌系统等都会造成影响。据报道,长时间接触较高强度的射频电磁辐射后,可能引起脑电图的某些改变,低血压或血压偏低发生率也较高。

微波电磁场会对人造成急性微波辐射损伤和慢性微波辐射症候群。

急性微波辐射损伤是指人受到了过量的微波辐射。当过量微波辐射到人体后,可能造成若干组织和器官的急性损伤。急性微波损伤有头痛、恶心、目眩、彻夜失眠、辐射局部烧灼感等。经过数天、数周或更长时间的休息后,症状一般均可消失。

慢性微波辐射症候群是指较长时间接触低强度的微波辐射,它可以引发慢性微波辐射症候群的若干表现,一般为某些生理功能的混乱,也可能有一些生化指标的波动。

因此,在高强度辐射区工作的人员必须注意安全防护。下面以B737NG飞机上的气象雷达系统为例,说明维护人员必须遵守的规定,以保证人身和飞机的安全。

当飞机加油或抽油时,不要操纵气象雷达;当在飞机前方区域300英尺或更小范围内有飞机加油时,不要发射RF能量,否则可能引起爆炸;当天线发射RF能量时,确保在它前方50英尺范围内没有人员,以防导致人员伤害。

当雷达工作时,确保在距飞机前方300英尺区域内和180°范围内没有大型金属物体。大型金属物体包括机库、卡车或其他飞机,否则可能导致收发机损坏。

# 附录

## 常用逻辑符号对照表

| 名称 | 国标符号 | IEEE 特异形符号 | 名称 | 国标符号 | IEEE 特异形符号 |
|------|----------|----------------|------|----------|----------------|
| 与门 | &  | ⟢ | 与或非门 | & ≥1 | ⟢⟢⟞ |
| 或门 | ≥1 | ⟢ | 异或门 | =1 | ⟢ |
| 非门 | 1 | ⊳∘ | 同或门 | = | ⟢ |
| 与非门 | & | ⟢∘ | 三态输出非门 | 1 ▽ EN | ⊳∘ |
| 或非门 | ≥1 | ⟢∘ | SR 触发器 | S R | S Q R Q̄ |

# 参 考 文 献

[1] 刘建英.电子技术基础[M].北京:兵器工业出版社,2006.
[2] 康华光.电子技术基础:模拟部分[M].5版.北京:高等教育出版社,2012.
[3] 康华光.电子技术基础:数字部分[M].6版.北京:高等教育出版社,2014.
[4] 余永权,汤荣江.计算机接口与通信[M].广州:华南理工大学出版社,2004.
[5] 赵松.计算机接口技术[M].北京:清华大学出版社,2012.
[6] 刘勇智,等.飞机控制电机与电器[M].北京:国防工业出版社,2009.
[7] 范天慈.机载综合显示系统[M].北京:国防工业出版社,2008.
[8] SPITZER C R.数字航空电子技术(上)[M].谢文涛,等译.北京:航空工业出版社,2010.
[9] COLLINSON R P G.航空电子系统导论[M].3版.史彦斌,等译.北京:国防工业出版社,2013.